GÉOLOGIE AGRICOLE

NANCY, IMPRIMERIE BERGER-LEVRAULT ET Cie.

Géologie Agricole II — *Berger, Levrault et Cie Éditeurs*

PLATEAUX DE LA BRIE

Ferme de M^r [illegible] à Courquetaine (Seine et Marne)

d'après une photographie de Mr Hardon

Héliog et Imp Arents

GÉOLOGIE AGRICOLE

PREMIÈRE PARTIE

DU

COURS D'AGRICULTURE COMPARÉE

FAIT A L'INSTITUT NATIONAL AGRONOMIQUE

Par Eugène RISLER

DIRECTEUR DE L'INSTITUT AGRONOMIQUE

MEMBRE DE LA SOCIÉTÉ NATIONALE D'AGRICULTURE DE FRANCE

MEMBRE DU CONSEIL SUPÉRIEUR DE L'INSTRUCTION PUBLIQUE

TOME II

PARIS

BERGER-LEVRAULT ET Cie
LIBRAIRES-ÉDITEURS
5, rue des Beaux-Arts, 5

LIBRAIRIE AGRICOLE
DE LA MAISON RUSTIQUE
26, rue Jacob, 26

1889

GÉOLOGIE AGRICOLE

CHAPITRE IX

LES TERRAINS INFRACRÉTACÉS DANS LES MONTAGNES DU JURA ET DANS LE SUD DE LA FRANCE

Jusqu'à présent nous avons passé en revue des formations qui avaient à peu près les mêmes caractères dans toute la France et dans la plus grande partie de l'Europe.

Il n'en est plus de même du moins pour la formation crétacée ou la série des formations crétacées. Dans la région méditerranéenne, elle se compose de terrains qui ressemblent fort peu à ceux du nord de la France. Dans le midi, ces terrains ont beaucoup d'analogie avec ceux de la dernière période de la série oolithique. Pendant qu'ils se sont déposés au sein des mers, le nord de la France et tout le nord de l'Europe étaient émergés.

Mais plus tard ces régions septentrionales s'abaissèrent et furent de nouveau recouvertes par les mers. Dans quelques-uns des dépôts qui s'y formèrent, on trouve cette substance blanche, tendre et traçante, composée d'organismes microscopiques, que l'on appelle *craie*, et l'on a donné son nom à toute la série, parce qu'elle en est la matière la plus connue et la plus caractéristique. Mais tous les dépôts qui datent de l'époque crétacée sont loin d'être tous composés de craie; on y trouve aussi des calcaires durs et compacts, des marnes, des argiles, des sables et des grès.

En basant la chronologie sur les fossiles qu'on a trouvés dans ces divers terrains de la série crétacée, on les a divisés en deux systèmes : le système *crétacé inférieur* ou *infracrétacé* et le système *crétacé supérieur* ou *crétacé proprement dit.*

Sur leur grande carte géologique de la France, Élie de Beaumont et Dufrénoy ont représenté le système infracrétacé par la teinte verte et la lettre *c'*, mais ils y ont compris une partie du système crétacé, ses deux étages inférieurs : le *cénomanien* et le *turonien.* Sous ce rapport, comme sous beaucoup d'autres, la carte géologique de la France que viennent de publier MM. G. Vasseur et L. Carez est beaucoup plus exacte et plus complète.

Le système infracrétacé comprend quatre étages : le *néocomien,* l'*urgonien,* l'*aptien* et l'*albien.* Les deux premiers, le néocomien et l'urgonien, ont peu d'importance dans le nord de la France, mais ils prennent un grand développement dans les montagnes du Jura, dans les Alpes et dans tout le sud-est de la France. L'infracrétacé domine au milieu de tous les paysages de la vallée du Rhône, dans le Dauphiné et la Provence; il forme également la plupart des *garrigues* des départements du Gard et de l'Hérault.

Nous commencerons donc l'étude de ces terrains par les montagnes du Jura, les Alpes et le sud-est de la France.

---

§ 1. — Le système infracrétacé dans les montagnes du Jura et de la Savoie.

A.— *Étage néocomien.*

On trouve, à la base des montagnes du Jura, du côté de la Suisse, depuis Bienne jusqu'à Gex, une longue bande, quelquefois interrompue ou cachée par les dépôts glaciaires, de terrains marneux ou calcaires, que l'on a appelés *néocomiens*, parce qu'ils ont été étudiés pour la première fois aux environs de Neuchâtel, dont le nom latin est *Neocomiensis*.

Les géologues suisses y distinguent trois sous-étages :

a) *Le néocomien inférieur ou valangien.* — Sa base est généralement formée par des calcaires compacts, à cassure résineuse, de couleur blanc jaunâtre, que l'on exploite au Val-de-Travers, près de Neuchâtel, sous le nom de *roc blanc* ou de *marbre bâtard*. Puis vient une assise de 2 à 3 mètres de marnes très riches en fossiles (*marnes d'Arzier*), et enfin un calcaire roux dont la partie supérieure devient quelquefois très riche en *limonite*, minerai de fer qui se trouve tantôt en couches minces cristallines, tantôt en petits grains. On reconnaît facilement sa présence à la couleur rougeâtre des terrains en culture.

b) *Le néocomien moyen ou marnes d'Hauterives.* — Marnes de couleur bleu grisâtre, qui se délitent facilement à l'air et fournissent des terres fertiles ; on les extrait dans certaines localités pour les employer comme amendement. Elles ont une quinzaine de mètres d'épaisseur dans le canton de Neuchâtel. Leur partie supérieure renferme de petits bancs calcaires ou des concrétions riches en fossiles, surtout en térébratules et en oursins (*Toxaster complanatus* ou *Spatangus retusus*). Dominées par les crêtes que forment les assises supérieures, ces marnes arrêtent les eaux et les réunissent en sources abondantes.

c) *Le néocomien supérieur ou calcaire jaune de Neuchâtel.* — C'est un calcaire très homogène, spathique, quelquefois oolithique, toujours de couleur jaune, que l'on emploie à Neuchâtel et à Pontarlier comme pierre à bâtir. A mesure qu'on avance vers le sud, les belles teintes jaunes du calcaire de Neuchâtel font place à des teintes plus foncées ; il devient chloriteux, et de là le nom de *calcaire à grains verts* que lui donne M. Marcou.

On rencontre le néocomien et quelquefois les autres étages de l'infracrétacé, non seulement au pied du Jura, mais à toutes sortes de hauteurs et sur des points très nombreux de la montagne, par lambeaux qui sont allongés dans le sens général du soulèvement, du S.-O. au N.-O., et qui occupent presque toujours le fond des plissements formés par les étages supérieurs (*fig.* 1).

« Il y a cinq ou six siècles, dit M. Auguste Jaccard[1], les premiers pionniers de la civilisation, connus sous le nom de *francs-habergeants*, vinrent mettre la hache au milieu des forêts qui couvraient encore toutes les hautes vallées du Jura neuchâtelois, et aujourd'hui encore nous pouvons reconnaître avec quel bon sens pratique ils ont distribué les cultures suivant la nature du sous-sol. Au centre du vallon, un chemin public; de chaque côté de ce chemin, les maisons d'habitation espacées plus ou moins régulièrement. En arrière de chaque maison sont les champs cultivés, enclos d'un mur formé de pierres arrachées au sol; puis vient un pâturage avec une maisonnette renfermant une étable et un fenil; enfin, au troisième plan, une portion de forêt pour l'entretien des bâtiments et l'affouage des habitants. Maintenant voyons quel est le sous-sol de ces différentes parties du domaine : les champs et les maisons sont sur la molasse ou sur le néocomien, terrains les plus propres à la culture; le pâturage est sur le valangien, déjà plus aride; enfin la forêt oc-

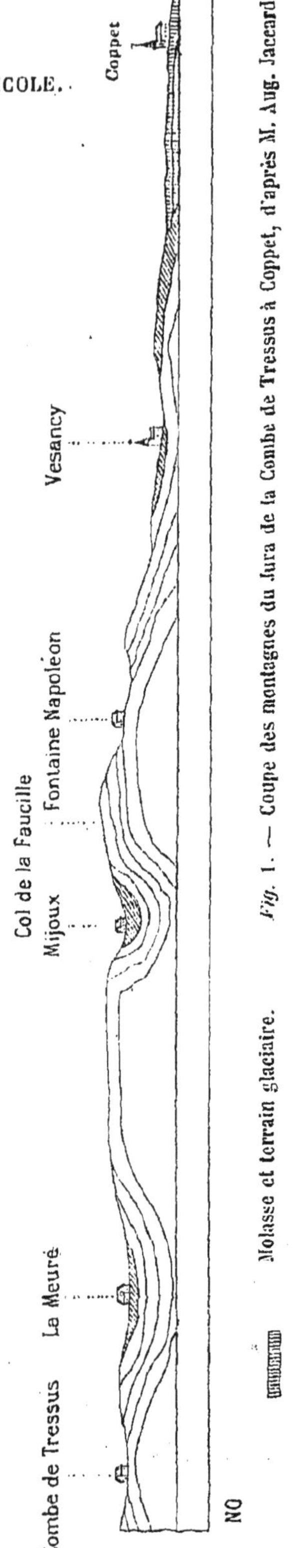

Fig. 1. — Coupe des montagnes du Jura de la Combe de Tressus à Coppet, d'après M. Aug. Jaccard.

1. *Le Jura vaudois et neuchâtelois*. Description géologique, par Aug. Jaccard.

cupe les premières pentes du flanquement portlandien. Voilà ce que l'on observe aux Éplatures, à la Chaux-du-Milieu, etc..... Quand un marais tourbeux occupe le milieu du vallon, on a une double rangée d'habitations, mais toujours avec la même distribution des terrains (la Sagne, la Brévine, etc...). »

« La pierre calcaire jaune du terrain néocomien, disent également MM. Desor et Gressly (dans leurs *Études sur le Jura neuchâtelois*), qui, à Neuchâtel, mûrit les vins les plus généreux de la Suisse, produit au Val-Travers et au Val-de-Ruz des blés et des pommes de terre, à la Brévine de l'orge et de l'avoine; mais, partout et toujours, elle forme un sol relativement fertile. La fertilité est, dans ce cas, le fait du terrain; le caractère spécial des cultures, au contraire, est le fait du climat. » Les terres formées par la décomposition du calcaire jaune, plus ou moins mêlées aux argiles glaciaires qui les recouvrent en certains endroits, portent, en effet, dans le canton de Neuchâtel, des vignobles excellents. Les plus légères sont employées à la production du vin rouge (pinot de Bourgogne, plant de Cortaillod), les plus fortes à celle du vin blanc (chasselas, etc...). »

B. — *Étage urgonien ou calcaire à Chama, Caprotina ou Requienia ammonia, Rudistenkalk* (Studer).

Il se compose de calcaires blancs, plus rarement jaunâtres, souvent oolithiques, à grains plus ou moins gros, toujours fissurés et remplis de crevasses dans lesquelles vont se perdre les eaux de pluie qui tombent à leur surface. Par leurs caractères physiques, ils ressemblent beaucoup aux calcaires du Jura supérieur, mais ils en diffèrent complètement par les fossiles qui les caractérisent (les *caprotines*, etc...).

Sur certains points, les bancs du calcaire urgonien sont imprégnés d'asphalte, que l'on exploite au Val-de-Travers, près de Neuchâtel (la couche la plus riche y donne 14 p. 100 de matière bitumineuse), et à Seyssel, dans le département de l'Ain.

On trouve souvent, dans les crevasses du néocomien et de l'urgonien, comme dans celles des étages supérieurs des calcaires jurassiques, des argiles rouges qui renferment du minerai de fer en grains. Dans quelques localités, ce minerai de fer est exploité, mais on n'a pas encore songé à chercher, dans ces mêmes dépôts sidérolithiques, les phosphates qu'on y trouvera probablement un jour, comme on a trouvé ceux du Gard, du Quercy, etc... C'est une exploration que je recommande aux géologues jurassiens; j'ai tout lieu de croire qu'elle sera couronnée de succès.

C'est dans une fissure des bancs calcaires de l'urgonien que se produit la *Perte du Rhône,* au-dessous du fort de l'Écluse, près de Bellegarde, dans le département de l'Ain. « Les roches se resserrent à un tel point, a dit H. B. de Saussure, qu'il y a une place où il ne reste pas deux pieds de distance d'une rive à l'autre, en sorte qu'un homme, même de moyenne taille, pourrait avoir entre ses jambes ce beau fleuve, qui semble frémir de colère et s'efforcer de passer avec toute sa vitesse dans ce défilé qu'il ne peut pas éviter. » La chute est de plus de 10 mètres, et la Compagnie de Bellegarde l'a transformée en force motrice, en faisant une prise d'eau au-dessus de la perte et l'amenant à des turbines placées au fond du lit de la Valserine, qui se jette dans le Rhône à un demi-kilomètre plus bas.

Les calcaires urgoniens ont environ 40 mètres d'épaisseur aux environs de Bellegarde.

C et D. — *Étages aptien et albien.*

Au-dessus de ces calcaires, on trouve à Bellegarde, d'après M. Renevier, 5 à 6 mètres de grès et de sables verdâtres qui appartiennent à l'*aptien,* puis l'étage *albien,* qui se compose de :

1) 1 mètre de sable verdâtre avec fossiles blancs et friables;

2) 2 mètres de sable verdâtre sans fossiles;

3) $0^{m},60$ de sable bleu verdâtre avec fossiles à l'état de moules bruns ou verts;

4) $0^{m},80$ de grès jaunâtre pétri de fossiles;

5) $2^{m},20$ de grès rougeâtre peu fossilifère;

6) 30 mètres de sable sans fossiles.

Du reste, les étages *aptien* et *albien* ne sont que des exceptions dans les montagnes du Jura et n'y apparaissent que de loin en loin par petits lambeaux, qui sont en quelque sorte pincés entre les plis de l'urgonien. Mais ils offrent un certain intérêt aux agriculteurs par les gisements de nodules phosphatés que contiennent les sables verts de l'albien. Par exemple, on en a trouvé dans des couches de sables verdâtres, près de Sainte-Croix, dans le canton de Vaud, en Suisse, mais en quantités trop faibles et dans une situation où les transports sont trop coûteux pour qu'il soit possible de les exploiter avec profit.

On en a trouvé également près de Bellegarde, et la Compagnie, qui avait créé 6,000 chevaux de force motrice au moyen de la chute du Rhône, a cherché à en utiliser une partie pour broyer ces phosphates. Elle a en même temps voulu les transformer en superphosphates; mais, comme ils ne contenaient que 40 à 42 p. 100 de phosphate tribasique et passablement de carbonate de chaux, ce traitement n'a pas été rémunérateur et toute l'entreprise a été abandonnée. Mais elle pourrait sans doute être reprise, depuis qu'il a été démontré que les phosphates du grès vert peuvent être employés avantageusement, même si l'on se borne à les pulvériser.

Un peu plus au sud, dans le département de la Haute-Savoie, un gisement de phosphates, à l'état de banc compact, affleure au hameau de Vens, au bord de la route de Seyssel à Rumilly, vers l'entrée des gorges du Fier. Il est vertical et encaissé entre deux couches de sables verts qui ont été elles-mêmes redressées avec la montagne néocomienne, dont la route de Rumilly coupe successivement toutes les assises. Dans cette région, l'épaisseur totale des sables verts atteint à peine 10 mètres. L'argile du gault y manque presque complètement, comme à Bellegarde. L'épaisseur du banc de phosphate varie de 0^{m},30 à 0^{m},75. On le suit facilement depuis le niveau du Fier jusqu'à près de 100 mètres de hauteur, tant dans la direction du nord que dans celle du midi.

La roche phosphatée diffère complètement d'aspect avec les diverses phosphorites des grès verts. C'est une espèce de *lumachelle tendre*, d'un blanc mat tirant un peu sur le gris et veiné de vert, par suite de l'interposition, par places, d'une petite quantité de sable glauconieux du toit et du mur du banc phosphaté. Ce gisement est peu exploité.

Quoique les fossiles qui composent exclusivement la pâte de cette roche soient la plupart broyés et méconnaissables, on peut encore y distinguer de nombreux moules de fossiles du gault et du grès vert.

La teneur moyenne de la phosphorite de Seyssel est de 45 à 47 p. 100 de phosphate de chaux tribasique, intimement mêlé de sable siliceux très fin; elle contient peu de carbonate de chaux et n'a que des traces de fer soluble dans les acides: mais elle laisse dégager de remarquables quantités de vapeurs d'iode, lorsqu'on la traite par l'acide sulfurique pour la transformer en superphosphate.

A l'ouest de Bellegarde, dans le département du Jura, on a découvert un gisement de phosphate exploitable, mais non encore exploité : c'est le gisement de Lains; il est assez rapproché de la gare de Simandre, sur le chemin de fer de Bourg à Nantua. Le phosphate de Lains présente une grande similitude avec celui de Seyssel. A Lains, comme à Seyssel, il forme un banc compact d'une espèce de lumachelle blanchâtre et tendre, dans laquelle on distingue facilement les moules plus ou moins altérés de la plupart des fossiles bien connus du gault et du grès vert. La couche de phosphorite de Lains y est en effet subordonnée à des sables verts, épais d'une dizaine de mètres à peine et surmontés par de la craie marneuse blanche. L'argile bleuâtre du gault y fait presque complètement défaut, comme à Bellegarde et à Seyssel.

La phosphorite de Lains n'a besoin d'aucun lavage préalable pour être soumise à la mouture et être livrée au commerce. Le banc exploitable, au lieu d'être redressé verticalement comme celui de Seyssel, incline seulement un peu vers l'est. Son épaisseur moyenne est d'environ 0^{m},50, et la teneur en phosphate réel est de 46 à 48 p. 100. Le phosphate de Lains pourra être exploité à ciel ouvert, et en partie en galeries souterraines, sur une longueur d'environ 2 kilomètres et sur une largeur de 600 à 800 mètres.

M. Poncin, qui a découvert le gisement de Lains, a aussi examiné quelques lambeaux de grès verts qui existent dans le département du Jura; mais, dans aucun d'eux, il n'a trouvé une couche de phosphate exploitable[1].

---

1. M. Delattre, *Étude sur les gisements français de phosphate de chaux.* 1882.

Lac d'Annecy. — Panorama de Talloires.

A mesure que l'on s'avance vers le sud, on voit le système infracrétacé se développer en masses de plus en plus considérables. En même temps la nature des roches dont il est composé et même celle des fossiles que l'on y trouve subissent quelques modifications, parce que les dépôts ont été formés dans des mers plus profondes. C'est le type pélagique ou provençal de l'infracrétacé qui commence à se montrer à partir des Alpes de la Suisse et de la Savoie, et nous allons le trouver jusqu'en Provence et dans tout le bassin de la Méditerranée. Il se montre déjà en Savoie aux Voirons, au Salève et dans le grand massif des Beauges, qui s'étend depuis la vallée de l'Arve jusqu'aux environs de Chambéry et de Montmélian. Les rochers blancs de l'urgonien entourent le charmant lac d'Annecy. Sur les bords du lac du Bourget, entre Culoz et Aix, le chemin de fer traverse les roches infracrétacées.

---

§ 2. — Le Dauphiné et la Provence.

A la Grande-Chartreuse, toute la formation infracrétacée, avec environ 1,000 mètres de puissance, se développe en amphithéâtre autour du couvent, bâti sur la couche marneuse qui la sépare de la base jurassique de la montagne, et elle domine la vallée de l'Isère jusqu'à Grenoble et Voreppe.

Le néocomien, qui, à lui seul, a 500 à 600 mètres de hauteur, forme des pentes cultivées, gazonnées ou boisées, interrompues de loin en loin par des saillies rocheuses.

Au-dessus d'elles s'élèvent, en crêtes abruptes et en assises épaisses, les calcaires plus compacts et plus blancs de l'urgonien qui ont également une puissance de quelques centaines de mètres. Dans leurs couches inférieures, ces calcaires renferment beaucoup de silex blancs. Dans la moitié supérieure, on trouve quelques bancs de marnes (*marnes à Orbitolines*); mais ils sont trop rares et trop minces pour modifier le caractère général de ce terrain aride et pierreux.

Les calcaires de l'urgonien se décomposent moins facilement que ceux du néocomien. Sur les hauteurs déboisées et sur les pentes rapides, la terre ne se forme pas assez vite pour remplacer celle que les vents et les pluies ont entraînée. Il ne reste que des rochers fissurés et remplis de crevasses ou *avens*, comme les appellent les gens du pays, dans lesquelles les eaux vont s'engouffrer pour se rassembler au niveau des marnes néocomiennes et reparaître en sources abondantes sur les pentes où ces marnes viennent affleurer. Ces sources seraient encore plus belles et surtout plus régulières si la surface des plateaux urgoniens était couverte de forêts, au lieu d'être nue et brûlée par le soleil du Midi. Malheureusement beaucoup de ces forêts ont disparu et il est difficile de les reconstituer dans des rocailles où il n'y a presque pas de terre fine.

La plupart des chaînes subalpines du Dauphiné sont formées par les roches du néocomien et de l'urgonien, recouvertes à l'ouest par quelques lambeaux de grès albiens, par des bandes de molasses tertiaires et par les moraines de l'époque glaciaire. Au-dessous de Valence, ces contreforts calcaires des Alpes se rapprochent du Rhône et, près de Montélimar, ils encaissent des deux côtés le lit du fleuve. Puis la vallée s'élargit de nouveau jusqu'à Saint-Paul-Trois-Châteaux, le Pont-Saint-Esprit et Montdragon.

A Saint-Paul-Trois-Châteaux et, non loin de là, à Clansayes, le grès vert renferme des gisements de phosphates très riches[1]. La principale couche qu'on y exploite est épaisse de plus de quatre mètres et composée moitié de petits grains de phosphate de chaux de la grosseur d'un haricot ou de celle d'un grain de blé, moitié d'un sable argileux à gros grains de quartz ; on y trouve des débris de fossiles assez volumineux.

Les grains de phosphate, ainsi que les débris de fossiles, sont de couleur brun rougeâtre et très durs; pris isolément, ils titrent environ 62 p. 100 de phosphate réel; mais, dans la pratique courante industrielle, on laisse, mêlée à ces grains de phosphate, une certaine quantité de grains de quartz de même grosseur, lesquels, après

1. Dans le même département se trouvent aussi les carrières de phosphates de Vallaurie et des Granges-Gontardes.

la mouture, abaissent le titre de la matière marchande à 50 et même 45 p. 100.

Le phosphate de Clansayes et de Saint-Paul-Trois-Châteaux peut se livrer à des prix excessivement bas, grâce à l'épaisseur exceptionnelle de la couche exploitée, qui donne plus de 2,000 kilog. de petits nodules par mètre carré.

On exploite aussi à Clansayes deux autres couches d'assez gros moules de fossiles phosphatés, qui, toutes deux, fournissent couramment du phosphate marchand titrant de 25 à 55 p. 100 de phosphate réel. Les fossiles de l'une de ces couches (Rozet) sont de couleur brun rougeâtre ; ceux de l'autre couche sont blancs et appartiennent d'une manière exclusive au grès vert inférieur. L'épaisseur de chacune de ces couches varie de 30 à 35 centimètres.

Le gisement d'Espeluche, à 8 kilomètres de Montélimar, ne mérite qu'une simple mention. Il appartient au grès vert supérieur ; ses nodules, couleur chocolat, ne titrent que 34 à 35 p. 100 ; la gangue n'est composée que de carbonate de chaux et de gros grains de sable quartzeux.

D'après l'enquête que le ministère des travaux publics a fait faire en 1886 par le service des Mines, les gisements du grès vert du département de la Drôme ont une étendue probable de 208 hectares et renferment environ 798,000 tonnes de phosphates. Voici plus de détails :

A Saint-Paul-Trois-Châteaux, il y a, sur 49 hectares, 2 couches de 0m,20 à 6 mètres, pouvant contenir 510,000 tonnes.

A Clansayes, il y a, sur 141 hectares, 3 couches de 0m,10 à 0m,80, pouvant contenir 252,000 tonnes.

Aux Granges-Goutardes, il y a, sur 8 hectares, 1 couche de 0m,30, pouvant contenir 16,000 tonnes.

A Vallaurie, il y a, sur 10 hectares, une couche de 0m,30, pouvant contenir 20,000 tonnes[1].

D'après cette même enquête, la composition moyenne de ces phosphates desséchés à 120° est pour 100 :

---

1. Voir, à la fin de ce volume, la carte géologique de la Drôme.

	ACIDE phosphorique.	ACIDE carbonique.	CHAUX.	OXYDE de fer et alumine.	AUTRES éléments.
St-Paul-Trois-Châteaux .	20,03	2,70	30,13	5,31	41,80
Clansayes.	23,50	2,81	32,62	4,77	36,30
Les Granges-Gontardes .	26,00	1,99	36,10	4,90	31,03
Vallauris.	23,00	2,80	30,97	4,90	38,39

Plus bas, autour d'Orange, de Carpentras et d'Avignon, s'étendent les plaines fertiles du Comtat. A l'est, ces plaines sont dominées par la cime imposante du Mont-Ventoux, qui s'élève à 1,912 mètres d'altitude.

On peut donner une idée exacte du Mont-Ventoux, « si bien nommé, dit M. Élisée Reclus, à cause des vents qui en descendent pour balayer les plaines avoisinantes » et des hauteurs qui en dépendent, en les considérant comme un vaste plateau qui, vers le nord, se relève brusquement, de manière à former une arête étroite, dirigée à peu près de l'est à l'ouest. Du côté de l'ouest, cette arête s'abaisse brusquement, mais à l'est elle se prolonge dans le département des Basses-Alpes jusqu'à Sisteron, où elle prend le nom de montagne de Lure. Au nord, les couches qui composent la sommité du Mont-Ventoux sont presque coupées à pic, et leur accès est très difficile de ce côté ; mais au sud leur inclinaison est moins considérable et, en descendant, on se trouve bientôt sur un vaste plateau qui est, à l'ouest, profondément creusé par la Nesque, mais qui se relève plus loin pour former la montagne de Vaucluse, ligne de partage des eaux entre le bassin de Sault et celui d'Apt.

A la base du massif du Mont-Ventoux on trouve, d'après M. Leenhardt, les *marnes néocomiennes* à petites ammonites ferrugineuses et à bélemnites plates. Puis vient une grande épaisseur, variable entre 200 et 800 mètres, de *calcaires à Criocères* et une autre de 500 à 600 mètres de *calcaires siliceux à Ammonites difficilis*, qui fait place, au nord-ouest, à des marnes avec calcaires ferrugineux.

L'*urgonien*, qui apparaît ensuite sur le flanc méridional de la montagne, se compose : 1° d'un calcaire gris ou jaune, *calcaire inférieur à Orbitolines*, qui a 50 à 300 mètres de puissance ; 2° de 150 mètres de calcaires subcrayeux oolithiques à *Requienia ammonia* et

R. Lonsdalei et, à la partie supérieure, 3° de 100 à 150 mètres de calcaires gris à orbitolines et à grands *Ancyloceras* (*Crioceras*) *Matheroni* et *A. gigas*.

Enfin, tout au sommet, l'*aptien* est représenté : 1° par 10 à 15 mètres de calcaire marneux à *Amm. consobrinus;* 2° 40 à 50 mètres de marnes argileuses à *Amm. Dufrenoyi*, et 3° 60 à 80 mètres de marnes griseuses à *Bel. semicanaliculatus*.

A l'ouest, les couches à Réquiénies de l'urgonien manquent, et M. Leenhardt a observé, entre deux assises de calcaire à silex, un calcaire gris à céphalopodes, dit *calcaire de Vaison*, qui contient *Amm. consobrinus*.

Près de Bédouin, sur le flanc méridional du massif, on rencontre l'*albien*, avec 50 à 60 mètres de sables fins, micacés, rouges, jaunes ou verts, et au-dessus des grès glauconieux à *Amm. inflatus*.

« Les calcaires du Mont-Ventoux, dit M. Scipion Gras, sont généralement blanchâtres, à cassure inégale et esquilleuse, tantôt d'un aspect marneux, tantôt à texture subcristalline ; ils renferment des rognons bien arrondis, soit d'un véritable silex, soit d'un calcaire plus compact et plus siliceux que le reste de la masse. On remarque aussi que, par suite des fissures multipliées dont leurs bancs sont traversés, ils sont divisés en un très grand nombre de fragments anguleux, irréguliers, ordinairement peu épais. Ces fragments jonchent la surface du sol, où ils forment une couche presque continue. Lorsqu'on s'est élevé à une grande hauteur sur les flancs de la montagne, on observe que, parmi ces fragments épars à la surface, il en est beaucoup qui sont légers, poreux et dont la couleur est devenue rousse. Ce sont des calcaires auxquels les agents atmosphériques ont enlevé la plus grande partie de leur carbonate de chaux et qui ont été réduits à l'état de squelettes siliceux. On peut ajouter que le plateau du Mont-Ventoux serait un véritable désert, si la nature ne l'avait pas revêtu d'une légère couche argileuse, étrangère au sol, grise ou rougeâtre, véritable chair agricole sur ce roc calcaire. Cette argile ocreuse a la même origine que le bolus que nous avons déjà trouvé dans les montagnes du Jura. Elle remplit les crevasses ou *avens* des calcaires urgoniens et s'est épanchée autour d'eux, lorsque les sources geysériennes de l'époque tertiaire l'ont amenée à jour. Grâce à ce revêtement de terre fertile, un certain nombre de végétaux croissent et même prospèrent sur les flancs du Ventoux et, dans le canton de Sault, partout où elle atteint une certaine épaisseur, seulement de quelques décimètres, on cultive avec succès le froment qui, par la bonté de son grain, l'emporte sur celui que l'on récolte dans les terrains bien plus riches de la plaine; la pomme de terre y est surtout d'excellente qualité. Enfin la garance, malgré l'altitude des lieux, y donnait autrefois de bons produits. »

Les montagnes de Lure, qui forment à l'est le prolongement du massif du Ventoux, ont à peu près la même constitution géologique. Leur base est formée par les marnes et les calcaires du néocomien, appuyés, du côté de Sisteron, sur les rochers pittoresques qui terminent la série jurassique; puis viennent les calcaires sonores à silex noirs de l'aptien inférieur qui n'ont que quelques mètres à Sisteron, mais qui augmentent d'épaisseur vers l'ouest et qui, d'après les observations de M. Kilian, passent *latéralement,* près de Banon et de Simiane, aux assises crayeuses et blanches à *Requienia gryphoïdes* de l'urgonien, nouvel exemple qui montre que, dans la zone infracrétacée de la Méditerranée, les calcaires à Réquiénies, épars au milieu des calcaires à Criocères et à *Scaphites Yvani,* jouent le même rôle que les récifs coralliens dans la Méditerranée jurassique; l'étage aptien et l'étage urgonien n'y sont pas toujours *superposés,* mais souvent ils sont *juxtaposés* et, au lieu de les distinguer, il vaut mieux les réunir sous le nom d'*étage urgo-aptien.*

La partie supérieure de cet étage est représentée par des *marnes noires à Plicatules* et par des calcaires jaunâtres à *Ostrea aquila;* quand les uns sont très développés, les autres le sont peu, et réciproquement.

Au-dessus de l'étage urgo-aptien, M. Kilian a signalé, dans les montagnes de Lure, une couche de marnes à *Bel. minimus* qui correspond au *gault* ou *albien inférieur* et qui contient des rognons de phosphate de chaux. La partie supérieure du gault se compose de grès glauconieux qui renferment également, près de la chapelle d'Ongles, des nodules phosphatés et qui sont recouverts par des assises cénomaniennes.

Au sud de la montagne de Vaucluse, les calcaires néocomiens et urgoniens disparaissent sous les argiles aptiennes et les terrains tertiaires qui couvrent le bassin du Caulon; ils s'étendent au nord-est jusqu'au delà de Forcalquier. Puis ils se relèvent pour former le Mont-Léberon, dont la constitution géologique ressemble à celle du Mont-Ventoux, quoique son point le plus élevé ne soit qu'à 1,125 mètres.

Ch. Martins a fait une étude très intéressante de la flore du Mont-Ventoux. A sa base la température moyenne est de 13 degrés; à son sommet, couvert de neige pendant sept mois, elle n'est que d'environ 2 degrés.

Ces différences de température ont déterminé des zones de végétation qui varient à mesure que l'on gravit la montagne.

A sa base, c'est le climat de la Provence, avec les oliviers que l'on trouve jusqu'à 500 mètres de hauteur, et les pins d'Alep qui vont jusqu'à 430 mètres. Sous ces arbres abondent le romarin et le genêt d'Espagne.

La seconde zone, qui s'élève à 600 mètres, est celle des chênes verts, accompagnés de genévriers, d'euphorbes, etc...

Une troisième zone est déterminée par les conditions physiques du sol. Ce sont les calcaires fendillés qu'a décrits M. Scipion Gras; sur leurs surfaces pierreuses on ne rencontre que de maigres cultures ou des touffes de buis, de thym et de lavande, clairsemées jusqu'à 1,050 mètres de hauteur. Autrefois cette zone était boisée; mais les forêts ont été détruites et les terres, abandonnées sans protection à l'action érosive des agents atmosphériques, ont été ravinées par les eaux ou enlevées par le mistral.

De 1,150 à 1,600 mètres, c'est la zone des hêtres, que l'on peut distinguer depuis la plaine, formant une ligne grisâtre au-dessus de la zone dénudée qui la précède. Les arbres ne se développent bien que dans les ravins abrités; sur les parties découvertes, il n'y a que des bouquets épars.

Plus haut, les hêtres disparaissent et les pins de montagne peuvent seuls résister au froid et à la violence des vents; ils montent jusqu'à 1,810 mètres, limite de la végétation arborescente.

De là jusqu'au sommet, on ne trouve plus que des plantes herbacées, des paturins, des saxifrages, des germandrées et quelques genévriers, couchés par le poids des neiges.

Ce que disait C. Martins de la zone dénudée qui se trouve au-dessus de 600 mètres a cessé d'être vrai ou du moins est en bonne voie de ne plus l'être. C'étaient des terrains communaux appartenant en grande partie aux villages de Bedoin et de Plassan; grâce à la loi de 1860, l'administration forestière a pu y faire d'importants reboisements en chêne blanc (chêne pubescent) et chêne vert jusqu'à 1,110 mètres d'altitude, en essences résineuses au delà. Dans les parties inférieures, les semis ont été faits par bandes ouvertes à la charrue, puis à la pioche. Mais, à mesure que l'on s'élevait, on trouva un sol de plus en plus pierreux, et il fallut avoir recours à de grands potets de 1 mètre de côté et espacés, de centre en centre, de 4 mètres. Le but de cet espacement considérable était de favoriser la production des truffes, qui réussissent fort bien sur ces terres sèches, calcaires et surtout ferrugineuses, analogues à celles des formations jurassiques et crétacées du Périgord.

Voici l'analyse du sol de deux bonnes truffières de Vaucluse, donnée par M. Grimblot, inspecteur des forêts, dans un intéressant mémoire sur la truffe :

Analyse mécanique.

	Bedoin.		Plassan.	
Petits cailloux calcaires . .	30,00	p. 100	37,00	p. 100

Analyse physico-chimique.

Eau	8,53	—	7,35	—
Sable siliceux	31,75	—	36,60	—
Sable calcaire et calcaire pulvérulent	17,87	—	14,74	—
Argile	37,15	—	38,00	—
Humus ou matière noire. .	4,70	—	3,31	—

Analyse chimique.

Oxyde de fer et d'alumine .	9,810	—	9,250	—
Acide phosphorique. . . .	0,069	—	0,055	—
Chaux	0,507	—	1,330	—
Potasse et soude	0,636	—	0,372	—
Magnésie	0,123	—	0,046	—
Azote.	0,169	—	0,119	—

Ces deux truffières, sensiblement de même valeur, sont situées au pied du Mont-Ventoux, l'une sous un chêne vert (à Bedoin) et l'autre sous un chêne pubescent.

La perméabilité du sol a aussi une influence très sensible sur la production de la truffe; il n'y a pas de truffières dans les terrains à sous-sols imperméables et humides.

Il ressort aussi des faits observés que les forêts bonnes productrices de truffes sont aux expositions chaudes; aux expositions nord, non seulement la production est moindre, mais la qualité des produits est aussi inférieure.

Enfin, au fur et à mesure que l'on s'élève en altitude, le nombre des truffières diminue, et elles sont de moins en moins productives; la qualité de la truffe diminue également. C'est ainsi, dit M. G. Grimblot, qu'au Mont-Ventoux les truffes ordinaires ou truffes noires, recueillies dans les derniers peuplements de chênes et dans les hêtres (à environ 1.000 mètres d'altitude) sont peu nombreuses, plus petites et moins parfumées que celles des régions inférieures[1].

Ces reboisements et ceux que l'administration forestière a également faits sur les montagnes de Vaucluse et du Léberon contribueront à augmenter et surtout à régulariser le débit de la fontaine ou Sorgues de Vaucluse et des autres rivières qui prennent naissance dans ce vaste triangle, incliné vers l'ouest, dont le sommet se trouve à Sisteron, tandis que son côté nord longe les monts de Lure et du Ventoux, et son côté sud le mont Léberon. Ses calcaires, fissurés et percés d'*avens* dont quelques-uns ont jusqu'à 100 mètres de profondeur, reposent sur les marnes inférieures du néocomien et sur les assises compactes de l'oxfordien qui retiennent les eaux et les déversent à l'ouest sur les plaines du Comtat. M. Bouvier, ingénieur en chef des ponts et chaussées, estime la surface de ce bassin alimentaire à 165,000 hectares. De 1874 à 1878, il y est tombé en moyenne $0^{m},55$ de pluie par an, c'est-à-dire un volume total de 907,500,000 mètres cubes. En divisant ce chiffre par 31,536,000, nombre de secondes dans l'année, on trouve un peu plus de 28 mè-

1. P. Mouillefert, *Journal d'agriculture pratique.*

tres cubes par seconde. Or, de 1874 à 1878, le débit moyen de la fontaine de Vaucluse a été de 17 mètres cubes par seconde.

Il est vrai que plusieurs autres rivières, l'Ouvèze qui passe à Vaison, l'Auzon, la Nesque, etc., prennent également une part des eaux que fournit ce bassin. Comme la Sorgues, ces rivières ont été habilement employées à arroser les plaines du Comtat et à en faire une sorte de petite Lombardie.

Tandis que, plus haut dans les Alpes, les pluies torrentielles, tombant sur les couches imperméables et déboisées du lias, les ravinent, entraînent la terre arable et appauvrissent le pays de plus en plus, les eaux sont absorbées et emmagasinées dans les *avens* des calcaires néocomiens qui leur servent de bassins régulateurs et, grâce aux irrigations, elles sont devenues le principal élément de richesse du département de Vaucluse. Barral porte à 2,115 hectares la surface irriguée par les Sorgues qui sortent de la fontaine de Vaucluse, et à 1,726 chevaux-vapeur la force nette utilisée par les usines construites sur ces canaux ; il estime de 8 à 9 millions par an l'accroissement de richesse qui en résulte pour la contrée. Arthur Young n'avait-il pas raison de dire que la source de Vaucluse, à jamais célèbre dans les annales de la poésie et de l'amour, doit l'être tout autant dans celles de l'agriculture ?

Le nom de *Vaucluse* vient de *vallis clausa*, le val fermé ; et, en effet, la fontaine sort au pied d'une roche escarpée qui ferme la vallée comme un rempart de pierre. « Au-dessus et de chaque côté de la source, dit M. Mézières dans son étude sur Pétrarque, montent en demi-cercle d'énormes murailles d'un ton gris, quelquefois veiné de rouge, dont la partie supérieure, dentelée et déchirée, découpe vaguement sur l'horizon des formes de créneaux et de tourelles gothiques. Çà et là un trou béant, un nid d'aigle ou un pin suspendu entre ciel et terre, cramponné par ses racines aux flancs du rocher, marquent d'une tache noire les parois de cette forteresse naturelle.

« A la racine même de ces rochers, s'ouvre une caverne d'où jaillit la rivière qui descend aussitôt par une pente rapide, bondissant avec fureur au milieu des blocs noirâtres qu'elle couvre d'une écume blanche. Dès qu'elle se repose, dès qu'elle ne rencontre plus d'obsfacles, elle étend entre deux rives fleuries une nappe limpide, d'une couleur merveilleuse, dont je n'ai trouvé nulle part, ni dans les Alpes, ni dans les Pyrénées, ni en Italie, ni en Espagne, ni en Orient, les teintes douces et transparentes. Le lac de Zurich est moins pur, le lac de Côme plus bleu, la Méditerranée plus foncée, les fleuves célèbres, le Pénée, l'Alphée, l'Achéloüs, sont plus argentés ; le Styx et l'Achéron plus noirs ; l'Arno, le Tage, le Guadalquivir, le Rhône plus troubles. La Sorgues seule, d'un vert tendre à la surface et jusqu'au fond de son lit, ressemble à une plante qui se serait fondue en eau. C'est *comme une herbe liquide* qui court à travers les prés. »

En multipliant l'action du soleil du Midi par celle de l'eau, suivant la formule du comte de Gasparin, on produit une riche végétation. Mais, en même temps, il faut que cette eau ait une composition chimique favorable au développement de cette riche végétation. Or, que contient l'eau de la Sorgues ? — Elle contient par litre :

Alumine, silice, fer carbonaté.	0gr,0053
Carbonate de chaux.	0 ,1633
Carbonate de magnésie.	0 ,0053
Sulfate de chaux	0 ,0147
Sulfate de magnésie.	0 ,0004
Résidu total.	0gr,1889

Du carbonate et du sulfate de chaux, un peu de carbonate et de sulfate de magnésie, des traces de fer, voilà tout ce que les eaux de pluie ont pu dissoudre en traversant les roches néocomiennes et urgoniennes. Ce sont des eaux pauvres en matières fertilisantes ; ce n'est pas encore de *l'herbe liquide* ; pour obtenir de leurs prairies irriguées trois coupes par an ou 7,000 à 8,000 kilogr. de foin par hectare, les cultivateurs du Comtat sont obligés d'ajouter à la formule du comte de Gasparin son troisième facteur, l'*engrais*.

Non loin de là, sur la Durance, se trouve Orgon, qui a donné son nom à l'*étage urgonien*. Cet étage y est représenté par un calcaire crayeux et très blanc, à Réquiénies, Polypiers et Nérinées très grandes. A sa base il renferme des silex.

Ces calcaires à Réquiénies sont, d'après M. de Lapparent, des récifs qui jouaient, relativement à l'infracrétacé, le même rôle que jouaient les calcaires coralliens dans la période oolithique. L'étage urgonien n'est bien distinct que dans certaines régions; ailleurs les calcaires à Réquiénies sont remplacés, comme dans le sud du Dauphiné et en Provence, par les calcaires à Criocères et à *Scaphites Yvani*, qui se sont formés à la même époque, mais plus loin des côtes.

De plus, M. Lory a constaté que les marnes noires de l'*étage aptien* (à *Belemnites semicanaliculatus*) ne se développent que là où l'urgonien à *Requienia* s'efface. Ainsi, dans le sud du Dauphiné, sur la colline de Gargas, aux environs d'Apt, où l'aptien atteint 200 mètres d'épaisseur, sa partie inférieure se compose de marnes argileuses bleuâtres (*marnes de Gargas*), très riches en *plicatules* et en ammonites ferrugineuses, et sa partie supérieure, de calcaires marneux blanc jaunâtre avec *Ostrea aquila* et *Ancyloceras Renauxianus*. A la Bedoule, ces *Ancyloceras* ou *Crioceras*, céphalopodes à tours déroulés, qui sont les fossiles les plus caractéristiques de cet étage, atteignent d'énormes dimensions. Dans certaines localités, près de Brantes, près de Gigondas, etc., les assises marneuses de la base alternent avec des bancs de calcaires marneux qui sont bleus à l'intérieur et jaunes à la surface, et qui, en se délitant, se divisent en un grand nombre de fragments irréguliers. Dans la partie supérieure de l'étage, ce sont de petits lits de *grès verdâtres* qui alternent avec les marnes. Ils préparent la transition à l'étage suivant, l'*albien* (*gault* ou *grès vert*), qui débute ordinairement par des calcaires roux, sableux (*lumachelle du Gault*) et pétris de fossiles brisés. Puis viennent des sables et des grès grossiers.

La ville d'Orange est bâtie au pied d'une colline de grès vert dont la hauteur au-dessus de la plaine environnante est de 50 à 60 mètres. Les couches de sable et de grès siliceux qui composent cette colline plongent légèrement vers le sud-est, et disparaissent bientôt à l'est et au sud sous une couche épaisse de cailloux roulés quaternaires; mais à l'ouest, leurs tranches sont coupées à pic et leur succession est facile à étudier. Tout à fait à la base, on observe, sur une hauteur de 12 à 15 mètres, des grès quartzeux jaunâtres, tendres à leur partie inférieure, ce qui a permis d'y creuser des caves. Plus haut, ils acquièrent de la dureté et deviennent distinctement stratifiés; on y voit beaucoup de coquilles brisées, indéterminables. Immédiatement au-dessus, il y a des bancs de grès d'une nature à peu près semblable, sauf qu'ils sont pénétrés de points verts et qu'ils renferment beaucoup d'*Ostrea columba ;* leur épaisseur est de 2 à 3 mètres. Ces bancs fossilifères sont suivis d'une nouvelle série de grès siliceux, à grains fins, en général ocreux, et à ciment calcaire, qui forment le reste de l'escarpement. Le carbonate de chaux paraît devenir de plus en plus abondant à mesure que l'on s'élève et, tout à fait au sommet de la colline, les couches sont exclusivement composées d'un calcaire en général blanchâtre et d'un aspect crayeux, que l'on emploie pour les constructions.

A Rustrel, à Villars, près d'Apt, et à Gignac, on exploite des phosphates qui appartiennent à l'étage albien ou en proviennent indirectement[1].

Voici ce qu'en dit M. Ch. Delattre dans sa *Notice sur les gisements français de phosphate de chaux :*

Les gisements de Rustrel appartiennent à deux formations géologiques bien distinctes, et ils fournissent deux qualités de phosphates très différentes. Le gisement inférieur, celui dit de Notre-Dame-des-Anges, et celui près du village de Rustrel appartiennent aux grès verts, auxquels ils sont subordonnés, et dont ils contiennent les moules de fossiles mêlés à de très petits nodules, les uns verts, les autres rosés. La couche de ces petits nodules, mélangés avec une quantité égale de sable vert et constituant une espèce de grès très tendre, atteint 3 mètres d'épaisseur. Ce phosphate contient peu de carbonate de chaux, et titre de 45 à 50 p. 100 de phosphate réel; une faible partie est exploitable à ciel ouvert.

Le gisement supérieur de Rustrel, Villars, etc., appartient, selon M. Poncin, au terrain *sidérolithique.* Il se compose de petits galets, ou plutôt de plaquettes, épaisses de 1 à 4 centimètres, souvent larges et longues de plus de 10 centimètres, d'un phosphate blanc, dur, contenant peu de fer et de carbonate de chaux; la gangue est presque entièrement constituée par un sable siliceux très blanc et très fin. Le titre de cette espèce de phosphate est souvent très élevé; mais cette richesse est malheureusement peu constante, puisque certains galets titrent 75 p. 100 de phosphate réel et que

1. Voir, à la fin du volume, la carte géologique de Vaucluse.

d'autres ne titrent que 50. La teneur moyenne dépasse cependant 60 p. 100.

Ces plaquettes de phosphate, complètement dépourvues de fossiles, comme les sables qui les accompagnent, affectent généralement une position horizontale; de nombreuses coupes naturelles du terrain les montrent alignées comme des notes de musique, dans les sables sidérolithiques, sur une épaisseur variable qui atteint souvent 10 mètres. M. Poncin suppose que ces phosphates se sont formés aux dépens de ceux des grès verts : des émissions d'eau acide, chargée de phosphate enlevé à la couche des grès verts, seraient venues déposer, dans les sables *sidérolithiques* superposés, le phosphate de chaux sous forme de plaquettes.

Voici l'analyse de ces phosphates :

	NOTRE-DAME-DES-ANGES.	ENVIRONS D'APT. 1.	ENVIRONS D'APT. 2.
Eau à 100°	1,60	1,90	0,89
Matières volatiles au rouge sombre	3,80	2,40	2,60
Acide phosphorique	21,10	28,01	31,66
— sulfurique	0,17	0,08	0,17
— carbonique	1,05	1,30	1,60
Fluor	1,31	1,55	1,75
Chaux	27,79	37,35	40,99
Magnésie	traces.	0,07	0,14
Alumine	2,87	0,85	1,15
Oxyde de fer	3,28	1,10	1,28
Silice	36,60	24,60	17,30
Total	99,60	99,21	94,44
A déduire l'oxygène équivalent au fluor	0,41	0,65	0,73
	99,16	98,56	98,71
Matières non dosées et pertes	0,84	1,44	1,29
	100,00	100,00	100,00
Équivalent de l'acide phosphorique en phosphate de chaux	46,06	61,14	69,11
Équivalent de l'acide carbonique en carbonate de chaux	2,39	2,95	3,63
Équivalent du fluor en fluorure de calcium	2,75	3,18	3,58

Les calcaires urgoniens forment quelques-unes des collines qui s'élèvent au milieu de la plaine de Vaucluse, à Caumont, Château-Renard, Thor, Châteauneuf-Calcernier, Mont-de-Vergues et Avignon (rocher des Doms). Quant à la Montagnette, située entre Avignon et Tarascon, elle se compose presque entièrement de néocomien. Il en est de même de la chaîne des Alpines; on y trouve, au-dessus du calcaire à spatangues, le calcaire à silex blanc que M. Carez considère comme la base de l'urgonien, mais l'urgonien véritable ne s'y montre pas. Le calcaire à silex blanc est immédiatement recouvert par un calcaire à fossiles d'eau douce (*calcaire à Lychnus*), qui appartient à l'étage le plus élevé de la série crétacée *garumnien*).

M. Paul de Gasparin a fait l'analyse des eaux de quelques sources qui prennent naissance dans la chaîne des Alpines et il a dosé par décalitre :

DOSAGE PAR DÉCALITRE en milligrammes.	SOURCE				
	des Baux.	du Paradou.	à Pomerol.	à Fontenille.	à Véran.
	mm.	mm.	mm.	mm.	mm.
Acide silicique	72,0	79,0	77,0	70,9	78,0
— phosphorique	2,1	3,4	2,25	2,0	2,44
— sulfurique	traces.	29,0	15,4	15,0	580,0
— chlorhydrique	91,9	74,0	74,0	64,0	123,0
— carbonique	1532,0	2112,0	2768,0	2940,0	2552,0
Chaux	870,0	1265,0	1693,0	1807,0	1880,0
Magnésie	75,0	56,0	44,0	54,0	108,0
Soude	80,0	63,0	63,0	55,0	104,0
Potasse	30,0	9,0	21,15	67,0	47,0
Totaux	2755,1	3690,4	4757,4	5074,0	5474,44

Dans la *Provence maritime*, presque toutes les formations géologiques sont représentées, et les divers étages de la série crétacée y occupent une large place. Appuyés sur les terrains jurassiques et sur un noyau central de roches primitives, ils s'élèvent à de grandes hauteurs dans les Alpes-Maritimes. Ils s'abaissent du côté du Var; mais au nord de Draguignan, à la Cabrière, ils sont encore à 1,130 mètres; puis ils vont rejoindre, vers le sud-ouest, les montagnes qui se terminent par la Sainte-Beaume et la Carpiane, près de Marseille.

A l'ouest de la Provence, le néocomien renferme quelques couches marneuses, mais le reste de l'étage se compose de calcaires blancs, compacts, en assises qui ont souvent plusieurs centaines de mètres de puissance. C'est le type méditerranéen. A l'est, au contraire, nous retrouvons le type des environs de Neuchâtel, en Suisse, avec ses marnes grises, bitumineuses, et ses calcaires marneux ou sableux, de couleur jaune à l'extérieur, bleuâtre à l'intérieur, et ses fossiles caractéristiques, *O. columba*, etc...

Le premier type fait des terres moins fertiles que le second. Ce sont des rochers blancs, fissurés et par suite sans eau, comme les calcaires jurassiques qui se trouvent au-dessous et les calcaires urgoniens qui les surmontent. On ne trouve ordinairement à leur base que des olivettes souffreteuses et plus haut quelques bois de pins ou des garrigues incultes où les moutons trouvent un maigre pâturage.

Quant à l'*aptien* provençal, il se compose tantôt de calcaires argileux, de teinte verdâtre et bariolée, tantôt de marnes grises et de calcaires à rognons de silex, qui servent quelquefois à la fabrication du ciment ou de la chaux hydraulique.

M. de Molon a signalé des nodules phosphatés dans l'*albien* des environs de Grasse, et M. Fallot en a trouvé à Eze, près de Nice, dans une glauconie à cailloux roulés, qui recouvre un lit de calcaire blanc, également glauconieux; mais je ne crois pas que ces dépôts soient exploitables.

---

§ 3. — L'Ardèche, le Gard et l'Hérault.

Sur la rive droite du Rhône, nous trouvons les terrains infracrétacés dans le département de l'Ardèche, appuyés sur les calcaires jurassiques qui entourent le massif granitique des Cévennes, dominés au nord par les anciens volcans des Coirons et recouverts sur certains points, principalement au sud, par des dépôts tertiaires.

Ces terrains couvrent également de grandes surfaces dans le Gard, à peu près le quart de ce département; mais dans celui de l'Hérault, ils ne se montrent que sur quelques points, en petits îlots, comme celui qui s'élève au nord de Prades et d'où sort la belle source du Lez.

Près de Saint-Hippolyte, le néocomien a 200 mètres de puissance et se compose, d'après MM. Jeanjean et de Rouville, de bas en haut de :

1) 50 mètres de calcaire à *Natica Leviathan, Belemnites latus*, etc.;

2) 20 mètres de marnes grises à *Bel. latus*, etc., ammonites ferrugineuses;

3) 15 mètres de marnes jaunes à *Bel. pistilliformis;*

4) 55 mètres de marnes grises à *Amm. radiatus*, etc.;

5) 75 mètres de calcaires à *Toxaster complanatus* et *Ostrea Couloni*.

Le calcaire de l'assise inférieure, ou *berriasien*, est exploité à Bérias comme pierre de taille.

Les marnes jaunes et grises qui les recouvrent constituent un niveau d'eau qui donne lieu à des sources importantes, par exemple, la célèbre fontaine de Nîmes, celle de Langlade, etc.

Les *calcaires à Spatangues* (*Toxaster complanatus*) sont très fissurés. Sur les bords de ces fissures, les blocs sont devenus jaunes par suite de l'oxydation du fer qu'ils contiennent, tandis que l'intérieur de leur masse est de couleur gris bleuâtre.

Dans une carrière des environs de Nîmes, j'ai vu des racines de vernis du Japon qui avaient pénétré à plus de 15 mètres de profondeur à travers les fentes du rocher; on pouvait les reconnaître aisément aux drageons qu'elles avaient poussés depuis qu'on les avait découvertes en exploitant la carrière.

Dans la partie supérieure de cet étage, on trouve souvent des couches de lumachelles jaunâtres, qui rappellent le calcaire jaune de Neuchâtel. Quelquefois cette partie supérieure est marneuse et alors il y a des sources à son point de contact avec les calcaires de l'urgonien qui la dominent.

Toutes ces assises marneuses forment des terres fortes, mais assez fertiles, par exemple, dans l'Ardèche, celles des plaines de Thoulouse jusqu'au pied de la montagne de la Serre, près de Chomérac, etc., et dans le Gard, celles du creux de la Vaunage, la plaine de Pompignan, la plaine de Moulezan, etc.

M. Chauzit, professeur d'agriculture du Gard, a fait l'analyse de deux terres de ces marnes néocomiennes, provenant l'une (*a*) d'un vignoble de la commune de Saint-Théodorit, et l'autre (*b*) du domaine de Florian, qui appartient à M. Cabane, membre du conseil général du Gard. Elles renfermaient :

		(a)	(b)
Analyse physique.	Argile	37,88	32,13
	Calcaire	59,72	64,17
	Sable	2,40	3,70
		100,00	100,00
Analyse chimique.	Azote	0,0734	0,085
	Potasse.	0,112	0,082
	Acide phosphorique . .	0,036	0,070

M. Jeanjean dit que sur ces terres, les variétés de vignes suivantes : le Jacquez, l'Othello, le Solonis et le Riparia tomenteux à larges feuilles, greffés en Aramon, Grenache, Alicante-Bouschet, Œillade, Clairette ou Espar, paraissent très bien réussir. Il est bon d'employer alternativement du fumier de ferme et des engrais chimiques riches en phosphates et en sels de potasse.

M. Forcapel distingue dans l'*étage urgonien* de l'Ardèche et du Gard les sous-étages suivants :

1° Calcaires à Criocères (150m), } sous-étage
2° Calcaires à silex et à lumachelles (200m) ; } *cruasien*.

3° Calcaires et marnes à *Toxaster Ricordeanus* (200 à 300m), sous-étage *barutélien*.

4° Calcaires à Réquiénies (300m), sous-étage *donzérien*.

Les calcaires à Criocères fournissent une excellente chaux hydraulique, entre autres dans les carrières du Teil. Ces calcaires s'avancent en promontoire jusqu'à la rive droite du Rhône, laissant à peine un passage à la route nationale. Les couches sont puissantes et de facile extraction. Favorisées par la bonne qualité de la chaux et la facilité du transport, ces carrières sont exploitées d'une manière très lucrative et sur une vaste échelle. D'autres carrières, de même nature, sont exploitées à Cruas, Vivier, etc.

Les calcaires du sous-étage (3e) sont exploités dans les carrières de Roquemaillère, de Barutel et de Lens, qui ont fourni de tous temps la plupart des matériaux de construction employés dans la ville de Nîmes.

L'ensemble de l'urgonien forme des massifs montagneux dont les uns sont couverts de belles forêts de chênes verts, par exemple, le Bois de la Chaux, près d'Uzès, tandis que d'autres ne sont que des garrigues sèches et arides.

La culture n'occupe que les parties basses de ces massifs et les dépressions où la terre meuble a pu s'accumuler à la surface des roches fissurées qui forment le sous-sol. Elle occupe surtout les points où les couches marneuses affleurent, et, comme nous l'avons vu, ces marnes se trouvent beaucoup plus dans le néocomien que dans l'urgonien.

Dans le voisinage de leurs villages, sur les flancs des vallées nombreuses qui découpent les plateaux calcaires de l'Ardèche, les paysans cévenols, infatigables au travail, ont cherché à augmenter leurs domaines cultivables, en défonçant les pentes rocailleuses et employant les pierres les plus dures à construire des murs de soutènement, au-dessus desquels ils ont transporté et accumulé les terres meubles. Ils ont bâti ainsi des terrains superposés, sur lesquels ils ont planté des oliviers, des vignes et des mûriers. Ces cultures arbustives étaient celles qui réussissaient le mieux dans ces conditions et pendant longtemps elles ont été des sources de richesse pour les parties jurassiques et crétacées des départements de l'Ardèche et du Gard.

C'est sur la limite des deux formations, mais encore dans les terrains néocomiens et près de Villeneuve-de-Berg, que se trouve situé le domaine de Pradelles, où vivait au XVIe siècle Olivier de Serres.

Dans l'un de ses voyages en France, en 1789, Arthur Young y a fait une visite et voici comment il la raconte[1] :

« Je contemplais la demeure de l'illustre père de l'agriculture française, de l'un des plus grands écrivains sur cette matière qui eussent alors paru dans le monde, avec cette vénération que ceux-là

1. Arthur Young, *Voyages en France,* traduction de M. Lesage.

sentent seuls qui se sont adonnés à quelques recherches particulières et dont ils savourent en de tels moments les plus exquises jouissances. Je veux ici rendre honneur à sa mémoire, deux cents ans après ses efforts. C'était un excellent cultivateur et un excellent patriote, et Henri IV ne l'eût pas choisi comme l'agent principal de son grand projet de l'introduction de la culture des mûriers en France, sans sa renommée considérable, renommée gagnée à juste titre, puisque la postérité l'a confirmée. Il y a trop longtemps qu'il est mort pour se faire une juste idée de ce que devait être la ferme. La plus grande partie se trouve sur un sol calcaire; il y a près du château un grand bois de chênes, beaucoup de vignes et des mûriers en abondance, dont quelques-uns sont assez vieux pour avoir été plantés de la main vénérable de l'homme de génie qui a rendu ce sol classique. Le domaine de Pradelles dont le revenu est de 5,000 livres, appartient à présent au marquis de Mirabel, qui le tient de sa femme, une descendante des de Serres. J'espère qu'on l'a exempté de taxes à tout jamais.

« Quand on montra, comme on me l'a montrée, la ferme d'Olivier de Serres à l'évêque actuel de Sisteron, il remarqua que la nation devrait élever une statue à la mémoire de ce grand génie. »

Aujourd'hui le vœu de l'évêque de Sisteron est accompli. La statue d'Olivier de Serres a été érigée en 1882 à Aubenas; mais, hélas! elle s'élève au milieu d'un pays dont l'agriculture est presque ruinée. Le mûrier, qu'Olivier de Serres lui avait appris à cultiver, ne donne plus qu'un faible revenu. La découverte de Pasteur a sauvé les vers à soie; mais le prix de la soie a baissé par suite de la concurrence étrangère, tandis que les salaires ont beaucoup augmenté. La plupart des grands propriétaires ont renoncé à faire de la soie; les vers ne sont plus guère élevés que par les petits propriétaires qui peuvent le faire en famille et pour ainsi dire sans dépense et qui y trouvent encore un modeste bénéfice, quand l'éducation réussit. Du reste, il est certain que les petites éducations ont plus de chance de succès que les grandes.

Quant à la vigne, elle n'est plus qu'un souvenir sur les coteaux rocailleux qu'elle aimait autrefois. Le traitement des cépages français par les insecticides y échoue et les cépages américains n'y viennent pas bien ; on ne peut les employer que dans les terres marneuses dont nous avons parlé plus haut et dans les alluvions profondes des vallées. Dans les temps heureux où les cultures arbustives étaient si prospères, on avait négligé la production des fourrages et l'élevage du bétail. Il faudrait y revenir aujourd'hui, pour se procurer en même temps des engrais qui aideraient à reconstituer une partie des vignes et à sauver le reste des cultures arbustives. Mais, pour cela, il faudrait deux choses : de l'eau et des engrais complémentaires, surtout de l'acide phosphorique et de la potasse. Les eaux ne manquent pas dans les Cévennes ; celles qui sortent des granites sont riches en potasse, celles qui ont traversé des roches basaltiques le sont plus encore, et si on pouvait les employer sur les calcaires jurassiques et crétacés, elles y seraient très utiles au point de vue chimique comme au point de vue physique. Mais, au lieu de faire du bien, ces eaux ne font que du mal. Les montagnes ont été déboisées ; et le département de l'Ardèche est un de ceux où les inondations font le plus de ravages.

Quant aux phosphates, la plupart des terres cultivées n'en renferment pas assez, Mais on en a découvert des gisements abondants dans les calcaires de l'urgonien inférieur et dans les grès verts du département du Gard et de l'Ardèche. Les premiers sont exploités à Saint-Maximin, près d'Uzès, ainsi qu'à Tavel et à Lirac dans le canton de Roquemaure.

Voici ce que dit M. Jeanjean de ces gisements de phosphates[1] :

Saint-Maximin[2]. — L'extraction des phosphates de Saint-Maximin, près d'Uzès, a été adjugée, le 5 avril 1884, au prix de 6 fr. 25 c. la tonne, à MM. Gastal et Ardisson, qui les avaient découverts. Les gîtes exploités se trouvent dans la forêt communale, au nord-est du village, au quartier des Avens. C'est, en effet, tantôt dans ces cavités souterraines, tantôt dans de simples fractures de la roche calcaire, que se rencontrent les dépôts de chaux phosphatée. Des travaux de

---

1. *Notice géologique et agronomique sur les phosphates de chaux du département du Gard.*

2. Voir, à la fin du volume, la carte géologique du Gard.

reconnaissance seulement y étaient pratiqués, quand nous avons parcouru les divers chantiers où étaient occupés 24 ouvriers; mais les filons de phosphorite paraissent assez puissants et assez riches pour faire espérer qu'ils donneront lieu à une extension considérable de l'exploitation. La phosphorite s'y présente sous diverses formes, mais principalement en plaquettes rubanées ou à l'état compact, alternant avec des cristaux de chaux carbonatée et des argiles jaunes qui renferment de gros nodules phosphatés.

Deux échantillons de phosphates de Saint-Maximin ont été analysés par M. Audoynaud.

Voici les résultats des analyses :

Saint-Maximin.	Acide phosphorique.	Chaux.	Alumine et oxyde de fer.
N° 1.	34,59	4,38	37,65
2.	31,70	11,72	44,15

Il y avait aussi dans ces échantillons beaucoup d'iode et de fluor.

A côté de ces analyses nous plaçons celles faites par M. de Gasparin :

Provenance.	Acide phosphorique.	Chaux	Sesquioxydes.
Saint-Maximin . .	25,30	30,00	34,60
Rognons épars . .	27,40	37,20	24,90

D'après les résultats de ces diverses analyses, les phosphates de Saint-Maximin sont très riches en acide phosphorique, mais une bonne partie de cet acide est saturée par l'alumine et l'oxyde de fer. Ils se dissolvent avec la plus grande facilité dans l'eau régale ou dans l'acide hydrochlorique et sans résidu appréciable.

Nous rapportons à l'urgonien ou néocomien supérieur les calcaires blancs qui renferment les gîtes à phosphate de Saint-Maximin. On voit, en effet, dans les déblais des exploitations et de certaines fouilles voisines, faites au hasard, au milieu de la roche compacte, de nombreux individus des espèces *Caprotina ammonia* et *Lonsdalei*. Ainsi, partout où se trouvent les couches calcaires de ce niveau stratigraphique, notamment les environs d'Uzès, de Remoulins, de Collias, de la Calmette, de Goudargues, de Lussan, de Brouzet, de Seynes, de Saint-Ambroix, etc., on peut rencontrer des phosphates. On a même trouvé, il y a peu de temps, des indices de phosphorite dans les communes de Seynes et de Drouzet, et une société industrielle a offert à la municipalité de cette dernière localité de faire des recherches dans les bois communaux et de payer, en cas de réussite, une redevance de 3 fr. 50 c. par tonne de phosphate.

Tavel et Lirac. — En 1881, au concours régional agricole de Nîmes, M. Boyer, secrétaire de la Société d'agriculture du Gard, exposa deux magnifiques blocs de phosphorite, extraits des mines de Tavel, qui avaient été découverts, deux années auparavant, par MM. Arnaud et Martel. Depuis lors, l'exploitation de ces gîtes a pris une telle extension, que 300 ouvriers environ, mineurs, rouleurs, trieurs, casseurs, y sont actuellement employés. L'extraction des phosphates a été adjugée à MM. Bayle et Cie, de Nîmes, à raison de 2 fr. par tonne, avec un minimum annuel de 10,000 fr. pour la commune de Tavel et de 5,000 fr. pour celle de Lirac. Les carrières sont situées à 3 kilomètres environ de Tavel, au-dessus même du chemin vicinal de grande communication n° 4, ce qui facilite beaucoup le transport du phosphate à diverses usines, notamment à celle du Pontet (Vaucluse).

C'est aussi dans les cavités, couloirs et fissures de calcaires blancs, légèrement jaunâtres et compacts que se trouvent, à Tavel, les filons et amas concrétionnés de phosphorite. Seulement, au lieu de rencontrer dans la roche encaissante les espèces caractéristiques de l'urgonien, si nombreuses à Saint-Maximin, nous y avons trouvé quelques fragments indéterminables d'ammonites, sans orbitolines, ce qui nous autorise à classer les strates calcaires de ces gîtes à un niveau inférieur correspondant aux sous-étages cruasien et barutélien de M. Torcapel.

Si, comme nous le croyons, c'est bien là l'horizon stratigraphique des calcaires de Tavel, le champ où l'on peut faire des recherches de phosphate, devient plus vaste, puisqu'il renferme non seulement les strates à caprotines, mais encore tous les calcaires compris entre ce niveau et la zone de l'*Echinospatangus cordiformis*. On a donc quelques chances de découvrir de la phosphorite aux environs de

Nîmes, Beaucaire, Comps, Quissac, Saint-Victor-Lacoste, Seynes, Euzet, etc.

Les allures des gîtes phosphatés de Tavel et Lirac sont les mêmes qu'à Saint-Maximin. Les couleurs de la phosphorite sont très variées et souvent disposées en zones concentriques; elle est accompagnée de filons de spath calcaire, de cristaux souvent très beaux de chaux carbonatée et d'argiles rouges avec concrétions noduleuses de phosphate de chaux.

Le dosage de cette phosphorite, fait par M. Boyer et quelques autres chimistes, a donné des titres dont la moyenne est de 72 p. 100 de phosphate de chaux; on y trouve même des fragments titrant 92 p. 100. Deux échantillons soumis à l'analyse par M. de Gasparin, ont produit :

	Acide phosphorique.	Chaux.	Sesquioxydes.
Tavel	21,90	35,20	29,10
Lirac	25,60	23,15	40,20

Les oxydes de manganèse et de fer s'y décèlent par les teintes noire ou jaunâtre qu'ils donnent à certaines parties de la matière phosphatée.

Les endroits où il y a quelque chance de rencontrer des phosphates sont indiqués par des argiles rouges qui affleurent au milieu des calcaires blancs ou jaunâtres de l'urgonien et du néocomien, par exemple, en A B (*fig.* 2). En creusant à ces endroits, on trouve des phosphates en rognons empâtés dans l'argile ou en plaques déposées sur les bords du roc calcaire. Ordinairement les *avens* se composent d'une série de grandes cavités réunies par des couloirs plus étroits. Lorsque le mineur arrive à un de ces étranglements, comme C D ou E F, il emploie la dynamite pour faire sauter le roc qui l'entoure, élargir le passage et y établir une galerie.

Après avoir été sortis de la mine, les rognons et plaques de phosphates sont étendus en couche mince sur un terrain uni où ils se dessèchent; de temps en temps on les remue au moyen d'une herse pour en enlever, aussi bien que possible, l'argile rouge qui les entoure encore. Puis on les mène à une usine située sur un petit cours d'eau près de Tavel; on achève de les laver et on les broie pour les livrer soit directement aux agriculteurs, soit aux fabricants d'engrais, qui les transforment en superphosphates, en les traitant par l'acide sulfurique.

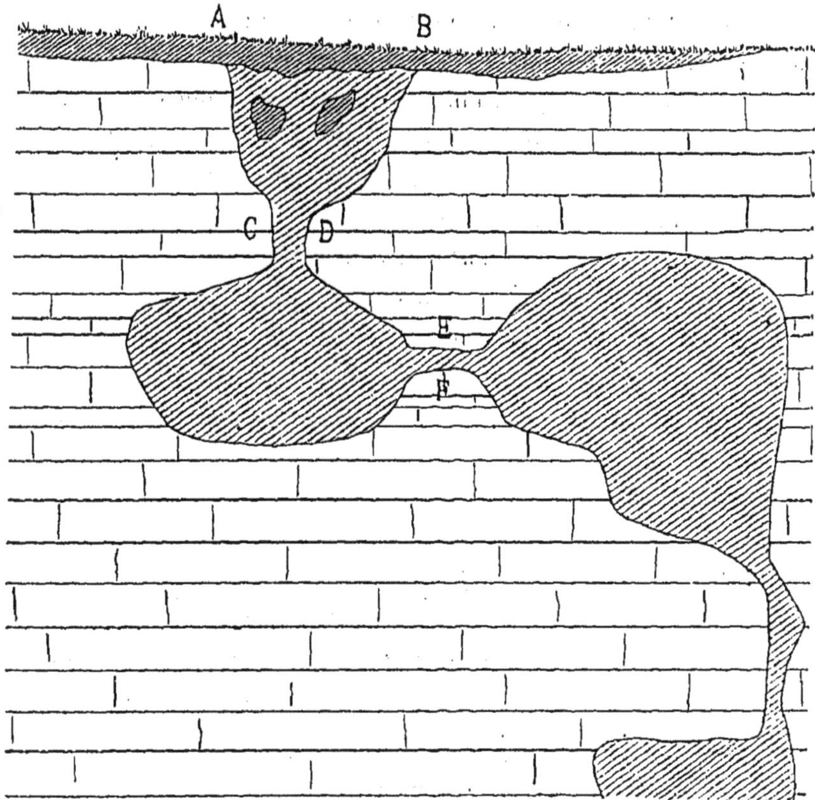

Fig. 2.

Il est probable qu'en suivant ces indications, on trouvera encore de nombreux gisements de phosphates dans les crevasses des terrains jurassiques et crétacés. Leur dépôt paraît avoir été le résultat d'un fait général qui s'est produit, soit à la fin de l'époque éocène, soit au commencement du miocène.

La plupart des géologues leur attribuent, comme à toutes les émissions sidérolithiques de cette époque, une origine geysérienne. Ce sont, comme le dit M. Lombard-Dumas, des stalagmites phosphatées déposées par des eaux *ascendantes* et chaudes qui les tenaient en dissolution. M. Dieulafait, professeur à la Faculté des sciences de Marseille[1], est d'un autre avis : il les considère, au contraire, comme les produits d'eaux *descendantes*. D'après lui, ces eaux provenaient des vastes lagunes, restes des mers éocènes, qui couvraient une partie des terrains jurassiques et crétacés, comme celles qui, dans le bassin de Paris, y déposèrent les gypses de Montmartre. Ces eaux, devenues corrosives par les acides qu'avait formés l'oxydation des substances bitumineuses et des sulfures que contenait la vase des lagunes, agrandirent les fissures et y entraînèrent, avec l'argile ferrugineuse de ces vases, les phosphates qui provenaient des innombrables êtres organisés qui y avaient vécu.

D'après M. Carez, l'*aptien* se compose, dans l'Ardèche et le Gard, de :

a) L'aptien inférieur, qui a 30 mètres de puissance, est formé de *calcaires marneux*, qui renferment en abondance des fossiles de grande taille (*O. aquila*, *Am. cornuelianus*, *Ancyloceras matheronanus*, etc...

b) 30 à 60 mètres de *marnes bleues* avec rares bancs calcaires, renfermant beaucoup de *Bel. semicanaliculatus* ;

c) *Grès et calcaires jaunes*, souvent oolithiques, se délitant en plaques et renfermant en abondance des *orbitolines* et *Discoidea decorata*. Ils ont 25 mètres d'épaisseur et forment ordinairement des crêtes au-dessus des marnes bleues.

Aux environs d'Uzès, les calcaires marneux et les marnes bleues couvrent toute la plaine située entre Serviers et Montaren.

D'après MM. Jeanjean et Hérisson, la reconstitution des vignes réussit bien dans les terres argilo-calcaires de l'aptien, comme dans celles du néocomien inférieur, au moyen des cépages américains : Othellos, Riparias et surtout Jacquez, greffés en Aramon.

Dans sa carte géologique des environs de Pont-Saint-Esprit (Gard), M. de Sarran d'Allard rattache à l'*albien* les grès et cal-

---

1. Dieulafait, *Origine et mode de formation des phosphates de chaux en amas dans les terrains sédimentaires.* (*Annales de chimie et de physique*. 6e série, t. V, 1885.)

caires à *Discoidea* et *orbitolines*. Mais, dit-il [1], le vrai *gault* se compose de :

1° *Gault fossilifère* à *A.* (*Hoplites*) *auritus*, grès marneux et glauconieux qui forme au-dessus de la zone précédente un filet de 0m,50 à 2 mètres. Cette bande est continue et a été mise en lumière par des travaux d'exploitation de phosphates à Valbonne, Fontarèche, La Bruguière, Cavillargues, Corsan, Salazac, Saint-Julien, Saint-Christol-de-Rodières et Saint-Alexandre.

Les gisements les plus importants sont au quartier de la Dame, de Méze, Cassagnoles, Laubarède, Cabaresse, du Tronc et de Serre-Méjean. Ceux de Carsan, de Saint-Laurent et de Cornillon n'ont pas encore été exploités ; ils paraissent moins riches [2].

2° *Gault sableux*, grès et sables siliceux, jaunes, chloriteux et micacés, sans fossiles, qui ont 30 à 100 mètres d'épaisseur près de Pont-Saint-Esprit.

D'après M. Gervais de Rouville, le néocomien et l'urgonien se trouvent dans le nord-est du département de l'Hérault, sur les limites de celui du Gard.

Ils y forment un système de collines généralement peu élevées et de formes arrondies, juxtaposées le plus souvent aux contreforts oxfordiens, ou saillant en bombements rectilignes au milieu des plaines tertiaires.

Le néocomien occupe en général la base des talus; il est composé d'une succession d'assises calcaires et marneuses qui se délitent facilement et forment des terres assez fertiles. Les calcaires plus massifs et plus compacts de l'urgonien forment au-dessus d'elles des crêtes à bords abrupts et de petites collines, où l'on ne trouve que des oliviers et des pins, souvent aussi des garrigues incultes.

---

1. De Sarran d'Allard, *Explication de la carte géologique des environs de Pont-Saint-Esprit.* (*Bulletin de la Soc. géol. de France*, 3e série, t. XV, 1887.)

2. A Viviers, dans le département de l'Ardèche. il y a également deux gisements assez importants de phosphates dans les sables verts, l'un au saut de l'Ègue et l'autre au quartier de la Roussette.

(Voir, à la fin du volume, la carte géologique de l'Ardèche et du Gard.)

§ 4. — Les Corbières et les Pyrénées.

Dans les Corbières et les Pyrénées, on ne trouve pas le néocomien proprement dit, mais l'urgonien s'y montre avec plusieurs centaines de mètres de puissance, sous forme de calcaires compacts, cristallins et de couleur foncée à *Réquiénies* (*calcaires à Dicérates* de Dufrénoy). Au milieu de ces calcaires à fossiles urgoniens, sont quelquefois intercalés, par exemple, à la montagne de la Clape, près de Narbonne, et dans le reste des Corbières, des marnes et calcaires à fossiles aptiens (*Orbitolines, Ostrea aquila,* etc.). C'est pour cela que certains auteurs, MM. Toucas, Péron, etc., ont réuni, dans la région de la Méditerranée, les deux étages urgonien et aptien, en un même étage, qu'ils nomment l'étage *urgo-aptien*. Dans tous les cas, le véritable aptien argileux n'existe pas dans le sud-ouest de la France.

Dans les Corbières, dit M. Toucas, les calcaires gris compacts de l'urgo-aptien se montrent au-dessus des sources salées et sous le col de Capéla où ils forment la base de tout le bassin de Bugarach; ils constituent également plus au sud, avec les calcaires oxfordiens, auxquels ils sont adossés, le massif du pic de Bugarach et la chaîne qui s'étend de l'est à l'ouest entre les plateaux de Saint-Paul et de Saint-Louis.

L'*albien* ou *gault* est représenté dans les Corbières par des marnes schisteuses noirâtres à *Ammonites milletianus;* dans la vallée de Saint-Paul et de Caudiès, elles sont disposées en couches verticales et adossées aux calcaires urgo-aptiens [1].

Dans le département de l'Ariège, on trouve à la base de l'infracrétacé (Vernajoul, Rimont, etc.) une couche ferrugineuse, d'épaisseur variable, de marnes et de calcaires avec grains de fer pisolithiques, désignée sous le nom de *Bauxite*.

Les calcaires à Spatangues du nord et les marnes, si puissantes dans le sud-est, du néocomien proprement dit manquent. Mais l'ur-

1. Toucas. *Sur le terrain crétacé des Corbières*. 1879.

gonien se présente sous forme de calcaires gris compacts très fossilifères (*Requienia Lonsdalei, Ostrea carinata,* etc.), et sa puissance atteint, d'après M. de Lacvivier, plus de 400 mètres au Pech de Foix.

Il n'y a pas d'aptien dans l'Ariège, mais il reparaît dans les Pyrénées-Orientales, près d'Orthez et de Rébenac.

C'est l'*albien* ou *gault* qui repose directement sur l'urgonien au Pech de Foix et à la Cluse de Péreille où il a 100 mètres d'épaisseur. Il commence par un véritable conglomérat de fossiles dont la faune est celle du gault du bassin de Paris et se termine par des calcaires marneux et des marnes à grandes ammonites et nombreux nautiles.

Dans les Pyrénées, dit Leymerie, les terrains crétacés ont un facies intermédiaire entre celui du nord de la France et celui du sud-est, mais ils se rapprochent beaucoup plus du type méditerranéen, surtout dans sa partie orientale et dans les Corbières.

L'aptien, immédiatement superposé aux terrains jurassiques, se montre au nord de la chaîne sur une bande qui a 8 kilomètres de largeur moyenne et qu'on peut diviser en deux zones. La plus méridionale forme des montagnes mamelonnées qui ont de 600 à 800 mètres de hauteur et se composent principalement de calcaires noirs alternant avec des schistes et des dalles plus ou moins argileuses (*lavasses* ou *lauzes*).

La zone septentrionale forme des protubérances coniques, généralement boisées, qui n'ont que 400 à 600 mètres d'élévation, et se compose de schistes terreux, qui alternent avec des calcaires à caprotines et des conglomérats, les uns assez fins, les autres à gros éléments (*brèche de Miramont*).

CHAPITRE X

LES TERRAINS INFRACRÉTACÉS DU NORD DE LA FRANCE, DE L'ANGLETERRE, ETC.

Le néocomien, l'urgonien et l'aptien, qui sont, comme nous venons de le voir, si intéressants pour l'agriculture de toutes les régions qui entourent la Méditerranée, ont au contraire fort peu d'importance dans le nord de la France. On en trouve quelques lambeaux épars sur les calcaires jurassiques de la Franche-Comté et de la Bourgogne, et ils forment une bande étroite à la limite de ces calcaires dans les départements du Cher, de la Nièvre, de l'Yonne, de l'Aube, de la Haute-Marne, de la Meuse et de l'Aisne.

Dans la Haute-Marne, la base du *néocomien* est formée par une argile foncée, limoneuse, que l'on trouve surtout dans les dépressions du calcaire jurassique; puis vient une couche de 3 à 4 mètres de minerais de fer géodiques disséminés au milieu d'une argile ferrugineuse. Plus haut, cette argile alterne avec des grès et des sables qui deviennent peu à peu prédominants, blancs et très fins. Ils sont suivis par une couche de marne bleue, qui est utilisée comme amendement et sur laquelle repose le *calcaire à Spatangues,* calcaire jaune avec taches bleuâtres dont l'épaisseur varie de 3 à 6 mètres. Une marne argileuse jaune termine l'étage, dont l'ensemble atteint au plus 35 à 40 mètres d'épaisseur et souvent beaucoup moins.

L'*urgonien* commence par les *argiles ostréennes ;* leur couche inférieure, d'une épaisseur de 30 centimètres et d'une couleur bleue caractéristique, fournit, à cause de sa régularité, un horizon très bien défini; au-dessus d'elle, les argiles sont jaunes ou grises et elles alternent avec des couches plus minces (10 à 20 centimètres) de calcaires marneux, qui sont littéralement pétris de fossiles, surtout de petites huîtres. Les bancs les plus élevés forment une véritable lumachelle ostréenne, que l'on exploite, dans l'Aube, sous le nom de *marbre,* par exemple, à Chaource.

On trouve au-dessus d'eux une série de sables et d'argiles bigarrées de rouge et de blanc, à teintes toujours très vives; elles contiennent des coquilles d'eau douce, *Unios, Paludines,* etc., et sont souvent employées à la fabrication des tuiles et des poteries. Elles sont couvertes par un dépôt ferrugineux, minerais de fer oolithiques, à patine brune et luisante, réunis par un ciment argilo-siliceux, tantôt grisâtre, tantôt brun ou rouge. Ces minerais sont exploités en beaucoup d'endroits, entre autres aux environs de Wassy et de Bailly-aux-Forges; ils sont remarquables par la proportion considérable d'acide phosphorique qu'ils renferment, quelquefois plus de 1 p. 100.

A la base de l'*aptien,* on trouve également quelquefois des grès ferrugineux, qui fournissent du minerai de fer, par exemple, celui du Bois-des-Loges, près de Grandpré, dans le département des Ardennes, et celui de Blangy, dans l'Aisne. Dans la Haute-Marne, la plus grande partie de l'aptien se compose d'argiles grises, bleuâtres ou vert jaunâtre, les *argiles à Plicatules,* qui ont 13 mètres d'épaisseur, et sont recouvertes par quelques mètres de grès et sables jaunâtres à *Ostrea aquila,* etc.

Mais si, dans le nord de la France, les trois premiers étages du système infracrétacé offrent peu d'intérêt au point de vue agricole, le quatrième, l'*albien,* nous en présente, au contraire, beaucoup, et il en présente, non seulement par les terres qu'il forme sur des étendues assez considérables, mais par les nombreux gisements de phosphates qu'on y exploite; il en a même quand il n'est pas à découvert, parce qu'il exerce une grande influence sur le régime des eaux du bassin de la Seine. Il tapisse en quelque sorte de couches imperméables tout l'intérieur de l'anneau septentrional du 8 que les formations jurassiques représentent en France, anneau qui embrasse à la fois le bassin de la Seine et celui de la Loire. On peut en considérer le fond comme une cuvette qui est inclinée vers l'ouest et sur laquelle sont venus se former plus tard les dépôts de la craie et des terrains tertiaires. Sur les bords de la Manche, l'albien affleure à peu près au niveau le plus élevé des eaux de la mer. A Tours, on a trouvé ses argiles, en creusant un puits artésien, à 110 mètres de profondeur. Dans le puits de Grenelle, elles sont à 547 mètres, c'est-à-dire à 516 mètres au-dessous du niveau de la mer ; c'est sans doute un des points les plus bas de la cuvette[1]. A l'est elles se montrent à la cote de 110 à 120 mètres dans les points les plus bas et forment entre les derniers coteaux jurassiques de la Lorraine et les plateaux de la Champagne crayeuse une zone dont la largeur varie de 10 à 20 kilomètres environ et que l'on appelle quelquefois la *Champagne humide* ou le *Bocage,* parce qu'on y voit beaucoup de forêts, d'étangs et de prairies marécageuses. Cette région déprimée et humide se prolonge dans les départements de l'Yonne et de la Nièvre où elle se nomme la *Puisaye.*

Tandis que dans la contrée jurassique, dans la *Bourgogne,* les villages sont agglomérés près des cours d'eau, et les maisons contiguës et bâties en pierres, sans jardin, enclos ou verger, séparées par des rues étroites et tortueuses, les habitations sont, au contraire, dans le pays du gault et du grès vert, éparses et isolées ; les bâtiments, dans lesquels le bois n'a pas été ménagé, sont vastes et couverts de toits aigus qui s'abaissent du côté opposé à la partie habitée, en appentis jusqu'au niveau du sol ; près d'eux s'étendent une vaste cour et un verger, le tout entouré de haies épaisses. Le village paraît plutôt une forêt d'arbres fruitiers, sillonné par une large voie qui n'est qu'une rue sans fin, et qui se confond parfois avec les pâturages de la commune. Monteil appelle les premiers *villages de Bourgogne,* et les seconds *villages de Champagne,* et le contraste qu'ils présentent s'explique par la rareté des eaux et

1. Quelques auteurs admettent que les argiles à Plicatules de l'aptien jouent un rôle dans l'alimentation des puits artésiens de Paris. D'après eux, les eaux jaillissantes de ces puits circulent dans les sables verts et arrivent à Paris enfermées, comme dans une sorte de tube, entre les argiles à Plicatules et celles du gault. Mais les argiles à Plicatules ont-elles été reconnues dans le forage des puits de Grenelle, Passy, etc. ? — Elles n'existent, ni dans le soulèvement du pays de Bray, qui met à jour les calcaires jurassiques sur lesquels repose directement l'albien, ni au sud de la Seine où il n'y a rien entre le cénomanien et les calcaires jurassiques. Au cap de la Hève, l'argile virgulienne est immédiatement recouverte par une assise de sables de 20 à 30 centimètres d'épaisseur, qui se termine par un poudingue ferrugineux et qu'on attribue à l'aptien. Mais il n'y a pas d'argile aptienne. Au-dessus de ce poudingue ferrugineux, on trouve l'albien.

l'abondance des pierres de construction dans les pays jurassiques, tandis que, dans le grès vert, les eaux et le bois ne manquent nulle part.

Il est vrai que, dans la Champagne proprement dite, nous verrons reparaître le système des villages bourguignons, placés dans les lieux les plus fertiles, sur les bords des ruisseaux et des rivières.

Au nord-ouest de la France, nous retrouverons encore ces terrains infracrétacés sur deux points isolés au milieu des dépôts tertiaires : ce sont le pays de Bray et le Boulonnais, où nous avons déjà signalé, dans le chapitre VIII, des pointements jurassiques. Là ils sont couverts de fertiles pâturages. Partout ils font contraste, par l'abondance de leurs eaux et la verdure de leurs prairies et de leurs forêts, avec les plateaux secs qui les entourent, et quelques détails sur leur constitution minéralogique nous expliqueront facilement ce contraste.

L'albien est composé de sables, quelquefois agglutinés en grès, que l'on appelle *sables* ou *grès verts*, parce qu'ils sont mélangés de grains de glauconie, et d'argiles que les Anglais ont nommées *gault*. Ces sables et ces argiles ne se présentent pas toujours dans le même ordre ; souvent leurs couches sont entremêlées ; mais ordinairement les sables prédominent à la partie inférieure de la formation et les argiles dans la partie supérieure. Quelquefois on trouve encore avec elles une roche d'une nature toute spéciale, la *gaize*, grès calcarifère argilo-siliceux, remarquable par sa légèreté et par la grande quantité de silice soluble dans les alcalis qu'il renferme. C'est ce qui a lieu dans les départements des Ardennes et de la Meuse, où nous allons commencer la description de ces terrains.

---

§ 1. — Les départements des Ardennes, de la Meuse, de la Marne et de l'Aube.

Dans le département des Ardennes, l'étage albien se divise en trois zones : les *sables* ou *grès verts* (zone à *Ammonites mamillaris*), le *gault* (zone à *Ammonites interruptus*) et la *gaize*.

A. Les *sables verts* se composent de grains de quartz et de glauconie (silicate de protoxyde de fer avec environ 8 p. 100 de magnésie et 1 p. 100 de potasse), mélangés d'argile noire bitumineuse et pyriteuse.

C'est dans la partie supérieure de ces sables verts que l'on trouve souvent des nodules de phosphate de chaux. Comme le dit M. de Lapparent, ces nodules paraissent résulter d'une concentration de phosphate de chaux autour de corps organisés en décomposition, spongiaires, bois fossiles, tests calcaires de coquilles. Quant à l'origine première du phosphate, il est difficile de l'indiquer avec certitude.

La découverte de ces phosphates du grès vert a une si grande importance au point de vue agricole que je crois devoir faire son historique complet, d'après le juge le plus compétent en cette matière, M. Daubrée. Je l'extrais de la *Notice sur la découverte et la mise en exploitation des nouveaux gisements de chaux phosphatée,* que l'éminent géologue a publiée en 1868 :

« On sait que c'est Berthier, auquel la connaissance des substances minérales doit tant de découvertes utiles, qui, le premier, attira l'attention sur la chaux phosphatée, ainsi disséminée en rognons ou nodules dans les terrains stratifiés.

A Vissant (Pas-de-Calais), où la pyrite de fer était exploitée pour la fabrication du sulfate de fer, M. Longchamp avait reconnu que les eaux du traitement de la pyrite efflеurie renfermaient de l'acide phosphorique, qui s'opposait à la cristallisation. Berthier constata, en 1818, que les pyrites elles-mêmes sont exemptes de phosphore, mais qu'elles sont mélangées de phosphate de chaux, qui se montre parfois en rognons isolés[1]. Pour la première fois, en France, on trouvait cette utile substance en quantité notable ; jusqu'alors elle n'y avait été rencontrée qu'accidentellement, à l'état d'apatite cristallisée, comme à Chanteloube, près de Limoges, et aux environs de Nantes. Deux ans après, Berthier découvrait la même espèce minérale dans des nodules qui avaient été recueillis au cap de la Hève,

1. *Annales des mines*, 1re série, t. IV, p. 623, 1819.

près du Havre, dans des couches appartenant au terrain crétacé, comme celles des environs de Vissant[1].

Dans ces deux localités, où elle occupe à peu près le même niveau géologique, elle était très difficile à reconnaître, non seulement à cause de son état amorphe, mais aussi en raison de son association intime avec d'autres substances qui la masquaient, de la pyrite de fer et une argile charbonneuse à Vissant, du carbonate de chaux et de la glauconie au cap de la Hève.

Ces premiers faits portèrent l'attention, en Angleterre, sur des rognons semblables, renfermés aussi dans le terrain crétacé et dans les grès verts. On doit à M. le Dr Fitton d'avoir décrit avec soin ces rognons phosphatés, dans son important travail sur les couches inférieures de la craie et d'en avoir montré la continuité, sur des points assez distants, dans les comtés de Kent et de Surrey[2].

Bientôt après, en 1848, M. Paine, de Farnham, annonça que le phosphate de chaux, dont les géologues venaient de mentionner l'existence, avait été employé avantageusement par lui, pour remplacer les os pulvérisés, comme amendement agricole, et que, d'ailleurs, il existe en quantité suffisante pour avoir une valeur économique[3]. Des recherches faites aux environs de Farnham confirmèrent pleinement cette assertion[4]. Le phosphate minéral ne tarda pas à donner lieu, dans cette partie de l'Angleterre, à une exploitation qui, dès lors, se poursuivit activement.

La grande analogie que présentent les couches du grès vert, des deux côtés de la Manche, devait conduire à les explorer aussi en France, au point de vue de la présence des nodules de chaux phosphatée ou phosphorite. M. Meugy, actuellement ingénieur en chef des mines, en étudiant, avec attention, différents étages du terrain crétacé, dans le département du Nord et dans les Ardennes, y retrouva, dès 1852, des rognons, dans la position de ceux que l'on

---

1. *Annales des mines*, 1re série, t. V, p. 197, 1820.
2. *On the strata of the chalk. Geological Transactions*, 2e série, vol. IV, p. 111.
3. *Quarterly journal*, t. IV, p. 257.
4. *Quarterly journal*, t. IV, p. 258.

exploitait en Angleterre, et, en même temps, en fit connaître à des niveaux supérieurs et jusque dans la craie blanche [1].

En parlant de ces études, il convient de rappeler que c'est dans le laboratoire d'essais de l'École des mines que ces rognons furent reconnus, comme étant formés principalement de phosphate, et que M. Dufrénoy signala immédiatement le grand intérêt que présentait cette substance. M. Delanoue, ingénieur-chimiste, et M. Sens, ingénieur des mines, doivent être également cités comme s'étant livrés, peu après, à des explorations dirigées dans le même but.

Dans ce gisement, comme dans plusieurs autres, le phosphate de chaux est mélangé de phosphate de fer, quelquefois en forte proportion; néanmoins nous conservons ici, à ces divers mélanges, le nom de chaux phosphatée.

Dès 1855, du phosphate de chaux était extrait à Grand-Pré (Ardennes) par M. Desailly.

Vers cette époque, M. de Molon se mit à étudier la même question, conjointement avec M. Rousseau, ingénieur civil, et il publia le résultat de ses recherches [2]. Mettant à profit les études faites tant en France qu'en Angleterre, qui avaient déjà révélé l'existence de certains niveaux de phosphates, et prenant en outre pour guide la carte géologique de France de MM. Dufrénoy et Élie de Beaumont, qui rend chaque jour des services de nature si variée, il explora une partie de la zone du terrain crétacé inférieur, figuré en vert sur cette carte.

C'est ainsi qu'il arriva, aidé de son collaborateur, à poursuivre la reconnaissance de gisements réguliers de chaux phosphatée, dans un certain nombre de départements. Ces gisements se montrent dans le Boulonnais, puis s'étendent, d'une manière à peu près continue, depuis le département des Ardennes, à travers ceux de la Meuse, de la Marne et de la Haute-Marne, jusque dans celui de l'Yonne, entre Novion-Porcien et Saint-Florentin, localités qui appartiennent

---

1. Découverte du phosphate de chaux terreux en France. (*Annales des mines*, t. XI, p. 149.)

2. Comptes rendus de l'Académie des sciences, en commun avec M. Thurneisen. Décembre 1856, t. XCIII, p. 1178.

respectivement au premier et au dernier de ces départements. La zone dépasse 300 kilomètres. Les gisements susceptibles d'être exploités ont été trouvés à un même niveau, appartenant aux couches que les géologues désignent sous le nom d'*albien* ou *grès vert*. Ceux qui ont été rencontrés à d'autres niveaux n'ont pas présenté, jusqu'à présent au moins, la même régularité, ni la même abondance.

Les explorations que M. de Molon a faites dans les départements de l'ouest, où se montrent aussi des couches inférieures à la craie blanche, particulièrement dans le Calvados, l'Orne et la Sarthe, n'ont pas été fructueuses comme dans l'est. Les nodules de phosphorite n'y ont été rencontrés qu'en petite quantité; ce qui s'explique par l'absence des couches des argiles du gault dans les affleurements qui ont été étudiés.

Les couches avec rognons de phosphorite, dont nous venons de mentionner le développement dans le nord-est, se retrouvent également dans le midi de la France. En 1861, M. Lory, professeur à la Faculté des sciences de Grenoble, en faisant l'étude approfondie de la géologie du Dauphiné, y rechercha l'existence de cette même phosphorite, et la reconnut en un assez grand nombre de localités des départements de l'Isère, de la Drôme et de la Savoie. Elle ne s'y trouve qu'en petite quantité, mais aussi à un niveau bien défini, dans une couche assez mince et à peu près continue, qui appartient également à l'étage du gault. M. de Molon a ensuite constaté l'existence de ce même gisement, dans le département des Alpes-Maritimes, par exemple aux environs de Grasse, et toujours au même niveau.

Aujourd'hui la chaux phosphatée est reconnue en France dans trente-neuf départements au moins. L'École des mines possède une nombreuse série de rognons phosphatés de ces diverses régions, provenant de l'Exposition universelle de 1867 ; la situation géographique des gisements se trouve résumée sur une carte d'ensemble.

Après avoir constaté l'abondance de la phosphorite, M. de Molon pensa qu'il y avait lieu de l'exploiter et il se mit à l'œuvre. Au point de vue commercial et industriel, la tâche était ingrate ; car il s'agissait de lutter contre les préjugés, et c'est surtout en agriculture qu'il est difficile d'innover. Il n'y a donc pas à s'étonner si cette entreprise, malgré son utilité réelle, n'eut pas le succès qu'elle méritait. Toutefois, si ces premières tentatives pratiques n'ont pas abouti d'une manière fructueuse pour ceux qui ont osé les aborder, elles ont ouvert la voie à une industrie nouvelle et créé une nouvelle source de richesse agricole. »

Les habitants des Ardennes connaissaient depuis longtemps ces nodules, mais ils ne se doutaient pas qu'ils pussent servir d'engrais. Ils les appelaient des *coquins* ou *crottes du diable*. Ce sont, en général, des nodules arrondis, bruns ou noirâtres, de la grosseur d'une noisette jusqu'à celle d'un poing, quelquefois agglomérés et soudés ensemble.

Outre la couche principale, on en trouve souvent une deuxième, ou des nodules disséminés dans les sables et dans l'argile du gault.

Les nodules sont formés essentiellement par du phosphate de chaux, de l'argile, du sable vert, un peu de carbonate de chaux, de l'oxyde de fer dont une partie est combinée à l'acide phosphorique, et une matière organique azotée. Ils contiennent accidentellement de la pyrite de fer, du sulfate de chaux, de la galène, de la magnésie et des traces de chlore et de fluor.

Voici, d'après M. Nivoit, ingénieur en chef des mines, la composition chimique de 4 échantillons de nodules du grès vert provenant n° 1 des Islettes, n° 2 de Louppy-le-Château, n° 3 d'Andernay, et n° 4 de Beurey :

	N° 1.	N° 2.	N° 3.	N° 4.
Perte par calcination	15,00	9,60	10,50	8,00
Sable et argile	27,98	23,80	31,03	39,80
Acide phosphorique	18,72	22,03	18,78	16,30
Acide sulfurique	—	2,12	0,89	0,92
Oxyde de fer	4,30	11,30	15,56	10,60
Chaux	31,00	29,33	20,80	22,00
Magnésie	2,10	traces.	traces.	0,89
Pertes et matières non dosées	0,90	1,82	2,35	1,49
	100,00	100,00	100,00	100,00

La matière organique, ajoute M. Nivoit, est azotée et une partie de l'azote est à l'état de combinaison ammoniacale. Les échantillons n° 1 et n° 2 contenaient 0,4 et 0,3 p. 100 d'azote, proportion qui a son importance et ne doit pas être négligée dans l'évaluation de la valeur agricole des phosphates.

La teneur en acide phosphorique présente de très grands écarts, ainsi qu'il résulte des nombreuses analyses qui ont été publiées. Elle varie non seulement d'une localité à l'autre, mais encore d'un point à l'autre de la même carrière. Elle peut descendre à 4,03 p. 100, soit 8,80 p. 100 de phosphate de chaux tribasique, et s'élever jusqu'à 23,15 p. 100 d'acide phosphorique, soit 50,54 p. 100 de phosphate. On peut admettre que la richesse moyenne des nodules des sables verts est de 18 p. 100 d'acide phosphorique, soit 39 p. 100 de phosphate de chaux tribasique.

Les nodules ont une densité très variable, de 1,80 à 2,90; la moyenne est de 2,70. Le poids d'un mètre cube de nodules bien nettoyés oscille entre 1,350 et 1,600 kilogr.; ceux de la gaize sont les plus lourds.

Les nodules sont poreux, et, par conséquent, perméables aux liquides et aux gaz. Ils absorbent une proportion d'eau qui peut s'élever à 2,60 p. 100, quand ils sont en fragments, et jusqu'à 70 p. 100 quand ils sont en poudre fine.

La friabilité se modifie notablement avec l'exposition à l'air; au bout de quelques mois les nodules se désagrègent avec une plus grande facilité que lorsqu'ils sortent de la carrière. La même propriété se constate aussi dans les nodules fraîchement extraits qui se trouvent à une faible profondeur et qui ont été par conséquent soumis aux influences atmosphériques; on peut expliquer ce phénomène par la décomposition de la matière organique qui entre dans la constitution des nodules.

Voici les détails que M. Nivoit donne sur l'extraction et la préparation des nodules :

L'extraction se fait à ciel ouvert, ou par travaux souterrains consistant simplement en petits puits avec galeries de 10 à 12 mètres de longueur maxima.

Quand les ouvriers sont surveillés de près par les maîtres mineurs, le travail par puits ne présente pas plus de danger que le travail à ciel ouvert. C'est donc exclusivement le prix de revient qui doit guider dans le choix de l'un ou de l'autre système, à moins de circonstances tout à fait spéciales.

Surveillance plus facile et partant moins coûteuse, exploitation plus complète du gisement, suppression des frais de boisage, d'éclairage et d'aérage, meilleures conditions hygiéniques, gaspillage moindre, tels sont les principaux avantages que le procédé d'extraction à ciel ouvert présente sur l'autre système. Les inconvénients sont : la dépense nécessitée par l'enlèvement des terres, et des frais plus élevés pour l'acquisition des terrains ou du droit d'exploitation.

Dans chaque cas particulier, il faut donc mettre en balance les avantages propres à chaque système. Ainsi, dans les forêts ou dans les sols d'une grande valeur, il est plus avantageux d'extraire par travaux souterrains, même à une faible profondeur ; dans les terres peu consistantes, dans les sables non recouverts de gault, dans la gaize désagrégée et remaniée, il est au contraire plus économique d'extraire à ciel ouvert, même à une profondeur assez grande. Il n'est pas possible de fixer de règle absolue ; toutefois on peut dire que la limite jusqu'à laquelle on peut exploiter dans de bonnes conditions à ciel ouvert est en général de 4 mètres dans les sables verts et de 6 mètres dans la gaize.

L'exploitation des nodules ne s'étant guère étendue jusqu'à présent que sur les affleurements peu accidentés des sables verts, en des points où la couche n'est pas à plus de 8 ou 10 mètres de profondeur au-dessous du sol, on conçoit que le système d'extraction par petits puits ait pu suffire. En présence de la grande division de la propriété et de la faible étendue des parcelles, ce système est même le seul qui puisse être suivi dans un grand nombre de communes.

Lorsqu'on dispose d'une grande étendue de terrain et que le relief accidenté du sol ne se prête pas au creusement de puits d'une durée aussi éphémère et d'une installation aussi sommaire, il est plus avantageux d'exploiter les nodules par de grands travaux analogues à ceux des mines. C'est d'ailleurs ce qui a été tenté tout récemment aux Islettes et à Villotte-devant-Louppy.

Dans cette première commune, on a attaqué le gîte par une galerie principale, à flanc de coteau, qui a déjà plus de 120 mètres de longueur et sur laquelle s'embranchent des galeries secondaires. A Villotte, une surface d'environ 100 hectares doit être exploitée par un seul puits de $2^m,50$ de côté, qui a rencontré la couche à une profondeur de 33 mètres.

Les nodules, quand ils viennent d'être extraits, sont mêlés d'une grande quantité de sable plus ou moins argileux. Pour les en débarrasser, on les jette d'abord sur une claie, puis on achève le nettoyage par un lavage à l'eau courante. Ils se réduisent ainsi à moitié ou au tiers de leur volume primitif.

Mais le lavage n'est pas toujours praticable et l'on s'en dispense dans certains pays, notamment à cause des difficultés que l'on rencontre dans l'établissement des lavoirs. On le remplace par plusieurs passages à la claie, effectués chacun après une exposition à l'air, qui a pour but de sécher les sables argileux et de les rendre plus faciles à détacher. Cette opération porte le nom de *fanage*, parce que les nodules sont étendus et retournés comme le foin que l'on fait sécher.

Les nodules soumis à ce nettoyage imparfait retiennent encore de 10 à 15 p. 100, et quelquefois plus, de matières étrangères.

Après le nettoyage vient la pulvérisation. Les phosphates sont préalablement soumis à l'action d'un concasseur, qui les brise en fragments de la grosseur maximum d'une petite noix. Ils passent ensuite dans des meules, entièrement semblables à celles qui servent à la mouture du blé, qui les réduisent en une poudre plus ou moins fine. Avec des meules de $1^m,60$ de diamètre et une force de 12 à 15 chevaux-vapeur, on peut compter sur une fabrication moyenne, en 24 heures, de 75 quintaux d'une farine passant au tamis n° 50.

Les procédés de nettoyage et de pulvérisation des nodules appellent de nombreux perfectionnements ; il serait très important pour l'agriculture d'obtenir des farines plus fines et plus riches que celles qu'on lui livre. Mais il ne faut pas se dissimuler que le problème de l'enrichissement n'est pas facile à résoudre, car, parmi les substances inertes qui accompagnent le phosphate de chaux, les unes, comme le carbonate de chaux, lui sont intimement mêlées ; les autres, comme le sable et l'argile, ont un poids spécifique (2,70 à 2,80), qui se rapproche beaucoup du sien (3,20), en sorte que les moyens de séparation basés sur les différences de densité auraient peu de chance de réussite. Quant à la ténuité de la poudre, on peut à la vérité l'obtenir aussi grande que l'on veut, mais c'est par des procédés qui sont encore trop coûteux.

Le prix de revient varie, on le conçoit, avec une foule de circonstances. M. Nivoit donne, comme exemple, celui d'un mètre cube de nodules de sables verts, pulvérisés, pesant 1,500 kilogr., pris au moulin des Islettes, parce qu'il représente assez bien la moyenne :

Indemnité de terrain	4f »
Extraction (1m,75 à 9 fr.).	15 75
Transport au lavoir et du lavoir au moulin	4 »
Lavage	2 50
Pulvérisation et mise en sacs	9 »
Expédition.	1 75
Frais généraux de toutes sortes	5 »
Total.	42f »
Soit, pour une tonne.	28 »

Ils se vendent aujourd'hui (en 1888), rendus dans une gare des Ardennes, 35 à 43 fr. la tonne suivant leur richesse en acide phosphorique qui varie de 18 à 28 p. 100, c'est-à-dire 40 à 60 p. 100 de phosphate tribasique de chaux. On voit que cela met le kilogramme d'acide phosphorique au prix de 17 à 20 centimes, prix très bas comparativement à ce qu'il était il y a une vingtaine d'années. Cette baisse est le résultat des nombreuses découvertes de gisements de phosphates que l'on a faites depuis cette époque, non seulement dans l'albien, mais dans diverses autres formations, et elle arrive bien à propos pour notre agriculture qui, dans la crise dont elle souffre, a tant besoin de trouver des moyens économiques pour augmenter sa production et diminuer ses prix de revient.

Les phosphates du grès vert ont le mérite de pouvoir être employés dans beaucoup de terrains à l'état de poudre, sans avoir été transformés en superphosphates par l'action de l'acide sulfurique, et l'on peut, dans toutes les fermes, les employer sous cette forme en mélange avec les fumiers ou les composts riches en matières organiques.

Les gisements réellement reconnus embrassent, d'après l'enquête faite en 1886 par le service des mines, une étendue de 255 hectares dans le département des Ardennes : ils sont à Saulces-Montclin, Machéroménil, Vaux-Montreuil, Les Chesnois, Wignicourt, Écordal, Saint-Loup, Guincourt, Sorcy-Bauthémont, Grandpré, Termes, Landres, Champigneulle, Saint-Juvin, Exermont, Sommerance, Remonville, Fossé, Chevières, Cornay, Châtel-Chéhéry et Imécourt. On n'y trouve qu'une seule couche de 6 à 20 centimètres d'épaisseur et la quantité totale de phosphates qui existe dans les gisements est estimée à 161,500 tonnes[1].

Dans le département de la Meuse, l'étendue approximative et présumée des gisements des phosphates du grès vert est plus considérable : elle serait, d'après l'enquête de 1886, de 20,354 hectares pouvant fournir 24,196,000 tonnes. Les localités où ils se trouvent sont : Varennes, Cheppy, Clermont, Aubréville, Avocourt, Neuvilly, Véry, Lisle-en-Barrois, Villotte, les Islettes, Triaucourt, Lavoye, Laheycourt, Froidos, Couzaucelles, Audernay, Auzéville, Montzeville et Esnes, Béthelainville, Dombasle, Bautheville, Cunel, Montblainville, Vauquois, Wally, Louppy-le-Château, Autrecourt et Rarécourt.

Dans les Ardennes et la Meuse, l'épaisseur des sables verts dépasse rarement 12 à 15 mètres, mais elle varie beaucoup. Quand ils sont purs et surtout quand ils reposent sur les calcaires jurassiques, ils ont toutes les propriétés des terres légères. Mais presque toujours ils sont mêlés à une certaine proportion d'argile ; ce sont alors des terres de moyenne consistance qui conservent toujours une certaine fraîcheur et que l'on désigne sous le nom de *franches herbues*. Elles sont propres à toutes les cultures, si on leur donne l'élément qui leur manque, le calcaire, avec une certaine dose de matière azotée ; la luzerne, les betteraves, toutes les céréales y réussissent bien. Les arbres fruitiers, les pommiers, les poiriers, etc., y viennent à merveille. Plus ces terres contiennent d'argile, plus leur culture devient difficile et plus elles se rapprochent du type des terres du gault.

B. — Le *gault* ou zone à *Ammonites interruptus* et *Amm. lautus* se compose tout entier d'une argile grise, quelquefois un peu marneuse, que l'on appelle *tuf bleu* aux environs de Troyes, ou *argile*

1. Voir, à la fin du volume, la carte géologique des Ardennes et de la Meuse.

téguline parce qu'elle convient bien à la fabrication des tuiles. Après la guerre de 1870-1871, les fils de mon compatriote alsacien Girardoni, l'inventeur des tuiles à rainures, dites tuiles d'Altkirch, sont venus transporter leur industrie en France et ils ont choisi les argiles du gault à Sermaize, station du chemin de fer de l'Est entre Vitry-le-François et Bar-le-Duc, pour y établir leur nouvelle fabrication.

A sa base, l'argile est encore sableuse. On y trouve des nodules de phosphate de chaux; mais ils n'y forment pas de couches exploitables. Le gault renferme aussi des débris de coquillages, du bois fossile, des pyrites de fer et de petits cristaux de gypse.

Entre Grand-Pré et Bar-le-Duc les argiles du gault ont une puissance d'environ 30 mètres, c'est-à-dire 2 à 3 fois aussi grande que celle des sables verts. Leur influence est donc prédominante dans le pays. Les eaux retenues dans les dépressions de leur surface imperméable forment de nombreux étangs; autrefois il y en avait encore beaucoup plus, mais on en a desséché une partie pour les transformer en prairies ou en herbages. C'est, en effet, la prairie qui convient le mieux dans cette contrée, permanente dans ses parties basses, temporaire dans les terrains élevés qui s'égouttent mieux ou qu'il est facile de drainer. Mais le capital manque trop souvent pour faire ces améliorations et, avec des propriétés très morcelées et très enchevêtrées les unes dans les autres, il est difficile de supprimer l'antique assolement triennal. On emploie la moitié de la jachère pour le trèfle, mais le reste reçoit les quatre façons réglementaires : en avril, c'est le labour de *sombre* que l'on donne assez profond, ce qui veut dire 5 à 6 pouces; puis on amène le fumier et le recouvre par le *recas* ou la *relevée,* qui ne va qu'à 4 ou 5 pouces. Le troisième labour, la *recoulée,* doit être fait avant le 8 ou 10 septembre, afin que l'on puisse semer le blé en bonne saison. Ordinairement le blé lui-même est enterré à la charrue.

Avec ces labours, on forme des billons de 6 à 8 pieds de largeur. Dans les années sèches, le blé donne 20 à 30 hectolitres à l'hectare et sa qualité est excellente; mais, si le mois de mai est pluvieux, les mauvaises herbes prennent le dessus et l'on récolte beaucoup plus de paille que de grain. La plupart des bons cultivateurs achètent leur blé de semence dans les parties crayeuses de la Champagne.

Pour l'avoine, il est bon de labourer avant l'hiver. On l'enterre à la herse et, deux ou trois semaines après, on y sème le trèfle. Quelquefois on emploie une partie de la sole d'avoine à faire des fèves.

Pour faire tous ces labours, il faut beaucoup de chevaux et l'on conçoit que, dans ces conditions, le prix de revient du blé soit très élevé. Un assolement semi-pastoral vaudrait mieux. En semant 8 à 10 kilogr. de trèfle blanc et 25 à 30 kilogr. de graminées ou, comme le fait M. Félix Nicollier, à Jovilliers, 7 kilogr. de trèfle rouge avec 1 kilogr. de trèfle blanc, 1 kilogr. de trèfle hybride et une vingtaine de kilogr. de dactyle, fromental, ray-grass, timothy, etc., on peut, en fauchant la prairie les deux premières années, obtenir chaque année 7,000 à 8,000 kilogr. de fourrage ; puis la prairie livrée au pâturage peut entretenir 2 vaches et 1 veau par hectare. Quand le trèfle tend à disparaître, M. Nicollier sème en hiver 100 kilogr. de chlorure de potassium avec 1,000 kilogr. de phosphate fossile et il ajoute de la chaux, si la prairie est devenue trop acide. La sixième année, il défriche, fait une avoine qui ordinairement donne 40 hectolitres à l'hectare et ensuite, après une abondante fumure, des betteraves, du blé, etc., quelquefois deux blés consécutivement.

Dans ces herbages humides, on réussit mieux avec les bêtes à cornes qu'avec les bêtes à laine ; les uns font de l'élevage et du lait; quelques-uns engraissent.

Quant aux moutons, il faut renoncer à en élever, car dans ces terres humides, ils sont très sujets à prendre la pourriture. On achète des bêtes maigres dans la craie de Champagne ou dans les calcaires jurassiques; on ne les conserve que pendant la belle saison, assez longtemps pour les engraisser sur les parcours.

L'école pratique d'agriculture des Merchines, fondée par M. Millon, ancien député de la Meuse, est établie près de Vaubécourt, au nord de Bar-le-Duc, sur un vaste domaine dont la partie orientale repose sur les calcaires du Barrois, tandis que le reste se compose de sables verts et principalement d'argiles du gault, parsemés de quelques dépôts de limons quaternaires.

Ces trois derniers terrains manquent naturellement de chaux. Là où ils ne sont pas trop épais, on a cherché à les mélanger avec les calcaires du sous-sol au moyen de labours profonds. Ailleurs, on les a marnés à raison de 150 mètres cubes à l'hectare.

M. Millon a drainé une partie de ses terres et il a su donner à toutes l'emploi qui leur convient le mieux. Les plus arides sont boisées; sur les coteaux les mieux exposés du calcaire jurassique, il a planté des vignes; sur les parties les plus basses et les plus humides du gault, il a créé des prairies qui reçoivent les eaux de la ferme, et des herbages où ses vaches laitières pâturent en été. Sur celles qui conviennent le mieux à la culture arable, il a également fait une large place aux fourrages et il y emploie ses fumiers pour la production des graines de betteraves, blés de semence, etc., dont il s'est fait une spécialité très lucrative.

Comme nous venons de le voir aux Merchines, on trouve par-ci par-là, à la surface du gault, des dépôts isolés d'un limon quaternaire composé de silice très fine mélangée avec de l'argile ocreuse, et il faut avoir soin d'en tenir compte, lorsqu'on cherche à apprécier les qualités des terres arables.

Les vallées des rivières qui traversent cette région basse sont beaucoup plus larges et leurs bords moins inclinés qu'au milieu des roches jurassiques qui la limitent à l'est. Elles sont couvertes de graviers formés principalement de débris arrondis de ces calcaires et plus ou moins mélangés avec des sables verts ou avec l'argile du gault. Entre Vitry-le-François et Saint-Dizier s'étend une plaine de 15,000 à 20,000 hectares couverte d'alluvions très fertiles, plaine que l'on appelle le *Perthois* à cause de la petite ville de Perthes qui est bâtie au milieu d'elle. Suivant la tradition, c'est un ancien lac subitement desséché par une trouée qui s'était faite à travers les terrains du fond; ses eaux sont allées se perdre, soit dans les couches de sables verts qui s'étendent vers l'ouest, soit dans les crevasses des calcaires jurassiques.

Toutes les cultures, les prairies et les étangs de cette *Champagne humide* sont épars au milieu de vastes forêts, principalement de forêts de chênes, dont la plus considérable est celle de l'Argonne. Mais cette immense forêt couvre presque tout entière des terrains composés d'une roche spéciale, la *gaize*, dont nous avons encore à parler.

C. — La *gaize* ou *pierre morte* est une roche remarquable par son faible poids spécifique et la grande quantité de silice gélatineuse, c'est-à-dire soluble dans la potasse, qu'elle renferme. D'après une analyse de M. Sauvage, un échantillon pris dans la partie moyenne contient :

Eau	8
Sable fin quartzeux.	17
Silice à l'état gélatineux.	56
Argile	7
Glauconie.	12
	100

Les 12 parties de glauconie renferment 0,75 de magnésie et autant de potasse.

La couleur de la gaize est blanc sale, quand elle est sèche, et verdâtre quand elle est mouillée. Elle se délite facilement à l'air et se divise en petits fragments qui forment des terres sableuses, légères et perméables, pauvres en chaux, douces, *savonneuses*, comme disent les cultivateurs de l'Argonne. Elles conviennent peu au froment, mais au seigle et aux pommes de terre. Ce qui y réussit le mieux, c'est le bois.

La gaize, particulièrement caractérisée par l'*Ammonites inflatus*[1], forme dans les départements de la Meuse et des Ardennes un massif lenticulaire qui a 100 mètres d'épaisseur à Montblainville et 80 mètres à Grandpré.

On en trouve encore quelques lentilles isolées dans l'est des Ardennes et dans la Thiérache, aux environs de Marlemont, mais, vers le sud, la puissance de l'étage diminue et la gaize passe, par des transitions minéralogiques insensibles, au gault d'une part, à la craie glauconieuse de l'autre.

A la partie inférieure de la gaize, à 10 ou 15 mètres au-dessus du gault, il existe une couche de nodules de phosphates de chaux dont l'épaisseur varie de 8 à 30 centimètres.

---

1. Sur leur carte géologique de la France, MM. Vasseur et Carez ont donné à la *gaize* ou *étage vraconnien* une teinte spéciale vert-olive avec la lettre C^1, tandis que le reste de l'*étage albien* est représenté par un vert ordinaire avec la lettre C^2.

Les nodules de la gaize sont à la fois plus denses et plus riches en acide phosphorique que ceux des sables verts. Ainsi, un échantillon de ces nodules, provenant de Grandpré, contenait d'après M. Nivoit :

Perte par calcination.	7,20
Sable et argile	13,50
Acide phosphorique.	31,00
Acide sulfurique	1,00
Oxyde de fer.	7,50
Chaux.	38,50
Pertes et matières non dosées.	1,30
	100,00

Cependant tous les nodules de la gaize ne sont pas aussi riches en acide phosphorique que cet échantillon de Grandpré ; quelquefois ils n'en contiennent que 18 p. 100 ; la moyenne peut être estimée à 25 p. 100, soit 55 p. 100 de phosphate de chaux.

M. Nivoit a établi leur prix de revient à l'état pulvérisé par tonne de 1,600 kilogr. à 67 fr. 90 c. qui se décomposent ainsi[1] :

Indemnité du terrain	10^f »
Extraction.	31 »
Transport au lavoir et du lavoir au moulin	4 »
Lavage	5 »
Pulvérisation et mise en sacs	10 40
Expédition.	2 50
Frais généraux.	5 »
	67^f 90
Soit, pour une tonne.	42 45

On les a exploités à Grandpré, Apremont, Marcy, Chevières, Talmats, etc., dans le département des Ardennes, ainsi qu'à Braux-Saint-Remy, Élize, Argers, Dammartin-la-Plaine, Chaudefontaine et Sainte-Menehould, dans le département de la Marne.

Très fissurée, la gaize laisse passer les eaux de pluie qui débouchent sur le gault, formant aux points de contact des sources qui, d'après MM. Nivoit et Meugy, contiennent par litre $0^{gr},260$ à $0^{gr},496$ de matières minérales (carbonate et sulfate de chaux, chlorure de

1. *Association française pour l'avancement des sciences*, session de 1875.

calcium et de magnésium, carbonate de magnésie, avec un peu de nitrate de chaux et des traces de carbonate de fer).

Dans l'arrondissement de Vouziers, les sables verts, qui recouvrent immédiatement la gaize, renferment des nodules phosphatés qui ressemblent beaucoup à ceux des sables verts inférieurs, mais sont, en général, plus noirs et plus friables. Ils *fondent* à l'air, disent les ouvriers. D'après une analyse de M. Nivoit, un échantillon de nodules des marnes crayeuses de Sainte-Marie contenait :

Perte par calcination	16,20
Sable et argile	26,30
Acide phosphorique	18,00
Oxyde de fer	12,15
Chaux	27,35
	100,00

Comme ces nodules ne forment pas une couche très régulière et comme ils sont englobés dans une argile sableuse qu'il est très difficile d'en détacher, on ne les exploite pas sur une aussi grande échelle que ceux des sables inférieurs et de la gaize ; ils ne peuvent servir qu'à la fabrication des farines phosphatées de qualité inférieure.

Beaucoup de rivières prennent naissance dans cette zone humide et déprimée qui sépare les dernières crêtes jurassiques des plateaux de la Champagne pouilleuse, entre autres l'Aisne.

De plus, comme toutes les assises de la série crétacée qui y affleurent plongent vers l'ouest, une partie des eaux qui se trouvent au-dessus des couches imperméables du gault, contribue à alimenter les puits artésiens que l'on a creusés dans le bassin de la Seine, par exemple, ceux de Grenelle, de Passy, etc... En troisième lieu, M. Péron[1] a expliqué par la force ascensionnelle que cette inclinaison des couches donne aux eaux l'existence d'un grand nombre de sources, celle de l'Yèvre, de la Moivre, du Fion, de la Vesle, de la Suippe, de la Tourbe, de la Bionne, de l'Auve, etc., qui surgissent dans la région orientale de la Champagne pouilleuse. Ces sources sont à une hauteur de 150 à 160 mètres au-dessus du niveau de la

1. *Association française,* session de Reims.

mer, tandis que le niveau des étangs de l'Argonne et du Bocage champenois n'est jamais inférieur à 160 mètres. Cela suffit pour expliquer l'ascension des eaux à travers les assises fissurées de la craie blanche (étage sénonien).

---

§ 2. — Les terrains infracrétacés des départements de l'Yonne, de la Nièvre, du Cher et de l'Indre.

Lorsqu'on traverse les départements de l'Yonne et de la Nièvre de l'est à l'ouest, on rencontre, en sortant des formations jurassiques, la zone de l'albien qui fait suite à celle que nous avons vue dans les départements de l'Aube et de la Meuse ; ce sont les *sables et argiles de la Puisaye.*

Ces sables sont ferrugineux, tantôt fins, tantôt chargés de grains de quartz en amandes; quelquefois le ciment ferrugineux est assez abondant pour produire des grès.

Dans cette masse sableuse s'intercalent deux lentilles argileuses qui représentent le gault et dont l'épaisseur va en croissant vers le nord-est. Les eaux de pluie s'infiltrent dans les sables; puis, rencontrant bientôt des couches argileuses, elles sortent en sources nombreuses, presque toutes plus ou moins ferrugineuses, et forment, dans les bas-fonds, des flaques marécageuses et des étangs.

Les vallées s'élargissent en vastes bassins.

Les habitations, couvertes en chaume, sont éparses au milieu des prés et des champs, entourées de haies et d'arbres fruitiers. C'est un pays à cidre; la vigne n'y mûrit plus comme sur les coteaux calcaires de la Bourgogne. Des forêts nombreuses contribuent à augmenter l'humidité de la contrée. Il faudrait drainer et chauler les terres, faire beaucoup d'herbages et ne tenir en culture que les parties les plus saines.

Au-dessus des sables, qui ont 60 mètres de puissance, on trouve, du Tholon à Seignelay, une couche de graviers contenant beaucoup de fossiles (*Ammonites Renauxianus, Amm. inflatus, Opis Hugardi,* etc...) qui renferment de 32 à 40 p. 100 de phosphate de chaux.

Pendant quelque temps ces graviers ont été exploités à Saint-Maurice-le-Vieil, Pourrain, Parly, Merry-la-Vallée, Saint-Martin-sur-Ocre et Saint-Aubin-Châteauneuf; mais depuis 1887 on les a abandonnés[1]. Aux environs de Toucy, à Pourrain, Degès et Saully, on exploite, au-dessus de ces sables, une couche d'ocre qui a $0^m,50$ d'épaisseur et qui est surmontée de 8 mètres d'argiles à *Amm. inflatus, Ostrea vesiculosa ;* on appelle quelquefois ces argiles *marnes de Brienne.* Elles constituent un niveau d'eau important à cause des couches de craie très perméables qui les dominent.

M. Ebray, dans ses *Études géologiques sur le département de la Nièvre,* et M. Poncin ont signalé à Celle-sur-Loire et à Myennes des graviers phosphatés qui se trouvent au-dessus d'escarpements composés de couches alternatives de sables verts et d'argiles albiennes et sont recouverts par une argile bleue ou grise avec grains verts qui supporte la craie *tuffeau.*

Dans le département du Cher, on trouve, au-dessus du calcaire portlandien, des sables très fins, que l'on désigne par le nom de *sablons,* et des argiles blanches ou marbrées de rose qui contiennent du minerai de fer en paillettes ou géodes. Ces sables et argiles appartiennent à l'étage *néocomien.*

Sur les bords de la Loire, le calcaire néocomien forme au-dessus d'eux une mince couche à la base du terrain crétacé, mais on ne le trouve ni dans le centre, ni dans l'ouest du département.

L'étage *albien* est représenté par :

a) Des sables et grès ferrugineux à grains grossiers. Ils renferment des fossiles assez abondants sur les bords de la Loire, notamment sur le plateau de Grézancy (*Amm. milletianus, Amm. tardefurcatus, Rynchonella sulcata,* etc...).

b) Des argiles bleues exploitées à Morogues pour la fabrication des poteries.

c) Des sables plus fins que ceux de l'assise inférieure (*sables de la Puisaye*).

Souvent ces sables sont agglutinés par un ciment siliceux et donnent des grès très durs qui sont employés pour les constructions.

1. Voir, à la fin du volume, la carte géologique de l'Yonne.

Au sommet, on trouve une couche de graviers qui est également consolidée à l'état de poudingue.

A Assigny, Vailly et Sury-ès-Bois[1], ce poudingue contient des phosphates de chaux. Pendant quelques années M. Paul Desailly a exploité ceux de Vailly, mais il y a renoncé. Ces phosphates sont brun jaunâtre, et dosent de 35 à 42 p. 100 de phosphate réel. La gangue est principalement formée par un sable quartzeux blanc et très dense, qui se dépose rapidement quand on soumet la poudre du phosphate à des lavages à l'eau. On peut, selon M. Desailly, enrichir notablement ces phosphates par le procédé suivant : la poudre du phosphate est agitée énergiquement avec de l'eau ; on décante rapidement et on sépare ainsi du sable un liquide tenant en suspension le phosphate enrichi ; on laisse déposer, on décante l'eau et on fait sécher le phosphate. Le sable séparé retient encore de 15 à 20 p. 100 de phosphate.

Voici une analyse du phosphate du Cher, à l'état normal, et, en

	ÉTAT NORMAL.	ENRICHI.
Eau à 100°	1,15	1,60
Matières volatiles au rouge sombre	1,75	2,80
Acide phosphorique	18,61	29,29
— sulfurique	0,27	0,72
— carbonique	1,20	3,20
Fluor	1,66	1,63
Chaux	25,25	40,32
Magnésie	traces.	0,07
Alumine	1,90	2,56
Oxyde de fer	2,95	8,28
Silice	41,74	8,90
Total	99,48	99,37
A déduire l'oxygène équivalent au fluor	0,69	0,68
	98,79	98,69
Matières non dosées et pertes	1,21	1,31
	100,00	100,00
Équivalent de l'acide phosphorique en phosphate de chaux	40,62	63,94
Équivalent de l'acide carbonique en carbonate de chaux	2,72	7,27
Équivalent du fluor en fluorure de calcium	3,41	3,35

1. Voir, à la fin du volume, la carte géologique du Cher.

regard, l'analyse du phosphate enrichi, analyses dues toutes deux à M. Delattre.

Dans l'Indre, près de Levroux, l'albien forme quelques collines d'où l'on tire des grès pour matériaux de construction. Dans la commune de Saint-Pierre-de-Jards, MM. Lecat et Douvillé ont signalé, au-dessus de ces grès, une marne à graviers quartzeux qui contient quelques nodules et fossiles assez riches en phosphates, mais cependant trop rares pour être exploités.

---

§ 3. — Le pays de Bray et le Boulonnais.

« Les affleurements infracrétacés cessent de se montrer à partir du Berry, dit M. de Lapparent; seul, l'albien supérieur paraît se poursuivre dans le Maine, dans l'Orne et probablement dans les vallées de l'Eure et du Calvados qui débouchent dans celle de la Seine, sous forme d'une argile glauconieuse à *Ostrea vesiculosa*, contenant quelquefois *Ammonites inflatus*. »

On les retrouve, de l'autre côté de la Seine, sous les plaines du pays de Caux, entre autres au cap de la Hève; mais, d'après M. Lennier, l'aptien n'y est représenté que par 20 à 30 mètres de sables jaunes bariolés de rouge qui se terminent par un poudingue ferrugineux. Au-dessus vient immédiatement l'albien avec des argiles noires, glauconieuses et pyriteuses dans lesquelles Berthier a reconnu le premier, en 1820, l'existence de nodules très riches en phosphate de chaux. Ces argiles sont suivies, près de Cauville, de 2 mètres de marnes micacées grises.

Mais, dans le pays de Bray, l'infracrétacé apparaît sur une plus grande étendue au-dessus des calcaires et des sables ferrugineux qui y terminent l'étage jurassique et qui forment la clef de voûte du soulèvement.

D'après M. de Lapparent, on trouve à la base quelques dépôts qu'on peut mettre en parallèle avec le néocomien et l'urgonien. Ce sont :

1) 20 à 25 mètres de sables blancs que l'on exploite pour les ver-

reries et, en nids au milieu de ces sables, des argiles réfractaires qui servent à la fabrication de creusets et de poteries. (A Forges-les-Eaux, Saint-Germain-la-Poterie, la Chapelle-aux-Pots.)

2) 15 à 25 mètres d'argiles également réfractaires et de grès ferrugineux qui ont été autrefois traités comme minerai, ainsi que l'attestent des amas de scories que l'on rencontre en certains endroits.

3) 15 à 25 mètres de glaises panachées de rouge et de blanc, glaises très imperméables qui sont souvent couvertes d'alluvions marécageuses, par exemple, au milieu de la forêt de Bray.

Ensuite vient l'albien avec :

1) Les *sables verts* dont l'épaisseur varie de 20 à 40 mètres. Ils sont ordinairement superposés ou mêlés à quelques veines d'argiles.

2) Les *argiles du gault* qui n'ont qu'une faible épaisseur. On y trouve quelques nodules phosphatés.

3) Enfin, 40 à 45 mètres de *gaize*, à *Amm. inflatus*.

Sa partie inférieure est marneuse et peut servir d'amendement; mais, dans sa partie supérieure, elle devient poreuse, légère, parsemée de nodules de silex et de pyrites et imprégnée de silice gélatineuse, quelquefois aussi de grains de glauconie [1].

On dit que le nom de *Bray* provient d'un mot celtique qui signifie *boue;* et l'on voit qu'en effet la nature des terres justifie ce nom de *pays de boue ;* mais ses industrieux habitants ont su depuis longtemps le dessécher pour le transformer en fertiles herbages, et ils n'ont conservé des eaux surabondantes qui débouchent sur ses argiles que la proportion nécessaire pour arroser ces herbages et fabriquer les excellents produits de leurs laiteries. Le reste s'écoule par la Béthune vers la Manche, par l'Epte, l'Andelle et le Thérain vers la Seine.

Dans le Boulonnais, on trouve, au-dessus et autour des calcaires jurassiques qui en forment le centre, environ 30 mètres de sables ferrugineux, avec lits de grès, de graviers et d'argiles, les unes grises et violettes, les autres bariolées de rouge et de gris. M. de

1. De Lapparent, *le Pays de Bray*, 1879.

Lapparent considère cet ensemble comme représentant le *wealdien*, étage inférieur du système infracrétacé en Angleterre.

Sur ces sables repose une argile noire pyriteuse avec grandes huîtres qui a 3 mètres d'épaisseur sur la plage, près de Wissant, et qu'on retrouve de l'autre côté de la Manche où les géologues anglais l'ont désignée sous le nom de *Sandgate beds ;* elle paraît appartenir à l'aptien.

Puis viennent les sables verts de l'albien qui n'ont qu'environ 4 mètres d'épaisseur, mais forment une ceinture assez régulière autour du Bas-Boulonnais. C'est au-dessus d'eux que l'on trouve, recouverte par l'argile bleue du gault, la couche de phosphates que l'on exploite à Wissant, Surques, Boursin, Fiennes, Samer, Hardinghen, Henneveux, Réty, etc...[1].

Voici (*fig.* 3) la coupe d'un gisement exploité à Réty ; je la dois à l'obligeance de M. Hitier :

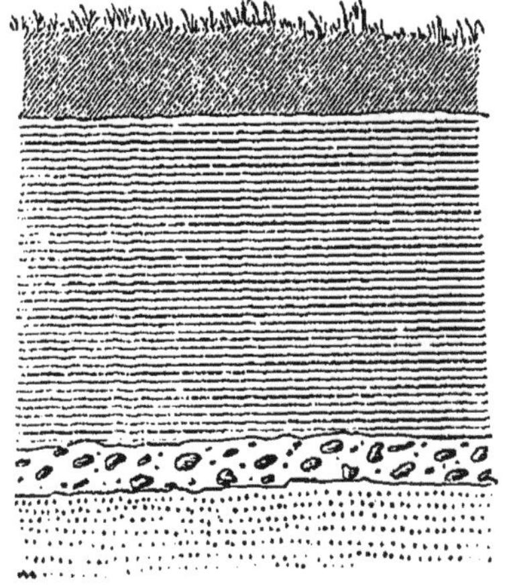

Terre végétale argileuse. $0^m,50$.

Argile du gault. 8 mètres.

Phosphates. $0^m,15$.

Sables verts de l'étage albien.

Fig. 3. — Coupe du gisement de phosphates de Réty (Boulonnais), relevée par M. Hitier.

1. Voir, à la fin du volume, la carte géologique du Pas-de-Calais.

Une grande partie de ces phosphates est expédiée en Angleterre. D'après les analyses du Dr Vœlker, ils contiennent :

	No 1.	No 2.	No 3.
Humidité.	0,84	0,79	1,74
Eau combinée et perte en chauffant.	3,14	3,24	1,04
*Acide phosphorique	21,06	21,27	17,69
Chaux	33,06	35,38	31,12
** Acide carbonique	3,55	5,25	5,13
Acide sulfurique.	6,81	0,89	0,85
Fluor et perte.		2,08	4,96
Magnésie	0,58	0,25	0,56
Oxyde de fer	2,89	3,63	3,52
Alumine	3,09	3,66	4,94
Matières siliceuses insolubles. . .	24,98	23,56	28,45
	100,00	100,00	100,00
* Égal à phosphate de chaux. . .	45,97	46,43	38,61
** Égal à carbonate de chaux. . .	8,07	11,93	11,66

En moyenne, ces coprolithes ne contiennent que 45 p. 100 de phosphate et des proportions assez fortes de fer et d'alumine. Leur valeur sur le marché anglais est inférieure à celle des coprolithes du Cambridgeshire.

§ 4. — Les terrains infracrétacés de l'Angleterre, etc.

La constitution géologique du sud-est de l'Angleterre ressemble, en général, à celle du nord-ouest de la France. Mais les terrains infracrétacés y débutent par un étage qui couvre de grandes surfaces dans les comtés de Kent et de Sussex et qui n'a d'analogue en France que certaines couches du Boulonnais, dépôt d'eau douce qui a été mis à jour, au milieu de la craie supérieure et des terrains tertiaires, par un soulèvement semblable à ceux du Boulonnais et du pays de Bray. C'est le *wealdien,* qui se subdivise en deux sous-étages :

1° *Les sables d'Hastings,* sables ferrugineux, quelquefois consolidés en grès ou alternant avec des argiles. A l'état inculte, ils sont couverts de bruyères, mais ils sont susceptibles d'amélioration et peuvent se transformer, au moyen d'amendements calcaires et de fumures, en terres arables ou en pâturages passables.

Dans les localités où ils reposent sur les bancs marneux du purbeckien et se mélangent avec leurs débris, le sol est très fertile.

2° *L'argile wealdienne,* argile plastique bleuâtre, dans laquelle sont entremêlées quelques minces couches de sables et de calcaires très riches en coquilles. Elle est fort difficile à travailler, parce qu'elle est tantôt trop humide et trop tenace, tantôt durcie par la sécheresse et impénétrable aux racines. Au moyen du drainage, des labours profonds et du chaulage, on peut corriger ses défauts et obtenir de belles récoltes de blé, mais ce sont des améliorations coûteuses.

Autrefois ces argiles étaient couvertes de forêts épaisses, de là le nom du pays qu'elles forment, nom qui dérive sans doute, comme le mot *wood,* bois, du vieux saxon *wald ;* il y en a encore beaucoup aujourd'hui.

Au nord de cet îlot wealdien, on trouve, dans les comtés de Kent, Surrey et Hampshire une bande d'*aptien* (*grès vert inférieur*) et d'*albien* (*gault, gaize et grès vert supérieur*) qui le sépare des collines ou *downs* formées par la craie supérieure.

Ces downs, plus ou moins recouverts par des dépôts diluviens, traversent toute l'Angleterre en écharpe, depuis le Dorset jusqu'au Yorkshire, parallèlement aux formations jurassiques que nous avons étudiées au § 10 du chapitre VIII. Mais, entre les calcaires jurassiques et ceux de la craie, presque tous secs et favorables à l'élevage du mouton, s'étend une longue zone de sables verts et d'argiles qui est plus humide et remarquable par la fertilité de ses terres et la richesse de ses herbages.

Si nous voulons entrer dans le détail des diverses assises que l'on rencontre dans ces terrains infracrétacés, nous devons remarquer que le *grès vert inférieur* des géologues anglais ne correspond pas exactement à notre *étage aptien*. Il est séparé du wealdien par les argiles d'*Atherfield* dont les fossiles correspondent, comme le dit M. de Lapparent, à ceux de notre étage urgonien et, d'un autre côté, ses couches supérieures (*couches de Folkestone*) renferment l'*Amm. mamillaris* qui caractérise, comme nous l'avons vu, la base de notre étage albien. Il se compose d'une alternance d'argiles et de sables ou grès ferrugineux au milieu desquels on rencontre à deux niveaux différents des nodules phosphatés. Du reste, le grès vert inférieur occupe, en Angleterre, des surfaces beaucoup moins considérables que le grès vert supérieur ; il fournit moins de phosphates exploitables et il est moins fertile. Quant à l'étage albien, il se compose du gault, de la gaize et du grès vert supérieur.

A. — *Le gault.*

Thomas Way y a distingué 3 couches :

La *couche inférieure* (1), argile noirâtre. Elle repose immédiatement sur un banc de grès ferrugineux avec nodules phosphatés, qui couronne le grès vert inférieur. Ce banc est si imperméable que l'argile est très humide et les chênes eux-mêmes y restent rabougris. Mais le drainage, ou ce qui le remplace à merveille, l'extraction des nodules, fait disparaître cet inconvénient et il reste un sol très fertile.

La *couche moyenne* (2), de couleur gris-bleu et plus épaisse que la première, contient beaucoup de petits nodules de carbonate de chaux et passablement de fossiles riches en phosphates, mais difficiles à décomposer. L'analyse ci-jointe a été faite après la séparation de ces fossiles. On l'emploie comme amendement pour les terres sablonneuses du voisinage.

La *couche supérieure* (3) est de couleur jaune, par suite de l'oxydation du fer qu'elle contient, et elle est moins compacte que les deux autres. C'est de la terre plus aérée, plus faite, mais plus pauvre en chaux que les précédentes. Du reste, elle a les mêmes caractères agricoles. Les échantillons de ces trois couches analysés par Thomas Way renfermaient :

	COUCHE inférieure. N° 1. P. 100.	COUCHE moyenne. N° 2. P. 100.	COUCHE supérieure. N° 3. P. 100.
Eau et matières organiques	7,68	6,38	5,47
Matières solubles dans les acides dilués.			
Silice	16,65	26,89	21,80
Acide carbonique	0	3,13	0
Acide sulfurique	Traces.	0,30	Traces.
Acide phosphorique	Traces.	Traces.	Traces.
Chlore	0,03	Traces.	0,03
Chaux	0,66	5,34	0,75
Magnésie	0,77	0,35	0,26
Potasse	0,66	0,74	0,35
Soude	0,15	0,31	0,16
Protoxyde et peroxyde de fer	3,16	7,25	4,56
Alumine	1,24	6,50	0,94
Matières insolubles dans les acides.			
Chaux	Traces.	1,61	1,29
Magnésie	Traces.	0,91	0,82
Potasse	1,53	2,16	1,57
Soude	1,90	0,42	0,61
Alumine et oxyde de fer	10,06	7,88	11,29
Silice et sable	46,51	29,83	47,07
	100	100	100

Les argiles du gault contiennent ordinairement des cristaux de sulfate de chaux ; aussi le plâtrage y est-il inutile.

« La destination naturelle des argiles du gault, dit Thomas Way, est d'être en herbages. Bien drainées, elles font d'excellentes terres à blé, fèves, trèfle, houblons, etc... Mais avec le haut prix du fourrage et du bétail, il vaut mieux les spécialiser en vue de ces productions. Ces argiles sont célèbres pour les beaux chênes qu'on y trouve. »

« C'est une des argiles les plus raides de l'Angleterre, dit M. Clare Sewell Read, dans sa description du Buckinghamshire[1]. Une telle terre paie toujours mieux en pâturage (*such land would always pay much better in grass*) et c'est très heureux que, même sans être ensemencée de graines fourragères, elle se convertit d'elle-même en excellent herbage; il suffit de laisser la végétation naturelle s'y développer. »

B. — *La gaize.*

Dans le sud de l'Angleterre, on trouve la *gaize* près de Folkestone, sur une grande étendue, depuis Farnham, dans le comté de Surrey, jusqu'à Petersfield, dans le Hampshire; on la trouve également dans l'île de Wight. Elle a une épaisseur moyenne de 33 mètres. Th. Way la considère comme formant un excellent sol, dont le blé est célèbre par la qualité supérieure de son grain et la rigidité de sa paille. On a l'habitude de la chauler tous les dix ans environ. Le plâtre y est employé pour les prairies artificielles.

D'après Th. Way, la gaize contient :

Eau et matières organiques	4,15	p. 100
Matières solubles dans les acides		
Silice	46,28	—
Acide carbonique	0	—
Acide sulfurique	Traces.	—
Acide phosphorique	Traces.	—
Chlore	0	—
Chaux	0,26	—
Magnésie	0,07	—
Potasse	0,79	—
Soude	0,43	—
Protoxyde et oxyde de fer	6,12	—
Alumine	3,15	—

1. *Journal de la Société royale d'agriculture*, 1854.

Matières insolubles dans les acides.

Chaux	2,91	p. 100
Magnésie	Traces.	—
Potasse	1,51	—
Soude	0,60	—
Alumine et oxyde de fer	14,20	—
Silice et sable	19,53	—
	100,00	—

Thomas Way, chimiste de la Société royale d'agriculture de l'Angleterre, a essayé d'employer cette roche si riche en silice soluble dans les alcalis pour fabriquer des silicates de potasse, de soude ou de chaux qui, mélangés aux engrais artificiels ou employés isolément dans les terres riches en humus, devaient prévenir la verse des céréales.

Mais cette entreprise n'a pas eu de succès, parce qu'elle reposait sur une idée fausse. La verse des céréales est causée beaucoup moins par le manque de silice que par l'absence de lumière, quand les blés sont semés très épais dans une terre très riche.

Au-dessus de la gaize, on trouve en Angleterre une couche que l'on appelle *Firestonerock*. Elle a souvent 33 à 35 mètres d'épaisseur et se compose de blocs de roche calcaire que l'on exploite comme pierre à bâtir et dont les interstices sont remplis d'une marne onctueuse. Les racines du houblon pénètrent jusqu'à 7 à 8 mètres de profondeur dans ces marnes.

Analyse du Firestonerock, *par M. Th. Way.*

Eau et matières organiques	1,60	p. 100

Matières solubles dans les acides dilués.

Silice	2,00	—
Acide carbonique	35,47	—
Acide sulfurique	Traces.	—
Acide phosphorique	0,15	—
Chlore	0,04	—
Chaux	44,90	—
Magnésie	0,28	—
Potasse	0,18	—
Soude	0,30	—
Protoxyde et oxyde de fer	0,60	—
Alumine	1,46	—

Matières insolubles dans les acides.

Chaux.	0,44	p. 100
Magnésie.	0,40	—
Potasse	0,07	—
Soude.	0,43	—
Alumine et oxyde de fer	0,92	—
Silice et sable	13,09	—
	100,00	—

C. — *Le grès vert supérieur.*

Dans son ensemble, il forme en Angleterre des terres de premier ordre comme production de blé et particulièrement appréciées, dans le sud, pour l'établissement des houblonnières.

On le trouve, à l'île de Wight et depuis Folkestone jusqu'à Lewes, dans les comtés de Kent, Surrey, Hampshire et Sussex; enfin depuis Beverley jusqu'à Bridport, formant une troisième bande à travers les comtés d'York, Lincoln, Norfolk, Suffolk, Cambridge, Herts, Bedford, Buckingham, Berk, Wilts et Dorset.

Dès 1845, le professeur Henslow signala à l'Association scientifique britannique la présence d'un banc de phosphates exploitables dans les environs de Cambridge; plus tard, il découvrit le même dépôt dans le Suffolk et l'Essex. Puis, M. Thomas Payne les retrouva dans son domaine de Farnham (Surrey). En 1848, M. Th. Way publia dans le 9e volume du *Journal de la Société royale d'agriculture* un travail complet sur les couches de phosphates de la formation crétacée.

Dans le Surrey (à Farnham et à Bentley), on trouve, au-dessus du Firestonerock, une masse verdâtre et pierreuse de 3 à 7 mètres d'épaisseur, dans laquelle sont épars des nodules d'une blancheur éclatante; mais ces nodules contiennent peu d'acide phosphorique.

Puis on trouve une marne verte très riche en phosphates, surtout dans sa partie inférieure. C'est le banc que l'on exploite.

Un échantillon de la partie inférieure, examiné par M. Th. Way, contenait 64 p. 100 de son poids de nodules de diverses grosseurs composés de :

Matière siliceuse insoluble.	9,84
Silice soluble	2,36
Matière organique	3,26
Acide phosphorique . . .	27,60 (correspondant à 59,60 de phosphate tribasique).
Acide carbonique	6,96
Chaux	44,56
Magnésie.	0,81
Oxyde de fer et alumine. .	4,51
	100,00

Le résidu obtenu en lavant ces fossiles se trouva composé, après avoir été séché, de :

	Particules grossières.	Particules fines.
Matière siliceuse insoluble	21,85	26,25
Silice soluble.	20,18	18,11
Matière organique.	6,25	5,95
Acide phosphorique.	7,80	10,38
Acide carbonique	10,91	10,34
Chaux.	20,58	19,87
Magnésie.	1,59	0,87
Oxyde de fer et alumine	8,18	6,18
Potasse et soude	2,00	2,00
	97,34	97,95

Tandis qu'en France les gisements les plus considérables de phosphates se trouvent au-dessous du gault, il en est autrement en Angleterre ; les sables ou grès verts supérieurs au gault y ont plus de développement, et c'est au milieu d'eux que l'on extrait le plus de phosphates.

La partie supérieure de la couche de marne verte qui couronne à Farnham le grès vert supérieur est peu riche en fossiles. D'après M. Th. Way, elle est composée de :

Eau combinée et matières organiques.	4,21
Matières solubles dans les acides dilués.	
Silice.	31,81
Acide carbonique	Peu.
Acide sulfurique	0,45
Acide phosphorique.	3,76
Chlore.	Traces.
Chaux.	5,64
Magnésie	0,35

Potasse	3,24
Soude.	1,20
Protoxyde et oxyde de fer	1,20
Alumine	16,94

Matières insolubles dans les acides.

Chaux.	1.52
Magnésie.	1,09
Potasse	0,45
Soude.	0,31
Alumine et oxyde de fer	5,75
Silice et sable	22,06
	100,00

La richesse en phosphates, en potasse, etc., explique la grande fertilité des terres formées par ces marnes.

Dans le Hanovre, les terrains infracrétacés ressemblent beaucoup plus à ceux du sud de l'Angleterre qu'à ceux de la France.

Les sables d'Hastings ont pour équivalents, près de la frontière de Hollande, les *grès du Deister*, grès de couleur grise ou jaune, au milieu desquels sont intercalés des argiles schisteuses et quelquefois des gisements de houilles bitumineuses. Ces houilles sont exploitées dans le comté de Schaumburg, sur le Deister, etc... Ailleurs, le grès est remplacé par le *conglomérat de Hils*, très intéressant au point de vue métallurgique à cause des minerais de fer que l'on y exploite à Salzgitter, Peine, etc...

Quant aux argiles wealdiennes (*Wealdenthon* ou *Hilsthon*), ce sont des argiles schisteuses de couleur gris foncé, en couches minces, séparées par des lits très réguliers de calcaire sableux où les cyrènes et les mélanies abondent.

Dans le nord de l'Allemagne, les étages *aptien* et *albien* sont presque tout entiers composés d'argiles plus ou moins plastiques; leur assise la plus récente consiste en marnes dont le fond de couleur claire est traversé de raies plus foncées qui ont la forme de flammes; de là leur nom de *Flammenmergel* (*marnes à flammes*) qu'on leur donne.

L'étage albien renferme également des gisements de phosphates dans l'Allemagne du Nord et en Bavière. On en a signalé quelques-uns en Suisse, dans les cantons de Vaud, de Schwyz et d'Appenzell, mais ils ne sont pas assez importants ou se trouvent trop éloignés des voies de transport pour être exploités. Des recherches plus actives en feraient découvrir sans doute d'autres.

En Russie, dit M. Ed. Fuchs, ingénieur en chef et professeur à l'École des mines, la craie inférieure forme une bande immense, qui s'étend d'Orel jusqu'à Saratow ; elle est couverte de limons noirs d'une extrême fertilité et renferme à plusieurs niveaux, des nodules de phosphates de chaux (*Samarode*).

On n'évalue pas à moins de 20 millions d'hectares cette vaste étendue, dont la richesse varie de 3,000 à 12,000 tonnes de phosphate de chaux par hectare, le maximum, dans le gouvernement de Tambow, atteignant même localement 50,000 tonnes. La teneur des nodules, en général peu élevée, oscille entre 30 et 55 p. 100. Sur les seules rives du Don, les nodules, répartis dans plusieurs couches, s'étendent sur une surface de 6 millions d'hectares, avec une teneur moyenne de 40 p. 100.

Ainsi, le grand niveau de l'albien qui règne, en France, superficiellement ou souterrainement, sur près d'un demi-million d'hectares, et qui occupe, en Angleterre et en Russie, une surface vingt fois plus considérable, contient, en admettant un rendement de 100 kilogr. par mètre carré, plus d'un milliard de tonnes de phosphate de chaux [1].

---

1. Ed. Fuchs, *Note sur la constitution des gîtes de phosphates de chaux*. Nancy, 1887.

CHAPITRE XI

LES TERRAINS CRÉTACÉS DU NORD DE LA FRANCE.

Comme l'a fait M. A. de Lapparent dans son *Traité de géologie*, nous diviserons le système crétacé en quatre étages et chacun de ces étages en deux sous-étages. Ce sont, à partir de la base :

A. — L'*étage cénomanien*, qui comprend le *sous-étage rotomangien* ou craie inférieure de Rouen et le *carentonien* ou couches à Ichtyosarcolithes et à Ostracées de la Charente.

B. — L'*étage turonien*, correspondant à la craie tuffeau de Touraine, qui se subdivise en *ligérien*, ou craie du bassin de la Loire, et en *angoumien*, sous-étage très développé aux environs d'Angoulême.

C. — L'*étage sénonien*, ou craie blanche des environs de Sens, qui se subdivise en *santonien*, ou craie de Saintonge, et en *campanien* ou craie de Champagne à bélemnitelles.

D. — L'*étage danien*, ou craie du Danemark, qui se partage en *maestrichtien* ou craie de Maëstricht (d'après M. Foucas, c'est le sous-étage *dordonien* ou craie de la Dordogne) et le *garumnien*, sous-étage qui termine la série crétacée et dont Leymerie a emprunté le nom à la Haute-Garonne.

§ 1. — L'étage cénomanien ou craie glauconieuse dans le Perche et dans le bassin de la Seine.

L'étage cénomanien doit son nom à la ville du Mans (*Cenomanum*), chef-lieu du département de la Sarthe, où il couvre une surface de 172,800 hectares et où son épaisseur atteint environ 100 mètres.

Dans les environs du Mans, il est presque tout entier composé de sables, tantôt nus, tantôt recouverts par des dépôts d'argiles à silex.

Mais, à mesure que l'on s'avance vers le nord ou vers l'est, on trouve, intercalées au milieu de ces sables, des couches de craie qui peu à peu deviennent prédominantes, et en Normandie c'est de la craie pure, craie remplie de petits grains de *glauconie*, que l'on appelle *craie de Rouen ou craie glauconieuse*.

1) Près du Mans, son assise inférieure est constituée par un dépôt d'*argile glauconieuse* ou quelquefois de glauconie sableuse qui a seulement quelques mètres d'épaisseur et qui est caractérisée par le seul fossile qu'on y trouve, l'*Ostrea vesiculosa*. M. Guillier y a signalé, entre autres près de la Ferté-Bernard, des nodules qui contiennent 34 p. 100 de phosphate de chaux, mais qui sont trop disséminés dans la masse glauconieuse pour que leur exploitation puisse être profitable.

Dans l'ouest du département, l'argile glauconieuse a 10 ou 15 mètres d'épaisseur et contient, tantôt en amas, tantôt en veinules, des minerais de fer d'excellente qualité, qui étaient autrefois très recherchés et traités dans les hauts-fourneaux de Condé et de la Gaudinière (Sarthe) ou d'Orthe (Mayenne).

2) Au-dessus de cette couche glauconieuse, on trouve, à l'ouest du département, les *sables et grès de la Trugalle* à *Perna lanceolata*. Ce sont des sables plus ou moins grossiers, également glauconieux, et des grès à ciment calcaire.

3) Mais l'assise principale de l'étage cénomanien de la Sarthe est la suivante, celle que l'on appelle *sables ou grès du Mans ou du*

Maine. Elle a environ 80 mètres de puissance et se compose de sables quartzeux de diverses grosseurs. Souvent ces sables sont cimentés par une pâte siliceuse ou calcaire et forment des bancs de grès ou des sphéroïdes à couches concentriques d'oxyde de fer, présentant des colorations variées. Leurs fossiles caractéristiques sont : *Scaphites æqualis, Turrilites costatus* et des *Trigonies*.

Dans la partie médiane du département, à côté des vallées de la Sarthe et de l'Huisne, ces sables sont très ferrugineux. L'hydrate de fer, formé par la décomposition de la glauconie, les réunit sur certains points en grès de formes bizarres qui sont appelés *roussards* dans le pays et que l'on emploie comme moellons.

4) Les *sables du Perche* ou *sables cénomaniens supérieurs à Rhynconella compressa*.

Dans la Sarthe, ils ont des caractères minéralogiques qui sont souvent parfaitement semblables à ceux de l'assise précédente et, au point de vue agricole, il n'y aurait aucun inconvénient à les confondre sous un même nom.

A la base, ce sont des sables argileux, verdâtres ou bruns, micacés, avec des blocs de grès. Ils renferment les uns et les autres d'assez nombreux débris de crustacés dans des petits nodules qui se détachent en noir sur le fond gris de la roche. Ces nodules se composent de sable agglutiné par du phosphate de chaux ; M. Chărault y a reconnu près de 16 p. 100 d'acide phosphorique ; mais ils sont beaucoup trop rares pour que leur exploitation puisse devenir avantageuse[1].

Aux environs du Mans, la culture maraîchère tire des produits assez avantageux des sables *roussards*, grâce aux engrais abondants qu'elle peut y mettre et à l'eau qu'elle trouve à proximité.

Près des villages, on y fait également des légumes, des pommes de terre, du maïs, du seigle, du trèfle incarnat, etc... Mais, à une certaine distance des centres de population, la culture forestière peut seule en tirer un parti quelque peu avantageux.

Dans les meilleures parties, on rencontre des châtaigniers et des taillis de chênes qui remontent aux époques les plus reculées. Les

---

1. Guillier, *Géologie de la Sarthe*.

parties les plus mauvaises sont encore en landes de bruyère ; d'autres ont été plantées en pins maritimes. L'introduction du pin maritime dans la Sarthe est due, dit-on, à des fabricants d'étamine qui allaient acheter des laines en Espagne et qui, en traversant les landes de Bordeaux, avaient été frappés de l'analogie qu'y présentaient les terrains plantés en pins avec ceux qui, dans la Sarthe, ne donnaient aucun produit.

Ces pins maritimes avaient très bien réussi dans les sables des environs du Mans; malheureusement l'hiver si rude de 1879 à 1880 en a détruit une grande partie.

5) Les *marnes à Ostracées*, marnes qui alternent avec des calcaires marneux et qui contiennent d'énormes quantités d'huîtres, entre autres l'*Ostrea biauriculata*. Ces marnes commencent sur les confins du département de l'Orne ; près du Mans, elles ont 7 à 8 mètres d'épaisseur et affleurent à flanc de coteau, sur le côté droit de la vallée de l'Huisne. Leur épaisseur augmente vers le sud et elles conservent les mêmes caractères dans une partie de Maine-et-Loire, dans les Deux-Sèvres, la Vienne, l'Indre-et-Loire, le Loir-et-Cher et le Cher. Quand l'exposition est bonne, la vigne y réussit. Les noyers y sont abondants.

Comme nous l'avons déjà dit, les sables qui forment la masse principale du cénomanien dans la Sarthe disparaissent à mesure que l'on s'avance, au nord et à l'est, vers le centre du bassin de Paris. Ce sont des dépôts de rivage, tandis que, dans les grandes profondeurs de la mer cénomanienne, les sédiments formés à la même époque étaient crayeux.

Déjà à l'est de la Ferté-Bernard, puis entre Vibraye et Montmirail, on trouve, au-dessus de l'argile glauconieuse à *O. vesiculosa* qui forme la base du cénomanien, des couches de *craie glauconieuse* (à *Pecten asper* et *Turrilites tuberculatus*) qui alternent avec des bancs siliceux très durs et souvent exploités comme moellons. Ces couches prennent beaucoup d'extension dans l'Orne.

Les sables et grès de la Trugalle deviennent eux-mêmes de plus en plus crayeux, et au-dessus d'eux, interposée entre eux et les sables du Mans à *Scaphites æqualis* et *Turrilites costatus*, apparaît, au sud de la Ferté-Bernard, une assise de craie qui contient ces mêmes fossiles et que l'on appelle *craie de Théligny*. Elle se développe dans les départements de l'Orne et d'Eure-et-Loir aux dépens des sables et grès sous-jacents et repose alors directement, comme à Rouen et au Hâvre, sur la craie à *Turrilites tuberculatus*.

Dans les localités où cette craie affleure, particulièrement à Théligny, Saint-Maixent et Saint-Ulphace (Sarthe), elle est employée comme marne.

Entre la vallée de la Sarthe et les limites des départements de l'Orne et de Loir-et-Cher, cette alternance d'argiles, de sables et de craie glauconieuse forme les terres argilo-calcaires, humides et fertiles, d'une partie du Perche. Ce sont, avec les alluvions des vallées de l'Huisne, les meilleures terres à prairies du Perche.

La région agricole, le *pays*, que l'on appelle *le Perche*, comprend des terres dont l'origine géologique est très variée, mais qui ont pourtant des caractères communs, caractères qui présentent un contraste frappant avec les plaines de la Beauce et qui se montrent aussi bien dans l'économie rurale que dans la physionomie des deux contrées.

Après avoir traversé, depuis Versailles jusqu'à Chartres, ces vastes étendues couvertes de céréales, mais presque sans arbres et sans eaux, que l'on appelle la *Beauce*, on trouve, autour de Nogent-le-Rotrou et vers le sud jusqu'à Mondoubleau et la Ferté-Bernard, vers le nord jusqu'au delà de Mortagne, un pays d'herbages et de bois, bien arrosé et bien vert, où l'élevage des bestiaux et surtout celui du cheval ont pris une place importante. Au lieu des plaines monotones que l'on vient de quitter, c'est une succession de collines peu élevées et de vallons couverts de prairies, dans lesquelles pâturent les animaux et au milieu desquelles coulent de nombreux ruisseaux. Au lieu de villages agglomérés et de champs sans clôtures, ce sont des *borderies* éparses, et les champs sont tous entourés de haies. Au lieu de l'assolement triennal de la Beauce, c'est l'assolement de quatre ans spécial au Perche, assolement qui est loin d'être conforme aux règles orthodoxes de l'alternance, mais que les terres supportent néanmoins depuis longtemps et qui convient très bien à l'élevage du cheval.

Les quatre soles ou *cotaisons* se suivent ainsi :

Première année. Blé.

Deuxième année. Avoine et quelquefois orge, avec semis de trèfle et de graminées.

Troisième année. Trèfle et graminées, en partie fauchés, le reste pâturé.

Quatrième année. Pâturage au printemps, puis rompaison et soit jachère, soit betteraves, pommes de terre ou choux.

Pourquoi, au lieu d'avoir deux céréales de suite, ne sème-t-on pas le trèfle dans le blé, et ensuite l'avoine après la rompaison du pâturage?

On répond à cela qu'au printemps les terres emblavées en froment sont souvent trop durcies et trop compactes pour qu'on puisse y semer les fourrages avec autant de succès que dans un sol récemment ameubli pour l'avoine.

Cette objection disparaîtrait, sans doute, si les semis de blé étaient faits en ligne, de manière à permettre de sarcler dans les intervalles. Mais il y en a une autre qui semble le point fondamental. Si l'on faisait l'avoine après le trèfle, on n'aurait pas le pâturage de printemps qui précède la jachère ou les plantes sarclées; or, ce pâturage est précieux pour les animaux ; il permet de les nourrir au grand air, tout en laissant pousser la première coupe du trèfle et des prairies, destinée à faire la provision de foin pour l'hiver.

On pourrait dire enfin que, dans cet assolement, le trèfle revient trop souvent sur les mêmes terres. Mais n'en est-il pas de même dans le célèbre assolement de Norfolk que suivent beaucoup d'excellents cultivateurs en Angleterre? Comme on ajoute des graminées au trèfle, c'est tantôt les unes, tantôt l'autre qui se développent avec le plus de vigueur, et l'emploi des phosphates, qui tend à se généraliser dans le Perche, contribuera à conserver à ses terres l'aptitude à produire des légumineuses.

Depuis 1871, on a commencé à joindre au trèfle de l'*Anthyllis vulneraria,* qui fait un excellent fourrage.

La plupart des fermes du Perche n'ont pas une grande étendue ; chacune d'elles a plusieurs juments poulinières qu'elle emploie avec les pouliches de plus de deux ans aux travaux des champs; quant aux poulains, la plupart sont vendus dès l'âge de six mois à un an. Quelques vaches de race normande, quelques moutons et beaucoup de volailles complètent le cheptel.

Tous ces animaux pâturent ensemble à l'ombre des pommiers à cidre et des grandes haies, dans les *cotaisons* qui entourent les bâtiments de ferme, sous l'œil du maître et de la famille qui les soignent, et ces soins continuels contribuent certainement beaucoup à la réussite de leur élevage.

D'après les arbres qui s'y trouvent, les haies vives qui entourent les champs et les prés du Perche, sont très anciennes, et il est probable qu'autrefois ces enclos servaient principalement à l'élevage et à l'engraissement des bêtes à cornes; la production du cheval n'y occupait pas encore la première place; elle ne l'a prise que depuis le commencement de notre siècle, depuis que le développement des postes et des messageries a augmenté de plus en plus la demande des chevaux de trait.

Dans le sud-est du *Haut* ou *Grand-Perche* et dans ce que l'on appelle *Petit-Perche, Perche-Gouet* ou *Brouais,* par exemple, aux environs de Mondoubleau, le sol est formé tantôt par les *argiles à silex* (*terres rudes*), tantôt par les *limons quaternaires* (*terres douces*)[1] qui les recouvrent sur certains points. Les *sables roux du Perche* sont au-dessous des argiles à silex; ils en sont séparés par un banc de *marnes à Ostracées* à la surface desquelles débouchent des sources et qui fournissent un amendement précieux pour les terres pauvres en chaux de la surface.

Des marnières sont ouvertes et exploitées sur les flancs des vallons où elles affleurent. Mais ailleurs il faudrait creuser à une grande profondeur et faire des galeries pour extraire la marne, et aujourd'hui on trouve ordinairement plus économique d'employer la chaux amenée par le chemin de fer.

---

1. Pour décrire l'ensemble du Perche, je suis obligé de parler dès à présent des *argiles à silex,* auxquelles sera consacré un paragraphe spécial dans le chapitre XIV (*Terrains tertiaires*) et du *limon quaternaire,* qui aura également un paragraphe spécial au chapitre XVII, mais dont les caractères agricoles varient beaucoup suivant les terrains sur lesquels il repose.

Presque toutes les terres de limon et d'argile à silex contiennent assez de potasse; mais presque toutes aussi n'ont pas assez d'acide phosphorique.

M. Boitel, inspecteur général de l'agriculture, qui possède près de Mondoubleau un domaine qu'il administre en savant praticien, a été un des premiers à donner l'exemple de l'emploi du superphosphate de chaux, qui s'est rapidement vulgarisé autour de lui.

Le long de la vallée de l'Huisne, entre la Ferté-Bernard et Nogent-le-Rotrou, il s'est produit une faille qui rompt brusquement la série des couches géologiques. Au sud de cette faille, à la Ferté-Bernard même et à Souancé, les calcaires à astartes sont à jour et, autour de ces deux îlots jurassiques, toutes les assises du cénomanien, telles que nous les avons décrites au commencement de ce paragraphe, ont été relevées; l'argile verte et les sables glauconieux sont à découvert sur une bande assez large à laquelle succède une vaste étendue de craie glauconieuse et de sables du Maine aux environs de Théligny, de Lamnay et jusqu'à Vibraye.

Puis, au nord du Perche, on retrouve des terrains jurassiques relevés par une deuxième faille, près de Mortagne, à l'ouest de Mamers, autour d'un îlot silurien, avant-poste du Bocage normand que couvre la forêt de Perseigne. Ce pointement de roches de transition (phyllades de Saint-Lô et grès armoricain) joue le rôle principal dans le relief général de la contrée; la vallée de l'Huisne, avec ses fertiles prairies, décrit un cercle autour de lui et reçoit toutes les eaux, l'Erve, la Même, etc., qui partent de ce point central et traversent successivement les différentes assises du jurassique supérieur et du cénomanien, échelonnées dans leur ordre naturel et recouvertes en certains endroits par des argiles à silex ou à meulières. Ces dépôts tertiaires forment les parties les moins riches du Perche; il faut, comme aux environs de Mondoubleau, les améliorer par des amendements calcaires et, quand ces amendements sont trop difficiles à se procurer ou quand les silex, agglomérés en poudingues, rendent la culture impossible, on est forcé de les laisser en bois. Les forêts de Montmirail et de Bonnétable ont précisément cette raison d'être au milieu du véritable Perche et, sur la rive gauche de l'Huisne, au nord-est, il en est de même pour les vastes et nombreuses forêts du *Thimerais* (forêt de Senonches, forêt de la Ferté-Vidame, etc.), contrée infertile qui a fait autrefois partie du Perche, mais qui ne mérite de lui appartenir, ni au point de vue agricole, ni au point de vue géologique.

Comme l'a dit Guillier, le vrai type de la bonne terre du Perche, la craie, tend de plus en plus à prédominer et à remplacer les sables du même âge à mesure que l'on s'avance vers le nord, en sorte que le cénomanien des environs de Mortagne est encore plus favorable aux herbages que celui des collines que nous avons trouvées entre Nogent-le-Rotrou et Mondoubleau.

Aux environs de Mesle-sur-Sarthe, de Bellême et de Mortagne, la glauconie à *Ostrea vesiculosa* a une épaisseur d'environ 10 mètres, et l'on y rencontre fréquemment, par exemple à Ceton, de petits nodules de phosphates de chaux.

Puis viennent des alternances de sables glauconieux et de marnes crayeuses avec *Scaphites æqualis, Pecten asper, Ammonites Rothomagensis, Amm. varians*, etc...

Sur les terrains jurassiques qui se développent au nord-ouest de Mortagne, du côté de Sées et d'Argentan, les herbages prennent le caractère de ceux du Merlerault et l'élevage du cheval anglo-normand remplace celui du percheron. Dans le département de l'Orne, les prés et les herbages occupent 140,000 hectares, presque le quart de la surface totale, et ils sont situés principalement dans les arrondissements de Mortagne, d'Alençon et d'Argentan, les uns sur les marnes crayeuses du cénomanien, les autres sur les argiles oxfordiennes; les meilleurs se trouvent sur les terres d'alluvion situées au bord des cours d'eau et formées d'un mélange de toutes celles qui les dominent. Cela fait différentes classes d'herbages dont la première se loue 120 à 160 fr. l'hectare.

Près de Mesle-sur-Sarthe, presque tout le territoire est couvert de prairies et d'herbages; il n'y a qu'environ 1/8 des terres en culture, à peu près de quoi fournir ce qu'il faut à la consommation des éleveurs et de leurs familles. Les herbages se suivent, séparés par des haies et des fossés. Pour aller d'une ferme à l'autre et à la ville voisine, on ne trouve pas de chemins ou des chemins si mauvais qu'on aime mieux prendre à travers prés. Cela n'a, d'ailleurs, aucun inconvénient pour le transport des produits, puisque ces produits sont tous des animaux. L'engraissement des bœufs est l'industrie principale ; l'élevage des chevaux n'est que l'accessoire, à tel point que, dans la plupart des baux, il y a une clause qui défend de mettre dans les herbages plus d'un poulain par dix bœufs. On compte que les meilleurs herbages peuvent engraisser un bœuf par 3/4 d'hectare, quelquefois par demi-hectare.

On retrouve la même superposition des couches cénomaniennes aux terrains jurassiques et les mêmes herbages dans les magnifiques vallées de la Risle et de la Touques qui aboutissent à la Seine, ainsi que, près de Vimoutiers et de Livarot, dans la vallée de la Viette qui se réunit plus bas à celle de la Dives pour former le pays d'Auge. Les herbages y sont également utilisés, non seulement pour l'élevage des chevaux, mais pour l'engraissement des bœufs, la nourriture des vaches laitières et la production des célèbres fromages de Camembert, Livarot et Pont-l'Évêque.

Sur la rive droite de la Seine, la craie glauconieuse du cénomanien ou *craie de Rouen* se montre de Vernon à Rouen, au-dessous de la craie marneuse et de la craie blanche qui forment le reste de la côte de Sainte-Catherine. Près du Havre, elle constitue la partie supérieure des falaises, au cap de la Hève ; à la base de ces falaises, on trouve les argiles kimmeridgiennes, puis les sables verts et le gault de l'albien, et enfin l'étage cénomanien composé, d'après M. de Lapparent [1], de :

1) Une assise de marne glauconieuse, parfois sableuse, avec petits nodules phosphatés. Cette couche meuble, épaisse de 2 à 4 mètres, reposant sur l'argile albienne, constitue un niveau d'eau très régulier dans tous les points de la Seine-Inférieure où elle est à découvert ;

2) 10 mètres de craie dure, mouchetée de glauconie, avec silex gris offrant la texture des spongiaires ; quelques lits, plus chargés de glauconie, tranchent sur les autres par leur teinte verte prononcée ;

1. De Lapparent, *Traité de géologie*, p. 1074.

3) 15 mètres de craie grise à gros silex noirs en bandes régulières ;

4) 20 mètres de tuffeau ou craie grise, micacée, rude au toucher, contenant des silex gris généralement couverts d'une enveloppe jaune ;

5) Un lit de craie à parties noduleuses durcies, dont la surface présente une teinte verte nuancée de rouille et où l'analyse révèle la présence de l'acide phosphorique.

En suivant les falaises, on voit l'étage cénomanien se rapprocher peu à peu du niveau de la mer, tandis que la hauteur du gault diminue.

Aux environs d'Octeville, c'est la craie glauconieuse qui forme déjà la base de ces falaises et la craie marneuse de l'étage apparaît au-dessus de lui. Les couches parallèles continuent à plonger de plus en plus ; près d'Étretat, la craie blanche se montre au-dessus de la craie marneuse et, à l'approche de Fécamp, elle forme presque tout l'escarpement ; mais là, une double faille vient l'interrompre et la craie glauconieuse reparaît un instant, surmontée de la craie marneuse, à Saint-Léonard, sur la gauche de l'embouchure du Talmont et du port.

Toutes ces couches de craie, recouvertes d'argile à silex et de limon quaternaire forment le pays de Caux, dont on aperçoit de temps en temps les paysages verdoyants à travers les échancrures de la côte et qui s'étend jusqu'aux limites du département de la Seine-Inférieure.

Dans le pays de Bray, le cénomanien se montre au-dessus de la gaize, représenté par 2 à 3 mètres de marne glauconifère à *Amm. laticlavius* que surmontent des couches de craie, tantôt craie marneuse, tantôt craie grise chargée de silex. Une craie plus blanche, tendre et sableuse, à *Micraster breviporus* et silex noirs souvent recouverts d'un enduit rosé, couronne les escarpements qui entourent la région.

Dans le Bas-Boulonnais, on retrouve également des affleurements de cénomanien, mais là il se présente sous le facies anglais, nouvelle preuve qu'un isthme occupait autrefois l'emplacement du Pas-de-Calais et réunissait les deux pays. C'est dans l'étage cénomanien

Falaises de craie à Étretat.

ou craie de Rouen (*grey chalk* des Anglais) qu'il est question de creuser le tunnel sous-marin qui devrait rétablir cette communication. L'origine de ce tunnel serait, du côté de la France, entre Sangatte et le cap Blanc-Nez.

Dans la falaise du cap Blanc-Nez, près de Boulogne, la plus grande partie du cénomanien est à l'état de marne crayeuse (*chalkmarl* des Anglais), dépourvue de silex et d'autant plus argileuse que l'on se rapproche davantage de sa base.

Au nord de l'Artois, une série de plissements et de failles (voir la feuille d'Arras, n° 7, de la carte géologique détaillée) a élevé ses plateaux de craie au-dessus de la région abaissée du département du Nord et amené à jour, près de Bouvigny, Rebreuve, la Comté, Pernes-en-Artois, Bailleul-lès-Pernes, Febvin, Fléchin, Audincthun, etc..., des schistes et grès de transition avec des poudingues qui correspondent au cénomanien.

Les mineurs, qui retrouvent ces mêmes poudingues dans la région houillère, les appellent *tourtias*. Le tourtia se compose d'un ciment de glauconie ou de marne glauconieuse qui réunit des éléments empruntés aux terrains devonien et houiller, quelquefois aussi des phosphates. On exploite ces phosphates à Pernes-en-Artois et à Audincthun. On en trouve également à Aumerval, Bailleul-lès-Pernes, Nédonchel, Febvin-Palfart et Fléchin[1].

Dans une visite récente qu'il a faite à Pernes, M. Hitier, ancien élève de l'Institut agronomique, a recueilli les renseignements suivants qu'il a bien voulu me communiquer :

Les phosphates, dits de Pernes, ont été reconnus à Pernes-en-Artois, en 1877, par M. Vivien, ingénieur-chimiste à Saint-Quentin, dans une propriété appartenant à MM. Arrachart et Lafeuille dont la Société des phosphates de Pernes s'est rendue acquéreur.

Déjà M. Barrois, dans la description du terrain crétacé du Hainaut (1864), distinguant plusieurs horizons du cénomanien, signale le tourtia d'Assevent et des mineurs du Pas-de-Calais comme une *marne glauconifère à nodules phosphatés* avec *Amm. varians*.

Les phosphates de Pernes appartiennent à la craie glauconieuse,

---

1. Voir, à la fin du volume, la carte géologique du Pas-de-Calais.

base du cénomanien, reposant sur l'argile du gault, tandis que les phosphates dits du Pas-de-Calais se trouvent *au-dessous* de l'argile du gault. Ces phosphates du cénomanien se rencontrent dans les villages de Pernes-en-Artois, Bailleul, Blaringhem, Febvin, Nédonchel, Herninghem, le Flouy, villages qui sont situés sur une ligne parallèle au terrain houiller du Pas-de-Calais. Ils reposent sur les schistes rouges dévoniens dont ils ne sont séparés que par l'argile du gault (*dièves* des mineurs). Donc le jurassique et le carbonifère ne sont pas représentés en cet endroit. Ce n'est que là où, sous l'argile du gault, les sondages ont rencontré le dévonien que la présence de ces phosphates du cénomanien a pu être constatée. Sur la place du marché à bestiaux de Pernes affleurent les schistes dévoniens qui forment le sol en cet endroit ; ces mêmes schistes rouges et gris bordent la route qui conduit de Pernes à la gare du chemin de fer.

On peut voir, sur le croquis ci-après (*fig.* 4), une coupe d'un gisement de phosphates du cénomanien pris à Pernes.

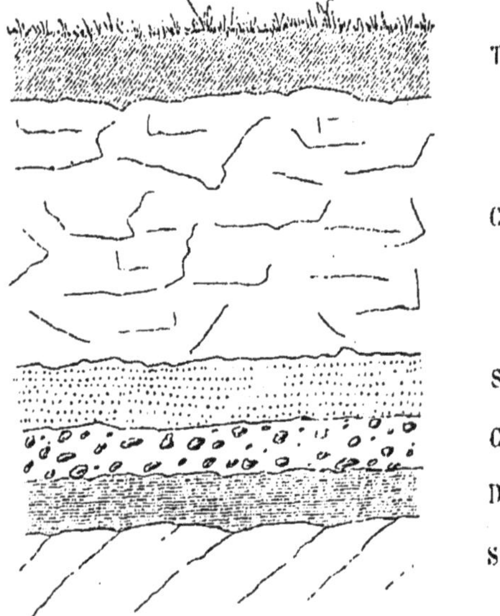

Fig. 4. — Coupe du gisement de phosphates de Pernes-en-Artois, d'après M. Hitier.

Le phosphate de Pernes se rencontre donc à la base du cénomanien dans la partie correspondante à la craie glauconieuse de Rouen. Les fossiles trouvés dans la couche phosphatée confirment cette manière de voir. Ce sont des *Ammonites* (*laticlavius, varians*), l'*Ostrea carinata*, le *Pecten asper*, l'*Epiaster crassissimus*, le *Nautilus Bouchardianus*, etc...

Ce gisement du cénomanien est assez limité ; il existe sur 50 hectares dans les concessions de Pernes et sur 150 dans celles des communes voisines. Cet étage paraît s'arrêter à Fauquembergues où il se trouve en couches minces simultanément avec l'étage du gault, sur une étendue à peine appréciable. A Pernes, la couche unique a en moyenne 40 centimètres d'épaisseur ; elle se divise parfois en deux lits de 20 à 22 centimètres ; dans les concessions voisines, la couche n'a plus que 15 centimètres en moyenne. Le rapprochement de ces données permet d'évaluer à 300,000 tonnes le gisement de Pernes, et à 330,000 tonnes celui des communes voisines. Le gisement est exploité par la Société des phosphates de Pernes dans quatre carrières à Pernes, tant à ciel ouvert qu'en galeries ; elle exploite depuis peu une carrière à Febvin-Palfart.

La couche des phosphates, à Pernes, n'est pas horizontale, mais elle est inclinée de 10° environ. Aussi a-t-on dû employer trois modes d'extraction :

1° L'exploitation se fait à ciel ouvert jusqu'à 7 mètres, par banquettes régulières ;

2° L'exploitation se fait par galeries, à l'aide de plans inclinés, jusqu'à 20 mètres ;

3° Au moyen d'un grand puits avec cage guidée et moteur à vapeur, pour l'extraction à 30 mètres.

Des ouvriers enlèvent la terre végétale, l'argile, la marne et la couche des sables verts glauconieux, puis on extrait la couche phosphatée qui est mise dans des wagonnets Decauville et dirigée vers l'usine. On se sert de trois banquettes et les ouvriers jettent ainsi la matière par trois jets successifs jusqu'au wagonnet.

A partir de 7 mètres, on exploite en galeries. La galerie est faite par des mineurs du Pas-de-Calais. (Depuis que les charbonnages extraient moins de houille dans le Pas-de-Calais, un grand nombre de mineurs se trouvent sans ouvrage ; ce sont eux qui sont chargés de l'exploitation des phosphates dans tous les gisements de ce département.) La compagnie des phosphates de Pernes fournit le bois nécessaire ; l'ouvrier n'ayant pas à l'acheter est moins porté à le ménager et les accidents provenant d'éboulements ne sont plus à craindre. La galerie a 1^{m},20, en moyenne, de hauteur; un petit chemin de fer Decauville circule à l'intérieur. Ces galeries s'enfoncent jusqu'à 20 mètres de profondeur. Un cheval remonte les wagonnets de la façon suivante. Une longue corde attachée à l'avant du wagon passe sur deux poulies situées en haut du plan incliné, et le cheval tire en descendant pendant que monte le wagonnet.

La Société des phosphates de Pernes a installé un grand puits avec cage guidée en fer et moteur à vapeur pour l'extraction jusqu'à 30 mètres. La machine d'extraction est du système Levavasseur. Le changement de direction se fait pendant la marche sans interruption et sans danger. Avec le frein, et sans toucher à la vapeur, on obtient un arrêt instantané. On monte avec cette machine 90 petites berlines de 250 litres à l'heure.

Le produit brut retiré de la mine se compose de nodules de phosphate de chaux empâtés dans une gangue d'argile et de sable glauconieux. Exposés à l'air, ces phosphates s'effritent, se délitent très facilement. Ils sont de couleur noir verdâtre ou brunâtre. Leur grosseur varie entre celle de grains de millet et celle de sphères de 5 à 6 centimètres de diamètre.

Le mélange intime de grains de glauconie (hydrosilicate de fer et de potasse) et de phosphate de chaux fait que le même produit contient à la fois de l'acide phosphorique et de la potasse.

La Société des phosphates de Pernes a fait faire une série d'analyses par diverses stations agronomiques. M. de Mollins m'a communiqué l'analyse suivante, qui serait une moyenne :

Acide phosphorique	20,97
— carbonique	6,40
— sulfurique	1,20
Chaux	44,46
Fer	1,60
Alumine	2,12
Silice	10,50
Magnésie	0,50
Potasse	4,47
Matières organiques azotées	3,12
Eau	0,59
Non dosé, perte au feu	4,07
	100,00

Chantier de la Société des phosphates de Pernes-en-Artois.

La Société des phosphates de Pernes a installé à Pernes une usine remarquable pour la transformation de ses produits en poudre impalpable. Elle a une seconde usine à Violaines. Elle occupe ainsi 80 ouvriers. Le produit brut est amené par un petit chemin de fer Decauville aux lavoirs mécaniques créés spécialement pour ce genre d'industrie.

Les nodules phosphatés sont séparés de leur gangue ; le sable glauconieux se dépose et est exposé à l'air pour être séché. Il contient 12 p. 100 de PhO^5, 3 CaO et une forte proportion de fer et de potasse. On l'emploie avec beaucoup de succès sur les prairies. L'argile entraînée avec les eaux de lavage est recueillie dans les bacs de décantation et vendue pour la poterie ou comme argile à foulon.

Quant aux nodules phosphatés (50 p. 100 du produit brut, titrant 18 p. 100 de PhO^5), ils sont portés au séchoir composé de plaques de tôle horizontales sous lesquelles circule un courant d'air chaud. De là, on les passe au moulin concasseur, puis ils sont élevés à l'aide d'une chaîne à godets et distribués par une trémie à 4 paires de meules verticales qui le réduisent en poudre impalpable (n° 110 de la meunerie française) par une mouture à haute pression. Ils tombent directement de la meule dans les sacs qui sont pesés à 101 kilogr., ficelés et munis d'un petit plomb spécial pour éviter les contrefaçons et les fraudes.

La production annuelle de l'usine de Pernes est de 10,000 tonnes ; celle de l'usine de Violaines lui sera égale.

La Société des phosphates de Pernes livre ses produits directement à l'agriculture au prix moyen de 5 fr. les 100 kilogr. avec garantie de dosage de 15 à 17 p. 100 de PhO^5, soit environ 31 centimes le kilogramme d'acide phosphorique.

La valeur des produits vendus en 1887 aurait été de 500,000 fr. Ces phosphates sont généralement employés à l'état naturel.

M. Paul Desailly exploite, sur le territoire des communes d'Audincthun et de Dennebrœucq, dans le département du Pas-de-Calais, des phosphates qui appartiennent, comme ceux de Pernes, aux marnes à *Am. laticlavius* du cénomanien. Ces phosphates y forment deux couches, séparées par deux mètres d'argile marneuse verte[1].

1. Olry, *le Phosphate de chaux et les établissements Desailly*. 1888.

Dans la *Thiérache,* l'étage cénomanien affleure quelquefois le long des escarpements des vallées de l'Oise et du Thon sous forme de marnes glauconieuses (à *Belemnites plenus*) qui sont exploitées comme amendements.

Ces mêmes marnes ont été reconnues par des sondages à la Capelle et au Nouvion où elles fournissent un niveau d'eau abondant et alimentent les puits artésiens.

La feuille de Rethel, de la carte géologique détaillée, distingue dans l'étage cénomanien du département des Ardennes :

1) La *marne de Givron,* dépôt lenticulaire dont le centre se trouve à Givron avec 30 mètres d'épaisseur et qui s'étend de Sorcy à Saint-Jean-aux-Bois. Sa couleur est blanc grisâtre, avec de très petits grains de glauconie. Elle contient 50 à 60 p. 100 d'argile, 25 à 30 p. 100 de carbonate de chaux et 3 p. 100 de silice soluble. On l'emploie comme amendement.

2) Les *sables de la Hardoye,* qui recouvrent sur certains points la marne de Givron, tandis qu'ailleurs ils reposent directement sur la gaize à *Amm. mamillaris :* celle-ci est alors profondément ravinée et les parties résistantes qu'elle contenait (fossiles, nodules de phosphates de chaux) se trouvent remaniées à la base des sables de la Hardoye, où elles forment un lit très irrégulier (Sous-les-Faux, Montmeillant, Memphis, la Romagne, les Houïes).

3) La *marne à Amm. laticlavius,* qui correspond au *tourtia* du Pas-de-Calais et recouvre directement les sables précédents. Elle est verte et contient des fossiles phosphatés[1].

Dans le département de la Marne, on voit apparaître, comme équivalent du cénomanien, aux environs de Sainte-Menehould, des sables quartzeux et glauconieux (à *Pecten asper* et *Ostrea carinata*) dépourvus de calcaire, mais contenant des nodules phosphatés que l'on exploite à Sainte-Marie-à-Py. D'après MM. Meugy et Nivoit, ces nodules ressemblent beaucoup à ceux des sables verts de l'albien,

1. C'est aux marnes qui dominent à la base de l'étage cénomanien et aux alluvions anciennes qui les recouvrent quelquefois, dit M. Nivoit, que l'arrondissement de Rethel doit sa richesse agricole; elles donnent des terres fortes à la vérité, mais que le drainage améliore notablement. (*Géologie appliquée à l'art de l'ingénieur.*)

mais ils sont, en général, plus noirs, plus ferrugineux et se délitent avec une grande facilité à l'air; ils contiennent :

Eau hygrométrique	2,50
Eau combinée et matières organiques	7,20
Sable et argile	26,30
Oxyde de fer	12,15
Chaux	27,35
Magnésie	Traces.
Acide carbonique	6,50
Acide phosphorique	18,00
	100,00
Phosphate de chaux correspondant	39,50

Ces sables glauconieux ont une épaisseur très variable; sur certains points, elle atteint 30 mètres. Au-dessus d'eux, on trouve des calcaires marneux à *Holaster subglobosus, Amm. rothomagensis,* etc..., qui sont exploités à Couvrot, près de Vitry-le-François, pour la fabrication de la chaux hydraulique. Ils sont suivis de la craie marneuse à *Inoceramus labiatus*[1].

Dans l'Aube, le cénomanien n'est à découvert que près de Lesmont. Mais, dans le département de l'Yonne, il forme autour du point de jonction de l'Yonne et de la Seine, près de Brienon, d'Ormoy, de Villemer, de Champlay, et le long du Tholon, près d'Aillant, Villiers et Senan, des plateaux assez fertiles ou des coteaux plantés en vignes. Aux environs de Seignelay et de Saint-Florentin, c'est une sorte de tuffeau jaunâtre, riche en silex grisâtres; ailleurs, c'est une craie blanchâtre, sans silex ou à silex disséminés, qui se rencontre également dans la Nièvre.

Au sud de la Loire, l'étage cénomanien reprend peu à peu l'aspect sous lequel nous l'avons trouvé au début du voyage circulaire que nous venons de faire autour du bassin de Paris, mais l'élément calcaire y est plus fréquent que dans les environs du Mans et, par suite, la fertilité des terres plus grande.

Dans le département du Cher, il forme, avec les argiles et les sables de l'albien, une bande continue de Sancerre à Vierzon, entre les terrains jurassiques et la Sologne.

1. Peron, *Association française pour l'avancement des sciences*, 1880.

L'étage *cénomanien* est représenté, dans le département du Cher, par :

a) Des marnes argileuses chargées de glauconie qui passent peu à peu, à leur partie supérieure, à l'état de marnes blanches crayeuses.

Dans l'ouest du département, la silice se substitue au carbonate de chaux et les marnes sont remplacées par une gaize argileuse qui renferme encore une grande quantité de grains de glauconie, en sorte que la roche a une couleur verdâtre. On trouve encore, sur certains points, au milieu de la gaize, des amas lenticulaires de marnes qui sont employées comme amendement, mais le reste de la roche ne fait aucune effervescence avec les acides.

Dans le canton de Vierzon, la partie supérieure de la gaize se charge de sables, tantôt blancs, tantôt légèrement glauconieux, au milieu desquels sont épars des bancs discontinus de grès lustrés très durs, excellents matériaux pour faire des pavés. Ces sables, équivalents de ceux du Perche, contiennent de nombreux fossiles, entre autres *Ostrea columba*.

b) Des argiles vertes, plus ou moins calcaires, que l'on emploie comme amendement pour les terrains tertiaires du voisinage. Elles renferment passablement de fossiles (*Pecten asper, Ostrea columba, Ostrea vesicularis*, etc...).

M. l'abbé Bourgeois distingue, dans le cénomanien du département de Loir-et-Cher, les assises suivantes de bas en haut :

1) Argile gris verdâtre ou calcaire très glauconieux (3 à 4 mètres).

2) Sable et grès ferrugineux jaune de Serigny et de Mondoubleau ou grès bruns, dits *roussards*, de Sargé, le tout formant la zone du *Scaphites æqualis* (2 à 15 mètres).

3) Argile gris verdâtre et sable ou calcaire chlorité à *Ostrea biauriculata* (moins de 4 mètres).

§ 2. — L'étage turonien ou craie marneuse, dans la Touraine, etc.

Le second étage du système crétacé, l'*étage turonien*, doit son nom à la Touraine; c'est donc par là que nous commencerons sa description.

On a dit de la Touraine que c'est un habit de bure orné de broderies d'or. Cette comparaison avait déjà été faite pour d'autres pays, par exemple pour la Bretagne et pour l'Écosse; mais je crois qu'elle ne s'applique à aucun d'eux aussi bien qu'à la Touraine. Les broderies d'or, ce sont les riches *varennes* des bords de la Loire et toutes les jolies vallées qui viennent la rejoindre; c'est là seulement qu'on trouve la *Terra molle e lieta e dilettosa* du Tasse; c'est là le *jardin de la France;* mais il n'est que là. Les plateaux qui s'étendent au-dessus des vallées sont, pour la plupart, bien loin de ressembler à des jardins. On n'y rencontre que des argiles à silex ou des sables tertiaires qui autrefois étaient en grande partie couverts de forêts et de landes, vastes domaines de chasse pour les habitants des châteaux voisins, mais pauvres pays de culture. On aurait pu les appeler de petites Sologues, si elles n'avaient pas un privilège que la Sologne proprement dite ne partage malheureusement pas avec ces plateaux, celui de trouver au-dessous d'eux et autour d'eux, sur les bords des vallées qui les découpent, les amendements calcaires nécessaires à leur amélioration.

En effet, sur le flanc des vallées, la *craie tuffeau* ou *craie turonienne* affleure en coteaux souvent couverts de vignes et percés de carrières d'où l'on a extrait des marnes pour amender les *gâtines* des plateaux ou des matériaux pour construire ces chefs-d'œuvre de l'architecture de la Renaissance que l'on admire à Blois, à Tours, à Amboise, à Chenonceaux et ailleurs. Autrefois, dit-on, les troglodytes, premiers habitants de la Gaule, avaient déjà creusé leurs demeures dans ces parois de craie, et les silex qu'on trouve dans la même formation leur servirent à fabriquer des outils et des armes. Il paraît que les caves de l'étage turonien sont assez fraîches en été, assez chaudes en hiver et toujours assez sèches pour faire de bonnes demeures, puisque aujourd'hui encore beaucoup de villageois les habitent.

« Là où les collines de craie s'avancent perpendiculairement sur le fleuve, dit Arthur Young dans son *Voyage en France* de 1787, elles présentent le plus singulier assemblage d'habitations extraordinaires; car un grand nombre de maisons sont creusées dans le roc, maçonnées sur la façade; des trous à la partie supérieure leur servent de cheminées, de sorte que souvent vous ne savez d'où sort la fumée qui s'élève devant vous. En quelques endroits, ces maisons sont étagées les unes au-dessus des autres. Certaines font un joli effet avec leur petit coin de jardin. Elles sont, en général, occupées par les propriétaires eux-mêmes, mais beaucoup sont louées 10, 15 et 20 livres par an. Les gens auxquels je parlai semblaient contents de leurs habitations pour la salubrité et le bien-être; preuve de la sécheresse du climat. En Angleterre, il n'y aurait guère d'autres habitants que les rhumatismes. »

Vouvray, près de Tours, célèbre par ses vins blancs, ne l'est pas moins par ses caves et ses habitations souterraines. On trouve de ces villages troglodytes dans toutes les vallées de la Touraine, partout où leurs parois sont formées de craie tuffeau; on m'en a cité un où l'église seule a été bâtie et apparaît à la surface du sol; tout le reste a été creusé au-dessous.

D'après la feuille de Blois, de la carte géologique détaillée, on peut distinguer dans l'étage turonien des départements de Loir-et-Cher et d'Indre-et-Loire :

1) La *partie inférieure* (zone à *Inoceramus problematicus* et à *Rhynconella Cuvieri*) dans laquelle prédomine la craie marneuse micacée, blanche ou grise, ordinairement tendre et friable. Félix Dujardin la distingue sous le nom de *craie micacée*.

2) La *partie moyenne* (zone à grandes Ammonites : *A. peramplus*, *A. papalis*, *A. Deverianus* et à *Inoceramus labiatus*) où se trouve le *tuffeau* proprement dit, craie sableuse, verdâtre, sans silex.

3) Et la *partie supérieure* où la craie devient noduleuse et dont les fossiles caractéristiques sont : *Callianassa Archiaci*, *Serpula filosa*, *Terebratella Bourgeoisi* et souvent *Ostrea columba gigas*.

Vouvray (Indre-et-Loire).

D'un autre côté, Guillier a indiqué, dans sa *Géologie de la Sarthe*, la division suivante, qui s'applique principalement à la région occidentale de la Touraine :

1) La partie inférieure de l'étage turonien se compose de sables analogues à ceux du Perche, mais plus blancs et plus fins ; on peut les reconnaître aux nombreux oursins qu'ils renferment. Ils ne sont que rudimentaires près du Mans, mais ils prennent plus de développement dans le sud du département de la Sarthe où ils atteignent environ 10 mètres d'épaisseur.

Au-dessus de ces sables, on trouve la craie à *Terebratella carantonensis*, craie glauconieuse qui se confond souvent avec les assises suivantes.

2) La *craie à Inoceramus problematicus* (ou *I. labiatus*) qui forme la partie moyenne de l'étage turonien et qui se compose principalement de craie tuffeau. Dans la vallée du Loir et de ses affluents, comme dans la grande vallée de la Loire et dans tout le nord de la Touraine, elle forme des escarpements pittoresques où l'on a creusé de nombreuses caves et habitations souterraines.

On l'exploite en beaucoup d'endroits comme pierre de taille. Ailleurs, elle fournit de la chaux hydraulique ou de la marne pour amender les terres pauvres en calcaire du voisinage.

3) Les assises à *Terebratella Bourgeoisi* terminent l'étage turonien et prennent un grand développement dans la Touraine et dans l'Anjou. Elles se composent d'une craie tuffeau qui fournit des pierres de taille encore plus estimées que celle des assises inférieures ; elles ont servi à la construction des principaux monuments de Saumur et d'Angers. Dans leurs parties supérieures, ces assises deviennent sableuses et micacées ou se transforment en grès calcaires, souvent remplis de silex branchus.

Du reste, dit Félix Dujardin, si l'on étudie la craie tuffeau dans diverses localités, on y reconnaît beaucoup de sous-variétés et, dans ces sous-variétés, il n'y a aucun ordre régulier de superposition. On les rencontre indifféremment les unes sur les autres, ou simplement rapprochées dans diverses localités, et souvent même la masse du dépôt de craie se compose de blocs plus compacts, bien évidemment en place, séparés par des parties plus friables ou même sablonneuses.

La craie marneuse et micacée des assises inférieures de l'étage turonien se trouve plus souvent au sud de la Loire que dans le nord de la Touraine et particulièrement à la limite du cénomanien et du grès vert qui recouvrent immédiatement les calcaires jurassiques. Elle constitue presque entièrement le sol au sud de la Vienne entre cette rivière et les points où se montre le calcaire jurassique, près de Richelieu et de Loudun. Le terrain de transport qui la recouvre est gris blanchâtre, d'une épaisseur peu considérable, médiocrement fertile, et plus convenable pour les arbres fruitiers à noyau et pour les vins blancs que pour la culture des céréales.

Au sud de la bande de calcaire jurassique signalée plus haut, la craie micacée, élevée en collines de 40 à 50 mètres, s'étend en une bande presque semblable jusqu'à la rivière tourbeuse de la Dive, et semble continuée au delà par des buttes isolées nommées *puys* ou *peus* et posées de même sur le calcaire jurassique à Tourtenay, Antogné, Puy-Notre-Dame, etc. Partout les habitants profitent de cette roche pour s'y creuser des caves ou des habitations au-dessous du sol, même sur le sommet des collines, comme aux environs de Loudun, à Béry, etc.

Beaucoup d'autres localités présentent la craie micacée avec les mêmes caractères minéralogiques, c'est-à-dire composée de sable quartzeux et micacé très fin, agglutiné avec du sable calcaire également fin par un ciment argileux ou marneux si peu abondant que la masse reste poreuse et légère. Dans d'autres, elle se confond absolument avec la craie tuffeau [1].

Dans les cantons de Saumur et de Montreuil-Bellay (département de Maine-et-Loire), la craie micacée forme la base des coteaux et la craie tuffeau la surmonte. On récolte d'excellents vins sur ces coteaux calcaires plus ou moins recouverts de sables ou de graviers et d'argiles qui proviennent des dépôts tertiaires parsemés sur les hauteurs. Les terrains les plus légers sont destinés au rouge et plantés en Breton et en côt rouge (par exemple, à Champigny, près de

1. Félix Dujardin, *Mémoire sur les couches du sol en Touraine*, 1835. (*Mém. de la Soc. géol. de France*, t. II, 2e partie.)

Saumur); ceux où la craie est mêlée à une plus grande proportion d'argile sont réservés pour le blanc.

Sur les vignes usées, les cultivateurs du Saumurois et du Baugeois (arrondissement de Beaugé) sèment ordinairement de la luzerne qu'ils fument tous les deux ou trois ans et qui leur donne des coupes abondantes, souvent 8,000 à 10,000 kilogr. à l'hectare, jusqu'au moment où ils replantent.

Après cette période de repos ou plutôt d'alternance, la vigne nouvelle n'en réussit que mieux, et je suis persuadé que le produit net moyen de l'ensemble des terres est plus élevé que si les vignobles occupaient toujours sans interruption les mêmes terres.

Cette pratique devrait être suivie dans tous les pays de vignes où la nature des terres le permet et il est probable qu'elle contribuerait beaucoup à diminuer l'extension des fléaux de toutes sortes qui, depuis un certain nombre d'années, s'acharnent à attaquer nos vignobles. Dans les sols calcaires qui ne sont pas assez riches pour la luzerne, l'esparcette peut rendre jusqu'à un certain point les mêmes services; dans ceux qui sont plus argileux, on peut employer le trèfle et les graminées fourragères.

En remontant le val de la Loire, on trouve des vignobles tout le long des coteaux de craie tuffeau qui la bordent. Un des plus renommés est celui de Bourgueil qui domine le *Verron* ou *Véron*, une des varennes les plus riches de la vallée, située autour du point de jonction de la Vienne et de la Loire. Le cépage principal du vignoble de Bourgueil s'appelle le *Breton*, variété du Carbenet de la Gironde et il fait un vin rouge qui rappelle, sous certains rapports, ceux de Bordeaux. Rabelais, qui était Tourangeau, appréciait beaucoup ce *vin breton* « qui point ne croist en Bretagne, dit-il, mais en ce bon pays de Verron ».

Citons encore parmi les meilleurs vignobles qui se trouvent situés sur l'étage turonien d'Indre-et-Loire et de Loir-et-Cher, ceux de Jové et de Vouvray, près de Tours, celui de la côte des Grouets, près de Blois, et, dans la vallée du Cher, ceux de Thésée, Monthou-sur-Cher, Chissay, où la culture en cheintres a pris naissance, et Saint-Georges-sur-Cher, entre Montrichard et Saint-Aignan. Comme la Champagne est loin de produire autant de vin que les fabricants de Reims et d'Épernay en vendent, ces fabricants complètent leurs approvisionnements en achetant ailleurs, entre autres dans le Saumurois et dans la Touraine, dont les produits conviennent fort bien pour faire des vins mousseux.

« La craie tuffeau, dit Félix Dujardin, se continue fort loin dans la vallée du Cher. A Montrichard et à Bourré, elle fait place à la craie micacée qu'on exploite en quantité considérable en parallélipipèdes de deux pieds cubes que l'on nomme *bourrés;* mais plus loin on retrouve la craie à grains verts avec de nombreux fossiles sur l'une et l'autre rive du Cher, notamment à Saint-Aignan, à Meusnes, où elle s'élève de 8 mètres au-dessus de la rivière, et dans les vallons du Modon jusqu'à Luçay, où sont encore des exploitations de craie micacée pour les constructions et pour l'amendement des terres. On arrive promptement ensuite de ce côté au grès vert et au calcaire jurassique.

« Si l'on redescend la vallée du Cher jusqu'à Bléré, on voit, sur la rive gauche, les argiles et la craie blanche descendre jusqu'au niveau de la rivière entre cette ville et Véretz; la craie tuffeau reparaît ensuite et forme près de Saint-Avertin une masse assez élevée dans laquelle ont été creusées, de temps immémorial, des carrières immenses; on en a tiré une pierre poreuse et lacuneuse, remplie de moules de cythérées en couches horizontales, et que l'on connaît sous le nom de *pierre d'Écorcheveau*.

« Dans plusieurs endroits du coteau jusqu'à Joué, cette roche renferme beaucoup de fossiles, puis elle disparaît encore sous les terrains tertiaires jusque devant Ballan; de ce point jusqu'au confluent du Cher, on la voit toujours riche en fossiles et plus ou moins grenue, ou même composée d'un sable calcaire jaune avec des débris de crustacés (près des Touches). Entre Savonnière et Villandry, une très ancienne carrière a été revêtue de superbes stalactites par les infiltrations; elle est décrite dans plusieurs ouvrages, comme une merveille de la nature, sous le nom de *caves gouttières*, mais, depuis plus de quinze ans, des éboulements empêchent de pénétrer dans les parties les plus reculées et les plus belles [1]. »

---

1. Félix Dujardin, *Mémoire sur les couches du sol en Touraine*, 1835. (*Mém. de la Soc. géol. de France*, t. II.)

Les Dames-Marie (Montrichard), Loir-et-Cher.

En remontant la vallée de l'Indre, on suit la craie tuffeau jusqu'à Saché, où elle donne lieu à quelques exploitations sur les deux rives; elle y est en partie jaunâtre, sablonneuse, et contient beaucoup de fossiles. A partir de Pont-de-Ruan, on n'a plus ensuite que la craie blanche et les terrains tertiaires durant un espace de 10 lieues; ce n'est qu'en approchant de Loches qu'on revoit cette roche former la base des coteaux; elle se prolonge ensuite jusqu'au calcaire jurassique des environs de Buzançais, sauf un dépôt de calcaire lacustre à Châtillon, descendant presque au niveau de la rivière. De nombreuses exploitations de pierre à bâtir ont lieu sur les deux rives, notamment auprès de Saint-Martin-de-Serçay et à Clion. Vers le centre du plateau compris entre le Cher et l'Indre, on revoit la craie tuffeau à Montrésor et dans les environs, en suivant le vallon de l'Indroie jusqu'à Genillé, d'une part, et ses diverses ramifications jusqu'à Aubigny, Écueillé et Orbigny, d'autre part; elle est souvent dure et à grains verts et s'exploite surtout pour les constructions dans les carrières de Courcueil, de Bois-Prêtre, du Tuffeau et autour de Nouan.

On peut suivre la craie tuffeau jusque dans le département de l'Indre, où elle est mise à nu dans la vallée de l'Indre près de Châtillon et de Palluau et dans les vallées du Modon, du Nahon et du Touzon jusqu'aux environs de Levroux et de Vatan. Là commencent les terrains jurassiques avec quelques lambeaux d'albien et de cénomanien.

Quant aux plateaux qui séparent les vallées, ils sont couverts, entre Écueillé, Levroux et la vallée du Cher, comme dans les parties voisines du département d'Indre-et-Loire, de terrains tertiaires, sables et argiles avec une innombrable quantité de silex.

De l'autre côté du Cher, et dans toute la Sologne, la craie tuffeau disparaît sous une accumulation de sables et d'argiles encore plus épaisse que sur les plateaux de la Touraine, tellement épaisse et tellement continue qu'il est impossible aux cultivateurs d'aller y puiser soit au-dessous de leurs terres, soit autour d'elles, les amendements calcaires dont ils auraient tant besoin.

Aux environs d'Orléans, on ne voit pas davantage la craie tuffeau sur les bords de la vallée de la Loire. Il faut la remonter jusqu'à

Châtillon-sur-Loire pour la retrouver, sous forme de craie blanchâtre, grossière et assez dure, sans silex, dans la vallée de Notre-Heure, près Autry, dans la vallée de la Tielle au sud de Coullons, dans la vallée de la Grande-Sauldre, près Blancafort, et dans celle de la Nerre au sud d'Aubigny.

Au nord de la Loire, le turonien affleure dans la partie supérieure des vallées du Loing et de l'Ouanne. Dans le département de l'Yonne, il couvre d'assez grandes étendues sur les deux rives du Tholon et des cours d'eau qui se jettent plus bas dans l'Yonne. Puis, sur la rive droite de cette rivière, il acquiert une grande épaisseur (100 à 120 mètres) aux environs de Toigny, Brion, etc., et entoure en quelque sorte les plateaux arides de la forêt d'Othe d'une ceinture de coteaux et de vallons couverts de vignes, de céréales, de prairies et de nombreux villages.

On peut y distinguer :

1) La partie inférieure (zone à *Inoceramus labiatus* et *Rhynchonella Cuvieri* ou sous-étage ligérien), qui est composée de craie marneuse, grise ou blanche, avec nodules calcaires enveloppés dans une pâte verte et quelques rares silex gris (55 mètres).

2) La partie moyenne (zone à *Terebratulina gracilis*), constituée par une craie très homogène, tendre, massive, sans silex, formant des bancs séparés par de minces lits de marne feuilletée, verdâtre (40 mètres) ;

3) Et la partie supérieure (zone à *Holaster icaunensis*, *H. planus*, *Micraster breviporus*, et grandes Ammonites) qui est noduleuse et contient quelques lits de silex (30 mètres).

La partie moyenne et la partie supérieure représentent le sous-étage angoumien. On appelle dans le pays l'ensemble de l'étage turonien *craie de Joigny ou de Senonches*. Mais ce ne sont là que des dénominations locales.

A mesure que l'on s'avance vers le Nord, l'étage turonien mérite de plus en plus le nom de *craie marneuse* qu'on lui donne souvent dans les livres de géologie. En effet, les éléments argileux y deviennent de plus en plus prédominants et, en même temps, il paraît devenir de plus en plus riche en acide phosphorique.

Dans les départements des Ardennes et de l'Aisne, la zone inférieure de cet étage (zone à *Inoc. labiatus*) est représentée par des marnes argileuses bleuâtres, appelées *dièves*, qui affleurent dans les vallées de l'Aisne, de la Serre et de l'Oise. Elles ont 30 mètres d'épaisseur près du Nouvion.

Au pied de l'Argonne, à Vouziers, la zone moyenne (ou zone à *Terebratulina gracilis*) est difficile à distinguer de la précédente. Elles forment un ensemble de marnes grises, argileuses, épaisses de 30 mètres. Mais, à partir de la vallée de l'Aisne, la distinction est plus facile ; dans le nord du département de l'Aisne, elle a 8 à 10 mètres d'épaisseur et se compose d'un lit de fossiles phosphatés, roulés, brisés (Foigny, Romery), surmonté de marnes argileuses qui contiennent des bancs de calcaire argileux, compact, très fendillé, exploité pour faire de la chaux maigre.

Par suite de cette alternance de couches imperméables avec des couches très perméables, elle constitue un niveau d'eau très abondant. Ainsi elle alimente toutes les sources et les cours d'eau qui sortent du plateau de la Capelle.

Entre Vouziers et Rethel, la troisième zone (ou zone à *Micraster breviporus*) se compose de 15 mètres de craies blanches, pauvres en silex; elle forme un escarpement qui est séparé de l'Argonne par une large vallée creusée dans les marnes inférieures. D'après M. Meugy, on y trouve, aux environs de Rethel, des nodules phosphatés.

Entre l'Aisne et la Serre, ce sont des marnes plus ou moins crayeuses avec des silex noirs ou bleus. Puis, à partir de la Serre, cette zone prend encore un autre facies. Elle est composée de 25 à 30 mètres de craie blanche, légèrement grisâtre, contenant des silex noirs aux formes les plus variées (*Silex cornus*). Elle s'étend avec ces caractères dans toute la *Thiérache*.

La *Thiérache* forme au nord du département de l'Aisne, près de la frontière belge, une bande d'environ 50 kilomètres de longueur sur 20 de large qui comprend les cantons de la Capelle et du Nouvion avec une partie de ceux d'Hirson, de Guise et de Wassigny. Mais il est plus facile de tracer ses limites d'après sa constitution géologique et son agriculture que d'après ces divisions administratives. C'est un petit *pays* à part, série de plateaux couverts de magnifiques forêts (celle du Nouvion, etc...) ou de riches herbages, et séparés par des vallées profondes où coulent de nombreux ruisseaux [1].

Les dièves et les marnes argileuses à *Ter. gracilis* affleurent sur les flancs de ces vallées et forment sous les plateaux une base imperméable sur laquelle se trouvent des argiles à silex et des sables, recouverts partout, sauf sur les bords de ces plateaux, d'une couche plus ou moins épaisse de limon quaternaire. Autrefois on s'obstinait à vouloir cultiver des céréales sur ces terres froides et humides, mais on n'obtenait que de maigres récoltes. Le canton du Nouvion y renonça le premier, il y a environ cinquante ans, et se couvrit presque tout entier d'herbages qui sont de première qualité. Puis vint le tour du canton de la Capelle. Aujourd'hui la richesse a succédé à la pauvreté partout où les pâturages ont remplacé les champs. Tel terrain qui trouvait difficilement preneur à 60 fr. l'hectare, lorsqu'il était en culture, se loue 140 à 160 fr., les meilleurs 200 fr. et plus, et les fermiers s'y enrichissent, car ils peuvent y engraisser trois bœufs sur deux hectares et chacun de ces bœufs laisse, ou du moins laissait il y a quelques années, 250 à 300 fr. d'écart entre son prix d'achat et son prix de vente. On élève également des poulains et des veaux, mais ce qui rapporte le plus, ce sont les vaches, dont le lait sert à fabriquer le fromage de Marolles et se paie ainsi 15 à 16 centimes le litre.

La mise en herbage s'étend rapidement dans les cantons d'Hirson, de Guise et de Wassigny partout où le sol lui est favorable, c'est-à-dire partout où le limon et les sables ou les argiles à silex tertiaires reposent sur des couches assez imperméables pour retenir les eaux et permettre ainsi de faire partout des réservoirs, des mares ou des puits.

---

1. D'après une note que je dois à mon ami M. Jules Clavé, les bois des environs du Nouvion ne produisent guère moins que les herbages. Les magnifiques forêts qu'y possède M. le duc d'Aumale, aménagées à 30 ans, se vendent de 2,500 à 3,000 fr. l'hectare. Elles sont remplies de frênes, aunes, charmes et bouleaux, dont les brins sont très recherchés comme perches de mines pour les houillères des environs.

Les chênes, conservés comme arbres de futaie, poussent avec une vigueur exceptionnelle; ils sont d'un très beau grain, ne gercent pas et donnent des bois éminemment propres à l'ébénisterie. Des arbres de trois mètres de tour se vendent jusqu'à 1,000 fr. pièce.

En même temps il faut que ce sous-sol imperméable ne soit pas assez près de la surface pour nuire à la bonne qualité des fourrages. C'est ce qui a lieu dans la Thiérache. Les couches alternantes de marnes argileuses et de calcaire argileux qui forment la zone à *Terebratulina gracilis* sont, en général, séparées par quelques mètres de craie ou de sables du limon qui lui-même a souvent plusieurs mètres d'épaisseur. Les eaux que ces couches profondes retiennent remontent pendant les saisons sèches par capillarité et entretiennent toujours la fraîcheur des herbages, tandis que les racines des beaux arbres qui garnissent les haies et les forêts enfoncent leurs racines jusqu'à ces nappes d'eaux.

La Thiérache jouit aujourd'hui d'une grande prospérité, tandis que près d'elle les plateaux de la Picardie, où la culture de la betterave à sucre et des céréales avait pendant longtemps créé tant de richesse, souffrent d'une manière très intense de la crise agricole, et malheureusement il est impossible de créer sur ces plateaux des herbages, parce que le limon, au lieu d'y reposer sur un fond qui retient les eaux, se trouve, comme nous le verrons dans un des paragraphes suivants, sur des assises très épaisses et très perméables de craie blanche.

Mais il y a en France plusieurs autres régions, nous en avons déjà cité et nous aurons encore l'occasion d'en citer, dont la constitution géologique permettrait d'imiter la création d'herbages qui a si bien réussi dans la Thiérache.

Les *dièves* s'étendent sous tout le département du Nord, mais on ne peut les voir qu'au fond de quelques vallées, ainsi que dans les sondages et les puits de mines à 40 ou 50 mètres de profondeur. Les marnes à *Terebratulina gracilis* n'affleurent que dans quelques vallées, mais elles continuent à jouer un rôle important dans le régime des eaux. Les sources si abondantes de la Selle, à Saint-Martin-Rivière, en proviennent; presque tous les puits, entre l'Escaut et la Selle, vont s'y alimenter. La craie à *Micraster breviporus* ne peut se voir également que dans les escarpements de la vallée de la Selle, de l'Aunelle, etc...[1].

1. Gosselet, *Esquisse géologique du Nord de la France.*

L'étage turonien de la Flandre se signale par une assise remarquable, de 3 à 4 mètres d'épaisseur, qui se trouve à sa partie supérieure et qui comprend d'abord une couche de calcaire compact très dur, appelé *tun blanc*, renfermant 10 p. 100 d'acide phosphorique, puis une couche de craie très glauconieuse, tendre, phosphatifère par places, et enfin des nodules phosphatés de la grosseur du poing ou *tun supérieur* à 10 p. 100 d'acide phosphorique, cimentés par un calcaire dur glauconieux. (Nivoit.)

L'étage turonien reparaît dans le Bas-Boulonnais et le long de la ride de l'Artois jusque près de Béthune avec des caractères analogues à ceux qu'il a en Angleterre, craie blanche ou verdâtre, sans silex, sauf dans ses assises supérieures. On le retrouve également autour du pays de Bray et dans les vallées de la Bresle et du Yères qui correspondent à la même ride, à l'état de craie blanche, marneuse dans les parties inférieures, et sableuse avec silex dans la zone supérieure. Les couches marneuses y sont exploitées comme amendement sur les flancs des deux falaises qui bordent la région des herbages[1].

On peut suivre également l'étage turonien le long des côtes de la Manche où il se montre, avec des épaisseurs variables, entre le Tréport et Dieppe, dans la faille de Fécamp, à Saint-Jouin, au nord du Havre, et dans les belles falaises d'Orcher et de Tancarville, sur les bords de la Seine. C'est lui qui fournit, près de là, dans la vallée de Gournay, les sources de Saint-Laurent, captées pour l'alimentation de la ville du Havre. C'est lui également qui, s'étendant sous les plateaux du pays de Caux, fournit aux limons et aux argiles à silex de leur surface la plupart des marnes que les cultivateurs extraient au moyen de puits creusés à travers les dépôts tertiaires. Il y aurait grand intérêt à examiner la composition chimique de ses diverses assises afin de savoir dans quelles proportions elles peuvent fournir aux cultures, non seulement la chaux, mais l'acide phosphorique.

A Rouen, l'étage n'a pas moins de 60 mètres de puissance et se divise, d'après M. de Lapparent, en trois assises d'égale épaisseur :

1) Celle de la base, sans silex et exploitée comme pierre à chaux,

---

1. De Lapparent, *Traité de géologie.*

Géologie Agricole II

Berger, Levrault et Cie Editeurs

ENVIRONS DE VERNON

Hélios et Imp. Arents

est une craie tendre, avec parties d'argiles verdâtres, où abonde l'*Inoceramus labiatus* avec de grandes ammonites et des dents de poissons ;

2) La zone moyenne a des cordons de silex espacés de 1 à 2 mètres ;

3) La zone supérieure se compose d'une craie blanche tendre, à cassure plane et ondulée en grand, avec *Ter. gracilis*.

Elle se charge peu à peu de silex et passe à la craie blanche proprement dite, par une assise où *Ter. gracilis* est associée à *Micraster breviporus* et *Holaster planus*.

Le type de Rouen se retrouve à Vernon, où la craie marneuse plonge définitivement vers l'Est sous la craie blanche.

---

§ 3. — L'étage sénonien ou craie blanche dans la Champagne, la Picardie, etc.

Le troisième étage de la série crétacée a été appelé la *craie blanche,* parce qu'il est composé presque tout entier de cette matière blanche, tendre et ordinairement traçante que nous avons tous appris à connaître dès l'école primaire.

Il se trouve, avec une constance et une régularité encore plus grandes que les étages précédents, dans tout le bassin de Paris. Mais, en Normandie et dans tout le nord-ouest de la France, il n'apparaît que sur les parois des vallées qui sillonnent les plateaux couverts de terrains tertiaires. Par le drainage naturel et les amendements calcaires qu'elle fournit à ces terrains tertiaires, elle y joue un rôle très important au point de vue agricole.

Mais elle ne forme par elle-même de grandes surfaces au soleil que dans la Champagne proprement dite (départements de l'Aube et de la Marne), au sud du département des Ardennes, dans une portion de celui de l'Aisne, au nord de Laon, dans une partie de celui de l'Oise et, par lambeaux isolés au milieu des formations tertiaires, dans les départements de la Somme, du Pas-de-Calais et du Nord.

Dans ces derniers départements, elle a perdu ses caractères primitifs, soit par suite des argiles tertiaires et du limon diluvien qui sont venus s'y mêler pour constituer la couche superficielle du sol, soit sous l'influence d'une culture très riche et intensive.

Pour retrouver ces caractères dans leur type original, il faut aller la voir dans la Champagne et surtout dans sa région la plus aride, la *Champagne pouilleuse.*

C'est aux environs de Sens que d'Orbigny en a étudié le type et de là le nom d'*étage sénonien* qu'il lui a donné.

MM. Cotteau et Lambert y distinguent quatre subdivisions :

1° La craie à *Micraster cortestudinarium,* qui correspond, en Touraine, à la craie de Villedieu ;

2° La craie à *Micraster coranguinum ;*

3° La craie à *Belemnitella quadrata* ou craie de Reims;

4° La craie à *Belemnitella mucronata* ou craie de Meudon.

M. Coquand a fait des deux premières zones son sous-étage *santonien* (de Saintes, dans la Charente-Inférieure) et des deux dernières le sous-étage *campanien* (de *Campania,* Champagne).

« La craie blanche, dit M. de Lapparent, est composée de particules calcaires amorphes, auxquelles sont associées en grand nombre des carapaces microscopiques de foraminifères appartenant surtout au genre *Globigerina,* ainsi que des organismes calcaires très analogues aux coccolithes et rhabdolithes de la boue actuelle à globigérines, enfin des radiolaires siliceux et des spicules d'éponges. Les éléments détritiques siliceux ou argileux y font défaut et les rognons de silex, qui abondent dans certains massifs crayeux, paraissent résulter d'un phénomène de concentration moléculaire, par suite duquel la silice, répandue dans la masse de la craie, est venue se réunir autour de certains centres d'attraction et, de préférence, autour des corps organiques en décomposition. Les surfaces successives de dépôt offrant des conditions particulières d'homogénéité, il n'est pas surprenant que les silex se soient presque toujours accumulés en cordons suivant les plans de stratification. En général, l'espacement de ces cordons varie entre quelques centimètres et 1 ou 2 mètres. D'ailleurs, dans les craies dont la masse a été fissurée obliquement pendant qu'elle était encore plastique, on voit aussi les fentes tapissées de rognons ou de plaques obliques de silex.

« Quant à la source même qui a fourni la silice, les conditions du dépôt crayeux rendent peu probable l'intervention directe d'émanations internes. On a émis l'idée, assez plausible, que les spicules des éponges et les radiolaires pouvaient offrir une quantité suffisante de silice amorphe, laquelle, déposée pêle-mêle avec la craie, s'en serait ensuite séparée par voie de concrétion. »

Divers échantillons de craie provenant du département du Pas-de-Calais ont été analysés par M. Pagnoul :

A. Craie blanche, près de Sangatte, falaise du Blanc-Nez (étage sénonien) ;

B. Craie blanche de Caffiers, tranchée du chemin de fer (étage sénonien) ;

C. Craie blanche de Marquise, tranchée du chemin de fer (étage sénonien) ;

D. Craie blanche d'Helfaut, tranchée du chemin de fer (étage sénonien) ;

E. Craie blanche de Bruay, tranchée du chemin de fer (étage sénonien) ;

F. Craie blanche à droite de la route d'Aix-Noulette à Bully (étage sénonien) ;

G. Craie blanche à droite de la route de Thélus à Farbus (étage sénonien) ;

H. Calcaire près d'Anzin-Saint-Aubin, à gauche de la route d'Arras à Saint-Éloi (étage sénonien) ;

I. Calcaire de Wailly employé pour l'empierrement des routes ;

K. Calcaire connu sous le nom de craie d'Inchy ;

L. Calcaire bleu du cap Blanc-Nez, au bas de la falaise (étage turonien).

(TABLEAU.)

	DENSITÉ.	RÉSIDU insoluble.	CARBONATE de chaux.	CARBONATE de magnésie.	PHOSPHATE de chaux.	ALUMINE, oxyde de fer et substances non dosées.
A.	»	1,2	95,9	0,6	0,3	2,0
B.	2,561	1,1	96,9	traces.	0,4	1,6
C.	»	1,4	95,2	traces.	0,2	3,2
D.	»	1,6	94,7	traces.	0,5	3,2
E.	»	1,8	97,0	»	0,3	0,9
F.	2,528	1,5	97,1	0,4	0,2	0,8
G.	2,428	1,4	97,8	traces.	0,3	0,5
H.	2,457	1,1	96,2	0,4	2,0	0,3
I.	2,633	1,4	96,5	»	0,3	1,8
J.	2,146	2,0	94,2	0,1	0,9	2,8
K.	2,608	1,3	96,0	traces.	0,9	1,8
L.	»	10,4	86,1	0,5	0,2	2,8

MM. Nivoit et Meugy ont fait l'analyse d'échantillons pris sur différents points du département des Ardennes :

A. A la côte de Coulomme;

B. A la Sémide, près de la source de l'Aidin;

C. A la partie supérieure de la côte de Bourcq;

D. Entre Sémide et Machault.

Ils y ont dosé :

	A.	B.	C.	D.
Eau.	1,20	1,80	1,50	1,0
Argile et sable.	2,60	2,90	4,00	1,0
Carbonate de chaux	93,80	93,00	92,70	96,10
Carbonate de magnésie.	1,10	1,00	0,50	0,60
Carbonate et oxyde de fer	0,70	0,70	0,80	0,60
	99,40	99,40	99,50	99,30

Ainsi la craie blanche renferme, outre le carbonate de chaux qui en forme souvent les 99 p. 100, des proportions variables de carbonate de magnésie, de fer et d'acide phosphorique.

M. Delesse y a trouvé des traces d'azote; MM. Nivoit et Meugy des traces d'acide sulfurique. Sur certains points, la zone à *Micraster coranguinum* devient assez riche en carbonate de magnésie. Quant à l'acide phosphorique, il y est, tantôt en proportion très faible, tantôt il s'élève à 1 ou 2 p. 100 et même, dans certaines couches exceptionnelles, il atteint 12 à 15 p. 100, par exemple à Breteuil, etc... M. Meugy a découvert dans la zone à *Micraster coranguinum*, près de Rethel, une couche irrégulière de nodules de phosphates de chaux. Il les a trouvés, entre autres, dans les travaux du tunnel de Perthes, sur le chemin de fer de Soissons à Charleville.

Ces rognons sont gris pâle et contiennent :

Argile et sable	1,65
Oxyde de fer	1,20
Chaux	50,89
Acide phosphorique	21,10
Chlore	0,14
Perte par calcination	25,10
	100,08
Phosphate de chaux correspondant.	46,06

La matière organique qui accompagne le phosphate contient 0,25 d'azote.

A mesure que l'on se rapproche de la craie marneuse, on trouve dans la craie blanche de plus en plus de résidu insoluble, sable, argile, etc. On y trouve alors également plus de potasse, mais, en général, la potasse ne se rencontre pas dans la craie blanche en quantité suffisante pour les besoins d'une riche végétation.

La dureté et la compacité des différentes assises de la craie blanche sont très variables. Celle de la zone inférieure, à *Micraster cortestudinarium*, offre des bancs que l'on exploite comme pierres de taille. La craie magnésienne de la zone à *Micr. coranguinum* est également compacte et l'on y trouve des rognons très durs que l'on appelle *buquands* en Champagne et qui peuvent servir à l'empierrement des routes. La craie la plus tendre se trouve dans les couches supérieures. Elle se divise naturellement en strates de peu d'épaisseur, coupées dans le sens perpendiculaire, par des fissures droites, inclinées ou irrégulières. Plus on se rapproche de la surface, plus les fentes se rapprochent et s'entre-croisent, en sorte qu'elles divisent la roche en cubes irréguliers qui deviennent de plus en plus petits, mais qui sont souvent encore assez gros dans la couche arable pour que plus de la moitié de la terre ne traverse pas un tamis métallique de dix fils par centimètre.

Le sol arable formé par la désagrégation de la craie est une sorte de sable calcaire, mélangé d'éléments impalpables également de nature calcaire pour la plus grande partie et quelquefois entremêlé de rognons ou de fragments de silex. Il ne contient de l'argile qu'en proportion très minime et de l'humus en quantités très variables d'une pièce à l'autre, suivant les cultures qui l'ont ou épuisé ou augmenté.

Pour juger de la qualité des terres que l'on rencontre en Champagne, il est nécessaire de tenir compte également des dépôts que l'on y trouve quelquefois à la surface de la craie. Ces dépôts sont de trois sortes :

1) De la *grève crayeuse* (appelée *besson* dans les Ardennes), composée de petits fragments de craie, plus ou moins arrondis, sans liaison entre eux. Elle a sans doute été formée par les eaux qui ont creusé les premières vallées et détruit en certains points la superficie des plateaux crayeux. Souvent la grève remplit des sortes de poches qui s'enfoncent dans la masse de la craie et qui ont quelquefois jusqu'à 10 mètres de profondeur. Ce sont les parties les plus arides du territoire.

2) Un *sable argilo-calcaire*, très fin, de couleur gris jaunâtre, que MM. Meugy et Nivoit considèrent comme le résultat de l'action d'eaux acides sur la roche crayeuse. Les eaux ayant dissous les carbonates, il est resté du sable et de l'argile, plus ou moins mêlés de fragments de grève.

3) Une *argile sableuse rougeâtre* qui se trouve au-dessus du sable, en couche d'un mètre d'épaisseur au plus, et qui est presque complètement dépourvue de carbonate de chaux.

La plupart de ces dépôts argileux sont des limons quaternaires que l'on trouve de loin en loin épars sur la craie de la Champagne et qui s'y distinguent, en général, par leur fertilité.

Voici, d'après M. Grandeau, la composition chimique d'un certain nombre de terres du camp de Châlons et de la ferme de Sans-Souci :

(TABLEAU.)

	A. Camp de Chalons.					B. Sans-Souci.				
	N° 1.	N° 2.	N° 3.	N° 4.	N° 5.	N° 6.	N° 7.	N° 8.	N° 9.	N° 10.
Poids du litre . . .	1k210	1k202	1k297	1k252	1k108	1k210	1k017	1k218	1k212	1k210
Eau	6.24	6.45	3.22	1.75	3.80	10.10	7.50	5.57	6.07	8.65
Matière combustible	7.06	4.37	7.48	2.81	8.66	6.70	10.08	4.73	4.93	4.36
Acide carbonique .	23.59	21.51	26.32	34.24	23.79	19.30	26.80	26.30	26.12	25.00
Acide sulfurique. .	»	»	»	»	»	»	»	»	»	»
Acide nitrique. . .	»	»	»	»	1.14	»	»	»	»	»
Acide phosphorique	0.18	0.08	0.05	0.11	0.17	0.07	0.01	0.17	0.18	0.15
Chlore.	»	»	»	»	»	»	»	»	»	»
Chaux.	32.62	31.20	35.00	43.58	35.42	30.31	35.16	37.10	41.31	33.92
Magnésie	0.41	0.61	1.37	0.67	0.41	0.22	0.20	0.85	0.44	0.40
Potasse	0.17	0.12	0.05	0.03	0.68	0.07	0.06	0.02	0.06	0.08
Soude.	0.15	»	»	0.03	0.18	0.02	0.03	0.08	0.11	0.09
Alumine, oxyde de fer et de manganèse.	5.16	4.86	5.20	4.24	6.66	6.32	5.82	5.04	5.04	4.69
Résidu insoluble dans les acides. .	25.00	27.60	22.00	13.00	19.09	26.84	11.10	19.98	16.00	22.75
Total . . .	100.61	99.80	100.69	100.46	100.00	99.98	99.79	99.84	100.29	100.00

A. *Camp de Châlons.* — N° 1. Sol de la pièce n° 1, de la sole n° 1, de la ferme du Quartier-Général. — N° 2. Sous-sol de la pièce n° 1, de la sole n° 1, de la ferme du Quartier-Général. — N° 3. Savart inculte. — N° 4. Sous-sol du savart inculte n° 3. — N° 5. Sol d'une bergerie de la ferme de Vadenay.

B. *Sans-Souci.* — N° 6. Savart inculte lieu dit La Chaussée. — N° 7. Pinière de Canova. — N° 8. Savart stérile voisin de la pinière. — N° 9. Sol de la pièce la plus anciennement cultivée de la ferme et la mieux fumée. — N° 10. Sous-sol du n° 9.

On voit que toutes ces terres sont très pauvres en potasse. Quant à l'acide phosphorique, sa quantité est tantôt très faible, tantôt elle dépasse 0,18 p. 100.

Le n° 8, savart stérile, contient 0,17 p. 100 d'acide phosphorique et seulement 0,02 p. 100 de potasse. Sa stérilité paraît donc bien provenir de cette rareté de la potasse.

J'ai fait, avec M. Colomb-Pradel, l'analyse de cinq terres provenant de :

N° 1. Bois de pins, près des Grandes-Loges (Marne).

N° 2. Champ crayeux qui a porté du seigle en 1885. Couche supérieure de 0m,20, chez M. Desbrières, à Alger, près Mourmelon.

N° 3. Champ dans une dépression de terrain, ferme de M. Desbrières ; il passe pour moins bon que le n° 2.

N° 4. Grève, sous-sol d'un champ d'avoine.

N° 5. Luzernière de M. de Bohans, à Fresnes, près Reims.

ANALYSE PHYSIQUE.						ANALYSE CHIMIQUE POUR 1,000 DE PARTIE FINE.									
Numéros.	Poids de l'échantillon.	Partie fine.	Cailloux, gros sable.	Débris végétaux.	Partie fine p. 1,000.	Acide phosphorique.	Carbonate de chaux.	Potasse attaquable à l'acide nitrique.	Potasse pr. Schlœsing.	Magnésie.	Acide sulfurique.	Alumine et oxyde de fer.	Azote total.	Acide nitrique.	Ammoniaque.
	gr.	gr.	gr.	gr.		gr.	gr.	gr.	gr.	gr.	gr.	gr.	gr.	mg.	mg.
1	900	248	615	7	276	0.60	825	1.18	1.12	3.12	0.0068	30.5	2.04	traces	2.405
2	1.620	830	790	traces	512	2.60	685	1.32	1.18	3.44	0.00748	41.0	1.98	traces	2.730
3	2.000	1.130	870	»	565	2.82	690	0.97	0.81	3.76	0.40176	37.5	1.58	traces	3.055
4	925	grève	calc.	»	»	0.40	942	0.28	0.30	4.06	»	11.5	»	»	»
5	1.800	1.225	575	»	680	2.70	535	1.61	1.52	3.50	0.00986	53.0	2.24	traces	2.730

Ces chiffres, réduits d'après la proportion de terre fine[1], deviennent :

NUMÉROS.	ACIDE phosphorique.	CARBONATE de chaux.	POTASSE attaquable à l'acide nitrique.	POTASSE pr. Schlœsing.	MAGNÉSIE.	ACIDE sulfurique.	ALUMINE et oxyde de fer.	AZOTE TOTAL.	ACIDE nitrique.	AMMONIAQUE.	COEFFICIENT.
	gr.	gr.				gr.				mgr.	
1	0.166	227.70	0.326	0.309	0.861	0.00187	8.418	0.563	traces	0.6638	0.276
2	1.331	350.66	0.675	0.601	1.761	0.00381	20.992	0.963	traces	1.398	0.512
3	1.593	389.85	0.548	0.475	2.121	0.00269	21.187	0.893	traces	1.726	0.565
4	0.400	942.00	0 290	0.300	4.060	»	11.50	»	»	»	»
5	2.036	363.80	1.115	1.031	2.380	0.00670	36.01	1.523	traces	1.856	0.680

Cinq terres crayeuses recueillies dans les environs de Reims contenaient, suivant les analyses de M. Joulie, p. 100 :

	ACIDE phosphorique.	POTASSE.	CHAUX.	MAGNÉSIE.	AZOTE.
	—	—	—	—	—
Reims	0,157	0,152	41,8	0,023	0,256
Taissy	0,180	0,152	32,9	0,028	0,154
Les Commelles . . .	0,181	0,121	48,3	0,272	0,190
Moronvillers.	0,207	0,136	38,4	0,320	0,229
Sillery	0,125	0,092	43,0	0,320	0,184

Ces chiffres devraient être réduits d'après la proportion de terre

1. Voir le mémoire de MM. Risler et Colomb-Pradel intitulé : « Dans quelles limites l'analyse chimique des terres peut-elle servir à déterminer les engrais dont elles ont besoin ? » (*Annales de l'Institut national agronomique*, tome X, 1886, chez Berger-Levrault et Cie.)

fine contenue dans la couche arable, mais M. Joulie n'a pas indiqué cette proportion.

Nous reviendrons plus loin aux conséquences que l'on peut tirer de ces analyses pour l'emploi des engrais destinés à compléter l'action du fumier de ferme, et surtout pour celui des sels de potasse qui paraissent être *indiqués* dans toutes les terres crayeuses.

Mais voyons d'abord ce que l'on peut y faire avec le fumier tel qu'on l'obtient au moyen des pailles et des fourrages récoltés dans ces terres.

La craie de Champagne paie mieux que la plupart des autres terres les fumiers qu'on lui confie. « La nature du sol en ce pays, a dit un homme qui le connaissait bien, M. Delbet, seconde merveilleusement les efforts du cultivateur. Pas de déceptions à craindre, pas d'insuccès possible : il faut du fumier, c'est la condition *sine quâ non* de toute récolte ; mais avec du fumier la récolte est assurée. On peut l'escompter, il n'y a pas d'exemple qu'elle ait fait défaut.

« Vienne la sécheresse, qui partout ailleurs grille le sol et les moissons, qu'importe ? La craie offre à la plante un inépuisable réservoir d'humidité, et, sous le soleil le plus ardent, cette plante verdit et prospère à confondre toute expérience acquise en d'autres contrées.

« Tombe-t-il des pluies diluviennes, qu'importe ? La craie absorbera ces pluies indéfiniment pour en dispenser plus tard la bienheureuse action en mesure des besoins de la plante.

« Aussi ne craignons-nous pas de répéter : Du fumier, du fumier dans la Champagne, et nous défions les saisons les plus contraires ; du fumier, et jamais nos moissons ne manquent ; du fumier, et, quelque temps qu'il fasse, quand ailleurs les récoltes seront insuffisantes, nous nourrirons six départements avec l'excédent de nos produits[1]. »

Si l'enthousiasme de M. Delbet pour les terres crayeuses n'est pas

---

1. La création des fermes du camp de Châlons, faite sous la direction de M. Tisserand, a montré tout le parti qu'on peut tirer des terres crayeuses de la Champagne, si l'on dispose de capitaux et d'engrais suffisants. Avant 1857, ces 14,000 hectares étaient des savarts incultes avec quelques bois de pins et, dès 1863, les recettes dépassèrent les dépenses de 120,000 fr.

exagéré, d'où vient la mauvaise réputation de ces terres? Et pourquoi trouvons-nous encore dans la Champagne tant de plaines incultes et presque désertes? Pourquoi, en un mot, est-ce la Champagne *pouilleuse?*

Nous pourrons nous en rendre compte, quand nous aurons étudié le régime hydrographique de la Champagne et la situation de ses centres de population qui dépend toujours de celle des eaux nécessaires à l'alimentation des habitants et du bétail.

Sur les plateaux, il n'y a pas de sources et l'on n'y rencontre que, de loin en loin, des fermes isolées dont les noms modernes, Alger, Solférino, Leipzig, etc..., indiquent assez qu'elles sont de création récente.

Les eaux de pluie qui tombent à la surface de la craie disparaissent dans ses nombreuses fissures et descendent jusqu'aux assises inférieures, qui sont plus compactes, ou jusqu'à la craie marneuse qui se trouve au-dessous d'elles. Il y a même beaucoup de vallons complètement secs. Les sources n'apparaissent que dans les vallées les plus profondes et à peu de hauteur au-dessus de leur thalweg, jamais à flanc de coteau.

« Ce sont, dit M. Daubrée dans son beau livre sur les *Eaux souterraines* [1], des sources plus ou moins considérables qui habituellement portent le nom de *sommes.*

« Les eaux pluviales n'y ruisselant jamais à la surface du sol, ces sources sont bien, en effet, comme l'a remarqué Belgrand, l'origine, le *sommet* de chaque ruisseau.

« Ainsi, dans le département de la Marne, la source de la Suippe s'appelle Sommesuippe; celle de la Vesle, Sommevesle; celle de la Soude, Sommesoude, etc...; dans le département de l'Aube, la source du Puits s'appelle Sompuis; celle de l'Orvin, Sommefontaine.

« Quelquefois les noms de ces sources sont dérivés du terme gallo-romain *Dhuie* ou *Duie* (de *ductus,* aqueduc, dont nous avons fait *conduite*) : par exemple, dans l'Aube, la grande source de Soulaines, *Dhuis,* et la source d'Aix-en-Othe, vallée de la Vanne, *Duée.* On

---

1. Daubrée. *les Eaux souterraines.* Paris, chez veuve Dunod, 1887.

en trouve également qui proviennent du mot latin *fons :* ainsi, dans le département de l'Aube, la source de la Vanne, *Fontvannes,* qui a été amenée à Paris ; la source de l'Arce, *Fontarce,* etc.

« Quelquefois la nappe d'eau souterraine se relève de chaque côté de la vallée principale par suite de la force ascensionnelle que lui donne l'inclinaison vers l'ouest des couches de craie marneuse qui la supportent et si, dans ce relèvement, elle atteint le niveau du fond d'une vallée moins profonde, elle y produit une source que l'on appelle *Bême* ou *abîme* ou *Ero, Gouffre, Fosse*[1]. »

Les vallées que ces rivières arrosent sont couvertes de prés et de nombreux villages. Toute la population s'y est concentrée, mais ces vallées n'ont pas une grande surface relativement aux vastes plateaux qui les séparent. Les champs s'étendent autour des centres de population, le long et sur le bord des vallées, s'élevant de plus en plus sur les plateaux à mesure que les engrais disponibles permettent de fumer plus de terres. L'intensité de la culture décroît en raison de la distance des fermes et de la difficulté des transports. Près des bâtiments sont les jardins et les plantages qui fournissent les légumes. Puis, vient une zone qui peut être suffisamment fumée pour porter des racines, des pommes de terre, du colza, etc.

Plus loin la jachère reste nue et les fumures y sont moins abon-

1. C'est surtout à l'aide de citernes et de puits, dit M. Nivoit dans la *Géologie appliquée à l'art de l'ingénieur* qu'il vient de publier, que les habitants des villages de la craie se procurent l'eau qui leur est nécessaire. Quand un puits vient d'être creusé, il a d'abord un faible débit : ce n'est qu'au bout d'un certain temps qu'on voit l'eau arriver plus abondante, sucée pour ainsi dire par les parois. Quand on tombe sur une fissure, on trouve naturellement plus d'eau.

Ces puits atteignent parfois de grandes profondeurs ; dans les villages élevés, ils peuvent aller jusqu'à 100 mètres et sont alors intarissables. Il est d'ailleurs facile de rendre leur débit plus considérable en creusant au fond des galeries horizontales pour augmenter la surface du suintement.

L'eau fournie par un puits récemment creusé est presque toujours trouble et comme laiteuse. Mais c'est une circonstance dont il n'y a pas lieu de s'inquiéter, car les particules crayeuses qu'elle tient en suspension se déposent lentement et l'eau devient limpide au bout de quelques mois.

La craie se colmate facilement. Ses pores sont bouchés par les petites particules crayeuses amenées par les eaux et elle devient alors imperméable. C'est ce que prouve la présence des mares dans les villages champenois ; il suffit de curer ces mares et d'enlever la boue crayeuse qui en tapisse le fond pour que l'eau disparaisse. Pour le même motif, il faut, au contraire, curer les puits de temps en temps afin de rendre les suintements plus abondants.

dantes; c'est le *sombre*, après lequel vient le seigle ou le blé et, en troisième année, on sème tantôt de l'orge ou du sarrasin, suivant que la terre est en plus ou moins bon état, tantôt du trèfle, de la luzerne ou de l'esparcette. L'avoine succède à ces fourrages qui fournissent, avec les prés, les foins pour l'hivernage des troupeaux.

Au delà de cette zone, on trouve une sorte d'assolement semi-pastoral : tous les quatre ou cinq ans, quelquefois seulement tous les huit ou dix ans, on laboure, on fait quelques maigres récoltes d'avoine et de seigle, puis on y sème un peu d'esparcette qui forme un pâturage pour les moutons ; c'est ce qu'on appelle les *trios* ou *triaux*.

Plus loin encore, s'étendent à perte de vue les *savarts*, terres incultes des plateaux de craie, où les moutons seuls peuvent trouver quelque nourriture et faire de longs parcours sans être abreuvés. L'herbe y est rare, mais d'excellente qualité. Quelquefois, au mois de juillet et d'août, ils n'y reste plus rien à manger ; tout est desséché ; il faut alors ramener les bêtes, soit sur les *trios*, soit à la ferme et leur donner du foin comme en hiver.

Mais la plus grande partie de l'année, les troupeaux se nourrissent très économiquement ; ils vont eux-mêmes chercher cette nourriture sur les savarts et ils ramènent l'engrais sur les terres voisines de la ferme où ils parquent pendant la nuit.

Les prix des terres décroissent avec l'intensité des fumures, à mesure que la distance du village augmente. Dans le voisinage immédiat du village, on les paie 2,000, 3,000 fr. et plus encore ; sur les bords de la vallée, ce n'est plus que 1,000 fr. ; puis le prix descend peu à peu jusqu'à 100 fr. par hectare sur les *trios* les plus éloignés. Quant aux *savarts*, ils ont si peu de valeur que, lorsqu'il s'agit de les vendre, on ne se donne pas même la peine d'en mesurer exactement la surface. On les vend, comme on dit, *à la holée* : le vendeur et l'acheteur vont sur place ; l'un reste à l'une des extrémités de la surface à vendre, l'autre s'en éloigne peu à peu en criant : *Holà ! holà !* jusqu'à ce que le premier ne puisse plus l'entendre. C'est la longueur de la *holée*. La largeur se détermine par le même procédé, conservé probablement depuis nos ancêtres les

Aryens. Est-il encore pratiqué aujourd'hui ? Je n'oserais pas l'affirmer. Mais je l'ai encore trouvé en usage sur certains points de la Champagne pouilleuse il y a 35 ans, quand je la visitai pour la première fois.

Du reste, les savarts sont souvent des propriétés communales, et des règlements municipaux fixent le nombre de bêtes que chacun peut y envoyer en raison de la quantité de terres qu'il cultive ; la règle la plus générale paraît être, par hectare, une brebis et son agneau suivant, jusqu'au 11 novembre.

Dans les vallées, le sol est divisé à l'infini, mais le morcellement diminue avec le prix des terres, lorsqu'on monte sur les plateaux.

La plupart des cultivateurs sont propriétaires de leur ferme. Une ferme est composée d'une, de deux, quelquefois, mais rarement, de trois *charrues*. Sur les terres crayeuses, très faciles à cultiver en tous temps, et c'est un de leurs grands mérites, un homme et un cheval suffisent à une charrue, tandis que, sur les terrains argileux du gault, il faut 2 hommes et 3 ou 4 chevaux. Chaque charrue cultive 15 à 25 hectares. Comme matériel de ferme, il faut y joindre une herse, un rouleau, une ou deux charrettes pour rentrer les récoltes, un tombereau, le tout de construction fort légère.

Depuis un certain nombre d'années, l'usage des charrues à plusieurs socs s'est beaucoup répandu en Champagne, et c'est une nouvelle économie de travail. Dans les terres fortes, le mobilier et la culture coûtent trois ou quatre fois plus.

Si l'on ajoute au cheptel mort le capital nécessaire pour acheter le bétail et le fonds de roulement, on trouve que, dans une ferme de Champagne, 150 à 200 fr. de capital d'exploitation par hectare suffisent pour la culture usuelle, tandis que, dans une ferme de Brie, il en faut trois ou quatre fois autant.

Le cheptel vivant se compose des chevaux de labour et de quelques poulains que l'on élève pour recruter l'écurie, des quelques vaches qui fournissent au personnel le lait, des génisses qui sont destinées à les remplacer (les veaux mâles sont engraissés), et principalement de moutons, trois à quatre têtes par hectare de terres en culture.

Grâce à ce mode d'exploitation économique et aux produits d'excellente qualité qu'ils en obtiennent, la plupart des cultivateurs champenois sont riches, malgré la pauvreté apparente de leur sol. Dans le département du Nord, au contraire, et dans les Flandres belges, il y a beaucoup de pauvres, malgré la richesse des terres. Cela montre que le bien-être des populations agricoles dépend moins de la fécondité des terres sur lesquelles elles vivent, que des conditions économiques dans lesquelles elles se trouvent et entre autres de leur densité.

En Champagne, cette densité est très faible, partout où il n'y a ni vignobles, ni manufactures. A côté des vallées où les populations se sont accumulées, il reste de vastes étendues à rendre productives. Pour les conquérir à la culture, il suffit d'avoir de l'engrais. « La fortune relativement si grande des villages situés près des rivières, dit M. Delbet, s'explique par la possibilité d'acheter dans leur voisinage des terrains incultes à vil prix (100 fr. l'hectare). On apporte dans ces champs nouvellement acquis l'excédent des fumiers obtenus par les litières et les fourrages des terrains d'alluvions, et l'hectare payé 100 fr. d'achat rapporte 300 fr. de récoltes annuelles. »

Les zones productives font en quelque sorte tache d'huile autour des villages et la fortune de leurs habitants s'accroît avec elles. Tel arpent de terre qui se vendait autrefois 5 fr., avec *un lièvre dessus,* se vend aujourd'hui 500 fr. et le lièvre n'y est plus.

Aujourd'hui, grâce aux découvertes de la chimie, on pourrait augmenter encore plus rapidement ces zones nouvelles et en même temps obtenir sur les terres anciennement cultivées plus de grains et plus de fourrages. Les analyses que nous avons citées nous ont montré que les terres crayeuses contiennent très peu de potasse. Or, dans ces conditions, les fourrages et les pailles des céréales se développent avec le minimum de potasse qui est nécessaire à leur constitution et il est évident que le fumier fabriqué avec eux en contiendra encore moins. Le fumier est toujours l'image du sol qui en fournit les éléments ; il en a toutes les qualités et tous les défauts. D'après les analyses de M. Joulie, un fumier de la craie de Champagne ne contient, par 1,000 kilogr., que $2^k,871$ de potasse avec $4^k,795$ d'azote, $1^k,806$ d'acide phosphorique et $12^k,450$ de chaux.

Les fumiers produits dans cette partie du département des Ardennes que l'on appelle le *Vallage*[1] et dont les terres sont plus riches en potasse que la craie, renferment, en moyenne, par 1,000 kilogr., 6^k,197 de potasse avec 5^k,377 d'azote, 1^k,749 d'acide phosphorique et 7^k,024 de chaux. La quantité de potasse y est 2 fois plus grande et, par conséquent, dans des terres qui ont absolument besoin de potasse, une tonne de fumier du Vallage vaut 2 tonnes de fumier de Champagne. Les cultivateurs des plaines crayeuses du nord de la Champagne ont reconnu depuis longtemps la supériorité que le fumier du Vallage a dans leurs terres. Sans pouvoir l'expliquer, ils lui attribuent des vertus spéciales, particulièrement pour les prairies artificielles. Ils en achètent le plus qu'ils peuvent et ils l'emploient ordinairement sur les parcelles qui doivent porter une luzerne, une esparcette ou un trèfle.

Ils considèrent également les fumiers du camp de Châlons comme meilleurs que ceux de leurs fermes, sans doute parce qu'ils ont été faits au moyen de pailles et de fourrages qui proviennent en partie de terres plus riches en potasse que celles de la Champagne pouilleuse.

Or, on pourrait facilement donner au fumier de toutes les fermes de la Champagne les vertus spéciales que possède celui du Vallage. Il suffirait de compléter sa composition chimique en y ajoutant par tonne 3^k,220 de potasse sous forme de chlorure qui, à 44 centimes le kilogramme, coûteraient 1 fr. 46 c. Au lieu de mêler les sels de potasse au fumier, il vaut encore mieux les répandre directement sur les terres qui en ont besoin et, au lieu d'employer du chlorure de potassium, il vaut encore mieux se servir d'une quantité correspondante de sulfate de potasse.

Dès 1872, M. Ponsard, président du Comice agricole de Châlons-sur-Marne, a reconnu qu'avec 200 kilogr. de sulfate de potasse (coûtant 28 fr. les 200 kilogr. et contenant 60 kilogr. de potasse) ou 100 kilogr. de chlorure de potassium (coûtant 35 fr. les 100 kilogr. et contenant 52 kilogr. de potassium qui, oxydés, font aussi 60 kilogr. de potasse), le rendement de la luzerne est augmenté d'un tiers la première année et que l'effet de ces engrais se montre

1. On appelle ainsi la vallée de l'Aisne.

encore l'année suivante par une végétation plus vigoureuse et une coloration plus intense de la plante.

Dans les terres crayeuses, les sels de potasse ne sont pas seulement utiles pour les légumineuses, ils le sont pour toutes les autres récoltes, céréales, betteraves, pommes de terre, etc. Voici, par exemple, les résultats d'un essai comparatif d'engrais chimiques complets et incomplets fait sur du blé, à Fresnes, près de Reims, par M. de Bohans :

ENGRAIS.	PAILLE.	GRAIN.	TOTAL.	POIDS de l'hectolitre.	BLÉ à l'hectare.
	kilogr.	kilogr.	kilogr.	kilogr.	hectol.
Complet intensif	8,520	3,030	11,550	72,50	42,0
Complet	7,000	2,785	9,785	72,25	38,4
Sans azote	5,430	2,670	8,100	75,00	35,5
Sans phosphate	6,320	2,000	8,320	67,75	29,5
Sans potasse	4,025	1,015	5,000	67,30	15,0
Sans chaux	6,895	2,895	9,790	73,25	40,5
Azote seul	4,060	1,170	5,230	61,25	18,2
Sans engrais	3,495	905	4,400	64,70	14,0

On voit que l'engrais sans potasse n'a augmenté le rendement que d'un hectolitre par hectare comparativement à la parcelle sans engrais. Par contre, tous les engrais à potasse ont donné un excédant considérable de rendement, et le complet intensif, qui contient deux fois plus de potasse que le complet, arrive jusqu'à 42 hectolitres.

L'azote seul n'a produit qu'un effet insignifiant et l'engrais sans azote a donné un peu moins de paille, mais presque autant de grain que l'engrais complet. Les expériences ont été faites dans un des champs réputés les plus maigres de la commune de Fresnes, et cependant M. Joulie a trouvé 2,61 p. 1,000 d'azote dans la terre fine de ce champ, c'est-à-dire 1,96 p. 1,000 du total de la couche arable, dont les 3/4 seulement se composaient de terre fine.

On a cru pouvoir prouver la supériorité des engrais chimiques sur le fumier de ferme par une expérience où M. Ponsard a obtenu, dans une terre de lande crayeuse, 33 hectolitres de blé avec 1,400 kilogr. d'engrais selon la formule de M. G. Ville, tandis que 100 mètres cubes de fumier n'y ont donné que 10 quintaux. Cela ne montre qu'une chose, c'est que ce fumier était, comme tous les fumiers des fermes de la Champagne, trop pauvre en potasse.

Dans nos terres de Champagne, fumées uniquement avec notre fumier de ferme champenoise, dit M. de Bohans, le rendement moyen ne peut guère dépasser 18 à 20 hectolitres. Si l'on force les doses d'engrais, le blé verse et souvent il est échaudé. Mais, en complétant l'action du fumier par l'emploi de 100 kilogr. à l'hectare de chlorure de potassium, on peut obtenir 33 à 40 hectolitres de blé à l'hectare.

Pour les betteraves, M. de Bohans met 200 kilogr. de chlorure de potassium et pour la luzerne 300 kilogr. à l'hectare. Il a soin de le répandre sur la luzerne au commencement de l'hiver, afin que les pluies aient le temps de le faire descendre jusqu'à la portée des racines, avant l'époque où la végétation se renouvelle.

La potasse est donc le *complémentaire* par excellence des terrains formés par la craie pure et l'efficacité de tous les autres engrais dépend plus ou moins d'elle. Il faut avant tout donner au sol ce qui lui manque le plus.

Ainsi nous avons vu que les quantités d'acide phosphorique contenues dans les terres crayeuses varient suivant les assises dont elles proviennent et, jusqu'à un certain point, suivant le régime cultural auquel ces terres ont été soumises; mais, dans tous les cas, une addition de phosphate y est superflue tant qu'on ne leur a pas donné de la potasse. Les plantes ne pourraient pas utiliser une plus forte dose d'acide phosphorique ou d'azote, si elles ne trouvaient pas en même temps assez de potasse, et cela est d'autant plus vrai que ces plantes ont plus besoin de potasse pour leur développement, par exemple, plus pour les fourrages légumineux, la vigne, la pomme de terre, que pour les graminées et les céréales. Dans le choix des engrais, il faut tenir compte à la fois des capacités des terrains et des besoins des récoltes.

On emploie souvent dans la craie du nord de la Champagne, et principalement pour les prairies artificielles, des cendres pyriteuses que l'on tire du Soissonnais. Ces cendres se composent de pyrites et de sulfates de fer et d'alumine. Avant de les employer, on a soin de les laisser exposées à l'air pendant quelque temps, afin que les sulfures puissent s'oxyder. Elles agissent par le soufre qu'elles fournissent, comme le plâtre, qui fait également du bien dans la plupart des terres crayeuses. Mais peut-être sont-elles également utiles par le fer qu'elles introduisent dans ces terres.

La craie consume rapidement les fumiers; il faut donc les lui donner par faibles doses souvent répétées.

Les matières organiques qui se décomposent lentement, comme les chiffons de laine, les rognures d'os et de cuir, etc., lui conviennent bien, et les engrais azotés plus solubles, comme le sulfate d'ammoniaque, etc., ne doivent y être employés qu'au printemps, en couverture.

Les urines y font un effet merveilleux, sans doute à cause de la potasse qui s'y trouve réunie à l'azote. Je me souviendrai toujours d'un certain champ d'avoine que j'ai vu aux environs de Reims il y a une trentaine d'années, lorsque pour la première fois je parcourus la Champagne. Il était bien maigre ; les tiges d'avoine n'avaient que 20 centimètres de hauteur et ne portaient que bien peu de grains ; mais là où le cheval de labour avait uriné, on voyait en quelque sorte tout le liquide qu'il avait répandu mesuré ou dessiné goutte à goutte par des touffes deux fois plus hautes que les autres et chargées de beaux épillets.

Les labours ne se font, en général, qu'à 15 ou 18 centimètres de profondeur. Il est bon de chercher à les approfondir, mais on ne doit le faire que peu à peu, à mesure que l'on peut donner au sol plus de fumier.

Il est essentiel de ne pas toucher à la terre crayeuse quand il pleut ou immédiatement après la pluie. Remuer cette terre à l'état humide, c'est *gâter* la terre ; c'est en faire un mortier compact qui a la singulière propriété de durcir à la pluie et que les gelées de l'hiver pourront seules désagréger ; c'est perdre son temps et sa semence et souvent compromettre plusieurs récoltes.

Pendant que la culture intensive gagne de plus en plus de terrain autour des vallées qui en ont été le point de départ, les points les plus élevés et les plus arides des plateaux de craie se couvrent de forêts. Autrefois toutes ces hauteurs étaient blanches, nues comme des déserts : le bois était si rare dans certaines localités que les habitants étaient obligés de brûler une partie de leurs pailles pour se chauffer et cuire leurs aliments. Aujourd'hui toutes ces pailles peuvent être conservées pour faire de la litière et du fumier, et, lorsqu'on parcourt la Champagne, on aperçoit de tous côtés la verdure des forêts qui fournissent, non seulement en abondance des bois de chauffage, mais des échalas pour les vignes, des perches pour les houillères et même des matériaux pour les constructions. En même temps, le climat de toute la contrée s'est amélioré sensiblement.

Déjà au siècle dernier, on avait fait, sur les savarts du département de la Marne, quelques essais de plantations de pins sylvestres entremêlés de *vordes* ou saules marsaults. Mais c'est depuis 1815 et surtout depuis 1830 à 1840 que les plantations prirent de plus en plus d'extension et, dans ces dernières années, la crise agricole a encore contribué à accélérer cette transformation. En raison de la difficulté de trouver des fermiers, on plante, non seulement les savarts, mais toutes les propriétés non louées, même celles qui, il y a quelques années, valaient 1,000 à 1,500 fr. l'hectare. On estime la surface déjà boisée dans le département de la Marne, selon les localités, du 1/5 au 1/4 des territoires ; dans certaines communes elle atteint le tiers, mais c'est l'exception. Parmi ceux qui y ont pris le plus de part, il faut citer MM. Saint-Denis frères, à Boult-sur-Suippe. En 1815, leur père leur donna l'exemple, mais il n'avait que 5 hectares. Peu à peu, lui et ses fils agrandirent leurs opérations, et ils sont arrivés à en planter 4,000 hectares pour leur compte et 12,000 pour d'autres propriétaires. Les savarts qu'ils ont achetés pour les reboisements ne leur ont coûté en partie que 20 à 50 fr. l'hectare, jamais plus de 100 fr.

Dans le département de l'Aube, les premières plantations de pin sylvestre datent à peu près de la même époque. Elles ont été faites, entre autres, par M. Baltet-Petit, à Vaudepart, et par le Dr Nicolas Jacquier, qui chercha dès lors à répandre ce sage principe : « Il ne faut cultiver que les terres susceptibles d'une production largement rémunératrice, et planter tout ce qui ne peut pas être cultivé. »

De 1816 à 1830, il a été planté 1,000 hectares dans l'Aube, et le succès de ces premières tentatives encouragea d'autres propriétaires à en faire sur des étendues de plus en plus vastes.

Au commencement, on plantait à 2 mètres de distance et même plus ; on croyait que l'aridité du sol crayeux ne lui permettait pas de nourrir plus d'arbres. On ne visait, d'ailleurs, qu'à obtenir des bois de chauffage, et peu importait qu'ils fussent tordus ou informes. Les aiguilles tombées chaque année de ces premiers arbres ont, à la longue, couvert le sol et préparé l'humus, sous lequel devaient végéter les premières graines fécondes. Il a fallu 35 à 40 ans pour obtenir et les graines et l'humus ; mais alors a paru une génération nouvelle de jeunes plants de semis naturel, qui, poussant serrés à l'abri des anciens, s'élançaient avec de belles formes et vigoureux au point de dépasser en quelques années la hauteur des premiers ; en cet état, il ne fallait qu'attendre et, par des éclaircies successives, former des futaies régulières dont le produit était certain.

Peu à peu l'expérience a montré qu'il vaut mieux planter dès l'origine plus serré, c'est-à-dire à raison de 10,000 sujets à l'hectare. On choisit des plants de 2 à 3 ans que l'on met en terre en automne, soit après un labour profond, soit tout simplement dans des trous creusés à la distance voulue, avec 15 centimètres environ de profondeur et 20 centimètres de largeur.

Pendant quelque temps, vers 1845 à 1850, on avait renoncé au pin sylvestre, et l'on s'était mis à planter, de préférence, du pin noir d'Autriche et du pin laricio. Mais aujourd'hui on revient au pin sylvestre qui, planté serré, pousse suffisamment droit, donne des perches plus solides et est même plus estimé comme bois de chauffage. Le pin noir d'Autriche se développe, il est vrai, très rapidement, mais, comme perche de houillères, il laisse fort à désirer et, comme bois de chauffage, il brûle mal et donne peu de chaleur. Quant au pin laricio, il pousse encore plus vite que le pin noir, il fournit d'excellentes perches et, de plus, il a le singulier mérite d'être dédaigné par les lapins, qui ne causent presque pas de dégâts dans ses plantations. Mais il est très sensible à la gelée, et les froids de l'hiver 1879-1880 ont détruit une grande partie des laricios de la Champagne.

Au point de vue de l'amélioration du sol, le pin sylvestre et le pin noir se valent. Si le premier fournit un peu moins d'aiguilles, les paysans champenois sont disposés à croire qu'elles sont de meilleure qualité. Comme rendement en bois et en argent, la différence entre ces deux variétés n'est pas non plus très marquée.

Ordinairement on mélange dans les plantations, par lignes alternantes, les pins avec des essences feuillues, du bouleau et de l'aulne, mais surtout du bouleau, qui a plus de durée et peut, après l'abattage des pins, servir au repeuplement comme perches. Les semis naturels de pin sylvestre réussissent également mieux dans les plantations de pins et feuillus mélangés. De plus, la présence des essences feuillues dans les plantations diminue le mal que les chenilles font trop souvent aux pins sylvestres.

Les plantations faites avec soin et méthode coûtent : labour préparatoire, 25 à 30 fr. par hectare; achat de plants et frais de plantation, 120 fr. Au bout de 20 à 30 ans, les pins valent 1,000 à 1,100 fr. par hectare, soit comme perches, soit comme bois de chauffage. Le revenu des essences feuillues couvre à peu près les contributions et les frais de garde. En même temps, le sol s'est amélioré, et l'on estime que sa valeur productive a doublé [1].

Quelques propriétaires profitent de cette accumulation de fertilité pour défricher, faire 2 ou 3 récoltes de seigle, puis une avoine, dans laquelle ils sèment de l'esparcette. Cette esparcette dure 2 ans et, quand on la coupe, on peut encore avoir une excellente avoine Mais c'est tuer la poule aux œufs d'or. Il vaut mieux replanter immédiatement après la première exploitation, et encore mieux réserver des sujets pour faire le repeuplement par semis naturels.

Près de Sens, on reboise les plus mauvais terrains en acacias, que l'on coupe tous les 7 ou 8 ans pour faire des échalas.

Dans les terrains d'alluvion des vallées, on plante des peupliers, surtout le peuplier du Canada et le peuplier de Château-Thierry amélioré, et sur les berges des rivières de l'osier qui les consolide.

---

1. Je dois la plupart de ces renseignements sur le reboisement des terrains crayeux à l'obligeance de M. Rivet, professeur de sylviculture à l'Institut agronomique, et de M. Gillet, ancien notaire à Gomont et gendre d'un des frères Saint-Denis.

Il nous reste à parler de la culture la plus célèbre de la Champagne, de celle de la vigne. Mais on ne la trouve presque jamais sur les terrains de craie pure. Elle ne prospère que sur les pentes où la craie, dominée par des couches d'argiles tertiaires ou de limon quaternaire, a été recouverte par un dépôt plus ou moins épais de ces argiles ou de ce limon, qui lui fournissent, par un amendement naturel, la potasse et, sans doute aussi, le fer qui lui manquent. La craie forme ainsi le sous-sol, mais la terre de la surface se compose d'argile et de limon mêlés de fragments de craie.

En même temps, il faut, sous la latitude de la Champagne, qui est déjà à l'extrême nord de la région de la vigne, une exposition assez favorable pour que les raisins puissent bien y mûrir. Toutes ces conditions se trouvent réunies sur les pentes de la longue falaise qui sépare la Champagne des plateaux de la Brie et du Soissonnais, et surtout aux environs d'Épernay, depuis Vertus jusqu'à Verzy, où l'exposition est sud-est. C'est là que se trouve notre vignoble de Champagne, unique dans le monde.

« Soit que l'on descende des plateaux, faiblement peuplés, de la Brie, dit Belgrand, par la petite vallée du Cubray, affluent de la Marne, soit qu'on quitte les tristes plaines de la Champagne pouilleuse en s'élevant sur les riches coteaux de Cramant, soit qu'on contourne la montagne de Reims en passant par Ay, il semble qu'on s'approche de la capitale d'un grand royaume, tant les villages sont nombreux et beaux, tant d'élégantes maisons de campagne se serrent les unes contre les autres; on n'aboutit pourtant qu'à la petite ville d'Épernay, à une simple sous-préfecture! mais cette ville n'est-elle pas une capitale? Son vin si gai, si français, n'a-t-il pas étendu son empire sur toute la terre? »

Dans ce grand vignoble, on distingue la *rivière de Marne* et la *montagne de Reims*. La première comprend la *côte d'Avize* (Cramant, Avize, Oger, Le Mesnil, Vertus, Cuis et Grauves), la *côte d'Épernay* (Épernay, Mardeuil, Moussy, Pierry, Vinay, Chouilly et Ablois) et la *rivière de Marne proprement dite*, où l'exposition sud domine (Mareuil, Ay, Dizy, Hautvilliers et Cumières). — Quant à la *montagne de Reims*, elle se partage en *haute montagne* (Verzy, Verzenay, Sillery, Mailly, Ludes, Chigny et Rilly), *basse montagne*

(Saint-Thierry, Marsilly, Hermonville), et une région intermédiaire entre la plaine et la montagne, où se trouvent les coteaux de Bouzy et d'Ambonnay.

D'après quelques habiles fabricants, un mélange par tiers de Sillery, Verzenay et Bouzy, un tiers de Mareuil, Ay et Dizy, et un tiers de Pierry, Cramant, Avize et Le Mesnil constitue le vin blanc de Champagne par excellence. Les proportions varient, du reste, selon l'espèce de vin que l'on veut faire, selon les habitudes du fabricant et le goût de sa clientèle. La montagne de Reims y apporte, dit-on, le corps, la vinosité et la solidité ; la rivière de Marne proprement dite donne le moelleux ; la côte d'Avize la blancheur, la finesse et la légèreté ; c'est surtout elle qui porte à la mousse. Dans tous ces vignobles, les Pineaux sont, comme dans la Côte-d'Or, les cépages dominants ; quelques-uns, par exemple ceux de la côte d'Avize, sont plantés en variétés blanches ; d'autres ont des vignes de blanc et des vignes de rouge que l'on presse en blanc. La récolte dépasse rarement 30 hectolitres à l'hectare. Les procédés de culture sont partout à peu près les mêmes ; vignes basses, associées souvent par double souche à chaque pied, taillées *à crochet* et *à ploye*.

On provigne ou *assisèle* très souvent, et chaque fois on met dans les trous un mélange d'un quart de fumier et de trois quarts de terre vierge, ordinairement de la terre riche en potasse et en fer, mélange que l'on a préparé d'avance dans les *magasins* ou composts établis au bord des vignes. Les différences de cépages et d'exposition et, jusqu'à un certain point, les différences de terre expliquent les différences de qualité des vins. Mais, dans tous les vignobles de la Champagne, le sous-sol se compose de crayons et la couche arable, de calcaire mélangé en proportion plus ou moins grande d'argile ou de limon. Voici une série d'analyses, faites par M. Grandeau, de terres de vignes et d'amendements que l'on y emploie :

(TABLEAU.)

	D. Ay.				E. Cramant.				F. Verzenay.		
	N° 14.	N° 15.	N° 16.	N° 17.	N° 18.	N° 19.	N° 20.	N° 21.	N° 22.	N° 23.	N° 24.
Poids du litre	1k193	1k063	1k097	1k187	1k295	1k312	1k362	1k412	1k422	1k160	1k184
Eau	6.19	4.61	2.70	2.32	6.23	5.01	7.57	4.35	4.02	3.39	9.15
Matière combustible	9.85	13.92	5.80	3.43	5.77	4.48	5.96	2.87	4.46	4.81	9.39
Acide carbonique	12.02	17.54	19.70	0.90	8.28	18.51	13.27	0.29	1.61	3.07	0.22
Acide sulfurique	0.06	0.15	0.18	0.37	»	»	»	»	traces.	traces.	0.56
Acide nitrique	»	»	»	»	»	»	»	»	»	»	»
Acide phosphorique	0.14	0.05	0.13	0.02	0.11	0.13	0.11	0.06	0.10	0.09	»
Chlore	traces.	»	»	»	»	»	»	traces.	»	»	»
Chaux	18.52	23.62	27.37	1.79	14.80	35.80	16.90	0.37	2.63	4.42	0.28
Magnésie	0.17	0.10	1.66	0.08	0.35	0.17	0.19	0.19	0.28	1.65	0.21
Potasse	0.31	0.16	0.24	»	0.59	0.18	0.16	0.13	0.15	0.20	»
Soude	0.08	0.10	0.08	»	0.12	0.01	0.08	0.08	0.10	0.23	»
Alumine, oxyde de fer et de manganèse	5.70	5.87	8.00	3.00	7.35	9.22	11.20	6.70	4.90	3.75	1.98
Résidu insoluble dans les acides	47.90	34.50	33.95	88.95	56.90	26.50	44.75	85.19	82.63	79.20	79.00
Total	100.96	100.65	99.81	100.86	100.50	100.04	100.19	100.18	100.91	100.81	100.79

D. *Ay*. — N° 14. Sol de la vigne de la Cote-Pelle. — N° 15. Terre des prés de la Marne. — Amendement. — N° 16. Terre de pâture. — Amendement. — N° 17. Terre de bois.
E. *Cramant*. — N° 18. Sol de la vigne des Chenelot. — N° 19. Terre du Champ-du-Soleil. — N° 20. Forêt de Saran. — N° 21. Terre de paquis.
F. *Verzenay*. — N° 22. Vigne des Vinselles. — N° 23. Vigne des Carreaux. — N° 24. Cendres pyriteuses.

Au sud de la petite ville de Vertus, où s'arrêtent les grands crus, le pied de la falaise champenoise baigne dans les marais tourbeux de Saint-Gond aux sources du Petit-Morin, des Auges vers Sézanne, de la Seine entre Villenauxe et Montereau. La vigne n'aime ni les marais, ni les brouillards, et quoique l'exposition soit excellente, sa culture est moins développée sur cette partie de la falaise, et les vins récoltés entre Moret et Sézanne ne ressemblent en rien à ceux d'Ay, de Pierry et de Cramant.

Non seulement la craie joue un rôle important dans la production du vin de Champagne, en fournissant aux vignes un sous-sol qui leur convient parfaitement, mais elle en remplit un autre qui me paraît tout aussi important dans la fabrication de ce vin. On sait que, pour faire du vin mousseux, il faut le mettre en bouteilles avant que sa fermentation soit complètement achevée, dès le mois d'avril jusqu'au mois d'août qui suivent le pressurage. La fermentation continue dans les bouteilles, mais, pour qu'elle ne produise pas trop de casse ou de perte et pour qu'elle fasse un vin de bonne qualité, il faut mettre ces bouteilles dans des caves dont la température reste très régulière. Or, ces caves sont très faciles à creuser dans la craie et il n'est pas nécessaire de les voûter, en sorte qu'elles ne coûtent pas cher.

Cela permet de faire le vin mousseux à un prix relativement moins élevé. Les grands fabricants ont plusieurs kilomètres de caves, ordinairement en étages superposés.

La fabrication du vin de Champagne est donc une conséquence directe de la géologie de cette contrée.

Ainsi que nous l'avons déjà dit, la craie s'étend sur tout le bassin de la Seine jusqu'aux falaises des côtes de la Manche, et vers le Nord jusqu'au delà des frontières de la Belgique. Mais, à l'ouest de la Champagne, elle est le plus souvent cachée sous un manteau de dépôts tertiaires et de limons quaternaires. Dans le Soissonnais et la Brie, dans le Gâtinais et la Beauce, dans l'Ile-de-France et le Vexin français, ce manteau est si épais que la présence de la craie sous-jacente n'a pu y être constatée que par le creusement des puits artésiens de Grenelle, etc. Dans les environs de Paris, elle n'est à découvert qu'à Bougival et à Meudon sur de faibles étendues. C'est la partie supérieure de l'étage sénonien, la craie à *Belemnitella mucronata* qui y apparaît. Elle se compose de 20 mètres de craie très blanche avec lits de silex noirs. Vers le haut elle change d'aspect, devient jaune, dure et criblée de cavités qui lui ont fait donner le nom de *craie tubulée*. La craie blanche est employée à la fabrication du *blanc de Troyes ou d'Espagne*, ou, en mélange avec de l'argile plastique, à celle du ciment hydraulique.

Si l'on continue à descendre la vallée de la Seine, on ne retrouve la craie qu'après Meulan, à la hauteur de Juziers. « Alors, dit M. de Lapparent dans l'excellente *Description géologique du bassin parisien* qu'il vient de publier, au pied de la terrasse éocène, apparaît une roche blanche, formant berge tout contre le fleuve : c'est la *craie campanienne* qui vient au jour. A partir de ce point, une sorte de dos d'âne semble sortir du lit de la Seine et s'élève de plus en plus vers l'ouest en croupe montante et dénudée. En effet, la craie cherche à se dégager de sa couverture tertiaire.

« A partir de ce point, pendant que la ligne du chemin de fer reste sur un fond plat d'alluvions boisées, la berge gauche offre une suite très nette de croupes arrondies de craie, au profil convexe, portant des garennes ou de petits taillis. Enfin les tranchées, aujourd'hui gazonnées, qui précèdent la gare de Mantes, ont été entaillées en pleine craie blanche. »

La sortie de Mantes offre un grand intérêt; c'est là que finit l'Ile-de-France avec les terrains tertiaires qui la caractérisent et que nous décrirons dans un prochain chapitre. C'est là que commence le Vexin normand, dont la constitution géologique ressemble déjà à celle du pays de Caux, de la Picardie et de l'Artois, et, avec cette constitution géologique très simple, nous allons retrouver les mêmes caractères agricoles, à peu d'exceptions près, dans toute la région nord-ouest de la France.

La craie s'y montre à nu sur les flancs de toutes les vallées et forme la base de tous les plateaux, recouverts d'argiles à silex et de limons; en Picardie et en Artois, l'épaisseur de l'argile à silex se réduit peu à peu; il ne reste plus à la surface de la craie que le limon, et ces terres, moins humides et moins favorables aux herbages qu'en Normandie, conviennent admirablement aux luzernes et aux betteraves, dont la culture y a pris une grande extension. Quelquefois la couverture de limon disparaît aussi et le sol est formé de craie, comme le sous-sol.

Sur les pentes les plus raides, ces terres sont boisées ou couvertes de maigres pâtures et de genêts que l'on coupe de temps en temps pour se procurer du combustible. Sur les bords des plateaux, leur aspect rappelle encore quelquefois celui de la Champagne pouilleuse; quand elles sont négligées, elles ne donnent que de chétives récoltes. Mais ailleurs les fumures abondantes et les labours profonds les ont transformées à tel point que l'on a de la peine à les distinguer des limons voisins et à reconnaître leur origine géologique. Si l'on amenait un cultivateur de la Champagne pouilleuse dans une de ces belles fermes de la Somme, du Pas-de-Calais ou du Nord, dont une partie des terres se composaient primitivement de craie pure, par exemple chez M. Decrombecque, à Lens, et si on lui disait : « Voilà des terres qui étaient autrefois exactement pareilles aux vôtres », il aurait de la peine à le croire. Il est vrai que les éléments qui manquent à la plupart des terres crayeuses, la potasse et le fer, leur ont été fournis peu à peu par les fumiers fabriqués avec les pailles et les fourrages récoltés sur les limons voisins, où ces éléments abondent, au contraire. Il est plus facile d'améliorer quelques champs crayeux lorsqu'ils sont associés dans la même ferme ou dans la même commune avec des sols riches en potasse et en fer que s'ils se trouvent au milieu de plaines immenses qui ont partout les mêmes défauts.

Par contre, quand la craie se trouve, comme dans le pays de Caux, à une certaine profondeur au-dessous de l'argile à silex et du limon, elle joue un rôle important dans leur culture, en leur fournissant à peu de frais la chaux, et quelquefois une partie de l'acide phosphorique qui leur manquent. On creuse des puits à travers les couches de limon et d'argile jusqu'à la craie, que l'on extrait pour l'employer au marnage des terres. Dans toute cette contrée, on appelle la craie de la *marne*. Mais cette marne est plus ou moins bonne, suivant qu'elle se délite plus ou moins facilement, et, sans doute aussi, suivant qu'outre le calcaire, elle renferme plus ou moins d'acide phosphorique. Jusqu'à présent, on a trop négligé de déterminer la richesse en acide phosphorique des diverses couches de craie que l'on exploite ou que l'on pourrait exploiter comme marne. Mais on commence à s'en occuper activement, car des découvertes récentes et tout à fait inattendues ont attiré sur ce sujet l'attention des chimistes et des agriculteurs.

Dans toute cette région, la surface de la craie est très inégale. Elle a subi des érosions puissantes, qui y ont creusé des cavités de toutes sortes de formes, cavités que l'on aperçoit dans les falaises et dans les tranchées des routes et des chemins de fer. Ces *poches* sont remplies, tantôt d'argiles plastiques plus ou moins bariolées, tantôt de sables. On employait, en général, ces sables à faire du mortier, et en effet l'on ne pouvait pas trouver de meilleur emploi pour ceux qui se composent de quartz ou de silicates. Mais, il y a quelques années, on a découvert, à Orville et à Beauval, près de Doullens (Somme), que des sables, qu'on croyait être également de la silice à peu près pure, contenaient 60 à 75 p. 100 de phosphate de chaux. Les terrains où se trouvaient ces gisements ont immédiatement pris une grande valeur : on cite tel hectare qui, acheté au prix de 10,000 fr., a été revendu 500,000 fr., et aujourd'hui on cherche dans tout le voisinage des dépôts analogues. Une véritable fièvre de phosphates règne dans tout le pays, comme, il y a 30 ans, la fièvre de l'or régnait en Californie et en Australie.

A Orville et à Beauval, ces sables phosphatés se trouvent dans une série de poches creusées au milieu de la craie à *Belemnitella quadrata,* craie remplie de petits grains bruns, qui contient elle-même 20 à 25 p. 100, sur certains points 30 p. 100, de phosphate de chaux.

A Dreuil-Hamel, près d'Hallencourt, dans le même département de la Somme, et à Hardivillers, près de Breteuil, dans celui de l'Oise, ce sont ces couches de craie à *Belemnitella quadrata* que l'on commence à exploiter.

Voici une description de ces divers gisements de phosphates, que je dois à l'obligeance d'un de nos anciens élèves les plus distingués de l'Institut agronomique, M. Hitier :

Dès 1849, Buteux, géologue de la Somme, avait signalé à Beauval (Somme) une craie à l'état arénacé et riche en phosphate de chaux.

Dans l'*Esquisse géologique du département de la Somme*, qu'il publia en 1861, on lit, page 87 : Lors de l'adoucissement de la rampe de Beauval du côté d'Amiens, la partie supérieure de la craie étant découverte, on l'a trouvée, vers le haut de la côte, à l'état arénacé, puis à celui d'agrégation, s'effritant d'abord assez facilement entre les doigts, et ensuite plus dure à mesure qu'on descendait. On n'alla pas au delà de 7 mètres de profondeur. Cette craie un peu sableuse, surtout dans la partie incohérente, renferme de petits fragments de celle inférieure avec bélemnites roulées, des *Ostrea semiplana,* des serpules, et surtout des dents de plusieurs espèces de squales.

Elle est formée de carbonate et de phosphate de chaux. D'après une analyse faite, à ma demande, à l'École des mines, elle contient pour 2 de matière :

Eau et acide carbonique	0,320
Chaux	0,340
Acide phosphorique	0,135

M. de Mercey signala, en 1863, une craie identique à Hardivillers, près Breteuil (Oise), et à Dreuil-Hamel, près d'Hallencourt (Somme), en 1867. Il proposa même, dès cette époque, un premier projet de mise en exploitation[1].

Or, Beauval, Hardivillers et Hallencourt sont trois endroits où l'on exploite aujourd'hui les phosphates. Malheureusement, il faut le reconnaître, ces belles découvertes restaient dans le domaine de la géologie pure, lorsque, en 1886, au commencement de juin, M. Merle, passant dans Beauval, proposa d'acheter 5,000 mètres cubes d'un sable exploité pour la fabrication des briques. Le propriétaire, étonné d'une pareille commande, refusa et adressa l'acheteur à M. Hordequin, de Doullens, qui possédait une semblable sablière. Celui-ci, après l'offre d'achat qui lui fut également faite, se rendit sur les lieux, prit de ce sable, l'analysa et en reconnut la richesse en acide phosphorique. M. Hordequin, avec une très grande honnêteté, prévint aussitôt les habitants qu'ils avaient des trésors enfouis dans leur terre. La nouvelle de cette découverte se répandit

1. Voir, à la fin du volume, la carte des gisements de phosphates de l'Oise et de la Somme.

bientôt; les grands industriels du Nord de la France et de la Belgique accoururent, et les prix d'achat des terrains renfermant le phosphate augmentèrent avec une extrême rapidité.

Dans quelle couche géologique rencontre-t-on ces précieux gisements de phosphate? Leur position a été nettement indiquée et précisée par M. de Mercey, soit dans les bulletins de la Société géologique, soit dans des notes présentées à l'Académie des sciences. C'est toujours à la base du *Campanien* que les phosphates ont été rencontrés. En ces différents endroits, il faut remarquer que des lambeaux d'une craie grise, très fossilifère, à *Belemnitella quadrata*, fort différente de la craie blanche qui la supporte, offrent un caractère littoral prononcé. Le même étage contient, à son sommet, une craie phosphatée à Mesvin-Ciply en Belgique.

Ces couches phosphatées, qui occupent ainsi le sommet et la base du même étage, présentent entre elles les plus grandes analogies sous les rapports de la structure et de la composition, ainsi que sur les modes d'exploitation. A Beauval, Orville et dans les villages voisins, où l'on exploite aujourd'hui les phosphates, les couches qui ont succédé aux couches phosphatées et qui sont formées par de la craie blanche avec silex contenant encore la *Belemnitella quadrata,* paraissent n'avoir laissé comme témoins de leur existence que leurs silex empâtés dans le *bief* tertiaire. C'est, en effet, au-dessous de cette *argile à silex* que le sable phosphaté se rencontre à Beauval, Orville, etc., et il peut y être exploité à ciel ouvert.

Mais à Dreuil-Hamel, près Hallencourt (Somme), à Hardivillers, près Breteuil (Oise), les couches de craie sont restées intactes et présentent leur épaisseur normale d'environ une trentaine de mètres. Voici *la coupe du gisement d'Hardivillers,* étudiée par M. de Mercey :

Craie blanche avec silex à *Belemnitella quadrata*.	20 mètres.
Craie phosphatée et parties arénacées riches en phosphate, contenant dans toutes les couches le *Belemnitella quadrata,* et remplissant une cuvette avec une épaisseur variant de quelques centimètres à. . .	7 —

Craie à *Micraster coranguinum,* formant les parois de la cuvette elliptique, dont le grand axe atteint 1,500 mètres.

La portion géologique des divers gisements étant ainsi nettement indiquée, étudions séparément ceux du groupe de Beauval, Orville, etc., et ceux d'Hallencourt et d'Hardivillers.

Dans les environs de Doullens se rencontrent les plus riches exploitations de phosphates : ce sont celles de Beauval, Orville, Terrasmesnil, Candas, Beauquesne, villages très rapprochés les uns des autres, sur la limite des départements de la Somme et du Pas-de-Calais. Beauval (Somme) est situé sur la route de Paris à Dunkerque, à 8 kilomètres de Doullens ; Orville (Pas-de-Calais) à 7 kilomètres de la même ville, sur la petite rivière de l'Authie.

Les gisements exploités s'annoncent au voyageur de fort loin : situés sur le sommet des collines, ou plus généralement sur le penchant tourné vers le soleil levant, ils apparaissent entourés de buttes de sable et d'argile extraits des poches, ce qui donne l'aspect d'une série de petites redoutes dont les talus n'auraient pas encore été engazonnés.

Un fait digne de remarque, c'est que c'est toujours sur le penchant est des collines que les phosphates se rencontrent, et jusqu'ici, ni à Beauval, ni à Orville ou Terrasmesnil, on n'en a découvert sur le versant ouest.

L'aspect général de la contrée est celui des régions picardes : bief tertiaire ou limon des plateaux surmontant la craie blanche qui affleure le long des pentes des collines et qui apparaît en grande masse le long des parois de toute tranchée faite dans ce terrain. J'ajouterai cependant que le terrain est beaucoup plus mamelonné que dans d'autres régions de même nature géologique ; il rappelle l'aspect ondulé de vagues au bord de la mer.

L'altitude moyenne des gisements est de 115 à 130 mètres. Dans ces gisements des environs de Doullens, le phosphate se présente sous forme de sable ou de craie arénacée ; il est blanc jaunâtre, plus ou moins coloré suivant la proportion de fer qu'il renferme. Il est contenu dans des poches de craie, poches coniques d'une contenance très variable, de 25 à 500 mètres cubes, et surmonté d'une couche plus ou moins épaisse d'argile à silex.

Avant d'examiner en détail ces poches de sable phosphaté, voyons comment on en constate la présence dans les champs.

C'est à l'aide de sondages que l'on reconnaît la présence du sable phosphaté. Des ouvriers, ordinairement au nombre de 4, accompagnés d'un contremaître, arrivent dans le champ. Ils enfoncent la sonde, et tout d'abord c'est avec grande peine, car l'argile à silex qu'il faut traverser est très compacte. Si la sonde frappe contre un banc de craie, ils la retirent et on admet, au moins jusqu'à présent, que l'on ne trouvera pas de phosphate. Si, au contraire, après avoir péniblement traversé l'argile, la sonde s'enfonce tout à coup avec une grande facilité, c'est que l'on a rencontré le phosphate. Aussitôt on prélève un échantillon et tout autour l'on sondera pour mesurer le plus exactement possible l'épaisseur et l'étendue du gisement et pouvoir apprécier la valeur du champ.

Les ouvriers phosphatiers, les vieux phosphatiers, comme on les nomme à Beauval, reconnaissent très bien au toucher et à la vue le phosphate ; ils savent même, avec une très grande exactitude, en apprécier la teneur en acide phosphorique.

Dans les environs de Doullens, les gisements affectent presque tous la même forme et sont exploités à ciel ouvert, sauf à Bauquesne, où l'épaisseur de l'argile à silex exige une exploitation à l'aide de puits.

Dans le champ où a été reconnue l'existence du phosphate, on va d'abord enlever la découverte ; on nomme ainsi les couches de terre végétale et d'argile qui surmontent les phosphates. L'épaisseur de la couche végétale varie de 5 à 15 centimètres ; au-dessous l'on rencontre une couche d'argile de couleur rouge-sang, assez souvent mêlée de terre glaise ardoisée, ce qui lui donne l'aspect d'une argile bariolée. Cette argile est très plastique et colle fortement aux doigts quand on la touche. Là, au milieu de cette argile, se voient des silex anguleux ; ailleurs ils sont absents, ou tout au moins fort rares. Ici, la couche d'argile n'a que 80 centimètres d'épaisseur ; là, elle atteint 4, 5 mètres, 12 mètres même à Terrasmesnil et Beauquesne.

Sous l'argile apparaît une mince couche de sable jaunâtre, puis bientôt se montrent des blocs de craie et l'on distingue les parois de la cuvette contenant le phosphate. Celui-ci est renfermé dans des poches de craie ayant la forme de cônes renversés, terminés le plus

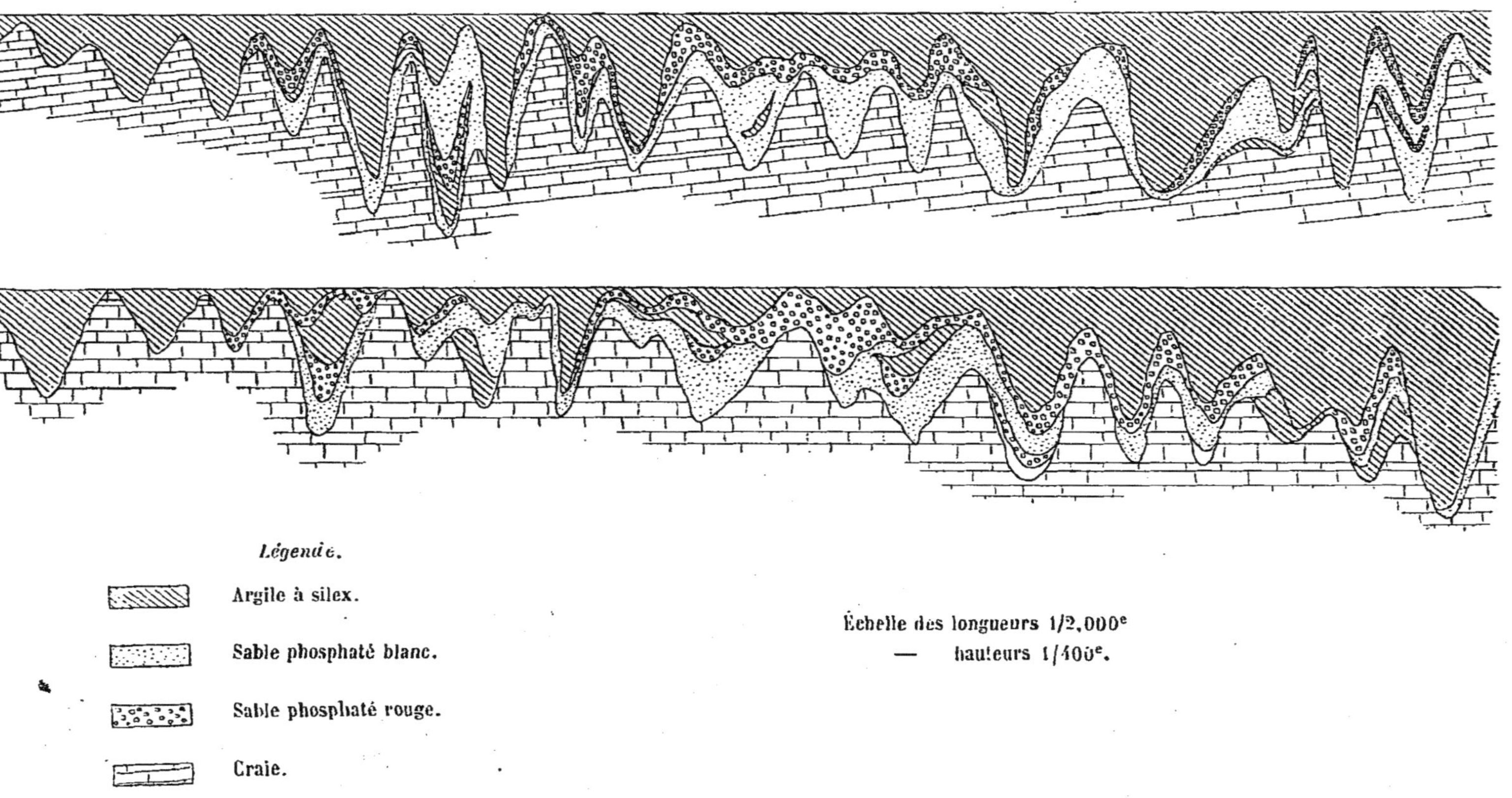

Fig. 5. — Coupes à travres un gisement de phosphates de Beauval (d'après M. Olry).

souvent par une sorte de puits naturel cylindrique, dont le diamètre va tantôt en s'élargissant, tantôt en se rétrécissant. La largeur et la profondeur des poches sont très variables. Dans le gisement dit de l'ancien bois de Beauval, le diamètre supérieur de la base du cône atteint 12 mètres, et la profondeur du puits 10 mètres. A Orville, le sable phosphaté a été observé sous une épaisseur maxima de 35 mètres. Mais certaines poches ne renferment que 25 mètres cubes de ce sable.

A Beauval, les poches les plus riches sont situées sur le haut de la colline ; à mi-côte, elles sont moins riches. A Orville, au contraire, sur le sommet même du plateau, le phosphate est très rare. Dans le fond des puits qui terminent les poches, puits qui sont polis et comme cimentés, se rencontre une masse d'argile à silex.

La couche supérieure du sable phosphaté, de couleur rougeâtre, a une épaisseur de 1 mètre à $1^m,50$, et ne dose que 40 à 45 p. 100 de phosphate de chaux. Au-dessous un phosphate d'un jaune plus pâle titre 60 à 65 p. 100, dans le puits même 80 à 85 p. 100, et au fond de ce puits ce sable, devenant parfois tout blanc, aurait dosé jusqu'à 90.

Voici deux coupes parallèles (*fig.* 5) qui ont été relevées dans un gisement de phosphates qui appartient à M. Desailly, à Beauval. M. Olry, ingénieur en chef des mines, a bien voulu m'autoriser à les reproduire [1].

La craie qui entoure ce sable phosphaté est elle-même riche en acide phosphorique ; elle dose de 30 à 40 p. 100 de phosphate de chaux. Mais, à l'heure actuelle, dans les gisements des environs de Doullens, on ne l'exploite pas.

A Hallencourt et à Breteuil, au contraire, c'est la craie phosphatée elle-même, craie à *Belemnitella quadrata,* restée intacte sur place, que l'on commence à exploiter : à Breteuil, deux usines sont en travail : celle de M. Boitel et celle de M. Vavasseur. Grâce à l'obligeance de M. Boitel, dit M. Hitier, j'ai pu visiter les gisements.

1. Olry, *le Phosphate de chaux et les établissements Paul Desailly*. Paris, 1889, chez G. Masson.

La coupe ci-jointe (*fig.* 6) a été prise dans un des champs exploités à Breteuil :

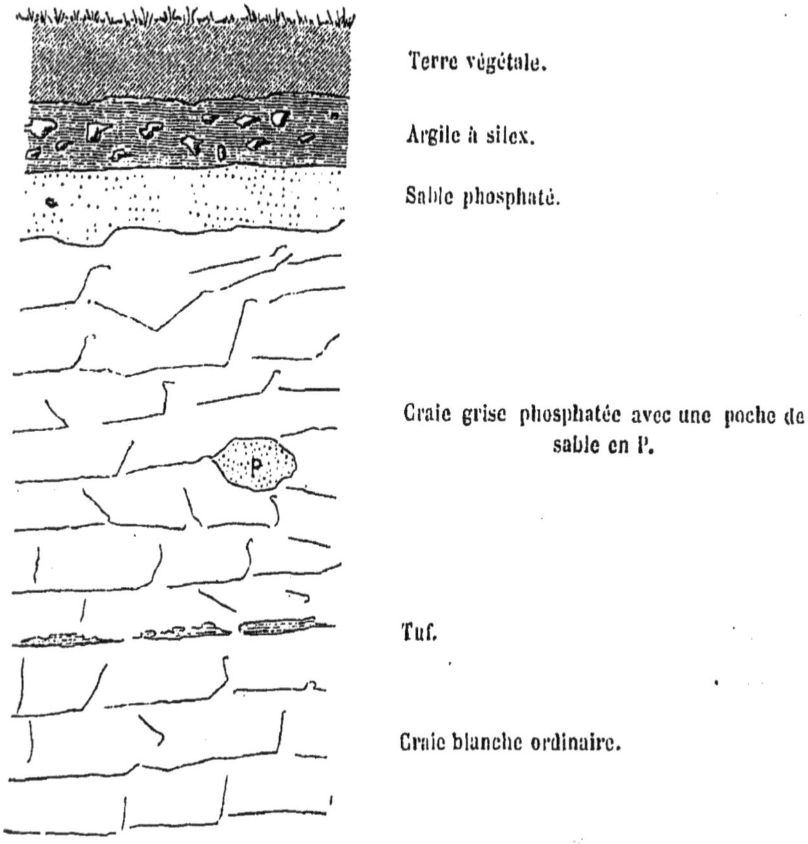

Fig. 6. — Coupe du gisement de phosphates de Breteuil (par M. Hitier).

Sous une épaisseur de 10 à 15 centimètres de terre végétale, se rencontre une couche d'argile parfois très plastique qui atteint 50 centimètres et quelquefois 1 mètre d'épaisseur. Puis vient un banc horizontal de sable à grain fin, riche en acide phosphorique, 25 à 30 p. 100. L'épaisseur de ce sable peut atteindre 1 mètre. Au-dessous, on trouve une couche de craie grise phosphatée, de 10 à 14 mètres, renfermant 12 à 15 p. 100 d'acide phosphorique. Cette craie grise se désagrège facilement dans la main et est très facile à pulvériser. Elle renferme elle-même, en quelques points, de petites poches de sable phosphaté d'un demi à un mètre cube.

On y rencontre encore, souvent à la base, une pierre très dure, nommée *tuf*, pétrie de coquilles à la partie supérieure, d'aspect nacré et rappelant assez les phosphates du Lot; elle peut doser jusqu'à 25 p. 100 d'acide phosphorique. Enfin on rencontre la craie blanche ordinaire à *Micraster coranguinum*, formant le fond du gisement.

Mais cette coupe, si elle est vraie pour telle partie du champ, ne l'est plus pour le gisement situé 20 mètres plus loin. Là, en effet, le sable phosphaté fait défaut : on n'a plus que de la craie grise. Plus loin encore, cette même craie grise ne se rencontre plus que sous 10 à 15 mètres de craie blanche. La couche de phosphate est donc loin d'être régulière, et aussi pour s'assurer de l'étendue d'un gisement, de nombreux sondages sont-ils nécessaires.

On estime aujourd'hui à 1,500,000 tonnes l'importance du gisement de Breteuil.

Quant au mode d'exploitation, il est le même qu'à Orville et à Beauval; on pulvérise, on tamise, après avoir fait sécher. L'usine Vavasseur se propose d'enrichir la craie phosphatée. Celle-ci est mélangée avec de l'eau, de manière à former une pâte, que l'on verse dans de grands cylindres munis d'ailettes à l'intérieur comme les laveurs de betteraves. On agite quelques instants avec de l'eau, puis on laisse reposer et l'on décante l'eau qui surnage et les particules de carbonate de chaux qui sont moins denses que les grains de phosphate de chaux. On espère arriver ainsi, après plusieurs décantations, à enrichir assez le phosphate pour rendre sa transformation en superphosphate profitable.

Dans les environs de Doullens l'on vend à peu près exclusivement au commerce. Ici, au contraire, M. Boitel cherche à vendre à l'agriculture. Il s'adresse surtout aux agriculteurs ou aux syndicats. Les départements de Seine-et-Oise, de l'Oise et de l'Aisne en ont déjà employé de grandes quantités, la Bretagne également. Ces phosphates sont vendus, comme dosant de 30 à 35 p. 100 de phosphate de chaux, 25 fr. 50 c. les 100 kilogr., soit 16 cent. le kilogramme d'acide phosphorique.

Suivant que l'on exploite le sable phosphaté comme dans les environs de Doullens ou la craie elle-même comme à Breteuil, les modes d'exploitation sont différents.

Aujourd'hui on n'exploite guère encore que les sables phosphatés. Le travail est alors fort simple. Une équipe d'ouvriers terrassiers au nombre de 14 ou 15 enlève la terre végétale et l'argile de la partie supérieure pour découvrir le sable phosphaté. Faute d'espace, on est obligé de n'entreprendre la découverte des poches que successivement; l'argile de la première poche sera jetée au-dessus de celle de la poche voisine et, quand on aura vidé la première, on la comblera avec l'argile qu'on avait dû enlever et avec celle qui surmonte la nouvelle poche que l'on va exploiter. Ceci oblige à manier souvent un grand nombre de mètres cubes de terre, ce qui augmente dans de notables proportions les frais d'extraction.

Le sable mis à nu est d'abord enlevé à l'aide de brouettes; puis, quand la profondeur du puits augmente, les ouvriers, placés sur des bermes successives, jettent à la pelle le phosphate, ou bien, à l'aide d'un treuil et de seaux, il est remonté au niveau du sol. Le phosphate est mis en tas et, au fur et à mesure des besoins de l'usine, des wagonnets ou des chariots l'y conduisent. Il est à remarquer que ce sable, restant ainsi exposé aux pluies et à la neige pendant l'hiver, absorbera jusqu'à 25 ou 30 p. 100 d'humidité et exigera ainsi plus de temps et de combustible pour sa dessiccation.

Arrivé à l'usine, le sable est tout d'abord desséché. A cet effet on le place sur des plaques de fonte. Les gaz chauds de la combustion, opérée dans des foyers spéciaux, circulent sous ces plaques avant de s'échapper par une cheminée située à l'extrémité des plaques. On agite fréquemment la masse de sable, qu'on laisse sécher ainsi pendant 10 heures en hiver, 7 heures en été. Cependant ces séchoirs à plaques ont un grand inconvénient. Le phosphate, directement en contact avec la plaque chaude, perd son humidité; mais la couche qui se trouve au-dessus, étant très hygrométrique, s'empare d'une partie de la vapeur d'eau. Lorsqu'on la retourne, le même phénomène se produit aux dépens de celui qui précédemment se trouvait au-dessous, de sorte qu'on n'arrive pas à le sécher entièrement. Aussi emploie-t-on dans quelques usines un cylindre de tôle de 10 mètres de long sur près de 2 mètres de diamètre. Il est placé horizontalement et tourne sur des galets. Le cylindre est muni intérieurement d'hélices en fer rivées dans la tôle et servant à entraîner le phosphate. Un foyer placé à l'extrémité du cylindre, du côté opposé à l'introduction du phosphate, a ses gaz chauds entraînés par un ventilateur en sens inverse de la marche du phosphate. Le sable introduit met environ 15 minutes pour traverser cet appareil, d'où il sort entièrement sec, car les vapeurs émises par le phosphate sont entraînées dans la cheminée, grâce au ventilateur.

A part ces appareils de dessiccation, le reste de l'usine n'est plus qu'une minoterie, composée d'un blutoir et d'une paire de meules. Le sable séché est passé au blutoir à mailles théoriquement de 100, mais qui le plus souvent n'est qu'un tamis de 80 ou 70. Ce qui passe à travers les mailles est recueilli dans des sacs de 100 kilogr., qu'on pèse et plombe après en avoir prélevé un échantillon. Ce qui n'a pu traverser le tamis constitue les nodules, qui sont reçus dans un broyeur et de là passent entre 2 meules de pierre analogues à celles des meuniers. Une machine à vapeur fait mouvoir meules et blutoir. L'usine Mounnert, à Orville, broie et tamise par jour environ 300 sacs de 100 kilogr. Elle emploie à cet effet 18 ouvriers et une machine à vapeur de la force de 15 chevaux.

La construction de ces usines est fort simple ; faites en planches de sapin et couvertes de tuiles légères ou de papier goudronné, elles indiquent une installation qui ne doit durer que quelques années. Si l'exploitation continue dans les environs de Doullens avec la même intensité que maintenant, dans 5 ou 6 ans toutes les poches phosphatées riches auront été épuisées.

Quand le phosphate ne se présente plus sous forme de sable, mais sous forme de craie, plus ou moins riche, comme à Breteuil (Oise), l'exploitation est plus difficile ; on doit avoir recours à des puits et à des galeries.

La pulvérisation du phosphate est plus pénible ; et, la craie phosphatée une fois pulvérisée, il faut chercher à l'enrichir avant de la livrer au commerce.

M. Stanislas Meunier a examiné au microscope des plaques minces taillées dans la craie phosphatée de Beauval ; d'après lui, les grains sableux y sont les uns presque exclusivement formés de phosphate, les autres d'une pellicule de phosphate entourant un noyau crayeux ; les premiers sont parfois constitués par des couches concentriques.

M. Olry a également fait tailler quelques plaques minces dans la craie phosphatée de Beauval et il les a soumises à l'examen de M. Termier. D'après la description qu'il en donne dans son livre sur le *Phosphate de chaux et les établissements Desailly*, la craie grise de Beauval renferme la matière phosphatée sous deux formes : petits nodules arrondis et bâtonnets allongés. Les petits nodules sont évidemment des concrétions faites sur place, pendant ou peu après le dépôt de la craie. Les bâtonnets marquent un pas de plus vers la cristallisation du phosphate; quelques-uns sont de véritables prismes d'apatite; la plupart sont un mélange de phosphate amorphe et d'apatite. Souvent ils se recourbent en crosse; souvent aussi leurs angles s'arrondissent; ce double phénomène montre qu'ils ont la même origine que les petits nodules. C'est un essai de cristallisation du phosphate au sein d'une masse calcaire boueuse.

Une analyse, faite par M. Nantier, lors de la découverte de Beauval, a donné les résultats suivants :

Acide phosphorique	30,30
Chaux	45,33
Acide carbonique	2,04
Fluor	1,60
Acide sulfurique	0,84
Peroxyde de fer	0,50
Alumine	0,32
Magnésie	0,16
Silice	0,38
Matières organiques	2,26
Eau	15,99
	100,31

Ce qui correspond, avant séchage, à une richesse de

67,43	p. 100	de phosphate de chaux.
4,60	—	de carbonate de chaux.
3,24	—	de fluorure de calcium.
1,43	—	de sulfate de chaux, etc.

La dessiccation élève à 80 p. 100 la teneur de ce produit en phosphate de chaux.

Les analyses suivantes, faites par MM. Maret et Delattre, ont été communiquées par M. Desailly à M. Olry :

	BEAUVAL.		ORVILLE.
	N° 1.	N° 2.	
	—	—	—
Matières organiques	5,50	3,18	2,40
Silice	10,97	1,40	1,60
Acide phosphorique	27,13	33,83	35,94
Acide sulfurique.	0,89	0,80	0,86
Acide carbonique	4,10	3,90	3,42
Oxyde de fer	3,49	1,40	1,10
Alumine	1,93	0,32	0,11
Chaux	38,97	48,40	50,45
Magnésie	0,43	0,30	0,48
Fluor et autres matières . . .	6,59	6,47	3,64
	100,00	100,00	100,00
Équivalent de l'acide phosphorique en phosphate de chaux	59,24	73,85	78,15

De ces analyses on peut conclure :

1° A la grande richesse de ce sable phosphaté en acide phosphorique, de 27 à 35 p. 100 ;

2° A la présence, en quantité appréciable, de matières organiques ;

3° A la proportion élevée de fluorure de calcium ;

4° A la faible quantité du fer et de l'alumine dans les phosphates riches.

Quant aux phosphates de Breteuil et Hallencourt, ils sont beaucoup moins riches. De nombreuses analyses ont donné :

Hardivillers, 25 à 30 p. 100 de phosphates de chaux ;

Hallencourt, 27 à 35 p. 100 de phosphates de chaux.

A Breteuil une usine seulement exploite ces gisements ; à Hallencourt, M. de Mercey a syndiqué les agriculteurs qui possèdent les phosphates, mais l'exploitation n'est pas commencée.

Examinons maintenant les conditions de vente de ces phosphates. Très peu de propriétaires exploitent eux-mêmes leurs sables phosphatés. A Beauval, une seule usine a été établie par 3 ou 4 propriétaires qui exploitent eux-mêmes leurs sables phosphatés.

Les propriétaires des autres gisements ont donc vendu tout à des industriels étrangers, qui ont fondé alors des usines pour la dessiccation et le tamisage des phosphates.

A Orville on compte environ 10 de ces usines, autant à Beauval et 4 à 5 à Beauquesne, Candas, Terrasmesnil.

Le plus souvent, le champ est acheté pour une somme convenue entre le vendeur et l'acheteur, après une exploration sommaire, ou bien après des sondages exécutés de 10 mètres en 10 mètres, soit 100 par hectare. Le cube approximatif est déterminé et le phosphate acheté de 7 à 12 fr. le mètre cube. Il est payé sans contrôle postérieur, aux risques et périls de l'acheteur.

D'autres fois, le propriétaire extrait lui-même de son champ le phosphate et le vend aux usiniers, qui le paient tant par tonne, suivant le degré d'acide phosphorique. On estime, en général, qu'un mètre cube de sable phosphaté, après séchage et tamisage, donne une tonne de phosphate prêt à être livré au commerce.

On cite, à Beauval et à Orville, quelques parcelles de terre qui ont atteint le prix de 600,000 fr. l'hectare. Un hectare et demi, entre autres, contre la vieille église de Beauval, a été acheté 750,000 fr. A Beauval, il a été vendu ainsi pour plus de 20 millions de sable phosphaté.

Quant aux frais d'extraction, de séchage et tamisage, on compte de 10 à 12 fr. par tonne, y compris 3 fr. de frais de transport de l'usine à la gare de Doullens.

Les prix de vente de ces phosphates sont très variables suivant leur richesse; ils sont basés sur un taux à l'unité de phosphate de chaux par tonne. Voici quelques prix :

1f,05	pour les	75/80	p. 100	de phosphate tricalcique.
0 ,95	—	70/75	—	—
0 ,84	—	65/70	—	—
0 ,74	—	60/65	—	1re qualité.
0 ,65	—	55/60	—	2e —

Pour l'agriculteur qui voudrait acheter de ces phosphates, ils lui sont vendus au degré d'acide phosphorique.

Voici, par exemple, les prix de M. Delmotte, un des principaux concessionnaires de Beauval :

Titre 60/65 p. 100	soit	27 à 30	d'acide phosphorique	0f,17	le degré.
— 65/70	—	30 à 32	—	0 ,18	—
— 70/75	—	32 à 34	—	0 ,22	—
— 75/80	—	34 à 36	—	0 ,25	—

Sur wagons Doullens, sacs neufs, à 42 centimes l'un.

La Société des agriculteurs de la Somme fournit les phosphates de la Somme dosant 55 à 60 à 4 fr. 20 c. le quintal par 5,000 kilogr. en gare de Gizaincourt (station près de Doullens), sacs facturés 35 cent. — A ajouter 25 cent. en plus par 100 kilogr. pour quantités au-dessous de 5,000 kilogr.

La différence du prix de l'unité de l'acide phosphorique varie, comme on le voit, suivant la richesse du phosphate. Ceci s'explique facilement ; plus le phosphate est riche, moins le transport à grande distance devient onéreux. En outre, pour le traitement en superphosphates, le prix de revient de la transformation diminue dans de notables proportions avec la richesse en acide phosphorique. Or les Anglais en achètent, pour la fabrication des superphosphates, des quantités considérables, au moins une cinquantaine de wagons par jour. Une partie est expédiée par Boulogne et le reste par Dunkerque et le Tréport. Les plus riches sont achetés par l'Angleterre ; ceux qui le sont moins par l'Allemagne et l'Italie. L'usine de Saint-Gobain en emploie beaucoup.

Il est probable que ces phosphates ne sont pas directement assimilables et que l'agriculture doit ne les employer qu'après les avoir transformés en superphosphates. Des expériences ont été établies à ce sujet dans la Somme, grâce aux soins de MM. Raquet et Nantier. Mais l'été de l'an dernier, l'extrême sécheresse et les vers gris n'ont pas permis de tirer des conclusions des champs d'expériences. Il faut remarquer d'ailleurs que, tels qu'ils sont vendus par les phosphatiers de Doullens au sortir des usines, ils ne sont pas assez pulvérisés. Le tamis n° 100 est très rare, exceptionnel, et d'ordinaire l'on emploie le tamis n° 70.

Les industriels de Doullens vendent le phosphate aux fabricants de superphosphates et ils ne cherchent guère à le vendre directement aux cultivateurs.

Les cultivateurs, habitués à employer les phosphates des Ardennes, de couleur verte, ne veulent pas croire à l'efficacité de celui de Beauval, qui est en poudre blanche. Aussi a-t-on cherché à Orville, un instant, à les teindre en vert par le sulfate de fer, pour les faire accepter par les cultivateurs.

Ils n'acceptent pas davantage le phosphate de Dreuil ou d'Hardivillers, qui ressemble à de la craie pulvérisée. Ce phosphate est, du reste, beaucoup moins riche et il ne saurait, au cours actuel, supporter les frais de transport. En présence de l'abondance des phosphates riches des environs de Doullens, il trouve très difficilement acheteur. On a étudié des procédés pour l'enrichir en séparant le carbonate de chaux par lévigation ou par insufflation.

Dans le département du Nord, arrondissement de Cambrai, M. Le Breton a découvert, en 1883, à Quiévy et sur plusieurs points situés entre les villages de Briastre, Neuvilly et Viesly, des phosphates qui se trouvent au milieu d'une craie sableuse et de couleur gris verdâtre dans des poches de la craie noduleuse à *Micraster cortestudinarium* et sous une couche de limon des plateaux dont l'épaisseur varie de 1 à 6 mètres. La profondeur des poches de phosphate est de $0^{m},50$ à 6 mètres. En général, ces poches se trouvent presque toujours à mi-côte, et il faut éviter, pour les découvrir, de se placer sur les parties élevées aussi bien que sur les plus bases. Dans leur rapport au ministère des travaux publics, les ingénieurs chargés du service des mines de l'arrondissement minéralogique de Valenciennes estiment que l'étendue de ces gisements varie de 20 à 100 hectares; mais, ajoutent-ils, ces chiffres n'ont rien d'absolu, et il est possible de découvrir des gisements semblables partout où se trouve la craie noduleuse.

En effet, dans la séance du 10 décembre 1888, M. Hébert a présenté à l'Académie des sciences une note de M. J. Ladrière qui signale sur les bords de la vallée de la Selle, un peu plus haut que Neuvilly, à Montay et à Forest, près du Cateau-Cambrésis, deux dépôts de phosphates exploitables. « Sur la rive droite de la Selle et de l'un de ses affluents, le ruisseau de Basuel, dit M. J. Ladrière, la craie à silex et à *Micraster breviporus* constitue des escarpements d'une quinzaine de mètres de hauteur; au-dessus, on rencontre quelques bancs de craie grisâtre, glauconifère, qui contient environ 4,5 p. 100 d'acide phosphorique. Par suite des dénudations qui ont précédé l'époque tertiaire, la craie grise n'existe plus qu'à l'état de lambeaux isolés, présentant de nombreuses poches qui pénètrent souvent jusque dans la craie à silex.

De la désagrégation de ces roches, il résulte une sorte de conglomérat crayeux, qui est connu dans le pays sous le nom de *marne* et qui est composé d'une masse pulvérulente de craie grise, empâtant des fragments de craie de même nature, quelques silex très corrodés, des débris d'inocérames, etc. Ce conglomérat, que l'on rencontre un peu partout à la surface de la craie, mais surtout dans les poches, a été soumis à des lévigations successives et a laissé comme résidu des sables glauconieux qui le recouvrent et qui titrent de 15 à 17 p. 100 d'acide phosphorique.

Naturellement, c'est dans les poches que ce sable phosphaté atteint sa plus grande épaisseur; mais il ne les emplit jamais complètement; il forme néanmoins, le long de leurs parois et jusque sur leurs bords supérieurs, une couche qui, sans être absolument continue et régulière, s'étend souvent sur de grands espaces.

Les sables phosphatés sont recouverts par de l'argile brune, peu épaisse, mais très plastique et imperméable. Au-dessus, se trouve le conglomérat à silex et même parfois des amas de sables landéniens. Ce sont ces divers dépôts qui nous ont conservé intacts les sables phosphatés.

Dans les poches, les diverses couches tertiaires s'infléchissent, sans changer d'épaisseur, et prennent absolument la même allure que les sables phosphatés sous-jacents : il y a donc eu, comme l'a si bien démontré M. Gosselet, approfondissement lent et continu de ces cavités postérieurement à la formation des dépôts qu'elles renferment[1].

La craie à *Micraster cortestudinarium*, première zone du sénonien, affleure aux environs de Guise; puis elle passe dans le canton de Wassigny, mais presque entièrement cachée par les terrains tertiaires et le limon, et elle apparaît seulement dans les

1. Comptes rendus de l'Académie des sciences. Décembre 1888.

vallées qui sillonnent la grande plaine située entre la Selle et l'Escaut.

La craie à *M. cortestudinarium* affleure également dans la vallée de l'Escaut et suit la pente du fleuve. Près de Valenciennes, on l'exploite dans d'importantes carrières; elle y est composée, de bas en haut, de 2^m,50 de *bonne pierre*, craie grise, tendre, glauconieuse, se taillant facilement; de 1 mètre de *vert*, craie grossière, remplie de matières vertes qui se délitent à l'air; et de 3 mètres de *gris*, craie fendillée qui contient encore un peu de vert.

On l'exploite, près de Lille, dans les carrières de Lezennes, où elle a une épaisseur de 3^m,40, et se divise en deux bancs égaux. A la base, elle contient des nodules de phosphate de chaux qui ont dû être ballottés par les flots avant d'être enfermés dans la roche crétacée, car ils sont légèrement roulés, couverts d'huîtres et de serpules. Ces nodules proviennent de la couche sous-jacente appelée *tun* par les ouvriers. Le banc de *tun* est formé de concrétions nodulaires de phosphate de chaux, empâtées dans une craie dure, peut-être siliceuse, chargée de nombreux grains de glauconie. Ce banc de *tun*, qui a été visible à Lille, dans le fossé des fortifications, près de la porte de Douai, reposait sur 2 mètres de calcaire tendre, sableux et glauconieux, et sous cette couche se trouvait le *tun blanc*, roche dure, peu connue, qui pourrait bien appartenir à la zone à *Micraster breviporus*. Beaucoup de puits des environs de Lille vont chercher l'eau entre les deux *tuns* [1].

En Belgique, mais non loin de la frontière, dans le bassin de Mons, on exploite à Ciply une craie phosphatée qui appartient à la zone supérieure (*zone à Belemnitella mucronata*) de l'étage sénonien. Le phosphate de chaux se trouve dans cette craie sous forme de paillettes brunes, de là le nom de *craie brune* qui lui est donné dans le pays.

D'après les analyses de M. Petermann, sa composition chimique est la suivante :

---

1. Gosselet, *Esquisse géologique du Nord de la France.*

Matières organiques	2,83
Chaux	53,24
Magnésie	0,12
Oxyde de fer et alumine	1,01
Potasse et soude	0,19
Acide carbonique	28,10
Acide sulfurique	0,89
Acide phosphorique	11,66
Silice et sable	1,96
Fluor et chlore	traces
	100,000

La teneur moyenne en acide phosphorique est 11,25 p. 100, ce qui correspond à 24,56 p. 100 de phosphate de chaux tribasique.

M. Melsens a montré que l'on pouvait augmenter cette richesse d'un tiers et la porter à 15 p. 100 d'acide phosphorique, soit 33 p. 100 de phosphate tribasique. On broie la craie grise grossièrement et on la lave à grande eau. La *folle farine,* qui est entraînée par l'eau, est presque tout entière composée de carbonate de chaux. Elle ne renferme pas du tout de phosphate, si l'on a soin de laisser déposer au moins une minute avant de décanter, et les grains bruns, plus denses, restent tous dans le dépôt.

L'assise de craie grise de Ciply contient près de 14 millions et demi de mètres cubes de roche exploitable. Elle suffirait, dit M. Melsens, à pourvoir au système osseux de plus de deux fois la population humaine du globe entier, estimée à 1 milliard d'hommes. Mais, d'après les expériences de M. Petermann, cette craie, employée à l'état brut, n'a produit aucun effet utile dans les terres de la Campine et dans celles de Gembloux. Sa transformation en superphosphate serait trop chère, parce qu'elle contient trop de carbonate de chaux qui absorberait inutilement une grande partie de l'acide sulfurique. Mais on pourrait, comme l'ont proposé MM. Melsens et Petermann, l'utiliser après l'avoir transformée en phosphate précipité.

M. Léopold Bernard, qui exploite une concession de craie brune dans la commune de Mesvin, près de Ciply, a trouvé, au-dessus de cette craie, une couche de $0^{m},25$ d'épaisseur, discontinue et formant des excavations coniques dont les dimensions varient de quelques centimètres à 6 mètres de circonférence, d'une substance en poudre grenue, qui ressemble, à première vue, à du sable très ferrugineux, mais qui est très riche en phosphate (plus de 50 p. 100) et pauvre en carbonate de chaux, ce qui rend faciles sa transformation en superphosphate et son utilisation par l'agriculture. M. Petermann l'appelle *phosphate riche de Mesvin-Ciply* et suppose qu'il est le résultat d'une épuration naturelle de la craie grise par des eaux qui ont en même temps dissous une certaine quantité du carbonate qui faisait partie de la constitution de ces grains bruns. Ainsi, à Ciply comme aux environs de Doullens, la nature aurait fait sur une grande échelle l'épuration mécanique que M. Melsens a proposée à l'industrie. La couche de phosphate riche est séparée du sol arable par du sable glauconifère qui ne contient pas du tout d'acide phosphorique et qu'il suffit d'enlever avec des pelles pour faire l'extraction à ciel ouvert.

A Ciply on trouve, au-dessus de la craie brune, une roche calcaire, poreuse et friable, que l'on appelle *tuffeau de Ciply* et qui est composée, d'après M. de Lapparent, de :

Eau et matières organiques	2,80
Chaux	54,14
Acide carbonique	42,44
Acide phosphorique	0,10
Silice	0,41
Traces de magnésie, d'acide sulfurique et perte	0,11
	100,00

La partie inférieure de ce tuffeau est mélangée à des pierres calcaires plus dures et d'une texture plus fine, que l'on appelle *pierres dures* ou *pierres perforées* et que l'on emploie depuis longtemps à la fabrication d'une chaux vive qui est très appréciée par les agriculteurs. Les analyses de M. Petermann ont montré que cette chaux contient plus de 8 p. 100 d'acide phosphorique, ce qui explique la faveur dont elle jouit.

Les pierres dures elles-mêmes renferment[1] :

1. Dr Petermann, *Recherches de chimie et de physiologie appliquées à l'agriculture.*

Eau et matières organiques	3,00
Chaux	53,00
Acide carbonique	36,11
Acide phosphorique	5,98
Silice et sable	1,62
Traces d'oxyde de fer, d'acide sulfurique et perte	0,26
	100,00

Quelquefois le tuffeau est supporté directement par la craie qu'il ravine et sa base devient alors un poudingue à nodules phosphatés et fossiles roulés, dit *poudingue de la Malogne.*

M. Petermann a analysé deux échantillons de ces nodules et y a trouvé :

	N° 1.	N° 2.
Chaux	51,28	51,22
Magnésie	traces	1,30
Oxyde de fer et alumine	0,64	2,56
Potasse	0,51	0,21
Soude	1,55	0,53
Acide carbonique	24,06	18,61
Acide sulfurique	0,03	1,36
Acide phosphorique	15,10	22,48
Acide nitrique	0,03	1,14
Matières insolubles dans les acides	1,70	0,22
Chlore	0,01	}
Matières organiques	4,34	} 0,37
Traces de fluor et perte	0,75	}
	100,00	100,00

La poudre de ces nodules, chauffée dans un tube d'essais, montre dans l'obscurité, surtout quand on remue le tube, une phosphorescence très visible et très belle, mais plus jaune et moins brillante que la lumière verte qu'on observe lorsqu'on chauffe les phosphates d'Espagne.

Ces nodules de phosphate sont exploités depuis 1872.

Dans le bassin de la Loire, l'étage sénonien s'amincit et se réduit à sa base, la zone à *Micraster cortestudinarium* qui change de caractères. Ces caractères sont bien nets aux environs de Villedieu, village du département de Loir-et-Cher, situé près de la limite de ceux de la Sarthe et d'Indre-et-Loire. De là le nom de *craie de Villedieu* qu'on lui donne. D'après M. de Lapparent, elle se compose, de bas en haut, de :

1° Bancs durs à *Ostrea proboscidea* . . . . 2° Craie jaune, assez compacte, noduleuse, à silex fréquents, parfois mouchetée de glauconie et contenant *Amm. Bourgeoisi, Ostrea Matheroni, Micraster Turonensis*, etc.	15 mètres.
3° Craie blanche et dure avec nombreux silex et spongiaires siliceux.	20 à 25 mètres.

D'après Félix Dujardin, la craie blanche se montre au sud de la Loire, sur les deux rives de l'Indre, à Montbazon et dans tous les vallons aboutissant à l'Indre jusqu'à Pont-de-Ruan, et plus loin jusqu'à Saint-Épain ; et en allant vers l'est, le long du Cher, à Nitré, à Francueil, puis aux lieux où l'on exploite les pierres à fusil, vers Meusnes, Châtillon et Couffy, ou enfin sur la Loire, à Onzain et à Chaumont, près de Rilly, et jusqu'à Chailles, près de Blois.

Les silex pyromaques proprement dits, ainsi nommés de la fabrication des pierres à fusil à laquelle ils donnent lieu, s'extraient surtout au moyen de puits, profonds de 6 à 10 mètres, creusés dans les vignes autour des villages de Lye, de Meusnes, de Couffy et de Châtillon-sur-Cher ; ils sont en blocs arrondis de 2 décimètres environ, avec quelques parties blanches, poreuses, à l'extérieur ou même à l'intérieur.

Les silex de la craie ont joué un rôle important dans l'histoire de la civilisation. Aux temps préhistoriques, sans doute pendant des milliers d'années, ils fournissaient à nos ancêtres la matière première pour fabriquer leurs armes et leurs outils. Puis, après l'âge de la pierre, est venu l'âge du bronze et enfin l'âge du fer. Pendant longtemps les silex n'ont servi que de pierre à feu pour allumer l'amadou, et, avec l'amadou, ces grandes allumettes soufrées aux deux bouts que nous avons encore vues dans notre enfance. Mais, après l'invention de la poudre, ils avaient repris une grande importance comme pierres à fusil. On a commencé, dit-on, à les employer comme tels au milieu du XVIIe siècle, et c'est à cette époque que les ateliers de Meusnes commencèrent à prendre une importance que l'on pourrait mesurer d'après les montagnes de fragments de silex accumulés autour des villages qui s'adonnaient à cette industrie. Aujourd'hui, les fusils à percussion ont remplacé les anciens fusils à silex. Il n'y a plus à Meusnes qu'une vingtaine de familles qui fabriquent des pierres à feu et il y a même lieu de s'étonner que leurs produits trouvent encore assez d'acheteurs. Avant que cette industrie disparaisse complètement, je crois bon de reproduire une partie de la description que M. Lollin en a donnée, en 1884, à l'Association française pour l'avancement des sciences :

Les ouvriers caillouteurs nomment indifféremment *crot, trou* ou *carrière* le lieu d'où ils tirent leur silex. L'emplacement étant choisi, deux caillouteurs se mettent à l'ouvrage : l'un, muni d'un pic, trace une enceinte rectangulaire de 1 mètre de long sur 50 centimètres de large et 15 à 18 centimètres de profondeur, puis se retire ; l'autre, avec une pelle, lance les décombres au loin et les y amoncelle de manière à former un talus abritant les ouvriers des vents, de l'écoulement des eaux et de l'éboulement des terres. Ils continuent à travailler ainsi alternativement, ne pouvant se mouvoir ensemble dans un espace aussi restreint jusqu'à ce que le puits vertical ainsi creusé, qu'ils appellent *incision,* ait atteint 10 pieds ($3^m,33$). Ils ont soin d'y ménager sur les côtés longs de petits enfoncements destinés à recevoir les pieds et les coudes pour pouvoir descendre et monter.

Au fond de ce premier puits, ils ouvrent vers l'ouest, pour se préserver de la pluie, plus fréquente de ce côté que de tout autre, une niche cintrée d'environ 2 pieds (66 centimètres) de hauteur sur une pareille profondeur. A l'aplomb de cette sorte de voûte, ils s'enfoncent verticalement à 10 autres pieds de profondeur par une seconde incision, et ainsi de suite jusqu'à ce qu'ils aient atteint le gisement, chacune des incisions s'éloignant ainsi de 66 centimètres de celle qui la précède et laissant à sa jonction avec celle-ci un repos de 35 centimètres, de sorte que pour arriver au fond de la carrière on ne s'éloigne que très peu de la verticale.

Ces repos ainsi ménagés de 10 en 10 pieds constituent un des grands avantages de ce mode de procéder : ils permettent aux caillouteurs de lancer à la pelle ou à bout de bras du bas de chaque incision sur le palier qui la précède, les silex et déblais, et de les faire ainsi parvenir au sol sans avoir besoin de recourir à des moyens mécaniques.

Arrivés au banc, les deux ouvriers s'en associent deux ou trois autres par la participation de ceux-ci dans les frais faits jusque-là ; ils percent alors dans toutes les directions des galeries qui ont, comme l'ouverture, 85 centimètres de hauteur sur 50 de largeur. Placés à genoux ou à plat ventre, à la file les uns des autres dans ces galeries, éclairés chacun par une chandelle, ils tirent avec leur pic le silex des terres dans lesquelles il est engagé, le font glisser sous leur ventre et entre leurs jambes et l'envoient ainsi de l'un à l'autre jusqu'à la *chambrée*.

Ce qu'ils appellent de ce nom est une excavation circulaire de 3 à 4 mètres de diamètre sur 1 mètre à 1^{m},50 de hauteur, située à peu près au centre du terrain exploité, où viennent s'embrancher toutes les galeries et qui sert de dépôt aux déblais de la carrière, ainsi que de lieu de réunion aux ouvriers pour prendre du repos.

Les caillouteurs ne peuvent, bien entendu, effectuer un pareil travril dans les boyaux longs et tortueux où ils sont ainsi enfouis, sans se reposer fréquemment. Au bout de deux à trois heures en été, de quatre ou cinq heures en hiver, ils sont forcés, sous peine d'asphyxie, d'arrêter leur besogne, l'air ambiant étant vicié par leur respiration et par la combustion des chandelles.

La fouille terminée, ils se placent sur les repos de chaque incision, s'envoient de l'un à l'autre les silex et les débris des premières galeries et comblent les vides qu'ils font avec les terres les plus éloignées, ce qui leur évite de les amener au dehors. Cela fait, ils lotissent et se partagent au sort les silex qu'ils ont obtenus.

Tel est le mode d'extraction qui, s'il présente l'avantage d'être économique et de n'exiger que de faibles moyens, offre l'inconvénient d'exposer les travailleurs à des dangers dont le plus sérieux est la tentation, à laquelle ils ne savent pas toujours résister, d'arracher les rognons de silex engagés dans les piliers laissés de distance en distance comme supports, imprudence qui a souvent pour résultat d'amener des éboulements.

Une fois en possession de ce silex qu'ils se sont procuré au prix de tant de périls et de fatigues, les caillouteurs se livrent à un nouveau travail qui, pour être moins effrayant que le premier, n'est pas moins dangereux. Après avoir laissé sécher les blocs à l'air de manière à leur faire perdre une partie de leur eau de carrière, ils les débitent et les façonnent en pierres à feu.

Je n'entrerai pas ici dans les détails de cette fabrication, d'ailleurs simple, dont l'outillage est primitif et dont le facteur le plus important est l'habileté de l'ouvrier. Je dois cependant noter les deux opérations qui la constituent :

La *fente* est celle, fort délicate, par laquelle l'ouvrier, au moyen d'un marteau à deux têtes, et d'un autre à deux pointes, emmanchés court, tire des rognons du silex les copeaux qui seront tout à l'heure soumis à la *taille*. Nous retrouvons là, entre les mains du caillouteur, des nucléus dont la forme rappelle ceux du Grand-Pressigny et qu'avec une dextérité extrême il façonne de la même manière, sans aucun doute, que le faisaient nos ancêtres des temps préhistoriques.

La *taille* se pratique à l'aide d'un marteau d'acier en forme de champignon, appelé *roulette*, avec lequel on frappe à petits coups les copeaux appuyés en porte-à-faux sur un ciseau, aussi en acier, fixé verticalement sur le bord d'une sorte de table appelée atelier.

La taille peut être et est, en effet, pratiquée aussi bien par les femmes et par les enfants, même en bas âge, que par les hommes ; c'est pourquoi ceux-ci se livrent presque exclusivement à l'extraction et à la fente des pierres, laissant aux autres membres de la famille le soin de les tailler.

On peut estimer à une moyenne de quinze cents, qui peut s'élever à deux mille par jour, le quantité de pierres de toute qualité que peut confectionner un ménage composé du père, de la mère et d'un enfant. Ces pierres, qui, suivant leur forme, leur grosseur et leur façon, reçoivent des noms différents, sont payées de 75 cent. à 4 fr. 50 c. le mille, prix qui n'a pour ainsi dire pas varié depuis cent ans peut-être, et qui, s'il n'a rien de bien rémunérateur aujourd'hui, était jadis, eu égard aux conditions économiques qui alors étaient tout autres, une source de richesse relative pour les caillouteurs.

Le local où se fait ce travail est la chambre unique du caillouteur, chambre basse, malsaine, mal éclairée, mal aérée, et dans laquelle il fait sa cuisine, mange et couche ainsi que toute sa famille. On conçoit dès lors qu'une fabrication journalière aussi considérable doit, dans de pareilles conditions, entraîner des troubles graves dans la santé. Sans parler des contusions et des éboulements qui peuvent survenir pendant l'extraction, ni des affections des yeux causées pendant la taille, soit par les éclats de silex qui y jaillissent, soit par la fixité avec laquelle le regard se tend sur le copeau brillant, il est une maladie spéciale aux caillouteurs et qui, à cause de cela, a dans le pays, sous le nom de *cailloute* ou *caillote,* une réputation sinistre. Cette maladie, toujours mortelle, est tout simplement une des formes de la phtisie tuberculeuse.

On voit les mêmes silex en place dans les talus et les escarpements des chemins qui montent sur le coteau. La craie blanche y est assez homogène, divisée par de nombreuses fissures, avec des dendrites noires, et l'on reconnaît aisément sa position entre la craie à grains verts qui s'élève peu au-dessus de la rivière à Meusnes et la couche d'argile tertiaire qui s'étend sur tout le plateau.

Une craie blanche avec silex est exploitée dans le vallon de Francueil, près de Chenonceaux, pour l'amendement des terres argileuses des hauteurs; cette même roche forme le coteau du Cher, depuis Nitré jusqu'auprès de Veretz, et des caves y ont été creusées[1].

§ 4. — L'étage danien.

L'étage supérieur ou 4e étage du système crétacé s'appelle *craie de Maestricht,* parce qu'il est bien caractérisé à Maestricht, dans le Limbourg, au nord de la Belgique, ou *étage danien,* parce qu'il est également bien représenté dans le Danemark et dans quelques îles voisines de la mer Baltique. A Ciply, dans le bassin de Mons, il repose en stratification discordante sur les couches du sénonien à phosphates.

1. Félix Dujardin, *Mémoire sur les couches du sol en Touraine,* 1835.

Mais, dans la moitié septentrionale de la France, il ne se trouve qu'à Laversine, dans le voisinage de Beauvais, et aux environs de Paris, près de Bougival et de Meudon, sous forme de *calcaire pisolithique,* qui s'est déposé dans les dépressions du sénonien supérieur, et dans le Cotentin, près de Valognes, sous forme de *calcaire à baculites,* calcaire jaune et compact, alternant avec des lits sableux plus blanchâtres et reposant sur 4 à 5 mètres de grès vert à orbitolines. Ces affleurements ont une trop faible étendue pour qu'ils intéressent les agriculteurs; mais nous allons voir tout à l'heure que, dans le sud de la France, l'étage supérieur de la craie apparaît sur des surfaces plus considérables; il y a reçu le nom d'*étage garumnien.*

CHAPITRE XII.

LES TERRAINS CRÉTACÉS DU SUD DE LA FRANCE.

---

§ 1. — Les deux Charentes et la Dordogne.

Au sud des plateaux jurassiques qui s'étendent des montagnes granitiques du Limousin jusqu'à celles de la Vendée, nous trouvons une grande étendue de terrains crétacés dans les départements de la Charente-Inférieure, de la Charente et de la Dordogne (Saintonge, Angoumois et Périgord). Mais il n'y a pas d'infracrétacé. Les terrains du crétacé supérieur reposent immédiatement sur les calcaires oolithiques. Leurs caractères sont intermédiaires entre ceux de la région méditerranéenne et ceux que nous leur avons reconnus dans le bassin de la Seine.

Les deux lignes de chemins de fer de Paris à Bordeaux traversent toute la série des terrains crétacés, celle de la Compagnie d'Orléans, entre Angoulême et La Roche-Chalais, et celle de l'État, entre Grandjean et Montendre.

Cette série commence par l'*étage cénomanien*, composé de :

1° *Argiles grises à lignites*, à succin et rognons de pyrite de fer, qui alternent avec des sables ou grès glauconieux. Cette bande inférieure forme le pied des escarpements de la montagne d'Angoulême; les argiles schisteuses noires prédominent dans le lit de la Charente, tandis que les sables, verts et ferrugineux, apparaissent de tous côtés dans le faubourg de l'Homeau. La facilité avec laquelle on creuse ces terrains a permis d'y établir un grand nombre d'habitations souterraines. Ils ont 20 à 30 mètres d'épaisseur et contiennent beaucoup d'huîtres (*O. flabellata, O. columba, O. biauriculata*);

2° Environ 30 mètres de *calcaires à Ichthyosarcolithes* en bancs dont les uns sont marneux, les autres très durs et souvent exploités comme pierre de taille ;

3° Quelques mètres d'*argiles tégulines,* qui alimentent des tuileries et sur lesquelles débouchent un grand nombre de sources ;

4° Un banc de *grès sablonneux,* de couleur jaune ou verdâtre, qui a 1 mètre à 1^{m},50 d'épaisseur ;

5° Un second banc de *calcaires à Ichthyosarcolithes,* qui n'a également que 1 mètre à 1^{m},50 d'épaisseur.

Aux environs de Rochefort, cet étage n'a que 25 mètres d'épaisseur et renferme, d'après M. Boissellier, trois niveaux de calcaires à Ichthyosarcolithes, séparés les uns des autres par des grès ou des argiles.

Près d'Angoulême, l'*étage turonien* a plus de 70 mètres de puissance et comprend :

1° Des *calcaires marneux* à *Terebratella Carentonensis,* qui forment la base du plateau sur lequel la ville est bâtie ;

2° Des *marnes bleues ou vertes* à *O. Columba gigas ;*

3° Des *calcaires* à *Inoceramus labiatus, Amm. Rochebrunei ;*

4° Des *calcaires* à *rudistes,* blanchâtres, qui se laissent tailler avec la plus grande facilité et fournissent la pierre de taille d'Angoulême. Ces calcaires ont plus de 70 mètres de puissance et contiennent beaucoup de *Radiolites lumbricolis, Hippurites cornuvaccinum,* etc., etc.

« On peut très bien juger, dit M. Coquand dans sa *Description géologique du département de la Charente,* de la disposition générale des assises de la craie inférieure, en examinant le pays du haut du belvédère de la promenade du Parc, à Angoulême. L'œil embrasse un des paysages les plus ravissants que l'on puisse imaginer et se promène sur une plaine légèrement bosselée, qui s'étend jusqu'à Châteauneuf, limitée d'un côté par la Charente et de l'autre par une série de coteaux frangés, découpés en promontoires à profils réguliers et s'avançant sur la plaine à la manière de fortifications gigantesques. Or, toute la partie plate de la contrée, qui a 4 à 5 kilomètres de largeur, est formée par l'étage cénomanien, dont les éléments sont généralement d'une nature friable, tandis que les plateaux appartiennent à l'étage turonien ; et, comme celui-ci est composé de calcaires plus durs, les dénudations ont été opérées suivant des cassures franches auxquelles les promontoires, dont nous avons parlé, doivent leur silhouette caractéristique. »

Dans la zone septentrionale de ces plateaux turoniens que la Charente traverse, le sol est formé de *groies* pierreuses. C'est ce qu'on appelle *la petite Champagne*. La *grande* ou *fine Champagne*, celle dont les eaux-de-vie ont le plus de réputation, est formée de calcaires plus friables et appartient à *l'étage sénonien*, qui se développe dans la région méridionale de la Saintonge.

M. Coquand décrit, à la base du sénonien, des couches de grès et de calcaires glauconieux très riches en huîtres (*Ostrea auricularis*, etc.) qui ont 12 à 20 mètres d'épaisseur à Cognac et dont il faut un sous-étage spécial sous le nom de *Coniacien*. « Dans certaines localités, dit-il, les huîtres sont si abondantes que la terre végétale disparaît en quelque sorte sous cet amas de coquilles ; chaque pierre est une valve d'huître. »

D'après M. Toucas[1], le *sénonien* des Charentes ne comprend que deux sous-étages : le *santonien* et le *campanien*. Le premier se compose de :

1° 10 mètres de calcaires à cératites et à *Rhynchonella petrocoriensis ;*

2° 50 mètres de calcaires noduleux et marnes à *Amm. subtricarinatus, Micraster Turonensis*, etc. ;

3° 50 mètres de calcaires marneux à *Amm. Texanus, A. Margæ*, etc., etc.

Le *campanien*, beaucoup plus considérable, est formé par :

1° 100 mètres de calcaires à *Botryopygus Toucasi* à la base, et *Ostrea proboscidea, O. Caderensis, Hippurites dilatatus, H. bioculatus*, etc. ;

2° 100 mètres de calcaires à Bélemnitelles (*B. quadrata*), avec *Ostrea Matheroni, O. vesicularis*, etc.

C'est une alternance de bancs de calcaires tendres comme la craie et de bancs plus solides, renfermant les uns et les autres une grande

1. Toucas, *Bulletin de la Société géologique*, 3e série, tome X.

quantité de silex blanchâtres qui, par suite de la désagrégation de la roche enveloppante, se transforment en rognons libres, irréguliers, gisant çà et là au milieu des champs et des vignes. Dans la grande Champagne, le campanien forme souvent la base des coteaux dont la partie supérieure appartient au campanien, coteaux à formes arrondies qui s'élèvent rarement à plus de 100 mètres au-dessus du niveau de la mer. Ils sont séparés par des vallons dont le sol, plus profond et plus marneux, est appelé *doussin*.

D'après une analyse faite au laboratoire de l'École des ponts et chaussées par M. Durand-Claye, une terre de Champagne, du domaine de Plaud-Chermignac, près Saintes, domaine qui appartient à un cultivateur émérite, M. le Dr Menudier, renfermait :

1° *Produits volatils ou combustibles.*

Eau perdue à 100°	17,10	
Azote	0,12	
Autres produits	10,88	
TOTAL		28,10

2° *Cendres.*

Résidu insoluble dans les acides	55,44	
Peroxyde de fer et alumine	5,32	
Chaux	5,21	
Magnésie	0,40	
Acide phosphorique	0,09	
Potasse soluble	0,14	
Acide carbonique, produits non dosés et pertes	5,30	
TOTAL		71,90
		100,00

M. Joulie a calculé que ce terrain, pour une profondeur de 30 centimètres, contenait par hectare :

Acide phosphorique	3,600 kilogr.
Potasse soluble	5,600 —
Chaux	208,400 —
Magnésie	16,000 —
Azote	4,800 —

Mais, si M. Joulie avait tenu compte de la proportion de terre fine qui se trouve dans la couche arable, il aurait encore fait subir de fortes réductions à ces chiffres. Ordinairement cette proportion est très faible dans les terres crayeuses ; il y a si peu de terre mêlée aux débris de la roche, que les racines sont obligées de s'enfoncer à de grandes profondeurs pour trouver à se nourrir.

Ce sont des conditions d'existence qui peuvent convenir à certains végétaux, par exemple à certaines essences forestières, et, pendant que ces essences occupent le sol, leurs résidus de feuilles et de menus bois s'accumulent à la surface sous forme d'humus et de terre fine. Les cultures qui succèdent aux défrichements de ces forêts peuvent pendant quelques années profiter de cette réserve de fertilité, mais elle ne dure pas longtemps, et il faudrait un nouveau repos pour donner à la terre de nouvelles forces. La vigne résiste plus longtemps à cet épuisement, grâce à ses longues racines et à son aptitude à supporter la sécheresse. Cependant, même pour elle, il y a une limite à cette résistance et cette limite paraît avoir été atteinte dans les craies pierreuses de la Saintonge.

La décomposition graduelle des fragments de roche calcaire qui se trouvent dans le sol peut, il est vrai, former chaque année un peu de terre fine, mais le passage des eaux de pluie en entraîne également chaque année une partie. Ces pierres sont, du reste, moins riches en acide phosphorique et en potasse que la terre fine ; celles qui se trouvent dans le sous-sol ne renferment que 0,396 p. 1,000 d'acide phosphorique et 1,5 de potasse.

Sur ces plateaux crétacés de la Saintonge et du Périgord, on trouve de loin en loin des îlots de terrains tertiaires qui deviennent plus nombreux et augmentent en étendue à mesure que l'on s'avance vers le sud. Ils se composent de grès, sables, argiles et cailloux plus ou moins roulés, terres rouges, qui sont presque toujours pauvres en calcaire ou en manquent complètement. Ces terres sont appelées *bouvaines, terres de bois* ou *brandes,* parce qu'elles sont, en général, couvertes de bois dont le chêne et le châtaignier sont les essences dominantes, ou de landes improductives dans lesquelles ne poussent que des bruyères, des ajoncs et des fougères. Mais on peut les améliorer au moyen des amendements calcaires que l'on trouve partout soit au-dessous, soit autour d'elles. Quelques-uns de ces îlots tertiaires avaient été défrichés et on y avait planté des vignes dont les produits étaient qualifiés de cognacs de 3e classe, ce que l'on appelait *eaux-de-vie de bois*.

Aujourd'hui leurs eaux-de-vie ne sont pas de meilleure qualité, mais la vigne y résiste mieux au phylloxéra, les insecticides y sont plus efficaces et la plupart des variétés américaines y réussissent plus facilement que dans les terres calcaires peu profondes, *Champagnes* de la Saintonge ou *groies* de l'Aunis. En effet, comme le *Bulletin du comité central d'études et de vigilance du département de la Charente-Inférieure* (1887) le constate par des exemples, hélas! trop nombreux, toutes les fois que, dans ces terres calcaires, le sous-sol s'est trouvé trop rapproché de la surface cultivable, les plants américains ont été détruits par la chlorose et, en général, ils ont péri au moment où les racines atteignaient le sous sol. On a essayé de les sauver par l'emploi du sulfate de fer; on l'a également essayé en transportant des terres rouges dans les vignes chlorotiques. Peut-être une étude plus complète des sols auxquels les variétés américaines *s'adaptent* plus ou moins bien, nous fera-t-elle connaître par quels engrais on doit les compléter. Peut-être trouvera-t-on de nouvelles variétés qui s'y *adaptent* mieux.

Un de nos viticulteurs les plus distingués, M. Viala, professeur à l'École d'agriculture de Montpellier, a été envoyé par le ministère en Amérique pour y rechercher les variétés de cépages qui peuvent végéter dans les terrains calcaires ou marneux. Voici le passage de son rapport qui concerne les terres crayeuses du Texas :

« Les formes de vignes particulières au Texas existent exclusivement dans les calcaires crétacés. Le terrain « crétacé » s'étend dans le Texas du Nord, depuis le Pan-Handle jusqu'au Rio-Pecos, au sud, et du Nouveau-Mexique à l'ouest jusqu'à l'est, où il est limité par une ligne qui englobe Sherman-Dallas, Austin et San-Antonio, d'où elle va rejoindre le Rio-Pecos suivant la latitude de San-Antonio. Sauf quelques surfaces peu étendues, dues à d'autres formations (carbonifère, silurien et cambrien), tout ce territoire appartient, par les fossiles, à la formation crétacée, qui s'engage d'ailleurs dans le Nouveau-Mexique, le Colorado et l'Arizona, États que je n'ai pu parcourir et où des observations intéressantes auraient pu être faites.

« Le sol est à peu près généralement constitué, à la surface des grandes plaines (prairies), par une terre noire (*black lands*) d'une extrême fertilité. Le sous-sol est une roche calcaire blanche, fissurée et variable de dureté, mais toujours tendre, ayant, dans beaucoup de cas, une texture intermédiaire entre la craie tuffeau et la craie proprement dite de la Champagne. Ce sous-sol est plus ou moins profond (jusqu'à cinq pieds), mais il affleure souvent à la surface, où il se délite rapidement et forme une terre blanche, mélangée à un cailloutis crayeux de même nature et tendre, et à un humus peu abondant. Il en résulte un terrain d'une fertilité inférieure au terrain crayeux des Charentes. L'affleurement du sous-sol, dans ces conditions, se montre parfois continu sur de grandes étendues, surtout sur le flanc des collines, élevées au plus de 400 à 500 pieds. Les grands plateaux qui forment le sommet de ces dernières sont plus fertiles, le calcaire y est mélangé à une terre rougeâtre et à de nombreux cailloux siliceux que l'on rencontre souvent en nodules dans les formations crétacées du sous-sol. »

C'est dans cette terre blanche que croissent : *V. Berlandieri* de Planchon, *V. cinerea* d'Engelmann, *V. cordifolia* de Michaux, et ce sont ces trois variétés que M. Viala considère comme les porte-greffes qui offrent le plus de chance de succès dans les terrains crétacés des Charentes.

Voici un travail fait avec beaucoup de soin sur la composition physique et chimique des terres crétacées, des terres d'origine tertiaire et des terres de vallées de la commune de Ronsenac, département de la Charente. M. Jouzier, ancien élève de l'Institut agronomique, a bien voulu me le communiquer :

État des échantillons. — 1° *Crétacé*. — Échantillons n°s 1, 2, 3, 4, 5. — Étage angoumien n° 1 ; étage coniacien et santonien, n°s 2 et 3 ; étage campanien, n°s 4 et 5.

N° 1*a*. — Échantillon de la première couche de 0^{m},20 d'une terre cultivée en jardin depuis une dizaine d'années, ayant été en luzerne pendant plus de 20 ans avant d'être un jardin. Couleur noire. — N° 1*b*. — Échantillon de la deuxième couche de 0^{m},20 du même champ. Couleur noire. Les échantillons ont été recueillis dans la vallée de la Grande-Fontaine, à la Fontenelle, commune de Ronsenac (Charente).

N° 2. — Échantillons recueillis à Champ-Rouzier (commune de Ronsenac), dans un champ soumis depuis longtemps à la culture biennale. Blé et maïs ou pommes de terre. — *a.* Échantillon de la partie basse du champ, cultivée en jardin depuis une dizaine d'années; l'échantillon représente la première couche de 0^m,20. — *b.* Échantillon du même champ, même partie, deuxième couche de 0^m,20, laquelle repose sur le calcaire. Couleur rougeâtre. Ce champ est à une faible altitude (40 mètres environ). — *c.* Échantillon représentant une partie moyenne du champ (profondeur 0^m,20).

N° 3. — Échantillon de la couche totale (0^m,20 à peine), reposant sur la roche calcaire, d'un champ situé à environ 70 mètres d'altitude, à la Loge-de-Véchillon (commune de Ronsenac). Couleur rouge ocre. Le champ, en friche depuis 5 ou 6 ans, était autrefois planté en vigne.

N° 4. — Échantillon d'un champ situé à une faible altitude. Cet échantillon représente toute la couche de terre (0^m,18 à peu près) qui repose sur le calcaire blanc piqué de petits grains de glauconie. Terre grise, champ ensemencé en froment (octobre). La Croix-du-Boubas, commune de Ronsenac.

N° 5. — Échantillon d'un champ en friche depuis très longtemps, situé à 80 mètres d'altitude environ. La profondeur de la terre atteint à peine 0^m,18 et repose sur une roche semblable à celle du n° 4. Couleur blanchâtre, type des *chômes* de la commune de Ronsenac. L'échantillon provient du versant ouest du pic de La Garenne.

2° *Tertiaire.* — N°s 6 et 7. — N° 6. Échantillon du type des terres tertiaires jaunes, siliceuses et à éléments fins, connues à Ronsenac sous le nom de *Bouvennes*. La profondeur de ces terres atteint le plus souvent plusieurs mètres. Les échantillons n° 6 proviennent d'un champ dépendant de la métairie de La Bergère, commune de Ronsenac, et situé près du hameau, le long de l'allée de service. Vigne très ancienne. — *a,* première couche de 0^m,20 ; *b,* deuxième couche de même épaisseur; *c,* veine de cette couche *b* qui tranchait sur le reste de la terre par sa couleur plus ferrugineuse et sa richesse en débris fossiles.

N° 7. — Échantillon des sables tertiaires généralement boisés ou anciennement plantés en vigne : *a* représente la première couche de 0m, 20, et *b* la deuxième couche. Les gros éléments sont du gravier de petits cailloux et des débris de feldspath, dont l'un a donné à l'analyse les résultats indiqués au tableau (n° 16). Les échantillons proviennent de la métairie de La Bergère, commune de Ronsenac, près du taillis de châtaigniers dit la Frette-Ronde. Terre grise.

3° *Terres de vallées* provenant de Ronsenac ou des environs. — N° 8. Échantillon recueilli dans la vallée de Charbonnier au Pas-d'Isles, en face du hameau du Pic et au sud de la route de Charbonnier à Lavalette : *a*, première couche de 0m,20 ; *b*, deuxième couche de même épaisseur. Noires. 9 et 10. Échantillons recueillis sur le domaine de Chez-Béard, près du Logis, sur deux points différents. Première couche de 0m,20. 11. Échantillon d'une prairie de la vallée située entre la vallée de Rivière et de la Bergère ; l'échantillon a été pris en face du hameau de Rivière : *a*, première couche de 0m,20 ; *b*, deuxième couche de même épaisseur. Terres très noires.

(TABLEAU.)

DÉSIGNATION DES TERRES.		RÉSULTATS DE L'ANALYSE PHYSIQUE rapportés à 1,000 parties.			RÉSULTATS DE L'ANALYSE CHIMIQUE RAPPORTÉS A 1,000 PARTIES — DE LA TERRE FINE.							RÉSULTATS DE L'ANALYSE CHIMIQUE RAPPORTÉS A 1,000 PARTIES — DES GROS ÉLÉMENTS.						
		Eau (à 105°).	Partie fine.	Gros éléments.	Azote.	Fer.	Acide phosphorique.	Acide sulfurique.	Magnésie.	Chaux.	Potasse.	Azote.	Fer.	Acide phosphorique.	Acide sulfurique.	Magnésie.	Chaux.	Potasse.
1		20.8	638.7	340.5	2.697	12.24	1.660	»	3.78	315.00	5.338	0.367	5.14	1.711	»	»	476.7	»
1	b	19.5	628.7	351.8	1.459	15.23	3.910	»	5.40	342.40	4.692	0.130	8.23	1.638	»	3.600	504.2	1.520
2	a	19.2	527.7	453.1	2.006	16.81	3.280	»	2.37	276.60	5.797	0.271	5.14	0.714	»	4.000	493.2	4.396
2	b	23.6	535.3	411.1	1.761	20.60	2.220	»	2.46	281.40	4.080	0.189	5.14	0.562	»	4.032	503.4	4.556
2	c	17.5	482.1	500.4	1.701	21.89	1.160	»	3.15	319.40	3.655	0.216	6.68	0.362	»	2.508	493.2	7.218
3	a	11.6	289.4	696.0	2.082	26.01	1.060	»	4.86	308.70	4.823	0.162	6.68	0.341	»	6.552	479.6	8.238
4	a	23.9	569.1	402.0	1.124	18.19	0.550	»	2.01	239.30	13.521	0.151	8.74	0.376	»	2.952	391.2	5.980
5	a	16.6	484.2	499.2	0.761	9.83	0.350	»	1.62	351.60	3.493	0.097	»	0.231	»	»	451.2	»
6	a	16.1	919.4	34.5	0.591	7.84	0.320	»	1.02	2.63	1.224	»	»	»	»	»	»	»
6	b	17.6	955.5	26.9	0.542	8.90	0.280	»	1.24	2.96	1.360	»	»	»	»	»	»	»
6	c	32.0	959.4	8.6	0.516	18.52	0.630	»	1.38	6.16	3.330	»	»	»	»	»	»	»
7	a	11.0	595.8	393.2	0.547	8.28	0.250	»	0.84	6.49	2.373	»	»	»	»	»	»	»
7	b	23.6	712.5	263.9	0.325	10.55	0.100	»	1.35	5.12	2.010	»	»	»	»	»	»	»
8	a	36.6	814.2	149.2	1.706	12.67	0.610	»	2.97	71.40	3.560	0.327	11.37	0.189	»	1.800	251.8	5.508
8	b	31.8	782.1	186.1	1.102	12.62	0.510	»	1.02	82.62	3.910	0.130	9.77	0.175	»	2.770	268.3	0.760
9	a	46.0	760.4	193.6	1.708	21.39	0.500	»	2.52	185.50	4.476	0.135	»	traces.	»	»	»	»
10	a	45.3	793.3	161.4	1.653	26.31	0.830	»	2.59	201.00	2.040	0.194	»	traces.	»	»	»	»
11	a	53.2	939.6	7.2	2.812	12.61	0.340	»	2.52	14.00	2.5[illegible]0	»	»	»	»	»	»	»
11	b	42.5	953.2	4.3	1.519	16.04	0.320	»	3.00	17.78	2.800	»	»	»	»	»	»	»

DÉSIGNATION DES TERRES.		COMPOSITION CHIMIQUE DE L'ÉCHANTILLON TOTAL.																	
		AZOTE.			FER.			ACIDE PHOSPHORIQUE.			MAGNÉSIE.			CHAUX.			POTASSE.		
		Dans la partie fine.	Dans les gros éléments.	Total.	Dans la partie fine.	Dans les gros éléments.	Total.	Dans la partie fine.	Dans les gros éléments.	Total.	Dans la partie fine.	Dans les gros éléments.	Total.	Dans la partie fine.	Dans les gros éléments.	Total.	Dans la partie fine.	Dans les gros éléments.	Total.
1	*a*	1.522	0.124	1.616	7.81	1.75	9.56	1.060	0 582	1.642	2.414	»	»	201.10	162.3	363.4	3.415	»	»
1	*b*	0.917	0.015	0.932	9.17	2.89	12.47	2.450	0.576	3.026	3.394	1.266	4.660	215.20	177.3	392.5	2.949	0.534	3.483
2	*a*	1.058	0.122	1.330	8.88	2.32	11.20	1.730	0.323	2.053	1.250	1.812	3.062	145.90	223.4	369.3	3.059	2.022	5.081
2	*b*	1.149	0.077	1.226	11.61	2.11	13.75	1.254	0.231	1.485	1.380	1.657	2.037	159.07	206.9	365.9	2.713	1.879	4.592
2	*c*	0.820	0.108	0.928	19.55	3.34	13.89	0.560	0.181	0.741	1.518	1.405	2.923	154.00	246.7	400.7	1.762	3,626	5.388
3	*a*	0.602	0.112	0.714	7.52	4.61	12.16	0.306	0.297	0.603	1.406	4.560	5,966	89.30	356.0	415.3	1.417	5,763	7.185
4	*a*	0.639	0.063	0.702	10.41	3.35	13.76	0.313	0.150	0.463	1.143	1.186	2.329	136.20	157,2	293.4	7.694	2.403	10.097
5	*a*	0.370	0.018	0.418	3.75	»	»	0.159	0.115	0.274	0.781	»	2.000	170.20	225.1	395.3	1.691	»	»
6	*a*	0.561	»	»	7.44	»	»	0.303	»	»	0.963	»	1.000	2.51	»	»	1.162	»	»
6	*b*	0.517	»	»	8.50	»	»	0.267	»	»	1.184	»	»	2,82	»	»	1.299	»	»
6	*c*	0.496	»	»	18.52	»	»	0.604	»	»	1.323	»	»	5.80	»	»	3.166	»	»
7	*a*	0.525	»	»	4.93	»	»	0.148	»	»	0.500	»	»	3.86	»	»	1.413	»	»
7	*b*	0.231	»	»	7.51	»	»	0.071	»	»	0.961	»	»	3.64	»	»	1.453	»	»
8	*a*	1.389	0.048	1.437	10.31	1.68	12.00	0.496	0.028	0.524	2.428	0.268	2,696	58.13	38.0	96.1	2.898	0.821	3.719
8	*b*	0.861	0.021	0.855	9.87	1.81	11.68	0.328	0.031	0.429	0.797	0.511	1,208	54.61	49.9	101.5	3.058	0.141	3.199
9	*a*	1.304	0.011	1.315	18.53	»	»	0.370	»	»	1.916	»	»	142.20	»	»	3.608	»	»
10	*a*	1.311	0.011	1.322	20.87	»	»	0.658	»	»	2.054	»	»	159.40	»	»	1.617	»	»
11	*a*	2,642	»	»	11.84	»	»	0.319	»	»	2.367	»	»	12.55	»	»	2.395	»	
11	*b*	1.447	»	»	15.28	»	»	0.305	»	»	2.859	»	»	16.95	»	»	2.673	»	

Les terres 1, 2, 3, 4 et 5, qui appartiennent aux calcaires crétacés, renferment toutes assez de potasse et de fer. Les terres 1 et 2 sont bien pourvues d'acide phosphorique et la richesse en azote marche à peu près de pair avec la proportion d'acide phosphorique; les terres 3, 4 et 5 n'en ont que fort peu. Quant à l'acide sulfurique, il y a lieu de remarquer qu'il manque partout.

Nous nous occuperons, dans un des chapitres suivants, des terrains tertiaires, comme les nos 6 et 7. Ils ne contiennent que 2 à 5 p. 1,000 de chaux et encore moins d'acide phosphorique que ceux de la série crétacée.

Parmi les terres de vallées, le n° 8 ressemble aux sols de craie; les nos 9, 10 et 11 aux sols tertiaires.

Quant au quatrième étage du système crétacé, au *danien*, il est à peine représenté dans les Charentes; on ne l'y trouve que sur trois points, et encore y est-il couvert par des dépôts tertiaires. Mais il a plus d'importance dans le département de la Dordogne, et de là le nom de *dordonien* que M. Coquand a donné à son sous-étage inférieur.

A l'est, le Périgord comprend une bande de terrains jurassiques qui s'appuient sur les roches éruptives du plateau central. C'est le sol de prédilection pour la truffe, une des productions les plus célèbres du pays, mais les truffières se développent également dans les sols calcaires du sénonien, qui succède immédiatement au jurassique et couvre d'immenses surfaces, par exemple dans le *Sarladais*, arrondissement de Sarlat. Elles remplacent les vignes détruites par le phylloxéra. « La vigne se meurt, dit M. de Lamothe dans ses *Voyages en Périgord*, vive la truffe! Remplaçons par son parfum l'arome exquis que le sort nous arrache. Le grand vignoble du Périgord septentrional est devenu la grande truffière.

« Nous trouvâmes partout, sur les éminences et sur les penchants des plis de terrain, dans ces petits vallons eux-mêmes, dans des sols rouges ou gris, mais tous calcaires, des lignes de chênes tant récentes que plus âgées, et dont la plupart, au pied de chaque arbre, portaient les traces d'une fouille fructueuse. Ce n'est pas qu'il ne se produise des truffes qu'à portée des chênes. Elles se présentent partout, quelle que soit l'essence qui leur envoie son couvert dans de justes proportions, charme, noisetier, genévrier et autres arbres ou arbustes, pourvu que le sol leur convienne ; mais on croit généralement que celles qui profitent du voisinage du chêne sont les meilleures, bien qu'on en récolte d'excellentes sous le charme et le tilleul notamment. Ce n'est pas que le contact des racines de leurs protecteurs, ou du moins du chevelu des supports de ces derniers, leur soit indispensable. Il n'en est rien, et la preuve c'est qu'on en recueille à plus de vingt mètres de distance des végétaux les plus proches ; c'est qu'on en ramasse, en quantité parfois, dans des endroits qui sont séparés des essences arbustives par de profondes tranchées qui ont coupé toute communication entre la racine et leur lit caché.

« L'important est que l'ombre puisse s'étendre sur leur demeure à de certains moments ; c'est peut-être que la feuille les recouvre en tombant et les nourrisse de son suc entraîné vers elle par les pluies. On plante les jeunes arbres à cinq ou six mètres de distance l'un de l'autre en tous sens, de préférence dans des vignes qui commencent à faiblir, les praticiens ayant reconnu depuis longtemps que l'alliance du chêne et de la vigne est des plus favorables à la production du précieux tubercule. Ces arbres sont ensuite éclaircis dans les rangs, élagués, disposés et aménagés de manière à ne donner que l'ombre nécessaire. A mesure que l'arbre grandit et qu'il couvre le sol de son ombre et de ses racines, la vigne cesse de produire, mais, tant qu'elle peut vivre, elle est taillée et respectée. Tous les ans, bien que depuis longtemps elle soit devenue stérile, une façon à la houe est donnée à cette culture mixte dans le seul objet d'ameublir le sol, de le débarrasser des plantes parasites et épuisantes, de provoquer la formation de nouvelles truffières et d'augmenter la production des anciennes.

« Pour planter, on fait choix de jeunes sujets nés de glands pris au pied des arbres qui ont vu naître le plus de truffes à leur portée, mais que rien ne distingue des autres en apparence. Tout porte d'ailleurs à croire que le chêne truffier est un mythe, et que la plus grande fécondité de certaines truffières auprès de quelques arbres, provient uniquement de ce que la nature du terrain leur est plus propice là qu'ailleurs. Les propriétaires, dont plusieurs obtiennent aujourd'hui 2,000,

3,000 fr. de rente de sols maigres, ne paraissent pas se préoccuper des suites fâcheuses que pourrait avoir cette culture. Ils considèrent que pendant longtemps ils encaisseront de fortes recettes sans beaucoup de travail, et pensent que si le phylloxéra vient à disparaître, il leur sera toujours facile de reconstituer des vignobles sur une terre reposée par ce genre de production. Le taillis même devrait-il remplacer la truffière au bout d'un certain temps, il vaut mieux, selon eux, avoir du bois que rien. »

Dans la Dordogne, l'étage sénonien est composé des mêmes assises que dans la Charente. Elles forment des terres généralement calcaires, les unes pierreuses et sèches, les autres marneuses et plus fertiles.

L'étage danien comprend, d'après M. H. Arnaud, de bas en haut :

1° Des calcaires glauconieux ou arénacés à *Orbitoides media ;*

2° Un calcaire blanc ou jaune, dolomitique, à ostracées, bien développé à Royan, avec *Ostrea larva,* etc. ;

3° Des calcaires dolomitiques solides à *Hemipneustes.* Leur banc inférieur renferme une colonie intéressante d'hippurites ;

4° Des calcaires dolomitiques jaunes et tendres à *Hemiaster prunella* et *Ostrea acutirostris.*

Ces quatre assises représentent le sous-étage *dordonien* ou de *Maestricht ;* leur ensemble ne dépasse pas 40 mètres de puissance. Quelquefois elles sont surmontées, comme à Beaumont-le-Périgord, de grès, sables ou poudingues dolomitiques à *Nerita rugosa, Radiolites Bournousi* et *Sphærulites Toucasi,* qui appartiennent au sous-étage *garumnien.*

L'étage danien est plus développé au sud-ouest du département de la Dordogne que dans l'est ; c'est aux environs du point de jonction de la Vézère et de la Dordogne, entre Beaumont, Lalinde et Le Bugue qu'il a le plus de puissance.

Ces terrains calcaires des étages sénonien et danien sont parsemés d'îlots tertiaires, dont le nombre et l'étendue augmentent à mesure que l'on s'avance vers l'ouest et qui se composent, tantôt de grès ferrugineux où l'on exploitait autrefois de pauvres minerais et qui sont aujourd'hui laissés très souvent à l'état de landes, tantôt d'argiles plus ou moins compactes, ordinairement mêlées à des silex et toujours dénuées de toute trace de calcaire. De là une grande variété de terrains et de cultures dans cette région centrale du Périgord. Au haut des plateaux, des bruyères, des genêts, des châtaigneraies ou des taillis de chêne, partout où le sol tertiaire a une trop grande profondeur pour être drainé et amélioré par les calcaires sous-jacents. Sur le bord de ces plateaux et sur les coteaux qui bordent les vallées, des champs et des vignobles, ou du moins les restes des anciens vignobles, et, le long de la Dordogne, de la Vézère, de l'Isle, ces magnifiques *plaines,* alluvions à la fois très fertiles et, en général, très bien cultivées.

Comme types de l'agriculture des terrains crétacés de la Dordogne, je vais prendre, d'après M. de Lamothe, les trois communes de Gouts-Rossignol, Cherval et Bassillac.

Le sol qu'occupe la première est un calcaire rouge, très riche en fer. Quelques faibles parcelles sont argileuses et portent dans le pays le nom de *mouillères.*

L'assolement qu'on y pratique, en général, est biennal et se combine ainsi : première année, froment; seconde année, maïs, racines fourragères, pommes de terre. Les engrais sont loin d'être distribués en quantité suffisante pour répondre à une culture aussi épuisante. Il est vrai que, de temps à autre, un peu de fourrage vient donner quelque repos à la terre; les plantes les plus employées dans ce but sont : en première ligne, le sainfoin qui dure trois ans, le trèfle conservé l'espace d'un an à deux, enfin la luzerne; mais celle-ci seulement sur quelques lambeaux qui peuvent être considérés comme hors de rotation. Dans ces conditions, en fonds de qualité moyenne, le rendement annuel est approximativement : pour le froment, de 12 hectolitres; le maïs, de 25 sacs en épis (soit 8 en grains) ; les pommes de terre, de 20 hectolitres.

Dans les endroits naguère occupés par la vigne, et d'où elle a complètement disparu, la jachère renaît, et l'on ne peut y obtenir une récolte en blé un peu supérieure à la quantité de la semence, qu'après avoir laissé ces terrains arides en repos pendant deux ou trois ans. Ils couvrent *au moins la moitié du pays!*

En ne tenant pas compte de ces espaces tristement stérilisés pour le moment, les prairies artificielles peuvent être estimées comme répandues sur le septième ou le huitième des terres arables. Elles fournissent de bons produits en trèfle et sainfoin. La commune renferme fort peu de prés naturels, mais ils sont excellents, tant sous le rapport de la bonté du fourrage que par l'abondance en foin et regain, qui sont fauchés et engrangés l'un et l'autre.

Cherval, séparé seulement de Gouts-Rossignol par la vallée de la Tude, est de nature toute différente. Le sol y est calcaire, crayeux blanc, renfermant une certaine quantité d'argile, et beaucoup plus fertile que celui de sa voisine ; mais l'assolement y est le même et les engrais n'y sont guère plus connus. Seulement, en conséquence de la meilleure nature du terrain, le produit moyen par hectare y est : en froment, de 18 hectolitres ; en maïs, de 30 sacs en épis (10 en grains) ; en pommes de terre, de 25 hectolitres. Les prairies artificielles y réussissent bien. Les prés naturels y sont bons et beaux, mais plus ou moins, suivant qu'ils sont ou ne sont pas irrigués. C'est dans cette commune que les habitants de Gouts ont la plupart de leurs prés permanents.

A Bassillac l'agriculture est meilleure ; c'est une commune modèle. Les cinq sixièmes du sol sont en coteaux, dont la dixième partie tout au plus est boisée ; sur la portion siliceuse de ces hauteurs, la couche arable est si peu profonde, que les arbres y poussent avec peine et lentement. On trouve très peu de groupes arborescents sur les autres monticules, à base calcaire, composés de roc mort et recouverts d'une terre argileuse, mince et blanche.

La plaine elle-même n'est pas, naturellement, de première fertilité partout.

Il y a quarante ans environ, l'on ne connaissait, pour ainsi dire, dans le ressort, ni les betteraves, ni les fourrages artificiels. Les bœufs et les moutons étaient conduits l'hiver sur les prés et ce qu'ils y trouvaient constituait, en cette saison, à peu près toute leur nourriture. On ne faisait presque pas cuire de raves. Au printemps, on en voyait en fleurs des champs entiers, qui servaient alors de provision au bétail.

On mangeait du pain médiocre et des châtaignes. Aujourd'hui les châtaigniers disparaissent et on n'en replante plus, ce qui est un tort. L'engraissement des bêtes à cornes n'existait pas.

Vers 1840, M. Laroche père, devenu très souffrant, dut renoncer à peu près à l'exercice de la médecine. Pour occuper les loisirs que lui faisait la maladie, l'agriculture lui parut le meilleur des moyens. Il fit semer des fourrages et fut vaillamment secondé par l'un de ses métayers, nommé Granger, homme actif et intelligent. Les sarcasmes, les mauvais vouloirs, ne découragèrent pas ces intrépides soldats d'une bonne cause. Peu à peu le progrès se fit jour sous la croûte épaisse de la routine, et, dès 1850, les colons vendaient, à peu près, chacun deux paires de bœufs gras par année.

La création, à Bassillac, d'un concours de bêtes à cornes grasses généralisa l'élan en 1860. On se piqua d'honneur, on sema racines et prairies artificielles à qui mieux mieux. La bataille était gagnée.

Dès lors, plus grande quantité de fumier, amélioration marquée des terres par suite de l'abondance et de la richesse de ceux-ci, fourrages se multipliant, récoltes augmentant d'importance d'une manière sensible à superficie égale de terrain. Après les bœufs, les porcs et les moutons furent mieux soignés ; et c'est ainsi que le sol dépendant de Bassillac est devenu, si l'on peut s'exprimer de cette manière, comme la terre classique de l'engraissement du bétail.

A présent la plaine fournit des fourrages, des racines pour les animaux, du froment, quelque peu de maïs et du tabac. On y voit même des vignes. La partie montueuse de la commune a des produits analogues avec un peu moins d'abondance. Dans la vallée, le blé rend jusqu'à 10 pour 1 de la semence employée, dans le coteau 6 à 8 ; moyenne, 7.

La plaine étant à la montagne, sur ce territoire, dans la proportion de 1 à 6, il en résulte que le revenu normal en froment, sur toutes les dépendances de Bassillac, peut être évalué à 15 hectolitres environ par hectare, soit 20 pour le plat pays et 14 pour les collines.

Le maïs en grain ne s'y cultive guère que pour l'alimentation des porcs ; on en recueille environ de 6 à 8 hectolitres par exploitation de 8 hectares de superficie. Chaque métairie, surtout dans la vallée et sur les coteaux qui l'avoisinent, emploie 25 ares à la production du tabac, qui est planté sur un défriché de seigle fauché en vert.

Les prés couvrent, par métairie de l'étendue que je viens d'indiquer, environ 80 ares et les prairies artificielles à peu près 60 ares, proportion peut-être encore un peu faible. On sème dans chacun de ces colonages approximativement 25 ares de betteraves, dont la récolte en racines est de 12 tombereaux à bœufs à peu près. Cette culture tend à s'accroître encore; il n'en est pas ainsi de celle des raves, dont la graine est répandue sur les chaumes retournés et dont le produit est incertain et aléatoire.

Chaque métairie, toujours de 8 hectares en moyenne, confie au sol 6 hectolitres de pommes de terre et en recueille dix fois plus. Les topinambours sont très rares.

Naguère, par suite des progrès accomplis, la commune était arrivée à récolter environ 800 barriques de vin. Hélas! les vignobles n'y seront bientôt plus qu'un souvenir!

On n'élève guère que dans les endroits les plus déshérités. Partout ailleurs on se contente d'engraisser n'importe quelle espèce de bétail.

Autrefois, après avoir enlevé les blés, on labourait immédiatement la terre, puis on la laissait se reposer un an sans y rien mettre, ensuite on labourait de nouveau une ou deux fois, et l'on y ressemait du froment ou du seigle. Ce dernier entrait alors pour une grande part dans la récolte et dans la panification. On n'en a plus maintenant qu'un peu pour les bestiaux. Les produits consistaient en froment, seigle, méteil, maïs et pommes de terre. Aujourd'hui le méteil a disparu, le maïs en grain n'apparaît plus qu'en petite quantité; les pommes de terre n'ont que peu d'emploi dans la nourriture de l'homme, dont le pain est toujours de pur froment.

L'assolement en usage généralement n'a rien de régulier. Au froment succèdent, d'après les fumures et l'aptitude du terrain, des betteraves, des raves ou du maïs. Les fourrages ont un produit relativement considérable, les prés étant habituellement fumés. La luzerne, venue sur un sol amélioré, donne quatre coupes par an. Le tabac a remplacé le chanvre. On évalue la production du froment à un quart en sus de ce qu'elle était auparavant. Celle des fourrages a triplé.

Quant à la population animale, là où l'on comptait jadis quatre bœufs de harnais, on n'en a plus que deux, il est vrai, les attelages étant moins nécessaires par suite de l'étendue qu'occupent les herbages, les racines et les plantes sarclées, et les labours n'ayant pas besoin d'être aussi fréquemment répétés dans des terres bien nourries. Mais, s'il y a bien moins de bœufs de trait, il y en a quatre à l'engrais, ce qui fait une augmentation d'un tiers dans le nombre des bêtes à cornes, sans compter que le fumier en est beaucoup meilleur. Les bœufs gras se renouvellent deux fois par an par suite des ventes.

En outre, par colonage de 8 à 10 hectares, on engraisse également chaque semestre 12 moutons, et chaque année trois porcs.

Les terrains crétacés paraissent avoir joué un grand rôle dans les temps préhistoriques, non seulement en fournissant aux premiers habitants de la Gaule les silex au moyen desquels ils fabriquaient leurs armes et leurs outils, mais en permettant de creuser facilement dans les parois des coteaux crayeux des grottes qui servaient d'habitations. Sur les bords pittoresques de la Vézère, comme sur ceux de la Loire, à Laugerie-Basse (commune de Tayac), à la Madelaine, etc., MM. Lartet, Christy et Massenet ont trouvé des ossements de ces troglodytes des instruments en os de l'époque du renne, des haches en silex et des poteries de l'époque néolithique, enfin des armes de bronze, précieux documents qui ont aidé à reconstituer l'histoire de nos civilisations les plus anciennes.

---

§ 2. — Les Pyrénées, les Corbières, le Gard, la Provence et les Alpes.

Au sud de la Garonne, les gisements crétacés sont cachés sous des dépôts tertiaires et diluviens d'une grande épaisseur. Ils paraissent alignés et orientés suivant le soulèvement des Pyrénées et forment des ondulations qui s'éloignent et se rapprochent alternativement de la surface du sol. Ils ne sont visibles que dans le département du Gers sur une faible étendue, au fond du vallon de Colègne, entre Cézan et Lavardens, puis le long de la Douze, à Roquefort, et dans le vallon de la Ponchette, sur la route de Saint-Justin à Gabarret. Ces divers points sont reliés entre eux souterrainement et forment une suite de hauteurs (178 à 207 mètres) exceptionnelles pour la région où ils sont situés. M. G. Jacquot a remarqué que ces ridements crétacés ont exercé une influence considérable sur le dépôt des terrains plus modernes.

Ces terrains crétacés reparaissent au jour au sud de l'Adour, dans la Chalosse, et ils occupent une place assez importante dans le département des Basses-Pyrénées, depuis Saint-Jean-de-Luz jusqu'à Saint-Jean-Pied-de-Port, Mauléon, etc.

Dans les Pyrénées de la Haute-Garonne et de l'Ariège, le système crétacé se compose, d'après M. Peron[1], de :

Santonien.	1. Argiles d'Ausseing et de Saint-Martory, avec dalles de calcaires gris et bleus à *Orbitoïdes.*
Campanien.	2. Calcaire marneux d'Ausseing et de Saint-Martory à *Ostrea vesicularis,* et banc de rudistes intercalé à Saint-Martory.
Maestrichtien.	3. Calcaire nankin et argiles d'Ausseing et de Gensac, avec *Hemipneustes pyrenaicus, Hippurites radiosus, Exogyra pyrenaica,* etc.
Garumnien.	4. Calcaires et marnes d'Ausseing et d'Auzas, avec faune saumâtre, *Cyrena garumnica,* etc. 5. Calcaire lithographique à coquilles lacustres. 6. Marne arénacée glauconifère d'Ausseing et de Tuco à *Micraster terrensis,* etc.

Le calcaire nankin (3) forme jusqu'à Rochefort des crêtes arides ou se délite en terres sableuses qui ne conviennent guère qu'à la culture forestière. La masse calcaire du cirque de Gavarnie, jusqu'à la brèche de Roland et aux Tours du Marboré, est formée par un calcaire noir maestrichtien à *Ostrea larva,* etc.[2].

Suivant M. Toucas, le *cénomanien* des Corbières se compose de calcaires, les uns marneux, les autres gréseux, qui ont 20 à 30 mè-

1. Peron, *Soc. géologique de France,* 1885.
2. De Lapparent, *Traité de géologie,* p. 1109.

tres d'épaisseur. Le *turonien* (50 à 60 mètres) comprend : 1° des calcaires à térébratelles; 2° des grès jaunes sableux à *nérinées* et *Ostrea eburnea;* 3° des calcaires à hippurites (premier niveau à hippurites correspondant à celui de la Provence); 4° des calcaires en plaquettes, peu fossilifères (30 mètres); 5° des calcaires compacts très riches en *Sphærulites*, et 6° des grès ferrugineux (6 mètres).

Le *sénonien* commence par : 1° une assise de grès et de calcaires marneux où l'on trouve beaucoup d'échinides et auxquels sont superposés 2° un deuxième niveau de calcaires à hippurites, marneux à la montagne des Cornes, très compacts ou remplacés par des grès près du col de Bugarach; 3° des grès quartzeux, tantôt friables, tantôt en plaquettes; 4° des calcaires marneux pétris de rudistes et de polypiers (troisième niveau à hippurites); 5° les grès marneux de Sougraigne à bélemnitelles.

Le *danien* des Corbières se compose de :

1) Grès et sables gris qui renferment des dépôts de jais qui ont été exploités;

2) Grès d'Alet.

Dans le département de l'Hérault, les terrains crétacés ne sont représentés que par leur sous-étage supérieur, le *garumnien,* formation d'origine lacustre, à argiles rutilantes et bancs de calcaires que l'on trouve, suivant M. de Rouville, à l'est de Montagnac et de Pézenas, au sud-est de Saint-Chinian et au nord-ouest de Montpellier, entre Grabels et Saint-Paul.

Mais dans le Gard ils ont plus d'importance. Le cénomanien se compose de 150 mètres de *calcaires et grès marneux* à *Orbitolina concava*. Em. Dumas y distingue :

a) Les assises inférieures — 10 à 12 mètres de marnes grisâtres et très chloriteuses, contenant quelques fossiles qui leur sont communs avec la partie supérieure de l'albien, ainsi *Am. inflatus, Am. Mayorianus, Nautilus Clementinus, Cyprina Rhodani,* etc.;

b) 140 mètres de couches marneuses, alternant avec des bancs de calcaires sableux et souvent très durs. C'est là qu'on trouve en abondance les *Orbitolina concava,* par exemple au château de la Blache, près du Pont-Saint-Esprit, et sur une large bande bien dessinée jusqu'à Saint-Julien-de-Peyrolas.

Au-dessus de ces calcaires et grès marneux, on trouve souvent des *sables et des grès ferrugineux lustrés*, qui sont d'origine geysérienne, comme les dépôts sidérolithiques que nous avons déjà souvent signalés à la surface du néocomien, ou des *grès, sables et calcaires lacustres* qui renferment en certains endroits des lignites et du succin, quelquefois aussi du gypse.

Comme équivalent du *turonien*, Em. Dumas signale dans le Gard :

1° Un étage qui se subdivise en :

a) *Calcaires gris* à *Ostrea columba*, calcaires marneux et durs ;

b) *Calcaires jaunes, compacts*, à paillettes de mica, qui passent souvent à un grès à ciment calcaire ou *grès vert d'Uchaux*; c'est ce même grès que l'on trouve, dans le département de Vaucluse, près de Bollène, à Uchaux, Mondragon et Sommelonge et qui contient beaucoup de fossiles bien conservés; c'est lui qui forme, dans le département des Bouches-du-Rhône, la partie supérieure de la montagne de Canaille, près de Cassis, où il a 600 mètres d'épaisseur, etc.

A 300 mètres au nord de la citadelle de Pont-Saint-Esprit, dit M. E. Dumas, dans un escarpement au bord du Rhône et presque au niveau du fleuve, existe une couche de calcaire gris où l'on trouve, associés à du lignite, des rognons d'une matière compacte grise qu'il appelle *truffite*, parce qu'elle répand une odeur de truffes noires lorsqu'on la frappe avec un corps dur.

2° *Étage des sables et grès quartzeux*, avec argiles réfractaires et lignites. Ces argiles sont tantôt du blanc le plus pur, tantôt grises, tantôt rouges.

3° *Calcaires à hippurites*, calcaires marneux, gris jaunâtre, durs et siliceux à la partie supérieure.

A l'exception de deux petits dépôts faisant partie des communes de Brouzet et d'Allègre, toutes les assises du cénomanien et du turonien se trouvent dans l'arrondissement d'Uzès.

Dans les parties sablonneuses de ces étages, les vignes françaises ont pu être quelquefois conservées, grâce à l'emploi du sulfure de carbone. Du reste, la plupart des cépages américains, et surtout le Jacquez, y réussissent fort bien. Mais il leur faut de bonnes fumures additionnées de superphosphate de chaux, de chlorure de potassium et de sulfate de chaux (environ 50 grammes de chaque par cep). L'étage sénonien manque dans le Gard. Mais on y trouve le *garumnien,* sous-étage supérieur du *danien,* qui est d'origine lacustre et se compose, d'après M. de Sarran d'Allard, de :

1° Calcaire généralement grisâtre et marneux, avec *Paludina heliciformis,* à faune lacustre de Valdonne (3 à 10 mètres) ;

2° Argiles et sables à lignites, sans doute l'horizon de Fuveau (10 mètres) ;

3° Calcaire lacustre grisâtre à *Lychnus* et fossiles de Rognac (3 à 25 mètres) ;

4° Argiles rutilantes avec brèches et calcaires intercalés (15 à 100 mètres).

Dans le département des Bouches-du-Rhône [1], l'*étage cénomanien* recouvre presque partout directement l'étage aptien ; et cette superposition est facile à observer à Cassis, au bord de la mer, et sur toute la route qui va de Cassis à la Bedoule, à la Gueule-d'Enfer, près des Martigues, à la Penne. A Cassis, où l'étage est le plus complet, sa base est composée de grès plus ou moins compacts, fortement ferrugineux au pied du château. Ces couches sont subordonnées à d'autres plus friables, mêlées de marnes et couronnées par un banc calcaire fort épais, qui les recouvre presque partout et qui renferme un grand nombre de caprines. C'est un niveau à rudistes qui, avec une forme toute différente, offre des caractères analogues à l'urgonien.

Au-dessus de ces hauts bancs calcaires, on trouve :

1° Des couches marneuses fort épaisses (environ 300 mètres) qui, partant de la mer, s'étendent dans la direction du nord jusque vers Roquefort ; c'est la base de l'*étage turonien,* qui renferme plus haut :

2° Un banc calcaire très épais à Hippurites et Radiolites (Cassis et cap Canaille) ;

3° Des grès jaunâtres, très durs, micacés, qui couronnent l'escarpement du cap Canaille et se prolongent très loin à la Ciotat, au golfe des Lèques.

---

1. V. Gauthier, *Échinides des Bouches-du-Rhône.* (*Bull. de la Soc. pour l'avancement des sciences.*)

Cette même succession de couches se rencontre aux Martigues et au Beausset (Var), mais, aux environs d'Uchaux (Vaucluse), le turonien est constitué presque tout entier par des grès calcarifères et des sables (*grès d'Uchaux* à *O. columba major, Amm. peramplus, Trigonia scabra, Hippurites* et *Radiolites*).

L'étage *sénonien* est très peu développé dans le département des Bouches-du-Rhône ; on ne le rencontre que par lambeaux, près de Martigues, au bord de l'étang de Caronte et de l'étang de Berre. Mais, dans le Var, il couvre des surfaces plus considérables au Castelet et au Beausset, et il en est de même dans le sud du département de Vaucluse, aux environs d'Uchaux. Ce sont des assises de grès alternant avec des marnes et des calcaires marneux, au milieu desquels apparaissent, à divers niveaux, des bancs ou lentilles de calcaires à Hippurites ; les couches supérieures sont des dépôts de lagunes saumâtres. Cela montre qu'à la fin de la période crétacée il n'y avait plus, comme à son début, des mers profondes dans la région de la Provence. Peu à peu l'exhaussement du sol s'est prononcé de plus en plus, et les derniers dépôts du *danien* sont des dépôts lacustres, comme les lignites que l'on trouve dans la vallée de l'Arc, à Fuveau, Gréasque, Trets et Gardanne, en assises séparées par des lits de calcaires argileux. En 1883, le bassin de Fuveau a fourni 473,000 tonnes de ces lignites.

Au-dessus d'eux il y a des brèches, poudingues, argiles rutilantes, marnes et grès dont les éléments ont sans doute été empruntés principalement au trias et qui terminent la série crétacée dans la Provence.

Tandis que cette série ressemble à celle de tout le bassin de la Méditerranée, le crétacé des Alpes Maritimes, comme celui du Dauphiné, ressemble à celui des Alpes de la Savoie et de la Suisse ; il rappelle celui du nord de l'Europe. Il y a là des variations très intéressantes pour les géologues qui étudient l'histoire de la formation de notre sol français.

D'après M. Lory, on trouve, dans le département de l'Isère, au-dessus du gault ou albien :

1° Des *sables glauconieux* à *Discoidea cylindrica, Turrilites Bergeri,* etc. (cénomanien) ; puis

2° Des *calcaires à silex* ou des calcaires sableux sans silex qui s'exploitent en grandes dalles appelées *lauzes ;*

3° Des *calcaires à Orbitoïdes, Ostrea larva, Nerita pontica,* qui terminent la série crétacée, à Méandre (sénonien).

Au-dessus de ces dépôts crétacés, on rencontre en beaucoup d'endroits *des sables* et *des argiles réfractaires* qui sont activement exploités, mais qui ne contiennent aucun fossile au moyen duquel on puisse déterminer nettement leur âge. Ils proviennent probablement, en grande partie, d'un remaniement des dernières couches sénoniennes.

Dans le département de la Savoie et surtout dans celui de la Haute-Savoie, depuis la vallée de Samoëns jusqu'aux environs de Thonon, les premiers contreforts des Alpes se composent de roches crétacées superposées aux calcaires néocomien, urgonien ou jurassiques, et souvent élevées avec eux à des hauteurs considérables. Cette bande de crétacé se continue à travers toute la Suisse et jusque dans la Bavière et le Tyrol au nord de la chaîne des Alpes. La roche qui y prédomine est un calcaire compact et de couleur gris foncé que l'on appelle *calcaire de Seewen,* parce qu'il est bien développé près de Seewen, sur les bords du lac de Lowerz. Elle forme également les sommets des Churfürsten et de la plupart des cimes de montagnes dans le canton d'Appenzell.

CHAPITRE XIII

LES TERRAINS CRÉTACÉS DE L'ANGLETERRE, DE LA BELGIQUE ET DE L'ALLEMAGNE.

Au point de vue géologique, le sud-est de l'Angleterre ressemble beaucoup au nord-ouest de la France et il sera intéressant de voir comment nos voisins ont su tirer parti de terres qui ont la même origine, la même structure physique et souvent la même composition chimique que les nôtres.

On est frappé de cette ressemblance dès que l'on a traversé la Manche; les falaises blanches qui forment la côte anglaise ressemblent à celles des environs de Dieppe ou de Boulogne; ce sont elles qui ont fait donner à l'île britannique le nom d'*Albion*. Ces *downs* ou collines de craie s'étendent vers l'ouest, depuis Douvres à travers les comtés de Kent et de Surrey, et depuis Newhaven et Brighton à travers le Sussex ; elles entourent le soulèvement wealdien qui correspond à celui de notre Boulonnais, et se réunissent dans le Hampshire. De là les dépôts crétacés se prolongent du côté du sud-ouest, dans le Dorset, et du côté du nord-est, jusque dans le Yorkshire, appuyés sur les terrains infracrétacés et jurassiques qui traversent, comme nous l'avons vu, l'Angleterre en écharpe. Mais, à mesure que l'on s'avance vers le nord, on trouve, au-dessus de la craie, des terrains de formation plus récente qui modifient beaucoup les caractères agricoles de la surface : ce sont tantôt des argiles à silex, résidus de la lévigation de la craie elle-même par des eaux chargées d'acide carbonique, tantôt des argiles, graviers ou sables de l'époque glaciaire, et souvent des *loams* analogues aux limons si répandus sur les plateaux du bassin de la Seine. Ainsi à

Rothamsted, où se font les célèbres expériences de sir B. Lawes et du Dr Gilbert, la grande carte géologique de l'Angleterre indique de la craie et cette craie s'y trouve bien, mais elle est couverte par 2 à 3 mètres de *loam* très pauvre en chaux et assez argileux pour avoir eu besoin de drainage. Dans le Norfolkshire, très connu par son assolement classique, les fermes de lord Leicester sont également situées sur une base de craie, mais cette base est surmontée de dépôts d'argiles ou de sables.

Il y a, du reste, sur l'autre rive de la Manche, comme en France, des différences assez grandes entre la composition minéralogique des divers étages du système crétacé.

Le *cénomanien* de l'Angleterre (*chalk marl*) est essentiellement marneux. La couche inférieure (3 mètres) contient encore des grains de glauconie, comme le grès vert supérieur auquel elle est superposée. Mais au-dessus viennent des marnes de couleur grise à *Holaster subglobulus,* qui ont 10 à 30 mètres d'épaisseur dans le Hampshire et de 60 à 100 mètres dans le bassin de Londres et que les cultivateurs appellent *grey chalk, chalk marl* ou *malm.* Quand ces marnes sont exposées à l'air, elles se réduisent en poudre fine. Aussi les recherche-t-on beaucoup pour l'amendement des terrains tertiaires ou quaternaires qui se trouvent, soit au-dessus, soit près d'elles ; on les exploite même souvent pour améliorer les terrains de craie pure des étages turonien et sénonien. Les contrées dont le sol se compose de craie marneuse ou de grès vert supérieur, ou d'un mélange des deux, comme le *vale* du Berkshire et certaines parties des comtés de Kent et de Sussex, sont célèbres par leur grande fertilité. Dans les couches supérieures du cénomanien, la marne devient jaunâtre ; c'est la zone à *Belemnites plenus,* qui n'a que quelques mètres de puissance dans le sud de l'Angleterre.

L'étage *turonien* est formé, de bas en haut, par :

a) Une craie conglomérée, quelquefois encore mêlée à des lits marneux à *Inoceramus labiatus ;*

b) Une craie sans silex, comme celle de Douvres, à *Ter. gracilis ;*

c) Une craie noduleuse (*chalk rock*) à *Holaster plenus.*

Cet étage a 40 à 75 mètres d'épaisseur et forme des terres assez pauvres, qui restent souvent incultes et ne servent que de pâturages pour les moutons (*sheepwalks*). Les bancs de craie dure ne sont pas employés comme amendement.

Dans l'étage *sénonien*, qui a 200 à 300 mètres de puissance et qui constitue la masse la plus considérable des *downs* du sud (*south-downs*) et des *wolds* du Yorkshire, la craie est, au contraire, tendre, blanche, entrecoupée de lits de silex; elle est employée comme amendement calcaire dans les terrains tertiaires et forme elle-même des terres minces, légères, rougeâtres et remplies de cailloux de silex, que l'on laisse à l'état de pâturages, quand elles sont éloignées des fermes, mais qui ont été transformées dans leur voisinage en excellentes terres à turneps, à orge et même à blé.

Th. Way, le prédécesseur du Dr Völcker comme chimiste de la Société royale d'agriculture de l'Angleterre, a fait l'analyse de marnes et de craies provenant de ces divers étages.

Deux échantillons pris, le premier dans la partie inférieure de l'étage cénomanien (*chalk marl*), et l'autre dans sa partie supérieure, renfermaient :

Matières solubles dans les acides dilués :

	N° 1.	N° 2.
Silice	2,16	2,11
Acide carbonique	29,96	36,73
Acide sulfurique	0,21	0,06
Acide phosphorique	0,21	0,05
Chlore	0,08	0,04
Chaux	41,52	49,16
Magnésie	0,30	1,18
Potasse	0,26	0,11
Soude	1,64	1,36
Protoxyde et oxyde de fer	2,20	1,74
Alumine	0,11	0,20
Matières insolubles dans les acides :		
Chaux	1,71	0,22
Magnésie	traces.	traces.
Potasse	0,32	0,15
Soude	0,07	0,05
Alumine et oxyde de fer	2,57	1,42
Silice et sable	16,68	5,42
	100,00	100,00

Les échantillons suivants provenaient :

N° 3, de l'étage turonien, craie très dure et de couleur jaunâtre ;

N° 4, de la partie inférieure de l'étage sénonien ;

N°s 5 et 6, de la partie supérieure de l'étage sénonien.

	N° 3.	N° 4.	N° 5.	N° 6.
Sable et silice.	2,04	0,66	1,46	0,87
Acide carbonique	42,14	42,98	41,48	42,57
Acide sulfurique.	0,30	traces.	»	0,09
Acide phosphorique . . .	0,07	0,08	0,04	0,08
Chlore.	»	»	»	0,08
Chaux	54,37	55.24	55,72	55,18
Magnésie.	0,25	0,10	0,06	0,38
Potasse.	0,08	0,06	0,17	0,22
Soude	0,19	0,14	0,02	0,21
Oxyde de fer et alumine. .	0,55	0,74	1,05	0,40
	100,00	100,00	100,00	100,00

Au sud de l'Angleterre, les dépôts de limons ou d'argiles quaternaires sont rares sur les plateaux crayeux du Hampshire, etc. A part la différence du climat, c'est la Champagne pouilleuse de l'Angleterre. Vue de loin, la plaine de Salisbury paraît n'être qu'une vaste solitude, mais le voyageur qui la traverse découvre bientôt qu'elle est découpée par de nombreuses vallées, nids de verdure où les fermes, les cottages des ouvriers, l'église de la paroisse et quelquefois le manoir du propriétaire, sont groupés à côté des prairies et des arbres qui les ombragent. Ce sont les endroits abrités.

Sur les plateaux, la violence des vents s'ajoute à la pauvreté du terrain pour rendre la culture difficile. Ils sont couverts d'une couche plus ou moins épaisse de terre brune, très légère, remplie de cailloux de silex. Cette terre produit naturellement une herbe courte qui fait une nourriture très saine pour les moutons. Depuis un temps immémorial, les parties les plus élevées et les plus abruptes servent de pâturages (*sheepwalks*). Dans les parties basses, on trouve un *loam* calcaire plus profond que l'on appelle *terre blanche* (*white land*) et qui, bien aménagée, donne de bonnes récoltes de sainfoin, de turneps et d'orge ou de blé.

Quand les fermiers les préparent au printemps pour les turneps, ils les labourent et les remuent le moins possible, parce qu'une fois desséchées elles ont de la peine à reprendre l'humidité nécessaire à la végétation. Les rares pluies de l'été passent à travers comme dans un crible.

Dans l'Oxfordshire, la craie forme une étendue de plus de 30,000 hectares, entre autres les collines de Chiltern où elle a une grande puissance. On y a percé des puits de plus de 130 mètres. On n'y trouve pas de sources, parce que les fissures qui la traversent laissent passer les eaux. Il faut donc avoir recours à des citernes pour faire des provisions d'eau. Quelquefois des sources se produisent à la base des collines pendant les saisons de grandes pluies; elles coulent pendant plusieurs mois, et puis on ne les revoit plus pendant des années.

La célèbre race de moutons que l'on appelle *Southdown* est originaire des collines (*downs*) crayeuses du Sussex qui s'étendent depuis l'extrémité orientale du comté, par Lewes, Shoreham et Arundel jusque dans le Hampshire, sur environ 100 kilomètres de longueur et 7 à 8 de largeur. John Ellmann, qui fut un de ses premiers améliorateurs à la fin du dernier siècle, avait sa ferme à Glynde, près de Lewes. De là, cette race, particulièrement bien appropriée aux terres sèches des collines exposées aux vents froids de l'hiver, s'étendit et remplaça peu à peu les anciennes races locales partout où se trouve la craie, vers le sud, dans le Surrey, le Kent, vers l'ouest dans le Hampshire, le Dorset, le Wiltshire et du côté du nord dans l'Essex, le Norfolk, le Cambridgeshire, etc..., Babraham, la ferme de Jonas Webb, un des éleveurs les plus renommés dans ces derniers temps, est située dans le Cambridgeshire.

Des deux côtés de cette rangée de collines s'étendent des terres plus fortes qui fournissent aux troupeaux leur nourriture d'hiver et sur lesquelles ils vont chaque nuit parquer, faisant quelquefois 4 ou 5 kilomètres pour aller et revenir. Ces longues courses sont fatigantes pour les brebis et les agneaux et amenaient autrefois une mortalité assez considérable chez les jeunes bêtes. En hiver, on les envoie consommer les turneps sur place; on les leur coupe et on y ajoute des tourteaux concassés, mais ils vivent parqués, à tous les vents, quelquefois sur une terre glacée et couverte de neige. On cherche aujourd'hui à éviter ces longs parcours et à remplacer le parcage par les engrais chimiques, mais il est probable que la race des Southdown leur doit en grande partie sa rusticité.

Autrefois ces moutons étaient noirs, mal faits, avec de grosses et longues jambes, pesant 18 livres par quartier, lorsqu'on les engraissait, à l'âge de 4 ou 5 ans. Aujourd'hui ils n'ont plus que la tête et les jambes noires ; les extrémités sont fines, le corps bien proportionné, la laine de meilleure qualité, et, engraissés à l'âge de 15 mois à 2 ans, ils font 25 à 30 livres par quartier, les meilleurs 40 à 50 livres.

Outre l'école de Cirencester, dont nous avons parlé à propos des terrains jurassiques au chapitre VIII, § 10, l'Angleterre a une seconde école d'agriculture, fondée comme la première par une association de propriétaires et de grands agriculteurs. Elle a son siège dans le vieux manoir de Downton, à la limite ouest du Hamsphire, non loin de Salisbury. Le manoir est dans la vallée de l'Avon, dont les terres d'alluvion à sous-sol graveleux ont été formées en partie par les débris des terrains tertiaires qui s'étendent sur la rive gauche dans la *New Forest*, en partie par la craie qui affleure sur la rive droite en downs arrondis et se prolonge vers le nord jusqu'à la plaine de Salisbury. Les élèves ont leur flottille de canots sur l'Avon, leur *criket* et leur *lawntennis* dans un parc, ombragé de magnifiques arbres, qui entoure le manoir. Sur les bords de la rivière se trouvent des prairies arrosées avec ses eaux. Mais la plus grande partie des terres, 180 hectares sur un total de 220, appartiennent aux collines crayeuses qui s'élèvent à l'ouest. Leurs sommets servent de parcours aux moutons ; le reste est en culture, soumis à l'assolement suivant : 1re année : seigle, orge d'hiver ou trèfle incarnat consommé sur place au printemps et suivi de turneps précoces ou de *swedes ;* 2e année : orge ou avoine ; 3e année : trèfle ; 4e année : blé ; 5e année : vesces mangées en vert et suivies de turneps tardifs ; 6e année : turneps précoces ; 7e année : blé ; 8e année : orge. Le but principal de cet assolement est de fournir toute l'année une nourriture abondante et régulière à 25 vaches dont le lait est envoyé à Londres et à un troupeau qui compte de 1,100 à 1,200 brebis et agneaux en été et environ 700 en hiver. Le troupeau de Downton appartient à la variété des Southdown que l'on appelle *Hamsphiredowns;* la précocité de ses agneaux et la qualité de sa laine lui ont acquis une grande réputation.

Une ligne sur 3 ou 4 de turneps est rentrée à la ferme pour les vaches; le reste est consommé sur place par les moutons et l'on a soin d'y ajouter toujours par tête un demi à trois quarts de kilogr. de tourteaux de lin, fèves ou pois concassés ou autres grains. On emploie également des tourteaux, mais des tourteaux moins coûteux que ceux de lin, comme engrais pour les turneps, avec du superphosphate de chaux, du nitrate de soude et quelquefois du sel marin.

Dans toute la partie basse de la Belgique, dans les Flandres et le Brabant, la craie est cachée sous une centaine de mètres d'épaisseur de terrains tertiaires et de diluvium quaternaire; en creusant des puits artésiens à Ostende, Roulers, Courtrai et Bruxelles, elle a été atteinte dans des conditions analogues à celles où elle se trouve au-dessous de Paris. Elle se rapproche de la surface à mesure que l'on s'avance à l'est vers les gisements de charbon et les terrains de transition qui ont formé les hauts plateaux des Ardennes et de l'Eifel. Les parties supérieures de l'étage sénonien et le danien affleurent, comme nous l'avons vu au chapitre XII, dans le bassin de Mons, dans la Hesbaye où ils reposent sur les sables verts du pays de Herve (système *Hervien* de Dumont) et dans le Limbourg, aux environs de Maëstricht.

Dans sa description géologique du sol du Limbourg, M. Casimir Ubagha a distingué dans le danien de Maëstricht trois sous-étages : le *sous-étage inférieur,* composé du *calcaire de Kunrad,* calcaire jaune grisâtre compact et dur dont les bancs, exploités comme pierres de construction et surtout pour faire de la chaux hydraulique, alternent avec des couches de marnes friables, riches en phosphate de chaux, et d'un *poudingue à Bryozoaires;* le *sous-étage moyen,* qui comprend un tuffeau à silex gris, un calcaire grossier et une couche à *Terebratella pectiniformis;* et enfin le *sous-étage supérieur,* formé par un tuffeau qui est exploité à Maëstricht et à Fauquemont, des couches à Bryozoaires avec bancs durs à Anthozoaires et une dernière couche de tuffeau. L'ensemble a 45 à 70 mètres de puissance.

Ces mêmes couches de craie se poursuivent dans le bassin du Jaër, pays très intéressant qui produit des pailles très souples, très fortes et très blanches que les habitants des communes de Glons, Roclenge, etc., fendent pour en faire des *tresses* d'une grande finesse et d'une grande beauté. Ces tresses donnent lieu à un mouvement d'affaires relativement considérable, dit M. de Laveleye. A Paris même, c'est la *tresse belge* que l'on choisit pour faire les chapeaux de femmes les plus fins après ceux d'Italie.

Dans l'ouest de l'Allemagne, le système crétacé conserve les caractères qu'il a en Angleterre et en Belgique ; on le trouve plus ou moins complet en Westphalie, au sud du Teutoburgerwald, et jusque dans le Hanovre en bassins isolés ou reliés seulement par les étages de l'infracrétacé (*wældien* et *pläner*), puis il disparaît, dans la grande plaine de l'Allemagne du Nord, sous une accumulation de dépôts tertiaires et diluviens ; très rarement il est assez rapproché de la surface pour qu'on puisse en tirer les amendements calcaires dont aurait besoin l'agriculture de ces terrains superficiels, dans le Brandebourg, le Mecklembourg, la Poméranie et la Prusse orientale.

Mais il forme, dans la mer Baltique, l'île de Rügen dont les falaises de craie blanche (sénonien et danien) rappellent les côtes de la Normandie et du sud de l'Angleterre, et, dans le Danemark, les îles de Mœn, de Seeland et le nord du Jutland, tantôt recouvert par des dépôts glaciaires, tantôt à nu. Puis, vis-à-vis de Copenhague, on le retrouve à la pointe la plus méridionale de la Suède et dans l'île voisine de Bornholm.

Dans le centre de l'Allemagne, en Saxe, en Bohême, dans une partie de la Silésie et aux environs de Ratisbonne, en Bavière, le système crétacé se compose de roches qui diffèrent complètement de la craie de l'ouest de l'Europe. L'étage cénomanien y commence par une formation d'eau douce dont la flore fossile est d'une grande richesse et qui remplit les dépressions des couches sous-jacentes. Au-dessus viennent des assises de grès en parallélipipèdes superposés (*Quadersandstein*) ; il est recouvert par une assise de calcaires marneux que les géologues allemands appellent *Pläner inférieurs*. L'étage sénonien est formé par le *Pläner moyen,* qui devient quelquefois sableux et s'appelle alors le *Quader moyen*, et par le *Pläner supérieur*.

Quant à l'étage sénonien, il se compose des *marnes à baculites* et du *Quader supérieur*.

L'Elbe passe de la Bohème en Saxe à travers une vallée étroite dont les parois immenses sont formées par cette série de roches. Dans les couches supérieures, les angles des blocs de grès s'arrondissent par leur désagrégation; il en résulte des roches de formes bizarres qui sont les curiosités de la *Suisse saxonne*.

CHAPITRE XIV.

LES TERRAINS TERTIAIRES DU NORD ET DU CENTRE DE LA FRANCE.

Pendant l'époque tertiaire, qui succéda à l'époque secondaire, le continent de l'Europe a pris peu à peu ses proportions et son relief actuels. Les formations que nous allons avoir à étudier, les unes marines, les autres d'eaux douces, se sont déposées dans des mers intérieures, des baies ou des lacs plus ou moins marécageux. De là des différences locales de plus en plus grandes dans la composition minéralogique de leurs sédiments, même pour ceux qui sont contemporains. Nous serons obligés de décrire les terrains tertiaires avec plus de détails que les terrains secondaires. Mais nous n'y trouverons pas moins des caractères agricoles très nets ; presque toujours la région ou le *pays* que l'un d'eux occupe correspond, comme l'a déjà fait observer Élie de Beaumont, à une division naturelle qui a un nom spécial, le *pays de Caux*, la *Brie*, la *Beauce*, la *Sologne*, etc.

En même temps, les restes de plantes et d'animaux que nous trouvons dans ces dépôts se rapprochent peu à peu des formes actuelles, et c'est d'après cette analogie croissante que Lyell a divisé les terrains tertiaires en trois périodes ou systèmes : l'*éocène* (de εος, *aurore*, et καινος, *récent*), le *miocène* (de μειον, *moins*, et καινος, *récent*) et le *pliocène* (de πλειον, *plus*, et καινος, *récent*). Dans ces derniers temps, la plupart des géologues ont trouvé utile d'intercaler entre l'*éocène* et le *miocène* un nouveau système qui forme la transition de l'un à l'autre et qu'ils ont nommé l'*oligocène* (de ολιγος, *peu*, et καινος *récent*).

M. de Lapparent distingue deux étages dans le système éocène :

ce sont l'*étage suessonien* (ou de *Soissons*), bien développé aux environs de Soissons, et l'*étage parisien*.

---

§ 1. — L'étage suessonien des terrains éocènes, ou les sables inférieurs de l'éocène, l'argile plastique et les sables nummulitiques dans le bassin de Paris.

Au nord de Paris, dans les départements de l'Aisne et de l'Oise, on trouve immédiatement au-dessus de la craie, des *sables glauconieux* (*sables de Bracheux, sables inférieurs de l'éocène* ou de *l'argile plastique, glauconie inférieure* ou *glauconie de la Fère*). Près de Beauvais, à la butte de Bracheux, célèbre par les nombreux fossiles (*Ostrea bellovaccina*, etc.) que l'on y trouve, ces sables, fins et glauconieux, ont une dizaine de mètres d'épaisseur ; ils reposent sur une argile verdâtre qui empâte des silex verts et remplit les poches de la craie. Quelquefois ils deviennent eux-mêmes un peu argileux et contiennent des lits de marnes et de grès ferrugineux.

« Lorsqu'après avoir quitté la vallée de l'Oise », dit M. de Lapparent dans sa description géologique du bassin parisien, « la ligne du chemin de fer franchit la limite du bassin de la Somme et s'engage dans le *Vermandois*, on ne voit plus que plaines agricoles, ondulées et assez découvertes. Au delà de Saint-Quentin, c'est toujours la craie, partiellement couverte de limon. Elle se signale de loin par la blancheur des terres labourées. Mais, sur les hauteurs, on remarque des groupes d'habitations, entourées d'arbres, notamment de peupliers, tandis qu'au-dessous les pentes crayeuses sont absolument dénudées. Ces îlots caractéristiques du Vermandois dessinent les affleurements du sable argileux de la glauconie inférieure, que l'érosion a respectés sur les sommets. Leur imperméabilité relative détermine la formation de petits niveaux d'eau, et c'est ainsi que, par une sorte de paradoxe, dans cette partie de la Haute-Picardie, les hauteurs sont plus habitables que les vallons, où règne une absolue sécheresse. »

Près de la Fère, la glauconie se transforme en grès que l'on exploite comme moellon.

Aux environs de Reims, dans le département de la Marne, ce sont les *sables de Châlons-sur-Vesles,* dont les lits, superposés sur une trentaine de mètres d'épaisseur, offrent des teintes très variées. A la partie supérieure, ils sont très blancs et très fins ; la manufacture de Saint-Gobain les emploie pour faire des glaces ; on les nomme *sables de Rilly*. Au-dessus d'eux, il y a, près de Reims, les *marnes et calcaires de Rilly,* marnes blanchâtres renfermant des blocs de calcaires avec beaucoup de *Physa gigantea, Paludina aspersa,* etc.

Enfin, quand on s'avance vers le Nord, on rencontre, comme équivalent des sables de Bracheux, le *tuffeau de Valenciennes* (*turc* ou *ciel de marle* des mineurs d'Anzin), sable glauconieux, irrégulièrement durci par un ciment argilo-calcaire ou par des infiltrations de silice gélatineuse.

Mais la plupart de ces dépôts, très intéressants au point de vue géologique, parce qu'ils marquent les débuts de la période tertiaire, le sont beaucoup moins au point de vue agricole, parce qu'ils ne se montrent à jour que sur des surfaces très restreintes et que leurs parties sablonneuses sont ordinairement boisées.

L'*argile plastique,* qui tantôt succède à ces sables, tantôt repose immédiatement sur la craie, couvre de plus vastes étendues et joue un rôle important, comme niveau d'eau, même lorsqu'elle est cachée sous des dépôts plus récents.

Couverte d'alluvions souvent tourbeuses, elle garnit le fond de la grande vallée de l'Oise, depuis la Fère jusqu'au delà de Creil. Sur la rive droite, elle se découvre et s'élargit près de Noyon pour former le sol de la forêt de Rouvre et de son voisinage. Sur la rive gauche, elle se développe également, parsemée d'îlots de sables nummulitiques et dominée par le calcaire grossier des plateaux supérieurs, dans les vastes forêts de Saint-Gobain, de Coucy et de Compiègne. Puis elle remonte dans les vallées latérales, celles de la Lette, de l'Aisne, du Thérain et de leurs affluents, mais elle s'y dissimule ordinairement sous des alluvions épaisses ou sous les éboulis des sables nummulitiques et du calcaire grossier qui forment les flancs de ces vallées, et elle n'y révèle sa présence qu'en retenant les eaux qui arrivent des plateaux voisins et souvent par l'état marécageux qu'elle y produit.

La lisière de l'argile plastique festonne le sommet des falaises crayeuses qui séparent la Champagne de la Brie, entre la montagne de Reims et Montereau. Il en sort des sources nombreuses; plusieurs des charmants villages qui s'étendent au pied des riches vignobles d'Épernay sont pourvus de fontaines alimentées par l'argile plastique (Belgrand).

Les sources qui jaillissent au niveau de l'argile plastique sont très nombreuses dans la vallée de la Marne ; elles alimentent la partie inférieure de l'Ourcq et la Marne elle-même, entre Épernay et la Ferté-sous-Jouarre.

L'argile plastique se compose d'argiles noires qui renferment des lignites, des pyrites et de nombreux fossiles à test blanc, surtout des cyrènes. En beaucoup d'endroits, les lignites sont exploités, soit comme *cendres noires* qui servent d'amendement, soit pour la fabrication de la couperose et de l'alun, fabrication dont les résidus sont également employés par les cultivateurs des environs.

Lorsqu'on entasse ces cendres à l'air, au bout d'une quinzaine de jours elles s'échauffent, s'enflamment même, subissent une combustion lente et se couvrent d'efflorescences, en forme de petits cratères. La combustion dure de quinze jours à un mois ; le monceau exhale une forte odeur sulfureuse, qui ressemble à celle dégagée par les mauvais charbons ou plutôt le lignite en combustion. Pendant le jour, on voit à la surface une vapeur légère ; mais la nuit, on aperçoit une petite flamme.

Si on laisse durer la combustion longtemps, les cendres deviennent rouges. Quelques cultivateurs les préfèrent à l'état de cendres noires; la plupart, lorsqu'elles sont arrivées à l'état de cendres rouges ; sous cette dernière forme, cependant, on leur reproche d'être plus épuisantes et plus faciles à altérer par des mélanges.

« Depuis plus de cinquante ans que nous n'avons vu les extractions des environs de la Fère », écrivait Puvis en 1851, « l'usage de ces cendres s'est beaucoup multiplié. A cette époque, les cultivateurs du département du Nord venaient en grand nombre, quelquefois de vingt lieues, charger leurs immenses voitures de cendres pyriteuses dans leurs divers états : ils avaient déjà, cependant, trouvé sur leur sol les cendres noires de Sars-Poteries. Ces cendres sont à une assez grande profondeur sous terre ; elles sont employées particulièrement par l'arrondissement d'Avesnes, dans lequel elles se trouvent. L'arrondissement de Cambrai continue à s'approvisionner, en grande partie, de cendres de Picardie, dont il n'est pas beaucoup plus éloigné, et auxquelles on trouve plus d'énergie.

« Les Flamands ont, en grande partie, remplacé les cendres de Hollande, cendres de mer, par les cendres pyriteuses ; cependant quelques cultivateurs préfèrent encore l'emploi des premières, quoique plus chères : les cendres pyriteuses leur reviennent, en moyenne à 3 fr. l'hectolitre, et ils en emploient de 4 à 6 par hectare, sur les prairies et pâtures. Sur les prairies artificielles, la dose est un peu plus forte. On ne les emploie sur les prairies et pâtures que dans les arrondissements de Cambrai et d'Avesnes ; mais, dans tous, on en amende les prairies artificielles ; on les emploie aussi pour les récoltes de printemps, et particulièrement pour les graines légumineuses ; mais alors la dose employée n'est guère que de moitié : elles se mettent sur les récoltes de printemps, au moment de la semaille ; et sur les trèfles, prairies et pâtures, dès le mois de février ; plus tard dans la saison, on craindrait que leurs principes solubles ne vinssent à agir trop activement sur le sol, si, avant les chaleurs, elles n'avaient pas subi les pluies de printemps. L'usage de ces cendres donne aux Flamands le moyen d'améliorer leurs pâtures ou prés d'embouches humides, sans fumier ni arrosements : il leur suffit d'en répéter l'emploi tous les quatre ans ; les cendres jointes aux déjections des animaux en pâture augmentent le produit en quantité et qualité [1]. »

Ces argiles lignitifères sont entremêlées de lits de sables, avec grès ou galets, qui prennent quelquefois une assez grande épaisseur, entre autres dans la forêt de Compiègne. Dans les environs de Saint-Gobain, ce sont, au contraire, les argiles qui prédominent jusqu'à la vallée de l'Oise et elles y forment un pays marécageux, couvert d'étangs et de forêts.

---

1. Puvis, *Traité des amendements*.

Parfois aussi on trouve, intercalés dans les argiles, quelques bancs de calcaires, comme à Mortemer, dans l'Oise, comme aux environs de Tergnier et sur certains points de la forêt de Compiègne (ferme de la Muette, etc.). M. Joulie a fait l'analyse d'un certain nombre de terres de natures très diverses (sables de l'éocène inférieur, argiles plastiques, etc.) de Quessy, près Tergnier, où se trouvent les propriétés de M. Jacquemart, membre de la Société nationale et vice-président de la Société des agriculteurs de France, et il a bien voulu m'en communiquer les résultats.

	AZOTE.	CHAUX.	MAGNÉSIE.	POTASSE.	ACIDE phosphorique.
	p. 1,000.	p. 1,000.	p. 1,000.	p. 1,000.	p. 1,000.
1. Sol	1,29	35,20	3,03	2,06	0,76
1. Sous-sol	0,87	12,22	2,62	1,79	0,41
2. Sol	1,00	22,25	2,30	2,27	0,76
2. Sous-sol	0,62	6,79	3,22	4,62	0,35
3. Sol sableux	1,08	33,13	2,17	1,23	0,35
3. Sous-sol	0,43	6,79	1,19	1,40	0,30
4. Sol sableux	0,92	20,61	1,81	1,65	0,41
4. Sous-sol	0,42	4,31	4,60	8,48	0,21
5. Terre forte	1,89	28,24	2,62	2,62	0,93
5. Sous-sol	1,21	26,88	3,54	3,80	0,73
6. Terre douce	1,13	28,21	1,84	1,60	0,62
6. Sous-sol	0,59	7,06	2,25	2,17	0,21

Un des traits les plus caractéristiques des vallées du Vexin français, c'est qu'on y trouve ordinairement l'argile plastique affleurant à flanc de coteau entre la craie qui en forme la base et le calcaire grossier qui les couronne. On reconnaît de loin le niveau de cette couche imperméable aux prés humides et aux peupliers, dont la verdure contraste avec la couleur blanche de la craie et du calcaire grossier.

La même superposition de couches existe au sud de la Seine jusqu'aux environs de Poissy, par exemple à Grignon, où la source de la grande pièce du parc, située à côté de la ferme, débouche sur l'argile plastique.

A l'est de la Picardie, l'argile plastique se rencontre assez souvent à la surface de ces îlots de sables suessoniens qui forment de petites oasis de verdure au sommet des plateaux crayeux et secs du Vermandois ; mais, du côté de l'ouest, elle devient de plus en plus rare.

En se rapprochant du Nord, on trouve, comme équivalents des sables de l'argile plastique, les *sables et grès du Quesnoy ou d'Ostricourt*. (Gosselet.) Ces derniers sont blancs et souvent réunis par un ciment siliceux en grès que l'on exploite pour pavés ou pour matériaux de construction. Ils couvrent la forêt de Raismes, le haut plateau au sud de Valenciennes et forment des collines au sud de Douai (feuille de Douai de la carte géologique détaillée). Ils se montrent également dans la Thiérache et sont très développés, mais avec un facies un peu différent, en Belgique, où Dumont les a classés dans son étage *landénien*.

Les *sables nummulithiques* (*sables de l'Aisne, sables de Soissons* ou *suessoniens, sables de Cuise*, on leur donne indifféremment ces divers noms) viennent après l'argile plastique. Ils ont leur plus grande épaisseur (50 à 60 mètres) dans la vallée de l'Aisne, aux environs de Soissons; ils y forment les coteaux qui bordent la vallée, couronnés par des bancs de calcaire grossier qui ressemblent à des bastions, couverts à l'exposition nord de bois et à l'exposition sud de vignes ou d'arbres fruitiers. De là ils remontent dans toutes les vallées latérales de celle de l'Aisne. Leur partie inférieure devient marécageuse à cause de l'argile plastique qui se trouve au-dessous; généralement on n'y trouve que des prairies qui donnent des fourrages médiocres et beaucoup de peupliers qui fournissent leur meilleur revenu. Mais par le drainage on peut les améliorer et les transformer en bons herbages, comme l'a fait M. Dormeuil, à Margival[1]. Sur les pentes, ce sont des terres sablonneuses, mêlées de blocs de grès ou de calcaire grossier, qui portent des bois ou de médiocres récoltes. A la base de l'étage, les sables sont jaunes, et à mesure qu'on s'élève, on les trouve plus verts, légèrement calcaires (quelquefois bleuâtres,

1. M. Joulie a trouvé, dans les terres de Margival, pour 1000.

	AZOTE.	CHAUX.	MAGNÉSIE.	POTASSE.	ACIDE phosphorique.
Sable nummulithique 1.	0,38	3,65	2,01	0,97	0,05
— 2.	0,43	19,10	3,33	2,89	0,19
Terre d'alluvion tourbeuse	3,91	73,91	3,47	3,16	0,68

comme au mont Gamelon) à cause de la glauconie qu'ils renferment, et de plus en plus riches en fossiles, principalement en *nummulithes*, qui ressemblent à de petites pièces de monnaie, d'où le nom que les géologues leur ont donné. Dans leur partie supérieure, ces sables se chargent d'argiles et passent peu à peu au calcaire grossier, à la base duquel ces argiles forment un niveau d'eau assez régulier.

Dans les sablières de Cuise, près de Pierrefonds, les couches supérieures contiennent beaucoup de fossiles très bien conservés; de là le nom de *sables de Cuise* qu'on leur donne quelquefois.

A divers niveaux, ces sables contiennent souvent des rognons tuberculeux de calcaire magnésien, que l'on appelle vulgairement *Têtes de chats* et que l'on exploite pour l'empierrement des routes.

Dans toute la région de calcaire grossier qui commence au sud des plateaux de la Picardie, près de Laon, La Fère, Chauny, Noyon, Compiègne, Clermont et Beauvais, on trouve les sables nummulithiques, formant une bordure plus ou moins épaisse, à la base des corniches de calcaire grossier qui entourent les plateaux les plus élevés ou par îlots épars, comme dans la forêt de Compiègne, au-dessus de l'argile plastique.

Mais, à l'ouest, ces zones de sables s'arrêtent brusquement à la faille qui correspond au soulèvement du pays de Bray et qui se prolonge au sud-est jusqu'aux environs de Chantilly et de Coye. Cette ligne, parfaitement droite, limite le Soissonnais, le Beauvoisis et la partie septentrionale du Valois, et l'on pourrait dire que cette région, que nous décrirons avec plus de détails au § 3 de ce chapitre, est une région de calcaire grossier sur sables nummulithiques, tandis que le Vexin français, qui se trouve à l'ouest de cette ligne, est une région de calcaire grossier qui repose directement sur l'argile plastique et la craie qui y apparaît encore au fond des vallées.

Du côté du nord, ils sont remplacés par des argiles (*argiles de Flandre*), glaises bleuâtres qui ont quelquefois jusqu'à 80 mètres d'épaisseur, par exemple entre la Lys et la Marque.

La forêt de Compiègne et la forêt de Laigue, qui en est séparée par la vallée de l'Aisne, se trouvent situées en partie sur les alluvions de cette vallée et de celle de l'Oise, en partie sur l'argile plastique et les sables nummulithiques; leurs parties les plus élevées atteignent seules le calcaire grossier qui forme les plateaux voisins. La forêt de Compiègne a une surface de 14,385 hectares, dont 12,527 hectares en futaie pleine, 1,000 en taillis sous futaie et 848 hors cadre. Le chêne y entre pour 40 p. 100 et le hêtre pour la même proportion. Elle rend 3 mètres cubes, valant 36 fr., par hectare et par an. Celle de Laigue a 3,839 hectares et, comme elle se trouve dans la période de conversion en futaie, elle ne rend actuellement qu'un mètre cube valant 9 fr. Les essences qu'on y trouve sont 31 p. 100 de chêne, 26 p. 100 de charme, 17 p. 100 de hêtre et 16 p. 100 de bois blancs; ces derniers occupent les zones inférieures, qui sont humides et tourbeuses; on y a fait de grands travaux pour les assainir.

Au sud de Paris, les sables nummulithiques n'existent pas: le calcaire grossier y repose directement sur la craie ou n'en est séparé que par l'argile plastique qui, par contre, y prend, dans certaines localités, une épaisseur plus grande et un caractère plus argileux que dans le Nord.

D'après M. Stanislas Meunier, on trouve, à Meudon et à Bougival, au-dessus du calcaire pisolithique qui termine la série crétacée, d'abord un conglomérat ossifère de $0^m,45$ d'épaisseur, une argile feuilletée, noirâtre, renfermant des lignites et des cristaux de gypse ($0^m,60$) et une marne à rognons calcaires ($0^m,35$) ; puis vient l'*argile plastique,* dont la puissance varie et atteint, près de Vaugirard, jusqu'à 50 mètres. Elle est tantôt blanche, comme à Montereau, et peut servir à la fabrication de la porcelaine, tantôt grise, comme à Vaugirard et à Vanves, où elle est exploitée pour la tuilerie. Celle de Vaugirard se compose de :

Silice	51,74
Alumine	26,10
Oxyde de fer	4,91
Chaux	2,25
Magnésie	0,23
Eau	14,58
	100,00

Comme minéraux accidentels, on y trouve de magnifiques cristaux de gypse, de la pyrite de fer, soit concentrée en nodules tuberculeux, soit disséminée dans l'argile et lui donnant une couleur noire

(Ebelmen), des grains de carbonate de fer, du carbonate de strontiane, etc.

L'argile plastique est ordinairement surmontée d'une couche de *sable* ou de *grès*, dont l'épaisseur varie depuis quelques centimètres (Vaugirard) jusqu'à plusieurs mètres (Montereau, Bougival), et qui prend de plus en plus d'importance, comme nous l'avons vu, à mesure que l'on se dirige vers le Nord.

Enfin viennent les *fausses glaises*, qui diffèrent de l'argile plastique proprement dite, en ce qu'elles sont plus ou moins sableuses et ont des couleurs bigarrées, dues aux matières étrangères qui y sont inégalement réparties. Ces matières étrangères sont : des lignites ou débris de végétaux, du succin, de la pyrite, de la strontiane sulfatée (célestine), de la webstérite (sous-sulfate d'alumine), des nodules de phosphate de chaux, quelquefois des cristaux de phosphate de fer (vivianite).

L'argile plastique forme, dans les environs de Paris, un niveau de sources qui devient important, quand les masses de calcaire grossier ou de diluvium qui le surmontent sont assez épaisses et occupent assez de surface pour absorber beaucoup d'eaux de pluies.

Au sud-est de Paris, on rencontre l'argile plastique par lambeaux à la surface des plateaux crayeux du Sénonais et sur de vastes étendues dans la partie orientale du Gâtinais qui se trouve entre la vallée du Loing et la Puisaye de la basse Bourgogne. Le caractère généralement humide de toute cette contrée provient précisément de cette couche épaisse d'argile plastique. D'après M. Belgrand, on y appelait autrefois *gastines* les larges flaques d'eau sans profondeur que les eaux de pluie formaient de tous côtés sur ce sous-sol imperméable, et de là provient le nom du pays. Mais on n'est pas bien d'accord sur cette étymologie; d'autres font dériver le nom de Gâtinais du radical *Vast* et, d'après eux, il indiquerait une terre déserte et en friche. Dans tous les cas, le Gâtinais français qui se trouve entre la vallée du Loing et la Beauce est loin d'être humide et, pour l'en distinguer, on donne souvent le nom de *Bocage* au Gâtinais de la rive droite du Loing qui confine à la Puisaye et qui est, comme elle, couvert d'arbres très nombreux. Le nom de *Puisayes* se donne également en Bourgogne aux terres argileuses, froides et humides. Ces caractères sont communs au Bocage du Gâtinais et à la Puisaye de la basse Bourgogne, bien que dans le premier ce soit l'argile plastique ou l'argile à silex qui forme la plupart des terrains et dans la seconde l'argile du gault.

Du reste, la composition minéralogique des diverses assises de l'argile plastique est très variable. Elle comprend, de bas en haut, des marnes crayeuses, des poudingues de cailloux roulés plus ou moins cimentés, des argiles plastiques blanches ou panachées de rose et de jaune, enfin des sables et grès siliceux purs ou mélangés d'argile ; accidentellement on y trouve du minerai de fer ou des lignites, sans que l'ordre de superposition que nous venons d'indiquer soit absolument régulier.

On admet ordinairement que les sables consistent en silex de la craie plus ou moins concassés et que les argiles sont les résidus de la lévigation de cette même craie. Mais sur certains points on trouve des sables dont l'origine est granitique ; le mica qui s'y trouve mêlé le prouve ; et quelquefois, par exemple à Montereau, l'argile qui sert à la fabrication des terres de pipe a tous les caractères du kaolin. Comment ces sables et ces argiles granitiques peuvent-ils se trouver à la surface de la craie ? M. Stanislas Meunier les appelle des *alluvions verticales,* des dépôts de sources qui jaillissaient à travers ces puits verticaux que l'on trouve souvent au milieu de la craie, comme au milieu des calcaires jurassiques, et qui descendaient jusqu'aux granites sous-jacents.

Aux environs de Nemours, on trouve, immédiatement au-dessus de la craie, des conglomérats (*poudingues de Nemours*) plus ou moins entremêlés de lits d'argile et composés de silex réunis par une glaise maigre qui se délite facilement à l'air. Ces poudingues présentent de nombreux affleurements sur les coteaux qui encaissent la vallée du Loing de Nemours à Montargis. D'abord placés au niveau de la vallée, ils occupent bientôt les flancs des collines et atteignent enfin la hauteur des plaines, en laissant voir plus ou moins les couches de la craie sous-jacente. Près de Château-Landon on voit apparaître, au-dessus du poudingue de Nemours, le *calcaire de Château-Landon,* qui correspond au travertin de la Brie et que l'on exploite comme pierre de taille ; mais il ne s'étend pas sur des surfaces considérables. A l'ouest, le conglomérat et l'argile plastique disparaissent bientôt sous le *calcaire de Beauce* ou sont remplacés par lui, tandis qu'à l'est et jusque sur les bords de la Loire, ils ne sont recouverts que par les *sables et graviers des terrasses,* qu'il est difficile d'en distinguer, ou par l'*argile à silex,* qui prend un vaste développement à mesure que l'on s'avance dans la Puisaye.

Les argiles renferment assez souvent de petits lits de fer hydroxydé et les poudingues ou les sables et grès supérieurs des rognons d'hématite brune. Ces minerais de fer ont été exploités autrefois ; les grands amas de scories qui sont épars sur les plateaux et les noms de beaucoup de localités, entre autres celui de *Ferrières*, en sont la preuve. Autrefois la forêt de Montargis, celle d'Orléans et celle de Fontainebleau ne faisaient sans doute qu'un même ensemble, et c'est pour alimenter ces petites forges que les bois ont été détruits dans l'intervalle qui les sépare aujourd'hui. La forêt de Montargis [1], forêt de 4,154 hectares, où l'essence prédominante est le chêne, se trouve en partie sur l'argile plastique, en partie sur l'argile à silex qui se prolonge à l'est. Cette argile à silex est aussi couverte de bois partout où le sol est ou trop humide ou trop pierreux et trop éloigné des gisements de marne pour être cultivé avec profit. Même dans les champs, les pommiers et les poiriers à cidre abondent, et les prairies qui couvrent les vallons sont garnies de nombreuses plantations de peupliers. De là le nom bien mérité de *Bocage* que les gens du pays donnent à cette partie du Gâtinais et à la Puisaye qui la continue dans la basse Bourgogne.

Sur la rive droite de l'Yonne, la forêt d'Othe occupe un sol analogue à celui du Gâtinais, argile à silex et argile plastique, reposant sur un fond de craie qui affleure dans les vallons.

Sur le territoire du bourg de Dixmont et des communes voisines,

---

1. Dans la forêt de Montargis, le nouvel aménagement fait en 1873 a porté le revenu pendant les dix premières années à 56 fr. l'hectare. La production annuelle a été, pendant cette période, de $5^{m^3},195$, dont 12 p. 100 en bois de service ou d'industrie, ce qui représente une valeur moyenne de 11 fr. 25 c. le mètre cube. Mais depuis 1883, le revenu de la forêt a diminué et il n'est plus que de 27 fr. par hectare, moyenne de l'ensemble des forêts de l'État.

de chaque côté de la petite vallée de Saint-Ange, qui débouche dans l'Yonne en aval de Villeneuve-le-Roi, et particulièrement dans la propriété de M. d'Eichthal, à l'Enfourchure de Gramont, on a découvert, enfouis dans la glaise panachée et les sables quartzeux qui remplissent les poches de la craie, les restes d'une immense forêt qui était surtout composée de conifères.

A l'ouest et au nord-ouest de Paris, dans le bassin de l'Eure, dans le pays de Caux, en Picardie et jusque dans l'Artois nord, l'argile plastique a probablement recouvert autrefois toute la craie qu forme la base de ces contrées ; mais elle en a disparu, laissant comme témoins des galets, des blocs de grès ou des poches de sables, et n'est demeurée en place que par lambeaux, principalement dans les dépressions qui se sont produites au milieu du massif crayeux. On les retrouve, par exemple, concentrés, comme l'a remarqué M. de Lapparent, sur le bord affaissé de la grande faille qui va de Fécamp à Lillebonne, dans le département de la Seine-Inférieure. Ses sables sont exploités à Saint-Léonard, au-dessus de Fécamp ; ailleurs (à Mélamare, près de Bolbec, à Varangéville), ses argiles, rouges ou violacées, sont employées pour la fabrication des tuiles.

---

§ 2. — L'argile à silex.

Dans tout le nord-ouest de la France, depuis le département du Nord jusqu'à celui de la Seine-Inférieure, dans une partie de l'Eure et d'Eure-et-Loir (le Thimerais et le Perche), en Touraine, dans le Sancerrois, et jusque dans le Gâtinais et la Puisaye, on trouve, au-dessus de la craie, un dépôt qui a une grande importance au point de vue agricole, mais dont on n'a pas encore pu déterminer exactement ni l'âge, ni l'origine : c'est l'*argile à silex*. Tantôt cette argile à silex repose directement sur la craie, tantôt elle en est séparée par l'argile plastique ; mais M. Hébert a constaté qu'elle se trouve en quelques points au-dessous de cette argile plastique, par exemple à Frémincourt, près de la forêt de Dreux. Près de Saint-Quentin, on y a trouvé des fragments de calcaire grossier, et l'on peut en conclure qu'elle est plus récente que ce calcaire. L'argile à silex ne renferme pas de fossiles indicateurs, restes d'animaux qui ont vécu à l'époque de sa formation, et cette absence d'êtres organisés ferait croire qu'elle a été déposée dans des conditions qui rendaient la vie impossible à ces êtres, probablement dans des eaux très chargées d'acide carbonique et très pauvres en oxygène, comme celles des sources geysériennes.

Quant à la composition minéralogique, ce qu'elle a de plus constant, ce sont les silex, et les silex proviennent, on ne peut en douter, des couches de craie analogues à celles qui sont restées au-dessous d'eux ; lorsqu'on les casse, on y trouve souvent les mêmes fossiles que dans cette craie. Ils n'ont pas été entraînés au loin, car ils ne sont pas roulés. De plus, dit M. Gosselet, on observe que, là où la craie contient une ligne de gros silex au-dessus de silex de plus petite taille, ces gros silex forment dans la masse de l'argile un horizon supérieur aux petits. Donc, lorsque la craie qui les englobait a été dissoute, les silex sont restés à peu près sur place, en s'accumulant principalement dans les bas-fonds.

Dans les falaises et dans les tranchées creusées pour les routes et les chemins de fer, on voit que la surface de la craie est très inégale ; elle offre une multitude de cavités, de larges sillons, des ondulations et des puits verticaux, qui pénètrent quelquefois à de grandes profondeurs à travers ses assises horizontales. Elle paraît avoir été en quelque sorte rongée par des masses d'eaux très puissantes qui ont creusé ces cavités ou *poches* et en même temps préparé ou amené les matériaux qui les remplissent aujourd'hui : ce sont de l'argile à silex, quelquefois des argiles plastiques ou des sables ; c'est dans des poches de ce genre que l'on a trouvé, à Orville et Beauval, les sables phosphatés. Ces matières proviennent sans doute en partie des couches de craie disparue, en partie des dépôts tertiaires déjà accumulés au-dessus d'elles avant le travail des eaux qui les ont mises dans leur état actuel. Mais il y en a qui paraissent avoir une tout autre origine : certains sables sont analogues à ceux que fournit la décomposition des granites, mêlés de paillettes de mica et de kaolin. Les argiles sont très ferrugineuses. Il est probable que ce sont des *alluvions verticales* ou geysériennes comme celles que M. Stanislas Meunier a signalées dans l'argile plastique. Elles ont été amenées à jour par des eaux jaillissantes à travers les fentes et les crevasses de la craie, comme ces sources de boues que l'on trouve encore aujourd'hui dans les montagnes du Jura.

M. Gosselet dit que l'argile qui englobe les silex est en rapport avec la nature du terrain crétacé voisin, qu'elle est argileuse et presque plastique dans le voisinage des *dièves* et devient marneuse lorsque le dépôt est environné de craie pure. Je ne mets pas en doute l'exactitude de ces observations, mais elles ne sont vraies que pour les localités où M. Gosselet les a faites et il aurait tort de les généraliser. Le plus souvent, presque toujours, l'argile à silex manque absolument de calcaire, même lorsqu'elle repose sur des couches de craie qui ne contiennent presque rien d'autre. Ce que je viens de dire de son origine explique cette absence de chaux. Les eaux chargées d'acide carbonique l'ont fait disparaître; et aujourd'hui les cultivateurs sont obligés de la remplacer, en marnant leurs champs au moyen de la craie sous-jacente qu'ils extraient en y creusant des puits.

On trouve souvent dans l'argile des nids de sable, des blocs de grès ou des poudingues, formés de silex agglutinés par un ciment de grès. Quelquefois l'argile devient elle-même plus ou moins sableuse et, dans certaines localités, les sables remplacent complètement l'argile, par exemple dans la forêt d'Eu.

L'épaisseur de l'argile à silex varie beaucoup; tantôt elle n'a que 2 ou 3 mètres, tantôt elle en a plus de 30. M. Lennier a remarqué qu'elle augmente dans les localités où elle repose directement sur la craie verte et où, par conséquent, les eaux avaient fait disparaître complètement la craie blanche, par exemple au cap de la Hève, près du Havre. Sur la craie blanche, elle a moins de profondeur.

Au-dessus de l'argile à silex, on trouve des dépôts de *limon quaternaire,* dont nous devrions parler plus tard, parce qu'ils sont plus récents, mais que nous préférons citer dès à présent, parce qu'ils achèvent de caractériser la géologie du nord-ouest de la France. Ils ont plusieurs mètres d'épaisseur dans les parties les plus élevées des plateaux, mais ailleurs ils s'amincissent et ne forment plus, à la surface de l'argile à silex, qu'une couche faible et souvent discontinue que la charrue mélange avec le sous-sol. Les cartes géologiques de détail que vient de publier le corps des mines et, entre autres, la feuille d'Yvetot, qui est due à MM. Fuchs et de Lapparent, l'indiquent par une teinte gris jaune (avec la lettre *p*), tandis que l'argile à silex est désignée par la couleur violette (avec la lettre M). Les auteurs de la carte ont mis cette teinte violette partout où les labours qui, dans le pays de Caux, n'ont, en général, qu'une faible profondeur, ramènent à la surface des silex. Partout le limon des plateaux fournit les meilleures terres; ces terres sont, comme l'argile à silex, dépourvues de calcaire et ont besoin d'être marnées, mais la facilité avec laquelle elles se travaillent, la profondeur à laquelle les racines peuvent y pénétrer et leur perméabilité plus grande pour les eaux font leur supériorité. Évidemment, cette supériorité augmente en raison de leur profondeur et elle tend à disparaître quand le limon n'a que peu d'épaisseur sur un sous-sol d'argile à silex qui empêche la pénétration des racines et des eaux.

Autrefois l'argile à silex était généralement couverte de bois. En la marnant, en écoulant les eaux des parties les plus basses et les plus humides à travers des *boitouts*, puits verticaux remplis de troncs d'arbres et de cailloux qui vont rejoindre la craie sous-jacente, on a réussi à en faire des champs de qualité moyenne. Mais aujourd'hui, avec l'augmentation du prix des bois et, d'un autre côté, avec la rareté de la main-d'œuvre et la baisse du prix des produits agricoles, ces défrichements n'ont plus leur raison d'être. J'en ai vu faire encore, près d'Étretat, il y a environ trente ans, et leurs résultats n'ont pas été satisfaisants. Au lieu de diminuer l'étendue des bois, il vaudrait mieux, dans les conditions actuelles, les augmenter partout où le sol n'est pas de première qualité.

Dans les fermes normandes, l'imperméabilité de l'argile à silex facilite l'établissement des *mares*, seul moyen d'abreuver le bétail sur ces plateaux dénués de sources.

Le pays de Caux. — En Normandie, comme en Picardie et en Artois, toute l'agriculture, et l'on pourrait dire toute l'organisation économique du pays, dépend de sa structure géologique et surtout du régime des eaux, qui est lui-même une conséquence directe de cette structure.

L'*argile du gault*, qui fait cuvette sous le bassin de la Seine, se relève du côté de l'ouest et vient affleurer sous les galets qui couvrent les plages au bord de la Manche. Quand la mer est basse, les femmes des pêcheurs d'Étretat et de Fécamp vont faire leur lessive dans les eaux douces des sources qui coulent à la surface de l'argile; mais quand la marée monte, elle couvre le débouché de ces sources. En Artois, c'est grâce à la présence de l'argile du gault sous les plateaux de craie que l'on a pu établir les *puits artésiens*.

Sur cette base imperméable, on trouve d'abord la *craie glauconieuse*, épaisse de 40 à 50 mètres et composée de 3 zones: une zone inférieure, glauconie marneuse qui est souvent très meuble et devient un sable argileux avec nodules phosphatés; une zone moyenne, d'un gris bleuâtre, avec silex gris fondus dans la masse, qui fournit en certains endroits des pierres de taille, et une zone supérieure, tuffeau à silex tachés de jaune, qui est propre au marnage; puis la *craie marneuse*, dont l'épaisseur varie de 8 jusqu'à 40 mètres et qui est composée : 1° d'une craie sableuse, parfois noduleuse, sans silex, que l'on emploie pour fabriquer de la chaux ; 2° de couches marneuses grisâtres, avec nombreux lits de silex noirs ; 3° d'une craie marneuse blanche, assez compacte et sans silex. Ces deux dernières couches sont utilisées pour le marnage et pour la fabrication de la chaux ; elles forment un niveau de sources assez important.

Enfin vient *la craie blanche* qui, dans certaines localités, par exemple à Tancarville, a plus de 100 mètres d'épaisseur, mais qui est loin d'être partout aussi développée. Sa partie inférieure devient parfois noduleuse. Partout elle est entrecoupée par des lits continus de silex. La craie blanche sert, comme la craie marneuse sous-jacente, au marnage des terres qui s'étendent à la surface des plateaux.

Comme je l'ai dit, ces terres sont formées par l'*argile à silex* qui, dans certains endroits et principalement sur les points les plus élevés, est recouverte par le *limon des plateaux*.

Tout cet ensemble de couches constitue, dans le pays de Caux, un plateau irrégulier dont l'altitude moyenne varie de 120 à 150 mètres, mais qui s'élève peu à peu jusqu'à 240 mètres dans le voisinage du pays de Bray. Du côté de la mer et sur le bord de la vallée de la Seine, ce plateau se termine brusquement par des falaises de plus de 100 mètres de hauteur.

Sa surface est loin d'être complètement plate. Elle se compose en réalité d'une grande quantité de plateaux, séparés par les dépressions, les vallons et les vallées plus profondes que les érosions des eaux y ont creusés.

Les pentes des vallons les moins considérables sont couvertes par le *dépôt meuble* qui est indiqué, sur les cartes géologiques de détail, par la teinte brune et la lettre A, et qui est composé, tantôt de limon descendu des hauteurs voisines, tantôt de cailloux de silex, tantôt d'un mélange des deux. Dans les vallées plus larges et plus profondes auxquelles ces sortes de ravins secs aboutissent, la craie est à nu sur les flancs les plus abrupts, presque toujours couverts de bois ou de genêts épars au milieu d'un maigre gazon, tandis que le côté le moins incliné reste garni par le dépôt meuble et peut être utilisé par la culture arable ou par la production forestière, suivant qu'il est plus ou moins fertile.

Quant au fond des vallées, il est formé par des alluvions dont les matériaux ont été fournis par l'ensemble de tous les terrains qui les dominent; il est, en général, occupé par des prairies, quelquefois trop humides et tourbeuses.

Dans ces vallées, les sources sont abondantes, amenées par la craie marneuse qui affleure sur leurs bords; elles forment quelques rivières qui ont servi à la création de moulins et d'établissements industriels. On trouve dans ces vallées toutes les villes manufacturières de la Normandie.

Mais sur les plateaux qu'elles drainent et qui ont une surface bien plus considérable, on ne trouve ni sources, ni centres de population de quelque importance. Les fermes sont dispersées dans la campagne, au milieu des champs qu'elles cultivent. Les communes ont souvent plusieurs lieues carrées d'étendue.

Dans ces fermes normandes, les cours sont très vastes; elles ont quelquefois deux ou trois hectares de surface. Ce sont de véritables vergers gazonnés, que l'on appelle *masures* dans le pays. Elles sont

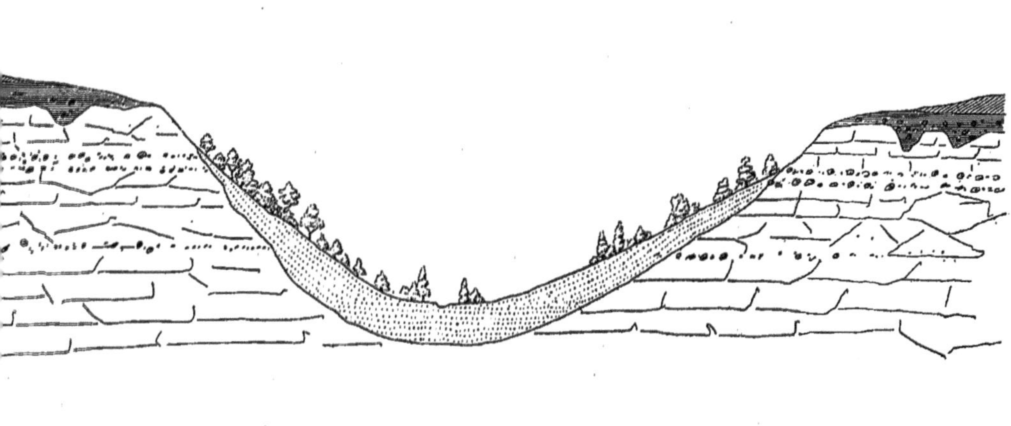

Limon des plateaux. Argile à silex. Craie. Dépôts meubles des pentes et alluvions.

Fig. 7. — Vallée du pays de Caux.

entourées de *fossés* qui sont tout le contraire de véritables fossés : ce sont des sortes de remparts en terre de 1m,50 à 2 mètres de hauteur, qui servent de clôture et sur lesquels sont plantés, en double rangée, des chênes et des hêtres souvent très grands. Ces arbres servent d'abri aux pommiers, qui auraient de la peine à nouer et à donner du fruit sous l'influence directe des vents de l'ouest. Les eaux de pluie qui tombent sur le gazon de la masure se rassemblent dans une mare creusée dans le coin le plus bas et entourée également d'arbres de haute futaie qui la protègent contre une évaporation trop rapide. Ces eaux de mare, ordinairement très chargées de matières organiques, servent à abreuver le bétail, et l'on comprend qu'elles ne soient pas toujours sans inconvénient pour sa santé. Quant au personnel de la ferme, il a pour *boisson* habituelle une sorte de piquette de cidre qui se fabrique en ajoutant de l'eau au marc de pommes. La fermentation la purifie ; les matières nuisibles tombent au fond du tonneau, et le soutirage donne un liquide jaunâtre assez agréable et rafraîchissant, auquel on a soin de joindre de temps en temps quelques verres d'eau-de-vie de cidre.

Dans les châteaux et dans les habitations plus confortables que les simples fermes, on a des citernes maçonnées où l'on recueille les eaux de pluie tombées sur les toitures.

Pour faire des puits, il faudrait creuser jusqu'à la craie marneuse, et encore manqueraient-ils d'eau pendant les étés secs[1]. Pour être sûr d'en trouver toute l'année, il faudrait descendre jusqu'à l'argile du gault, et quand les plateaux sont aussi élevés que ceux du pays de Caux, ce seraient des dépenses trop lourdes à supporter pour l'agriculture.

Au lieu d'être réunis en un seul corps pour faciliter les services, les différents bâtiments des fermes normandes sont dispersés autour de la masure, sans doute pour éviter qu'un incendie, presque impossible à éteindre avec cette pénurie d'eau, ne les détruise tous ensemble.

---

1. D'après les légendes du moyen âge, les habitants des plateaux du pays de Caux ont souvent été forcés de payer tribut à ceux des vallées pour en obtenir de l'eau.

Ces incendies étaient d'autant plus à craindre autrefois que toutes les toitures étaient en chaume; mais aujourd'hui on tend à les remplacer par des tuiles ou des ardoises. Beaucoup de murs sont encore en *pisé*, fait avec le limon des plateaux. Mais comme le limon peut servir à fabriquer d'excellentes briques, on construit la plupart des nouvelles fermes au moyen de ces briques, dont les triples rangées rouges, alternant avec quelques lignes de silex noirs, font un très joli effet, au milieu de la verdure qui les entoure.

Tous les détails de l'agriculture du pays de Caux sont merveilleusement bien adaptés aux conditions géologiques du sol.

On a l'habitude de marner tous les vingt à vingt-cinq ans, avec la craie que l'on extrait à l'aide de puits verticaux creusés à travers le limon et l'argile à silex. La dose de marne varie de 200 jusqu'à 500 hectolitres à l'hectare, suivant que les terres sont moins ou plus compactes. Sans doute elle est beaucoup plus forte pour les sols d'argile à silex que pour ceux de limon. Il y aurait lieu d'étudier avec plus de précision ce fait et d'examiner, à la fois par des analyses faites sur des échantillons bien choisis et par des essais méthodiques dans les champs, comment la qualité de la marne varie avec les diverses couches déterminées par les géologues, si elle se délite plus ou moins facilement, si elle contient, outre le carbonate de chaux, plus ou moins de phosphate, etc.[1].

La quantité d'acide phosphorique varie beaucoup dans la craie suivant les couches dont elle provient. Tantôt elle atteint à peine 1 p. 1000, tantôt elle dépasse 1 p. 100 et s'élève parfois, comme nous l'avons dit au chapitre XI, à 8 et 10 p. 100. Dans tous les étages, on trouve quelques gisements de phosphates qui ne sont pas assez riches ou dont l'extraction est trop difficile pour qu'il vaille la peine de les exploiter séparément comme engrais, mais qui, mêlés à la marne, doivent en augmenter considérablement l'efficacité. Voici quelques analyses faites par M. Clouët de nodules et de craies phosphatées des divers étages de la Normandie[2] :

---

1. Dans ses fermes d'Écorchebœuf, près de Dieppe, M. Reiset, membre de l'Institut, emploie du phosphate de chaux au lieu de marne.
2. *Association scientifique*, 1883.

PROVENANCE.		COULEUR de la poudre.	EAU.	SILICE et matières insolubles.	CHAUX (totale).	FER et alumine.	ACIDE phosphorique.	PHOSPHATE tribasique correspondant.	AZOTE.
ÉTAGE DU GAULT (Ét. albien d'Orb.).									
Villequier (à 70 mètres d'altitude).		Poudre grise, assez foncée.	0,74	19,00	49,60	5,80	11,26	20,57	Tous les échantillons analysés ou contiennent des traces appréciables.
ÉTAGE CÉNOMANIEN.									
CÉNOMANIEN INFÉR.	La Hève, 40 mètres au-dessus de la mer.	Poudre grise, légérem. jaunâtre.	0,40	13,40	55,90	6,80	9,01	19,62	
—	La Hève, 41^m,6 — —	Gris jaunâtre.	0,38	21,05	46,30	3,60	13,80	30,01	
—	Octeville, 22^m,5 — —	Gris jaunâtre.	0,10	5,50	48,80	2,30	4,35	9,47	
—	Villequier (couche 14 de M. Lennier). .	Gris jaunâtre assez foncé.	0,65	20,80	41,90	1,10	14,30	31,14	
CÉNOMANIEN MOYEN.	Villequier (couche 18 de M. Lennier). .	Gris jaunâtre encore plus foncé.	1,90	15,00	45,40	6,70	9,59	20,88	
CÉNOMANIEN SUPÉR.	Rouen, 55 mètres d'alt. au-dessus de 0 .	Gris légèrement jaunâtre.	0,20	16,10	57,10	5,40	17,91	39,00	
—	Orcher (50 mètres au-dessus de la mer).	Blanche.	0,30	5,20	49,10	2,40	13,18	28,70	
—	Bures.	Blanc grisâtre.	0,85	13,60	52,30	3,75	17,30	37,62	
—	Pont-Authou (Eure).	Blanche.	0,15	6,70	54,60	2,60	20,34	44,29	
ÉTAGE TURONIEN.									
TURONIEN INFÉR.	Rouen, 71 mètres d'alt. au-dessus de 0 .	Blanc jaunâtre.	0,15	0,42	68,30	0,45	7,01	15,33	
—	Rouen, 71^m,5 — —	Gris clair.	0,20	24,40	53,25	3,40	11,51	25,06	
ÉTAGE SÉNONIEN.									
SÉNONIEN INFÉR.	Saint-Valery, niveau des hautes mers .	Blanc jaunâtre.	0,80	14,20	49,60	2,50	11,80	25,66	
—	Dieppe, niveau des mers moyennes. . .	Blanc jaunâtre.	0,70	9,30	41,45	3,15	15,22	33,10	
—	Petit-Quevilly (10 à 11^m au-dessus de 0).	Gris jaunâtre.	0,50	11,40	48,20	4,25	8,40	18,27	
SÉNONIEN MOYEN.	Elbeuf (entre la craie à silex zonés et la craie à *M. coranguinum*).	Blanc grisâtre.	0,60	8,80	44,80	4,40	3,69	8,01	
SÉNONIEN SUPÉR.	Elbeuf (à 20^m au-dessus du précédent) .	Gris jaunâtre.	0,45	10,30	44,00	1,90	6,59	13,35	

Il y a quelques années, j'ai pris des échantillons de terre dans les diverses soles d'une ferme des environs du Havre. Dans la première sole, qui venait d'être marnée, il y avait encore quelques grumeaux de craie qui faisaient effervescence avec les acides. Mais, dans les autres soles, j'avais été frappé de l'absence totale de chaux à l'état de carbonate. Elle s'y trouvait, comme l'a remarqué M. P. de Mondésir dans un mémoire qu'il vient de présenter à l'Académie des sciences, unie aux matières organiques de la terre. A mesure que l'on s'éloigne de l'année du marnage, cette terre devient de plus en plus acide et l'oseille s'y montre de plus en plus abondante.

En pratique, on reconnaît précisément qu'une terre a besoin d'être marnée quand l'oseille s'y développe en grande quantité.

Dans le pays de Caux, les labours sont, en général, parfaits comme régularité, mais ils n'ont pas une grande profondeur. Un défoncement trop brusque aurait des inconvénients dans les terrains très ferrugineux et surtout dans les argiles à silex pures ; tant que le fer n'est pas bien oxydé, les récoltes peuvent en souffrir. De plus, il faudrait augmenter à la fois les marnages [1] et les fumures en raison de l'approfondissement de la couche arable. Des propriétaires qui cultivent leur propre bien peuvent faire de telles améliorations, mais des fermiers qui n'ont que 9 à 12 ans de bail, et ce sont les conditions les plus habituelles dans le pays, reculent devant elles.

La plupart des baux ayant une durée de 9 à 12 ans, on a conservé l'ancien cadre de l'assolement triennal, mais en supprimant la jachère nue et semant du trèfle tous les 6 ans, ce qui, en réalité, fait une rotation de 6 ans :

Première année. Blé, avec un peu de seigle pour les liens.

Deuxième année. Moitié en avoine, moitié en racines ou fourrages verts : pois, vesces, trèfle incarnat, etc.

---

1. D'après M. Marchand, la quantité de marne employée augmente avec la profondeur des labours.

Elle est, près de Fécamp, par hectare de :

20	mètres cubes :	90 p. 100 de calcaire	pour une profondeur de labour de	15	centimètres.
23	—	—	—	25	—
30	—	—	—	28	—
41	—	—	—	30	—

Troisième année. Moitié en trèfle semé dans l'avoine, moitié en colza, ou pépinière de colza, lin, etc.

On fume autant que possible tous les 3 ans à raison de 30,000 à 40,000 kilogr. par hectare. Cette fumure est appliquée, soit au colza et aux racines, soit aux pois ou vesces, quelquefois au blé lui-même. Du reste, comme les vaches pâturent au piquet, une partie de l'engrais est ainsi répandue plus ou moins également sur les pièces qui portent du trèfle et qui doivent ensuite être ensemencées en froment. Les légumineuses sont plâtrées à raison de 3 hectolitres à l'hectare.

On échardonne les blés à la main. Il vaudrait mieux les semer en lignes et les biner mécaniquement.

Dans tous les cas, les récoltes et les blés surtout sont généralement remarquables par leur beauté.

Les labours continuent à être faits par l'ancienne charrue cauchoise, munie d'un avant-train monumental et attelée de 2 ou 3 chevaux. Il est probable que l'usage de l'avant-train s'est conservé, parce qu'on emploie de jeunes chevaux achetés dans le Boulonnais, le Perche ou la Bretagne, à l'âge de 18 mois ou 2 ans, que l'on développe par cette gymnastique fonctionnelle et que l'on revend à 4 ou 5 ans avec un bénéfice assez grand pour payer la plus grande partie de leur nourriture, en sorte que les travaux de la culture se font très économiquement.

Les plateaux du pays de Caux n'ont pas d'autres herbages clos que les masures qui entourent les bâtiments de ferme. On y élève moins de poulains que dans le pays d'Auge, le Boulonnais, etc., parce qu'on y a moins de place pour les laisser s'ébattre en liberté et, d'un autre côté, parce qu'on a pour les jeunes chevaux de 2 à 5 ans plus de travail que dans les pays d'herbages. Il en est de même pour les bêtes à cornes. On tient des vaches; les fermes du voisinage de Rouen, du Havre, etc., vendent le lait en nature; ailleurs on engraisse des veaux, on fait du beurre, mais la fabrication du beurre ne peut pas prendre beaucoup d'extension dans une contrée qui manque de sources. Toutes les vaches sont en ligne attachées *au tiers* ou *piquet* dans les beaux champs de trèfle incarnat, de vesces, etc., qu'elles consomment dès le mois de mai. On n'élève que les animaux de choix; cependant l'élevage tend à prendre plus d'extension, et comme le but final est surtout la production de la viande, on fait beaucoup de croisements Durham, tandis que, dans le pays de Neufchâtel, dans le voisinage d'Isigny, etc., où la laiterie est l'objet principal, on a soin de conserver la race cotentine parfaitement pure.

Les moutons sont de race cauchoise, croisée mérinos. Les fermiers les plus rapprochés des grandes villes engraissent plus qu'ils n'élèvent. Les autres ont des troupeaux d'élevage, et quelques-uns y introduisent du sang anglais, soit du dishley, soit du southdown[1].

On compte qu'il faut de 18,000 à 20,000 fr. de capital d'exploitation par charrue, c'est-à-dire pour 34 à 43 hectares; cela fait environ 500 fr. par hectare.

L'étendue des fermes est, en moyenne, de 2 charrues: 60 à 90 hectares.

Avec ce système de culture, admirablement adapté aux caractères du sol et du climat humide et doux de la Normandie, également bien approprié, pendant longtemps, aux conditions économiques du pays, les fermiers s'enrichissaient et les fils qui leur succédaient se conformaient aux traditions agricoles dont ils avaient vu le succès.

Mais, depuis une vingtaine d'années, le prix de vente du colza a baissé par suite de la concurrence que lui fait le pétrole. La facilité des transports amène des blés d'Amérique qui font baisser le prix moyen sur les marchés français et surtout l'empêchent de monter très haut dans les années de mauvaises récoltes, qui ont été, hélas! beaucoup trop nombreuses depuis un certain temps. D'un autre côté, la main-d'œuvre devient de plus en plus rare, chère et difficile à gouverner.

Les cultivateurs ne font plus d'aussi belles affaires qu'autrefois; quelques-uns ont même de la peine à payer leurs fermages. Ils se dégoûtent du métier et en dégoûtent leurs enfants qui s'en vont chercher dans les villes des carrières moins pénibles et, à première vue, plus lucratives. Partout le prix de location des terres tend à la baisse.

Propriétaires et fermiers cherchent avec un entrain qui mérite les plus grands éloges, si, par des modifications dans leur ancien sys-

1. L'élevage des moutons a beaucoup diminué et a été remplacé par celui des bêtes à cornes.

tème de culture, ils ne pourraient pas retrouver le même produit net, soit en augmentant le produit brut, soit en diminuant les frais de production. Depuis 1880, des champs d'expériences ont été créés, par les soins de la Société d'agriculture de la Seine-Inférieure, dans 69 localités, dans le but de consulter les plantes sur les quantités d'azote, d'acide phosphorique et de potasse nécessaires ou du moins utiles pour compléter le fumier de ferme insuffisant tout seul, lorsque l'on veut faire de la culture intensive. « Les plantes, dit M. Eugène Marchand dans l'intéressant rapport qu'il a publié sur les récoltes obtenues dans ces champs d'expériences, donnent ces renseignements avec une grande précision, lorsqu'on les consulte *avec soin*, dans des conditions bien normales et bien déterminées, sur le terrain même où elles doivent être exploitées ultérieurement. »

Mais les conditions où se sont faites les expériences auraient été encore bien mieux déterminées, si leurs organisateurs avaient commencé par bien se rendre compte de la constitution géologique des terrains du département de la Seine-Inférieure. Ils auraient reconnu qu'en laissant de côté le pays de Bray et les alluvions des grandes vallées, il y a trois types de terrains qui correspondent aux trois teintes principales des cartes géologiques de détail : l'argile à silex et le limon des plateaux, qui sont les plus répandus, et la craie ; et ils auraient choisi les champs d'expériences de manière à ce qu'ils représentent bien ces différents types. Je crois qu'en procédant ainsi, les résultats de ces expériences auraient plus de netteté. On arriverait plus facilement à trouver des règles qui s'appliquent, les unes à l'argile à silex, les autres au limon, et il serait facile de les modifier pour les champs dont la couche arable est formée d'un mélange des deux.

Malheureusement la nature des terres sur lesquelles les expériences ont été faites est loin d'avoir été bien définie. Il aurait fallu également indiquer quand ces terres avaient été marnées, à quelle dose et avec quelle marne. Cela a une grande importance, non seulement en faisant connaître si les champs contenaient plus ou moins de chaux, mais si le marnage y avait introduit en même temps une certaine quantité d'acide phosphorique.

Évidemment, l'analyse des terres dans le laboratoire pourrait compléter d'une façon très utile cette analyse par les engrais ou les plantes qui se fait dans les champs d'expériences ; et, pour faire cette analyse, il faudrait également choisir des échantillons qui caractérisent bien les différents types de terrains.

En étudiant ainsi à la fois par l'analyse dans le laboratoire et par les champs d'expériences, les trois types de terrains que l'on trouve dans le département, je crois que l'on arriverait à des résultats plus concluants qu'avec 69 essais d'engrais faits dans des conditions mal définies.

Voici deux analyses de terres végétales des environs de Fécamp. Mais elles ne peuvent pas être d'une grande utilité, parce que, de même que dans les champs d'expériences, la prise d'échantillon n'a pas été faite après une étude géologique du pays. L'une d'elles contient beaucoup plus de chaux que l'autre. D'où cela vient-il ? De plus, l'acide phosphorique et la potasse n'ont pas été dosés :

Sable siliceux	77,65	87,18
Argile	2,03	7,35
Oxyde de fer	2,55	1,54
Carbonate de chaux	11,64	0,41
Carbonate de magnésie	0,23	0,11
Eau	0,19	0,15
Matières organiques	5,71	3,26

Le même reproche peut être adressé à M. Girardin pour les analyses qu'il a faites de deux terres provenant, l'une de Franqueville, l'autre de Caudebec-lès-Elbeuf :

	Caudebec.	Franqueville.
Gros gravier siliceux	5,80	10,80
Sable moyen siliceux	2,50	6,40
Sable fin	70,00	59,56
Gros débris organiques	0,28	»
Humus soluble azoté	0,07	0,25
Sels alcalins solubles	0,35	0,40
Humus insoluble	1,60	2,00
Argile	19,40	18,52
Carbonate de chaux	»	1,03
Peroxyde de fer	Traces.	1,04
	100,00	100,00

Tant que les chimistes ne se baseront pas sur l'étude géologique des terres pour choisir les échantillons qu'ils analysent, ces analyses n'auront qu'une utilité très restreinte.

Voici les résultats de six analyses de terres qui peuvent nous être plus utiles, parce qu'elles donnent les quantités d'acide phosphorique et de potasse soluble dans l'acide nitrique. Elles ont été faites par mon ami M. Houzeau, directeur de la station agronomique de Rouen, et concernent les terres des champs de démonstration établis, en 1886 et 1887, dans les quatre arrondissements de la Seine-Inférieure. Les terres nos 1 et 2 sont des plateaux de limons de 0m,60 à 2 mètres de profondeur sur sous-sol d'argile à Foucart, arrondissement d'Yvetot. Les terres nos 3 et 4 sont également des limons, mais qui n'ont que 40 centimètres d'épaisseur au-dessus de l'argile à silex; elles proviennent d'Envermeu, arrondissement de Dieppe. La terre n° 4 paraît, d'après la définition trop incomplète qui en est donnée dans le rapport, appartenir à l'argile à silex avec très peu de limon; elle est située à Tourville-sur-Fécamp, arrondissement du Havre. Le n° 6, provenant de Montérolier, arrondissement de Neufchâtel, est de l'argile à silex.

Analyse physique.	N° 1.	N° 2.	N° 3.	N° 4.	N° 5.	N° 6.
Sable	80	81	88	88	81	77
Argile	18	17	12	12	19	23

Analyse chimique.	p. 100.	p. 100.	p. 100.	p. 100.	p. 100.	p. 100.
Azote total	0,14	0,12	0,13	0,13	0,15	0,14
Acide phosphorique	0,14	0,14	0,08	0,03	0,11	0,08
Potasse soluble dans l'acide nitrique	0,08	0,22	0,13	0,13	0,09	0,07
Potasse totale	»	2,80	»	»	»	»
Carbonate de chaux	1,00	0,70	1,00	1,00	0,69	3,30
Humus	0,50	0,55	»	0,50	»	»

Écorchebœuf, où M. Jules Reiset, membre de l'Institut, fait depuis trente ans beaucoup d'expériences très importantes pour l'agriculture, se trouve situé non loin de Dieppe, sur le plateau qui sépare la charmante vallée de la Scie de celle d'Arques. Les terres cultivées par M. Reiset se composent, comme celles du pays de Caux, d'argile à silex avec un peu de limon reposant sur la craie noduleuse qui affleure au bord des plateaux.

Au nord-est de Rouen, autour du soulèvement jurassique du pays de Bray, le limon est très rare ; la craie n'est couverte que d'argile à silex, et, sur quelques points, d'argile plastique avec ses grès et ses sables. La culture y est plus difficile et moins rémunératrice que dans le pays de Caux proprement dit ; aussi y trouve-t-on de vastes forêts, celle de Lyons, etc.

Le pays de Thelle. — La même constitution géologique se continue, mais avec des terres moins argileuses, au delà du chemin de fer de Paris à Dieppe, dans le *pays de Thelle,* qui forme bordure au sud du pays de Bray et s'avance jusque dans le département de l'Oise.

La ferme de M. Galmel, à Saint-Crépin-d'Ybouvilliers, près de Méru, qui a obtenu la prime d'honneur de ce département en 1861, est située dans le pays de Thelle. Sur ses 135 hectares, M. Galmel suivait l'assolement triennal intensif qui est en usage dans la plus grande partie du département de la Seine-Inférieure : 1° blé avec un peu de seigle ; 2° avoine et un peu d'orge ; 3° moitié navettes, vesces et racines, moitié minette, sainfoin et trèfle. De plus, il avait toujours, en dehors de l'assolement, 35 hectares de luzerne qu'il renouvelait par cinquièmes ; il avait soin de la semer sur des terres qui avaient été marnées quatre à cinq ans auparavant. La deuxième année, il répandait dix à douze hectolitres de plâtre. Grâce à son excellente culture et aux soins qu'il donnait aux engrais, il obtenait en moyenne 30 hectolitres de blé et 43 hectolitres d'avoine à l'hectare et assez de fourrages pour nourrir, outre 11 juments qu'il employait au travail et leurs poulains, 35 vaches de race flamande dont il expédiait le lait à Paris, un troupeau d'engraissement de 300 moutons et une basse-cour de 150 à 200 volailles.

Voici les résultats des analyses des terres de Sendricourt et de Bornel, près de Méru, que m'a communiqués M. Joulie :

	AZOTE.	CHAUX.	MAGNÉSIE.	POTASSE.	ACIDE phosphorique.
	p. 1000	p. 1000	p. 1000	p. 1000	p. 1000
Sendricourt 1.	1,71	11,68	2,45	1,81	0,41
— 2.	1,41	32,61	1,85	1,33	0,74
Bornel 1. Terre mêlée de craie.	1,72	135,07	3,55	2,19	Traces.
— 2. — —	1,56	8,44	0,75	2,60	0,42
— 3. — —	1,72	45,22	2,21	2,43	0,55
— 4. Prairie	1,73	5,91	2,36	2,37	0,76

Le Vexin normand. — Le Vexin normand appartient au département de l'Eure, arrondissement des Andelys, mais il se trouve sur la rive droite de la Seine, séparé du pays de Caux par la rivière de l'Andelle. Le limon y est très abondant et souvent très épais à la surface de l'argile à silex; cette argile n'est à découvert que sur le bord des plateaux au-dessus de la craie qui affleure dans les principales vallées. Le Vexin normand est moins humide que le pays de Caux. On y cultive la luzerne, le sainfoin et la betterave, qui alimente plusieurs sucreries et distilleries importantes. Une canalisation de la Seine permet d'élever l'eau et de la distribuer sur une partie du plateau.

La ferme de Guitry, qui a obtenu la prime d'honneur du département de l'Eure en 1870, est moins bien partagée comme sol que le reste du Vexin normand. M. Henri Besnard, membre de la Société nationale d'agriculture, qui la cultivait et qui en dirige encore aujourd'hui l'exploitation, n'en a que plus de mérite.

La ferme de Guitry se trouve située entre Vernon et Étrépagny, près de la limite naturelle, je pourrais même dire, près de la limite géologique qui sépare le Vexin normand du Vexin français. Le limon y est plus rare que dans le voisinage du pays de Caux, près des Andelys. Les terres (380 hectares) y sont en partie remplies de silex quelquefois agglutinés de manière à rendre difficiles les labours profonds. Le mamelon sur lequel est bâti le village de Guitry se compose d'argile plastique et de sables glauconieux qui la recouvrent. Toutes ces terres sont pauvres en chaux, mais au-dessous d'elles, à une profondeur qui varie de 4 à 6 mètres, on trouve la craie que l'on extrait pour marner, à raison de 40 mètres cubes à l'hectare, tous les vingt ans; le mètre cube de marne revient à 0 fr. 80 c.

La culture est combinée en vue de produire la plus grande quantité possible de betteraves pour alimenter, soit une distillerie établie dans la ferme même, soit une fabrique de sucre, située à peu de distance. Suivant que les prix de l'alcool ou ceux du sucre sont plus élevés, on fait de l'un ou de l'autre. Les pulpes, avec du foin, des menues pailles et une petite dose de tourteaux, permettent de produire la viande à meilleur marché qu'en faisant consommer les betteraves tout entières aux animaux.

Les écumes de défécation et les eaux de lavage de la sucrerie, rendues au sol, l'empêchent de s'appauvrir en matières minérales et azotées. Les achats de tourteaux l'enrichissent, au contraire, de plus en plus, ainsi que ceux d'engrais commerciaux (engrais Rohart, phosphates, etc.).

M. Besnard fait 100 hectares de betteraves. Les pulpes de ces betteraves, jointes au produit de 110 hectares de luzerne, sainfoin, prés naturels et fourrages annuels, permettent de nourrir 30 chevaux de travail, 70 vaches ou bœufs, qui s'engraissent en hiver, après avoir servi en automne à faire les travaux de la ferme, quelques vaches laitières et un taureau, et 2,470 moutons de race dishley-mérinos. Ce troupeau d'élevage fournit à l'engraisseur toutes les années une certaine quantité (800 à 900) de sujets de 2 ans et demi, qui atteignent un poids moyen de 55 kilogr. brut et donnent en plus 4 kilogr. de laine en moyenne par tête.

Sur 270 hectares, on suit l'assolement biennal : 1° betteraves, 2° blé ou avoine, soutenus par une sole de 80 hectares de luzerne et sainfoin qui dure 4 ans, et sur 80 hectares, on a la rotation: 1° betteraves, 2° blé, 3° seigle, 4° fourrages annuels, 5° blé.

La ferme de M. Hébert, à Cantiers, près de Tilly-en-Vexin, qui obtint la prime d'honneur du département en 1878, n'est pas bien éloignée de celle de M. Besnard, et le limon n'y est pas beaucoup plus abondant. Il a fallu y créer en quelque sorte la couche arable par la perfection de la culture. C'est une terre argilo-siliceuse qui n'a que $0^m,35$ à $0^m,80$ de profondeur au-dessus d'un sous-sol de craie. Les couches horizontales de cette craie sont séparées par des lits de silex traversés, en beaucoup de places, par des poches ou fentes remplies de terre très ferrugineuse. On extrait la craie pour marner les champs tous les vingt ans. Les phosphates, comme complément du fumier de ferme, y sont très utiles. Sur 260 hectares, M. Hébert a 30 hectares d'herbages, 40 de luzerne et sainfoin, 100 de céréales et 60 de betteraves qu'il emploie dans sa distillerie.

Enfin, en 1886, c'est encore la rive droite de la Seine qui l'a emporté sur le reste du département de l'Eure. Le lauréat a été M. Louis Fleury, à Guisiniers, arrondissement des Andelys. Là les terres sont beaucoup meilleures. L'argile à silex est couverte d'une couche profonde de limon. Sur 640 hectares, M. Fleury en a 146 de céréales, 22 d'herbages, 92 de luzernes et esparcettes, et 78 de betteraves qui alimentent une distillerie très importante. Les travaux de la ferme sont faits par une trentaine de chevaux percherons et 15 à 20 bœufs. Pendant l'hiver, on engraisse 50 à 60 bœufs et 1,500 moutons au moyen de la pulpe de la distillerie avec tourteaux, etc. Le troupeau d'élevage compte environ 620 mères dishley-mérinos et autant d'antenais et d'antenaises. En sus du parcage de 1,200 à 1,500 moutons, de 3 millions de kilogrammes de fumier enrichis par les résidus des 50,000 kilogrammes de tourteaux que consomme le bétail, les terres reçoivent les défécations de la distillerie et 50,000 kilogrammes de superphophates.

Au sud-est, le Vexin normand est limitée par la vallée de l'Epte, qui passe à Gisors et se jette dans la Seine près de Vernon et, à partir de là, nous rencontrons, avec le calcaire grossier qui apparaît au-dessus de l'argile plastique, le *Vexin français*, commencement de l'*Ile-de-France*. La fin de la Normandie et le commencement de l'Ile-de-France coïncident exactement avec cette apparition du calcaire grossier. Nous le décrirons dans le chapitre suivant. Continuons à parcourir les contrées d'argiles à silex analogues au pays de Caux.

Les départements de l'Eure et d'Eure-et-Loir. — Nous retrouvons sur la rive gauche de la Seine, dans une partie des départements de l'Eure et d'Eure-et-Loir, une constitution géologique semblable à celle du pays de Caux et du Vexin normand. Les bons pays à limon y sont : d'abord le *Lieuvain*, compris entre Lisieux, Bernay et Brionne, plateau autrefois célèbre par ses cultures de blé et de lin, qui sont malheureusement moins prospères aujourd'hui ; puis, entre la Risle et la Seine, le *Roumois*, qui se continue avec les mêmes caractères de grande fertilité dans la *plaine du Neubourg*. Dans cette riche plaine, on fait du blé tous les deux ans et la sole intermédiaire est employée $^1/_4$ en colza, $^1/_4$ en vesces et hivernage, $^1/_4$ en trèfle ordinaire et $^1/_4$ en betteraves ou pommes de terre. Quelquefois, mais rarement, on en laisse une partie en jachère. Il faut des terres bien riches pour supporter un pareil assolement. Malheureusement la culture du colza, qui pendant longtemps a été très lucrative, vient d'avoir le même sort que celle du lin ; elle disparaît peu à peu.

Une des meilleures ressources du département de l'Eure consiste dans les nombreuses plantations de pommiers qui ont été faites le long des routes et dans les terres d'argile à silex, terres où l'on fait, dit-on, le meilleur cidre.

D'après les analyses de M. Joulie, les terres du plateau des environs de Nassandre, canton de Beaumont-le-Roger, contenaient p. 1,000 :

	AZOTE.	CHAUX.	MAGNÉSIE.	POTASSE.	ACIDE phosphorique.
1	1,42	3,53	2,53	1,23	0,67
2	1,23	4,44	3,12	1,46	0,75
3	1,04	4,70	2,57	1,31	0,67
4	1,04	4,44	2,82	1,31	0,70
5	1,33	5,49	2,76	1,31	0,89
6	1,37	3,53	3,35	1,60	0,80
7	1,75	7,58	3,79	1,93	0,70

Ces plateaux de limon sur argile à silex et craie se terminent aux environs de Pacy-sur-Eure ; là une faille change brusquement la structure géologique et là commence le pays de calcaire grossier de la rive gauche de la Seine, analogue au Vexin français.

Au sud de ces riches contrées, on trouve des plateaux où le limon devient de plus en plus rare et où l'argile à silex règne presque seule à la surface de la craie.

Ce sont : entre la vallée de Charenton et celle de la Risle, le *pays d'Ouches*, pays très boisé, où l'argile n'a que 0^m,20 à 0^m,60 de profondeur sur un lit de cailloux agglomérés par un ciment argileux en une marne imperméable que l'on appelle *grison*, et, au sud du Neufbourg, sur la rive droite de la Risle, la *plaine de Saint-André*. Lorsqu'on a percé le puits artésien de Saint-André, on a rencontré

13m,50 d'argile à silex, puis 122m,46 de craie blanche, 29m,24 de craie marneuse et 13m,64 de craie chloriteuse, au-dessous de laquelle on a trouvé l'eau sur le grès vert.

On extrait la marne, tantôt à flanc de coteau, tantôt par puits de 10 à 35 mètres de profondeur. L'extraction coûte de 1 fr. 25 c. à 2 fr. 50 c. par mètre cube. On marne tous les 15 ans en moyenne, à raison de 20 mètres cubes à l'hectare, plus ou moins, suivant l'épaisseur de l'argile à silex attaquée par la charrue.

Quand cette argile ne contient pas trop de silex, on peut, à l'aide de ces marnages et d'une bonne culture, en faire des terres assez productives; les herbages et les pommiers à cidre y réussissent bien. Les phosphates, et pour les trèfles, le plâtre, sont employés avec avantage. En général, on suit un assolement triennal semblable à celui du pays de Caux.

Quand il y a trop de silex dans la couche supérieure du sol, on ne peut guère y faire que du bois (forêt d'Évreux, de Saint-Michel, etc.). La plus grande partie du domaine d'Harcourt, propriété de la Société nationale d'agriculture, doit être classée dans cette catégorie de terres. « La Société est parvenue, dit Antoine Passy, dans sa *Description géologique du département de l'Eure,* en agrandissant la culture sylvicole de sa propriété, à couvrir d'arbres verts ces terrains difficiles, masse de gros silex à peine garnie de maigres bruyères. »

La plaine de Saint-André forme la transition entre la plaine du Neufbourg et le *Thimerais,* pays d'argile à silex qui appartient en partie au département d'Eure-et-Loir et se continue jusqu'à Maintenon, Épernon et Chartres, où commence la Beauce.

La craie affleure encore sur les flancs de la vallée de l'Eure, mais dans le *Thimerais,* elle est cachée sous un épais manteau d'argile plastique et d'argile ou conglomérat à silex; quelquefois, mais trop rarement pour la fertilité de la contrée, on y rencontre à la surface des lambeaux de limon quaternaire. L'argile plastique se présente soit en longues bandes, soit en poches isolées à la surface de la craie. Ce sont, tantôt des sables grossiers à gangue kaolinique, tantôt des argiles blanches ou bariolées, mêlées de grès très durs et d'un aspect lustré, que les gens du pays appellent *ladères* ou *pierres druidiques.*

La plus grande partie du sol est formée d'argile à silex, argile maigre, généralement rouge, qui enveloppe des silex brisés et mélangés de sables quartzeux. Au-dessus d'elle, on trouve sur certains points, une brèche, nommée *grison*, qui est composée de petits cailloux réunis par un ciment argileux manganésifère et qui oppose un obstacle insurmontable aux travaux agricoles. Un tel sol ne convient qu'aux bois ; aussi y trouve-t-on de vastes forêts, celles de Châteauneuf-en-Thimerais, de Senonches, de Montecot, etc...

Dans l'arrondissement de Dreux (département d'Eure-et-Loir), 18 p. 100 de la surface du territoire est boisé (forêt de Dreux, etc.), et l'on y trouve encore bien des terrains ingrats dont la culture devient de plus en plus onéreuse, depuis que leurs produits ont diminué de valeur, et qu'il vaudrait, par conséquent, mieux rendre à la forêt.

Tout en conservant partout certains caractères distinctifs qui dérivent de son origine géologique (argile pauvre en chaux et en acide phosphorique, mais assez riche en potasse et en fer, mêlée de cailloux de silex), l'argile à silex doit rester boisée ou peut être cultivée, suivant que les silex y sont plus ou moins prédominants, suivant qu'elle est à nu ou recouverte d'une couche plus ou moins épaisse de limon, et enfin suivant qu'elle repose elle-même à une profondeur plus ou moins grande, soit sur un banc de poudingue imperméable et impénétrable aux racines des céréales, soit sur des couches de sable qui lui font un drainage naturel, ou sur des assises de craie qui produisent le même effet, tout en pouvant lui fournir à peu de frais la marne nécessaire pour la fertiliser.

D'après les analyses de M. Garola, directeur de la station agronomique de Chartres, trois terres d'argile à silex de Brezolles, arrondissement de Dreux, contenaient pour 1,000 :

	AZOTE.	ACIDE phosphorique.	CHAUX à l'état de carbonate.	POTASSE.
	—	—	—	—
N° 1. . . .	0,78	0,83	4,20	1,49
N° 2. . . .	0,82	1,00	2,95	0,21
N° 3. . . .	0,88	1,30	1,05	1,24

Le Perche. — Dans le département de la Sarthe, l'argile ou conglomérat à silex s'étend sur une surface de plus de 80,000 hectares. C'est, dit M. Guillier, l'assise la plus ancienne du groupe tertiaire de la région ; jamais aucun dépôt ne se trouve interposé entre elle et la craie. Dans le Bas-Maine, on en trouve également à la surface des terrains jurassiques qui lui ont fourni les silex. Les deux dépôts sont *contemporains*, sans doute *formés* par les mêmes causes et composés des mêmes argiles compactes ; les silex seuls sont un peu différents ; ceux de l'oolithe sont moins légers et moins fragiles que ceux de la craie.

Cette argile compacte a besoin d'être amendée par la marne ou la chaux pour donner de bonnes récoltes de céréales et de fourrages. Quand les silex y sont *trop abondants*, quand les terres sont éloignées des centres de population et des dépôts de marnes, il n'y a rien d'autre à en faire qu'à les laisser ou à les remettre en bois.

Sur beaucoup de points, le conglomérat à silex devient sableux à mesure qu'on s'élève, et il arrive souvent que, sur les hauteurs, l'argile fait complètement défaut. Dans ce cas, on n'y trouve qu'une terre végétale sableuse ou graveleuse, brûlante, très perméable et peu fertile, ordinairement couverte de bruyères et de genêts. Au-dessous, sur les parties argileuses, ainsi que sur les sables et les marnes du cénomanien qui les supportent, s'étendaient autrefois de vastes forêts ; elles sont aujourd'hui en partie défrichées, mais on en voit encore de beaux restes à Bellême, à Longui, autour de Mortagne, etc... Les ruisseaux et les étangs abondent dans la contrée, ainsi que les clôtures de haies vives et d'arbres, caractéristiques *du Perche* [1].

La partie sud-est du *Grand-Perche* se trouve dans le département de Loir-et-Cher et nous avons vu, au § 1 du chapitre XI, que l'argile à silex est quelquefois surmontée de limon. Il en est ainsi, entre autres, dans la propriété de M. Boitel, inspecteur général de l'agriculture, à Boursay, près de Mondoubleau. Comme complément de ce que j'ai dit plus haut de cette propriété, voici les résultats de l'analyse que j'ai faite avec M. Colomb-Pradel de quatre échantillons de terre qui en proviennent : n°s 1 et 2, sol et sous-sol de limon des plateaux ;

1. De Lapparent, *Description géologique du bassin parisien.*

n° 3, sous-sol d'argile à silex pris à 0m,80 de profondeur, et n° 4, terre d'un pré infertile situé au fond d'un vallon.

Analyse physique.

NUMÉROS.	POIDS de l'échantillon.	PARTIE FINE.	GROS SABLE et pierres.
	gr.	gr.	gr.
1.	925	875	50
2.	950	895	55
3.	1,000	910	90
4.	950	915	35

Analyse chimique de la partie fine (pour 1,000 gr.).

NUMÉROS.	ACIDE phosphorique.	POTASSE.	CARBONATE de chaux.	ALUMINE et oxyde de fer.	ACIDE sulfurique.	MAGNÉSIE.	AZOTE.
1.	0,320	0,680	0,350	23,75	traces.	0,750	0,938
2.	0,406	0,850	0,800	35,00	traces.	0,550	0,418
3.	0,162	0,581	0,450	75,00	traces.	0,600	0,806
4.	0,310	0,799	0	35,00	traces.	0,900	0,993

On voit que cette argile à silex est pauvre en tout, même en potasse. Le limon des plateaux l'est un peu moins ; l'emploi du superphosphate de chaux y a beaucoup de succès et il serait bon d'y joindre des sels de potasse. Quant à la terre n° 4, qui provient d'une prairie située au fond d'un vallon, elle ne renferme pas trace de chaux et très peu d'acide phosphorique.

M. L. Garola a fait l'analyse de six terres de la Loupe (arrondissement de Nogent-le-Rotrou) et de deux terres de Brou (arrondissement de Châteaudun), qui appartiennent également à l'argile à silex des collines du Perche. Elles contenaient pour 1000 :

	AZOTE.	ACIDE phosphorique.	CHAUX à l'état de carbonate.	POTASSE.
	—	—	—	—
La Loupe 1	1,81	0,15	4,22	0,21
— 2	1.85	0,25	16,47	0,80
— 3	1,84	0,36	10,19	0,22
— 4	1,87	0,26	4,48	0,29
— 5	2,00	0,38	12,09	0,32
— 6	1,23	0,35	2,80	0,41
Brou 1	2,07	0,83	0,89	0,85
— 2	2,55	0,73	2,72	0,72

Ce pays de collines et d'argile à silex se termine brusquement à l'est suivant une ligne de failles qui est marquée par le cours du Loir. Au delà de cette ligne s'étendent les plaines de la Beauce dont les calcaires se sont déposés dans un vaste lac à une époque où les soulèvements et les plissements du Perche existaient déjà.

Au sud de la Beauce, c'est le *Dunois* (environs de Châteaudun), où l'argile à silex paraît encore exister sous les marnes pulvérulentes du travertin de Morancez et sous les calcaires plus durs de la Beauce qui, parsemés de dépôts de limon, forment la couche supérieure des plateaux. Ce sous-sol rend les terres plus froides et plus imperméables que dans la Beauce proprement dite, et les mares que l'on y rencontre témoignent de son imperméabilité.

La Touraine. — Dans la *Basse-Touraine* ou *Gâtine* qui commence près de Saint-Amand-de-Vendôme, et dans la partie occidentale du *Blaisois* (environs de Blois), l'argile ou conglomérat à silex couvre la craie de Touraine qui affleure dans les vallées et les tranchées de chemin de fer. Cette craie est fortement ravinée, et l'on trouve immédiatement au-dessus d'elle une argile blanche qui contient des silex branchus et des spongiaires silicifiés; on l'utilise pour la fabrication des carreaux et des pipes. Cette argile renferme assez souvent des silex cimentés par une pâte siliceuse en conglomérats (appelés *perrons*) ou des minerais de fer en nodules irréguliers que l'on exploitait autrefois pour les hauts fourneaux de Preuilly, de Luçay et de Château-la-Vallière.

Dans sa partie supérieure, l'argile est gris brunâtre, veinée de rouge et mélangée de silex de la craie. Elle forme des plateaux dont quelques-uns sont incultes, par exemple, les landes de Saint-

Martin, près de Langeais. D'autres sont occupés par des forêts dont les plus importantes sont celles de Beaumont, de Château-Renault, de Crémille, de la Motte, de Château-la-Vallière, de Blois, etc... Les parties cultivées sont principalement celles où l'argile à silex est couverte de limon quaternaire, et l'emploi de la craie comme amendement permet de les améliorer. De plus, il y a quelques cantons où le conglomérat à silex est caché sous des dépôts de calcaires, les uns éocènes, comme à Neuvy-le-Roi, à Neuillé-Pont-Pierre et aux environs de Couesmes, les autres miocènes, soit calcaire de Beauce, comme de Saint-Amand à Villeporcher et Saint-Cyr, soit calcaire contemporain de celui de la Brie, comme aux environs immédiats de Tours et, entre autres, à la colonie agricole de Mettray. Près d'Hommes, de Savigné, de Charnay, ce sont des faluns que l'on trouve en îlots épars au-dessus de l'argile à silex. On trouve également des dépôts de faluns au sud de la Loire, près de Manthelan, sur le *plateau de Sainte-Maure* qui est compris entre la Vienne et l'Indre. Les marnes lacustres de la Brie avec meulières couvrent une partie de la *Champeigne* qui sépare la vallée de l'Indre de celle du Cher. Mais tout le reste de ces plateaux se compose d'argile à silex; son épaisseur atteint souvent 20 à 30 mètres au-dessus de la craie et elle est quelquefois couverte de limon sablonneux ou de graviers d'origine quaternaire. Dans le Sud, près du département de l'Indre, on trouve sur l'argile à silex des dépôts sidérolithiques analogues à ceux qui forment les terrains de la Brenne. Ces dépôts sidérolithiques rappellent les alluvions verticales que nous avons déjà signalées dans l'argile plastique de Montereau et dans les argiles à silex de la Normandie, et ils ont la même origine geysérienne. Ils se composent d'argiles rouges et de sables argileux avec grains de quartz granitique et minerais de fer oolithiques. On y trouve également des silex, des débris de spongiaires, des morceaux de grès, etc., qui proviennent de l'argile à silex remaniée, et quelquefois ces silex deviennent tellement abondants qu'il est difficile de distinguer les deux formations.

Dans sa *Description des terrains de la Touraine,* Félix Dujardin disait de l'argile à silex :

« Les zoophytes siliceux, plus ou moins roulés et brisés, se présentent quelquefois en quantité considérable à la surface de la couche d'argile, surtout quand les pluies ont entraîné les parties les plus légères ; il en résulte une couche de petits cailloux de couleurs variées qui font toujours reconnaître ce terrain, et concourent à rendre le sol aride et peu fertile ; dans quelques endroits, notamment auprès de Château-Renault et de Saint-Paterne, on recueille pour l'entretien des routes le sable et les cailloux qui proviennent ainsi du lavage naturel de ces argiles dans les ravins. D'ailleurs, l'action longtemps continuée des pluies et de la culture laisse à nu sur la surface des éponges fossiles, etc., et l'on en transporte comme des cailloux sur les grandes routes pour leur entretien. C'est de la même manière qu'on trouve beaucoup de bois silicifié qui doit avoir aussi la même origine.

« Lorsque le sable quartzeux disséminé dans l'argile vient à prédominer et que les pluies le dégagent entièrement, il en résulte un sol tout à fait sablonneux comme dans les landes de Saint-Étienne, de Chigny, ou bien auprès de Vénier, de Neuillé, de Saint-Christophe, de Parçay, etc.

« Si en même temps il s'est trouvé un ciment siliceux comme dans la formation des poudingues, il en est résulté un grès souvent très compact, comme à Auzouer, à Saint-Antoine et à Pince-Alouette, près de Beaumont-la-Chartre, mais quelquefois aussi poreux ou terreux en laissant voir son mode de formation, comme dans les landes de Parçay à l'ouest de Rillé. Ce grès est encore exploité en pavés à Pince-Alouette, où il forme un banc assez étendu sur plusieurs mètres d'épaisseur ; mais, dans toutes les autres localités où l'on en a trouvé à une époque plus ou moins reculée, les bancs peu considérables qu'il formait ont été promptement épuisés.

« Il est probable qu'on doit rapporter à cette formation des blocs d'un grès compact rougeâtre qui se trouvent au sommet des coteaux de craie micacée près de Loudun, à Saint-Léger.

« Mais les plaques de grès ou de quartz grossier que l'on voit ailleurs à la surface de la craie tufeau, paraissent au contraire provenir d'une modification survenue dans les derniers temps du dépôt de cette craie, car on y trouve quelques débris de fossiles qui paraissent n'avoir pas été remaniés.

« On trouve souvent des poudingues près de la surface du sol. Ils ont été exploités depuis longtemps comme les grès ; on en fait des moellons ou des pavés grossiers, et beaucoup de monuments druidiques encore debout sont formés indifféremment de blocs de grès ou de poudingues. Néanmoins, comme les poudingues étaient beaucoup plus abondants, on en trouve dans beaucoup d'endroits des blocs isolés que la culture ou les travaux des hommes ont seulement changés de lieu. Et d'ailleurs, on en voit en place des masses considérables ; par exemple, à Monts-sur-l'Indre, où ils forment tout le coteau méridional dans une hauteur de 12 à 16 mètres ; dans le coteau occidental du vallon de Choisille, autour de Fondettes, de Château-la-Vallière et dans une foule de localités.

« Quand ces poudingues n'ont formé qu'une couche mince, on les a extraits en larges pierres plates qui ont fait donner le nom de *pierre plate* à plusieurs endroits, comme auprès de Saint-Avertin. »

M. Joulie a bien voulu me communiquer les résultats des analyses qu'il a faites d'un certain nombre de terrains des départements de Loir-et-Cher et d'Indre-et-Loire. D'après les détails que je viens de donner sur leur constitution, on pourra facilement, en s'aidant des cartes géologiques détaillées, se rendre compte des différences que l'on trouve entre eux.

(TABLEAU.)

	AZOTE.	CHAUX.	MAGNÉSIE.	POTASSE.	ACIDE phosphorique.
	p. 1000.	p. 1000.	p. 1000.	p. 1000.	p. 1000.
Les Areines, près Vendôme. 1	1,00	13,35	1,90	2,06	0,91
— — 2	1,68	4,14	0,37	1,40	1,13
— — 3, terrain sableux.	0,97	3,39	1,53	1,04	0,31
Saint-Amand-de-Vendôme. 1, vigne, sol	1,06	6,01	1,38	0,88	0,26
— — 2, — sous-sol.	0,87	5,48	1,12	0,90	0,16
Herbault. 1, sol.	0,80	11,66	0,68	0,95	traces.
— 1, sous-sol	0,61	12,06	0,06	1,23	0,37
— 2, terre de vigne	0,68	10,41	1,00	1,24	traces.
— 3, —	0,68	8,28	1,17	1,11	traces.
— 4, —	0,68	6,26	1,28	0,62	traces.
Blois. 1	1,45	5,20	0,98	0,90	0,11
— 2	1,33	11,20	4,12	2,13	0,22
Menneton-sur-Cher. 1, lande.	0,81	0,87	0,02	traces.	0,02
— — 2, terre très noire	0,73	0,86	0,02	0,13	0,02
— — 3.	1,30	0,65	0,01	0,15	0,17
— — 4.	1,46	2,49	1,04	0,40	0,37
— — 5.	0,53	0,54	0,02	0,15	0,13
— — 6.	1,01	1,51	0,06	0,29	0,15
— — 7, prairie.	4,26	7,51	2,31	0,81	0,30
La Touche, près Ballan. 1, terre de culture	1,49	87,80	0,84	1,77	0,82
— — 2.	1,64	205,12	5,78	2,60	0,83
— — 3, vigne	1,61	8,58	2,00	2,08	0,96
— — 4.	1,15	5,46	4,03	2,52	0,37
Azay-le-Rideau. 1, ancienne prairie	1,33	56,81	3,32	1,66	0,55
— 2, pré défriché	6,21	53,10	4,04	1,86	0,49
— 3, — sol.	5,29	68,58	5,05	2,22	0,03
— 3, — sous-sol	5,11	35,56	4,80	1,56	0,03
— 4, — sol,	4,81	69,85	3,34	1,40	0,04
— 4, — sous-sol	6,39	29,21	1,10	1,58	0,03
— 5, lande défrichée, sol.	0,73	1,30	0,11	0,35	0,11
— 5, — sous-sol.	0,36	1,41	0,23	0,33	0,11
— 6, lande, sol	1,63	0,65	0,63	0,63	0,04
— 6, — sous-sol.	1,09	0,65	0,44	0,23	0,11
— 7, — sol	1,68	0,75	0,71	0,46	0,11
— 7, — sous-sol.	1,27	0,49	0,81	0,44	0,02
— 8, — sol	1,27	0,65	0,40	0,26	0,02
— 8, — sous-sol.	0,69	0,43	0,19	0,30	0,04
— 9, terre de labour, sol.	0,68	4,89	0,05	0,87	traces.
— 9, — sous-sol.	0,57	7,02	2,09	2,51	traces.
— 10, —	1,56	44,71	1,95	1,27	0,79
Beaumont-la-Ronce. 1, sol	3,20	23,62	3,65	1,37	0,43
— 1, sous-sol	1,07	13,86	3,54	1,60	0,69
Montrésor. 1	1,01	2,38	0,47	0,77	0,56
— 2	0,45	2,04	0,11	0,77	0,28
— 3	0,55	2,14	0,09	0,16	0,28
— 4	1,03	1,82	0,09	0,44	0,28
— 5	0,98	2,04	0,14	0,52	0,36
— 6	1,32	1,93	0,09	0,88	0,45
— 7	0,88	1,63	traces.	0,11	0,31
Alet, près Ligueil. Terre de labour	1,21	63,86	5,32	3,85	0,61
Bléré, vigne 1.	0,75	8,64	1,52	1,06	0,22
— 2.	0,70	6,25	1,24	1,29	0,19

La terre de Marolles, terre de 1,200 hectares située dans la commune de Genillé, département d'Indre-et-Loire, peut être considérée à la fois comme un type de ces argiles à silex reposant sur des calcaires crétacés et comme un modèle des améliorations que l'on peut y réaliser. Les améliorations y ont été faites par son propriétaire, M. Fernand-Raoul Duval, ancien élève de l'École polytechnique et membre de la Société nationale d'agriculture ; elles lui ont valu en 1873 la prime d'honneur du département. Ce sont des argiles pures ou mêlées de cailloux et de blocs de silex, très imperméables et très pauvres en chaux, formant des couches qui atteignent jusqu'à 12 mètres d'épaisseur, comme on l'a constaté en creusant un puits pour le service des bâtiments de ferme. Elles reposent sur des bancs de craie de Touraine, les uns assez durs pour être exploités comme moellons, les autres sableux ou marneux. Les terres s'étendent sur deux plateaux séparés par une vallée assez large, mais très encaissée. La craie affleure sur les flancs de cette vallée ; le fond est couvert d'une alluvion dans laquelle viennent s'infiltrer les eaux de plusieurs sources très abondantes, qui forment, en se réunissant, le ruisseau de Marolles, affluent de l'Indrois, dans lequel il se jette à Genillé.

Lorsqu'en 1863, M. F. Raoul Duval prit la direction du domaine, il n'y avait dans cette vallée que des prairies marécageuses donnant un foin grossier et malsain ; quant aux terres des plateaux, elles avaient été ruinées par l'abus du noir animal et des récoltes épuisantes. Il n'y avait plus qu'une centaine d'hectares en culture sur la ferme principale, celle de la Crépinière, et les rendements y étaient tombés à 10 hectolitres par hectare pour le blé et à 16 hectolitres pour l'avoine. Le reste était en jachère ou en parcours pour les moutons.

Sur beaucoup de points, l'approfondissement des labours, indispensable à une culture rationnelle et intensive comme celle que M. Raoul Duval voulait introduire à Marolles, était contrarié par la présence de roches de silex de toutes sortes de dimensions, quelques-unes de plusieurs mètres cubes. Partout où la valeur de la terre le comportait, ces blocs isolés ont été détruits à la poudre et enlevés, lorsque toutefois il n'était pas possible de les rendre inoffensifs, c'est-à-dire, de les amener à une profondeur d'au moins 60 centimètres simplement en sous-cavant. Quant aux places où l'accumulation de ces roches était trop considérable, M. Raoul Duval a renoncé à les cultiver ; il les a reboisées et, lorsque le terrain s'y prêtait, il a cherché à y créer des mares qui sont alimentées par les eaux de drainage et qui servent à abreuver les troupeaux.

Les matériaux extraits des champs ont servi à empierrer 18 kilomètres de routes et chemins que M. Raoul Duval a établis pour relier son domaine à la gare de Bléré et pour faciliter les transports dans toutes les directions. Les chemins ont coûté 3,560 fr. par kilomètre. Des surfaces importantes ont été drainées. Comme le sous-sol de Marolles pouvait fournir une excellente argile, M. Raoul Duval a créé une fabrique de tuyaux, de tuiles, briques, etc., qui consomme les bois exploités sur le domaine et lui fournit en retour des cendres très efficaces pour la culture des pommes de terre et des prairies artificielles.

Il a également construit des fours à chaux qui trouvent leur matière première dans une carrière voisine et fournissent, au prix de 12 fr. le mètre cube, une chaux excellente, non seulement pour amender les terres, mais pour les constructions. Il emploie cette chaux à raison de 100 hectolitres par hectare. L'assolement qu'il a adopté sur la ferme d'environ 200 hectares qu'il cultive lui-même est le suivant :

1re année : choux, colza, lin, sarrasin, navets, fourrages verts, après un labour de 20 à 30 centimètres, un chaulage et 80 à 120 mètres cubes de fumier par hectare.

2e année : betteraves, rutabagas, navets, pommes de terre.

3e année : avoine avec semis de trèfle.

4e année : Trèfle.

5e année : blé.

Il fait sortir de l'assolement, en la mettant en luzerne, une étendue qui, peu à peu, est arrivée à 30 hectares, ce qui, avec les 30 hectares de prairies améliorées, les trois soles de racines ou fourrages de son assolement et un supplément habituel de tourteaux, permet de nourrir un nombreux bétail. Les animaux de travail consistent en 28 juments poulinières et pouliches de race percheronne, avec quatre paires de bœufs. La vacherie se compose de 22 vaches et génisses, race du pays améliorée par un croisement normand, et le troupeau de près de 1,000 brebis, béliers et agneaux de race berrichonne croisée southdown. Au lieu d'introduire d'une manière continue le sang southdown, M. Raoul Duval a soin de redonner à des périodes régulières du sang berrichon pur, et il a pu ainsi conserver toute la rusticité de la race du pays, tout en gagnant la précocité de la race anglaise. La qualité de la viande est excellente et les brebis donnent en moyenne de 1kg,75 à 2 kilogr. de laine.

Un vignoble de 50 hectares a été établi à Marolles d'après la méthode des *chaintres* dont M. Raoul Duval avait constaté le succès non loin de là, à Chissay, sur la rive droite du Cher, méthode qu'il appelle avec raison « un espalier de vignes par terre », c'est-à-dire pour lequel le sol fait fonction de mur. Sur des planches de 12 mètres de largeur, dont le niveau est rehaussé au moyen de la terre que l'on a tirée des chemins creux qui les séparent, on plante à 1m,50 d'écartement des chevelus de *côt,* le plan le plus estimé du pays. On aligne ces chevelus au bord d'une rigole au fond de laquelle on enfouit des bourrées de menu bois ou des broussailles qui, au début, agissent comme drainage et plus tard fournissent, en se décomposant, un humus très favorable à la végétation de la vigne. La taille produit une verge qui, peu à peu, atteint jusqu'à 10 mètres de longueur et qui, flexible comme une corde, peut être ramenée dans le sens des lignes au moment des labours, tandis qu'elle est ensuite étendue perpendiculairement à ces lignes et soutenue au moyen de petites fourchines de bois, quand les nombreux raisins qui s'y sont développés commencent à prendre du poids et risqueraient de souffrir par l'humidité de la terre.

Des semis d'ajonc marin sur de mauvais terrains et en bordures le long des routes autour des reboisements contribuent à fournir les bourrées si utiles pour la plantation des vignes ou pour faire, en mélange avec de la chaux, des composts qui ne leur sont pas moins profitables.

Des améliorations analogues se font progressivement dans les métairies qui appartiennent au domaine ; chacune d'elles a 2 ou

3 hectares de vigne, quelques prairies, etc. « Il y a », dit M. Raoul Duval, « dans cette juxtaposition de l'exploitation centrale avec les cultures par métairies, les éléments de très heureux résultats à la fois pour le propriétaire et pour les métayers qui lui donnent leur concours. »

Les bois anciens ou nouveaux occupent une surface d'environ 500 hectares, la plupart aménagés en taillis de 15 ans avec réserve d'un petit nombre de baliveaux. Dans les argiles à silex, l'essence prédominante est le chêne, dans les calcaires c'est le hêtre et le charme. Les reboisements ont été faits, soit par semis de chênes, pins maritimes ou pins sylvestres, soit par plants de châtaigniers, chênes ou bouleaux et, sur quelques endroits très pierreux, en acacias.

Les argiles à silex s'étendent jusque dans le département de l'Indre aux environs de Levroux et d'Écueillé. De plus en plus mêlées à des argiles bariolées et à des sables granitiques, elles prennent peu à peu les caractères des terrains sidérolithiques de la *Brenne*. Comme ces terrains appartiennent à l'oligocène inférieur, ils sont à peu près contemporains de l'argile à silex, et peut-être y aurait-il lieu d'en parler dès à présent. Mais on a l'habitude de les assimiler aux terrains de la Sologne qui paraissent avoir la même origine geysérienne, quoiqu'ils aient été déposés à la fin de la période miocène. Tandis que la formation sidérolithique se trouve principalement sur les calcaires jurassiques, l'argile à silex ne quitte pas la craie. « Elle annonce toujours la craie », comme le dit Antoine Passy ; et nous allons en trouver encore une fois la preuve aux abords de la Sologne dans les départements de Loir-et-Cher et du Cher.

La Sologne est entourée, à l'ouest, au sud et à l'est, d'une ceinture d'argile à silex. Très large à l'angle formé par l'embouchure du Cher dans la Loire et couverte des vastes forêts d'Amboise, de Montrichard, du Bois-Royal, etc., cette ceinture s'amincit en suivant la rive droite du Cher jusqu'à Vierzon, et de là elle remonte vers le nord-est, à la limite des terrains crétacés et jurassiques du Berry. Sur tout son parcours elle annonce la présence des amendements calcaires dont le centre de la Sologne a si grand besoin et qu'on y transporte par le chemin de fer ou le canal. Elle a besoin elle-même de ces amendements, comme le montre l'analyse d'un échantillon d'argile faite par MM. Péneau et de Grossouvre :

Oxyde de fer.	2,50
Alumine.	13,50
Silice	75,20
Eau.	8,80
Chaux.	Traces.

On exploite dans le village du Briou, près de Vierzon, des amas de silice à l'état farineux qui se trouvent dans l'argile à silex. Cette silice est en grande partie soluble dans les alcalis et s'emploie pour la fabrication de la dynamite. La bande d'argile à silex se termine sur les bords de la Loire aux environs de Sancerre. « C'est le conglomérat à silex », dit M. de Lapparent dans sa description géologique du bassin parisien, « qui forme la crête horizontale de la rive gauche du fleuve, couronnée de bois de pins, tandis qu'au-dessous s'étalent des vignes et que, tout au pied, une blanche échancrure signale la présence de la craie cénomanienne. »

Sur la rive droite de la Loire, l'argile à silex couvre de grandes surfaces dans la Puisaye et le Bocage du Gâtinais, et elle s'étend jusqu'au delà de l'Yonne pour former la plus grande partie du sol de la forêt d'Othe. Nous avons parlé de cette région au § 1er de ce chapitre à propos de l'argile plastique, avec laquelle l'argile à silex s'entremêle et se confond souvent.

Mais nous devons encore mentionner le domaine des Barres qui se trouve situé à une petite distance au sud de Nogent-sur-Vernisson, sur un plateau de craie noduleuse en partie recouverte d'argile à silex. En 1821, M. de Vilmorin créa dans cette propriété de 68 hectares une collection d'arbres qui est devenue célèbre. En 1866, l'État acheta cette propriété et la remit à l'administration forestière pour y établir des pépinières. En 1873, une école secondaire, spécialement destinée aux brigadiers forestiers et aux fils des préposés de l'administration, fut établie aux Barres. La plus grande partie des plantations achetées par l'État se trouvent sur l'argile à silex, mais, par une brusque transition, la craie sous-jacente se découvre, et l'on y voit des pineraies qui rappellent beaucoup celles de la Champagne.

Nous n'avons pas fini avec l'argile à silex ; loin de là. Nous devons revenir à notre point de départ, qui a été le pays de Caux, dans le département de la Seine-Inférieure, et nous avons maintenant à suivre cette formation, si importante au point de vue agricole, à travers la Picardie et l'Artois jusque dans le département du Nord.

La Picardie et l'Artois. — La Picardie et l'Artois se composent des départements de la Somme et du Pas-de-Calais tout entiers et elles empiètent un peu sur ceux de la Seine-Inférieure (environs d'Aumale), de l'Oise, de l'Aisne et du Nord. Mais leur formation géologique permet de les définir beaucoup plus nettement et plus simplement que leur division administrative. Ils comprennent tout l'intervalle situé entre le soulèvement du pays de Bray et le soulèvement analogue du Boulonnais qui se continue par le bombement de l'Artois et la zone des houillères aux environs de Douai, Valenciennes et Mons.

Leurs principales rivières, l'Yères, la Bresle, la Somme, l'Authie et la Canche ont à peu près la même direction que ces deux soulèvements.

Toute la contrée repose sur la craie qui affleure dans la plupart des vallées et se trouve à découvert sur une partie des plateaux qui les séparent; à l'est, on trouve encore, épars au-dessus de la craie, des îlots de sables ou de grès suessoniens et des lambeaux d'argiles plastiques; mais ces restes de dépôts éocènes deviennent de plus en plus rares à mesure que l'on s'avance vers l'ouest. On en trouve encore dans les poches qui ravinent la surface de la craie, quelquefois avec des sables et entre autres les sables phosphatés des environs de Doullens, mais ordinairement ces poches ne sont remplies que d'argile à silex que l'on appelle *terre à pannes* en Picardie; on l'exploite pour la fabrication de la brique. On distingue de la terre à pannes le *bief à silex* qui est de l'argile à silex remaniée par les eaux ou les glaces et qui s'étale à la surface de la craie sur une épaisseur plus ou moins grande. Ce bief se compose d'une argile sableuse et rouge qui entoure des silex presque toujours entiers et peu altérés dans les couches inférieures, mais brisés dans le voisinage du limon qui recouvre le *bief;* on dirait que ces silex ont été broyés par des glaces, probablement par les mêmes glaces qui ont amené le limon.

Les *terres bieffeuses*, c'est-à-dire, celles qui sont formées uniquement par le bief sans superposition de limon, sont presque toutes rangées dans la troisième ou quatrième classe. Elles sont difficiles à cultiver, trop humides après la pluie, trop dures après la sécheresse. Autrefois elles étaient couvertes de bois ; mais on en a beaucoup défriché. Les défrichements avaient leur raison d'être à l'époque où la culture des céréales et des betteraves donnait de grands bénéfices. Mais aujourd'hui il ne faut plus y songer ; il vaudrait mieux reboiser toutes les terres bieffeuses qui sont trop éloignées des fermes et qui n'ont pas été améliorées par des marnages, des engrais abondants et des labours profonds.

Dès lors que le bief à silex est mêlé de limon, il en est tout autrement et, plus l'épaisseur de ce limon augmente, plus la culture devient facile et profitable.

La composition chimique du limon ne diffère en général pas beaucoup de celle de l'argile du bief; l'analyse montre qu'il est, comme cette argile, assez riche en potasse, mais pauvre en chaux et en acide phosphorique. Mais sa supériorité provient de ses propriétés physiques ; les labours y coûtent moins cher et les plantes, pouvant aisément développer leurs racines à de plus grandes profondeurs, ont à leur disposition un plus grand volume de terre et y souffrent moins souvent ou de l'excès de sécheresse ou de l'excès d'humidité. Pendant le même temps et avec une même quantité de soleil ou de pluie, elles peuvent assimiler plus de nourriture et fournir plus de *travail,* suivant l'expression que M. Tisserand a employée dans son mémoire sur la végétation dans les hautes latitudes ; de là des récoltes plus abondantes. Dans les argiles caillouteuses, la racine de la betterave se bifurque. On peut chercher à les améliorer en les défonçant, en les épierrant, au besoin même en les drainant ; mais après toutes ces améliorations coûteuses, elles n'en resteront pas moins toujours inférieures au limon. Dans ce dernier, on peut obtenir les gros rendements de 40 à 50 hectolitres en moyenne dont on a beaucoup parlé dans ces derniers temps ; mais il est difficile d'y arriver dans les terres bieffeuses, malgré les engrais chimiques, malgré les semences de choix, les semis en lignes et les binages.

Quelquefois le limon repose immédiatement sur la craie ; c'est ce qui a lieu dans la plus grande partie du *Santerre* ou *Sangterre,* cette riche plaine qui s'étend de Montdidier jusqu'à Péronne et dont le nom indique, dit-on, la couleur souvent rouge du sol. Il en est de même dans la plus grande partie des plateaux qui se trouvent entre Péronne, Bapaume, Cambrai et le Cateau. En certains endroits, le limon est si épais que des chemins creux, de trois à quatre mètres de profondeur, l'atteignent sans en entamer la base. C'est l'idéal de la terre à betterave. On y trouve assez souvent cet assolement : 1° betteraves avec fumier de ferme ; 2° blé ; 3° hivernage ; 4° betteraves avec fumier ; 5° blé ; 6° trèfle ; 7° avoine ; et, sur une partie des terres, la betterave alterne constamment avec le blé.

Quand le limon est trop peu épais, quand la défonceuse atteint la craie à environ 30 centimètres, il faut renoncer à la betterave, mais la luzerne, le sainfoin, la minette, le trèfle, ce que l'on nomme en Picardie *les nourritures vertes,* réussissent bien dans ces terres légères et calcaires. Les *hivernages,* vesces mêlées de seigle, y viennent également bien.

Dans les vallons qui découpent les plateaux de la Picardie, le flanc le moins raide est ordinairement couvert par ce que les cartes géologiques de détail désignent sous le nom de *dépôts meubles des pentes.* Suivant que ces vallons sont dominés par des plateaux couverts de bief à silex ou de limon, ces dépôts qui en dérivent sont plus ou moins argileux et plus ou moins caillouteux. Ces dépôts sont d'autant moins épais que la pente est plus rapide.

Sur les parois les plus raides, la craie reste à nu. Elle est ordinairement garnie de petits taillis ou de gazons, parsemés de genêts, que l'on appelle *laris* et qui ne peuvent fournir qu'une maigre pâture aux moutons ou quelques fagots pour l'affouage de la ferme.

Ainsi nous avons en Picardie, comme dans le pays de Caux, trois types principaux de terrains aussi bien caractérisés par leur origine géologique que par leur composition chimique et physique : la craie, le bief à silex et le limon des plateaux.

La craie se trouve partout ; c'est la base générale de la contrée. Mais, suivant qu'elle est à nu ou suivant qu'elle est couverte de bief à silex, ou de limon, ou de tous les deux, suivant que l'un de ces deux dépôts est plus ou moins épais, il en résulte des classes de terres très variées.

Le régime des eaux dépend également de cette superposition de couches perméables ou imperméables. Il est, d'ailleurs, très simple. L'argile à silex permet d'établir, près des villages situés sur les plateaux, des mares dans lesquelles les eaux pluviales viennent se rassembler et qui servent à abreuver le bétail. L'eau pour les usages domestiques est fournie par les niveaux d'eau fort irréguliers de la craie, qui sont atteints par des puits plus ou moins profonds. Malheureusement ces nappes souterraines sont aussi irrégulières comme débit que comme altitude, et bien souvent elles ne suffisent pas, pendant l'été, pour répondre aux besoins de la consommation. Pour avoir toujours assez d'eau, il faut atteindre les couches inférieures de la craie qui sont assez argileuses pour la retenir complètement, mais en Picardie on ne peut y arriver qu'au moyen de puits très profonds, comme ceux qui alimentent la ville de Saint-Quentin.

Voici les résultats des analyses de quelques terres de la Picardie (départements de l'Oise et de la Somme) que je dois à l'obligeance de M. Joulie :

	AZOTE.	CHAUX.	MAGNÉSIE.	POTASSE.	ACIDE phosphorique.
	p. 1000.	p. 1000.	p. 1000.	p. 1000.	p. 1000.
Élugettes, près Bouvillers (Oise). 1	1,12	22,87	2,41	1,46	0,06
— — — 2	0,83	10,83	4,04	0,91	0,03
— — — 3	0,95	14,10	3,30	1,87	0,13
Bouvillers (Oise). 1	0,94	14,74	2,88	2,42	0,65
— 2	1,07	11,24	2,61	2,31	0,60
— 3	0,94	12,49	2,27	1,97	0,10
Ravenel, près Saint-Just (Oise). 1	0,94	14,74	2,88	2,42	0,65
— — 2	1,07	11,24	2,61	2,31	0,60
— — 3	0,97	12,49	2,27	1,97	0,19
Driencourt (Somme). 1	2,03	355,80	3,97	1,56	2,15
Épehy (Somme). 1	0,61	4,18	3,47	1,89	0,60
Ham (Somme), sol. 1	1,10	9,81	3,57	1,94	0,77
— sous-sol. 1	0,82	4,96	2,78	2,39	0,77
— sol. 2	1,10	6,26	2,38	2,20	0,83
— sous-sol. 2	0,55	5,67	2,32	3,41	0,83
— sol. 3	1,10	3,51	2,55	1,57	0,83
— sous-sol. 3	0,60	4,85	2,38	3,12	0,66
Belloy-sur-Somme. 1	2,49	69,22	5,42	1,63	traces.

M. Pagnoul, directeur de la station agronomique d'Arras, a fait avec beaucoup de soin l'étude chimique d'un certain nombre de terres du département du Pas-de-Calais. Je vais reproduire une partie des résultats qu'il a obtenus pour les territoires de Souastre, Erquières, Guigny et Bertonval. Les trois premiers appartiennent aux plateaux qui séparent la vallée de l'Authie de celle de la Canche. La partie supérieure de ces plateaux est couverte de limon plus ou moins épais. Au-dessous de lui se trouve le *bief à silex* qui tantôt se mélange avec le limon, tantôt forme à lui seul la couche arable. La craie, qui supporte le tout et qui lui fournit la marne, apparaît sur les flancs des vallons, plus ou moins recouverte par le dépôt meuble des pentes suivant que ces pentes sont plus ou moins douces. Ce dépôt meuble des pentes, qui est ordinairement indiqué sur les cartes géologiques de détail, dérive du limon et du bief des plateaux qui ont été entraînés dans les parties basses par les eaux et les vents. Dans certaines pièces, le bief a si peu d'épaisseur que la charrue mélange avec lui le sous-sol crayeux.

Bertonval est l'école pratique d'agriculture du Pas-de-Calais. Il est situé dans la commune du Mont-Saint-Éloy, au nord-ouest d'Arras, sur un plateau qui a la même constitution géologique que les précédents.

(TABLEAU.)

	CARBONATE de chaux.	ACIDE phosphorique.	POTASSE.	AZOTE.	
	p. 1000.	p. 1000.	p. 1000.	p. 1000.	
Souastre. 1	18,40	0,92	2,68	1,00	Couche arable de 10 mètres sur terre à briques.
— 2	14,70	0,91	2,41	1,07	Couche de 2 à 3 mètres sur bief à silex. 2e classe.
— 3	5,18	1,10	2,77	1,16	Couche de 2 mètres sur bief à silex. 1re classe.
— 4	15,04	0,75	2,67	1,16	Profondeur variable. 2e classe.
— 5	20,53	0,90	2,39	1,08	Couche profonde, sous-sol calcaire.
— 6	22,10	0,80	2,90	0,96	Couche de 1 mètre sur bief à silex.
— 7	25,96	0,92	2,49	1,36	Bief très argileux, sous-sol calcaire.
Erquières. 1	4,05	1,19	2,68	1,21	Terre de 1re classe.
— 2	24,11	0,92	1,37	1,36	Terre de 2e classe.
— 3	18,36	0,98	2,67	1,00	Terrain de transport.
— 4	38,76	1,03	2,67	1,37	Bois défriché il y a 23 ans.
— 5	155,65	2,11	2,98	2,13	Bief très compact et difficile à labourer.
— 6	573,44	1,72	2,19	1,50	Terre calcaire, 4e classe.
Guigny. 1	16,52	1,43	3,20	1,53	Bonne terre sur sous-sol argileux.
— 2	19,32	0,86	3,50	0,93	Terre moins profonde que no 1.
— 3	18,97	1,04	3,00	1,15	Sol hétérogène.
— 4	81,12	1,59	2,89	1,43	Sol peu profond sur sous-sol de craie.
— 5	359,71	1,21	3,17	1,51	Sol encore plus mince que no 4 sur craie.
Bertonval. 1	11,70	1,00	2,60	1,21	Bonne terre à blé, sous-sol argileux.
— 2	15,10	1,40	3,30	1,35	Terre riche, mais négligée.
— 3	2,09	1,15	3,00	1,07	Terre rouge, peu fertile.
— 4	233,90	2,20	2,90	1,91	Sol léger sur sous-sol calcaire.
— 5	9,25	0,94	3,40	1,21	Terre à blé, sous-sol argileux.

« Campagne plate et ennuyeuse ! » c'est ainsi qu'Arthur Young définit la Picardie dans ses notes de voyage, et plus loin il ajoute : « Tant d'écrivains français ont si fort vanté cette province pour son agriculture savante et prospère que je l'ai parcourue avec soin afin de découvrir ce mérite. Le sol est ordinairement très bon ; les exceptions, comme à Bernay et encore plus à Flixcourt, où le sous-sol de craie affleure à la surface, ne sont rien en comparaison des loams riches, meubles et profonds, reposant sur le calcaire. Mais quand nous voyons les loams les plus beaux, les plus profonds et les plus riches du monde soumis à la rotation barbare d'une jachère, suivie d'un froment, puis d'une récolte de printemps d'un produit misérable, tout se résumant en une récolte de froment, nous pouvons dire que dans un tel pays l'agriculture en est encore au dixième siècle. »

Mais les choses ont bien changé depuis qu'Arthur Young parcourait la Picardie sur sa jument borgne. Il y a longtemps que la jachère a disparu et, si le cadre triennal de l'assolement a encore été conservé dans le Vimeux, etc., etc., cette jachère a été remplacée moitié par du trèfle, moitié par des racines et des fourrages verts. Partout ailleurs l'ancienne jachère est employée à faire de la betterave à sucre ; elle donne un produit brut de 800 fr. à 1,000 fr. par hectare et, comme la plupart des cultivateurs rachètent les pulpes de leurs betteraves, ils peuvent, avec elles et une ration complémentaire de tourteaux, engraisser des bœufs ou des moutons qui leur fournissent plus de fumier, en sorte que le blé, venant dans des terres à la fois bien riches et bien nettoyées, donne plus qu'autrefois. C'est là une véritable culture *sidérale* ; la ferme n'exporte en réalité que du sucre, combinaison de l'acide carbonique de l'air avec l'eau des pluies ; toutes les matières azotées et minérales contenues dans les betteraves reviennent à la terre et la fertilisent de plus en plus. Il est vrai que cette culture sidérale ne réussit pas à fixer l'azote inerte de l'atmosphère ; bien au contraire, pour obtenir à la fois la quantité et la qualité des betteraves, il faut leur donner des engrais azotés et des phosphates et, par conséquent, les acheter chez le fabricant d'engrais.

D'après la statistique agricole de la France que vient de publier le ministère, le département de la Somme n'avait plus en 1882 que 7,4 hectares et celui du Pas-de-Calais que 6 hectares de jachères pour 100 hectares de terres labourables. Le blé rendait 22^{hl},60 à l'hectare dans la Somme et 21^{hl},39 dans le Pas-de-Calais. Quant à la betterave à sucre, les cinq départements qui en produisent le plus sont :

Le Nord avec.	20,649,035	quintaux métriques.
L'Aisne avec	16,873,675	—
Le Pas-de-Calais avec . .	14,877,335	—
La Somme avec.	11,819,912	—
Et l'Oise avec.	8,220,932	—

Je dois ajouter que la plus grande partie de la production des départements de l'Aisne et de l'Oise se fait dans les arrondissements de Saint-Quentin et de Clermont qui, par la nature de leurs terrains, appartiennent à la Picardie.

Quelques détails sur les fermes qui ont obtenu la prime d'honneur dans les départements de la Somme et du Pas-de-Calais nous rendront encore mieux compte de la manière dont on y tire parti de ces terrains.

Nous trouvons d'abord au commencement des plaines fertiles du Santerre, où le limon a 8 à 10 mètres de profondeur, la ferme de Royes pour laquelle M. Henri Bertin, notre regretté collègue de la Société nationale d'agriculture, avait eu la prime d'honneur en 1858 et qui est aujourd'hui cultivée par MM. Pluchet et Frissard.

C'était l'ancienne poste de Royes ; elle avait 150 à 160 chevaux et 435 hectares de terres situées dans les environs de la ville. Ces terres fournissaient à la poste l'avoine, le foin et la paille et en recevaient en retour le fumier; on les travaillait avec les chevaux fatigués ou usés au service des diligences. Mais, quand ces diligences furent supprimées par les chemins de fer, M. Bertin fut obligé de changer son fusil d'épaule et il remplaça l'industrie *voiturière* par l'industrie sucrière. Il fonda sa fabrique de sucre en 1854 et organisa sa culture de manière à lui fournir le plus de betteraves possible. En 1858, il en faisait 178 hectares, avec 138 hectares de blé, 42 d'avoine, d'orge et de seigle et 60 de fourrages divers (trèfle, luzerne, sainfoin, vesces, etc.). Pour le travail, il avait toute l'année quelques chevaux et 28 paires de bœufs de race charollaise qu'il portait à 60 ou 65 au moment des charrois de betteraves. Il engraissait la plus grande partie de ces bœufs pendant l'hiver et ne conservait que les meilleurs travailleurs pendant 2 ans. Il avait, en outre, un troupeau d'élevage dishley-mérinos, race de M. Pluchet, et un troupeau d'engraissement qu'il augmentait après la moisson pour le faire pâturer et parquer pendant l'automne et le nourrir avec des pulpes et des tourteaux pendant l'hiver : à partir de janvier, il vendait les moutons gras par lots successifs.

« Mon terrain est d'excellente qualité et très facile à travailler », disait M. Bertin dans le mémoire qu'il a présenté au jury. « La couche arable repose presque partout sur un sous-sol argileux ; quelquefois directement sur la marne, par exemple dans les versants des vallées ; l'argile jaune du sous-sol sert à fabriquer des briques. En général, l'épaisseur de la couche arable et de l'argile est de 9 à 10 mètres, et il faut parcourir une distance égale dans la marne pour arriver aux premières sources qui donnent les puits ordinaires. La terre étant d'une consistance moyenne et s'égouttant bien, on n'a nulle part essayé du drainage. Depuis quelques années seulement on commence à marner dans les terres les plus compactes, et on en ressent de bons effets. Les labours profonds ayant été adoptés généralement, souvent une partie de terre argileuse est ramenée à la surface et, avec les méthodes de culture adoptées aujourd'hui, l'épaisseur de la couche arable devra augmenter sensiblement.

« On commence depuis quelques années à marner dans notre pays ; il y avait autrefois un préjugé à ce sujet, et dans tous les baux l'emploi de la marne était interdit ; aujourd'hui même, on marne peu. J'ai commencé à le faire depuis deux ans dans une partie de ma culture, où le sol est plus compact et assez difficile à travailler ; j'ai fait analyser par M. Barral la marne dont je me sers. Voici le résultat de cette opération :

Argile et sable	1,29
Alumine et oxyde de fer	0,60
Carbonate de chaux	97,31
Carbonate de magnésie	0,80
Total	100,00

« J'emploie de 50 à 55 mètres cubes de marne à l'hectare ; elle est tirée de puits qu'on creuse dans les pièces ; on la trouve à une profondeur de 12 à 15 mètres ; je donne aux ouvriers 1 fr. 15 c. du mètre cube. Pour ce prix ils sont obligés d'ouvrir les puits et de les reboucher, de tirer la marne et de la déposer sur le sol en tas d'environ 6 à 7 décimètres cubes ; on l'épand ensuite, puis on couvre de fumier de cour et on enfouit le tout ensemble. J'ai marné depuis deux ans de 25 à 30 hectares par an ; l'effet de la marne se fait sentir dès la seconde année, il diminue vers la douzième, et il faut marner de nouveau au bout de quinze à dix-huit ans.

« Je mets tous les ans au printemps des cendres noires de lignite sur mes prairies artificielles : on emploie de 13 à 15 hectolitres par hectare ; cette cendre coûte rendue ici 1 fr. 60 c. l'hectolitre. »

M. Triboulet, le lauréat de 1867, a sa ferme située à Assainvillers, près de Montdidier. Ce ne sont plus les plaines du Santerre. On y trouve, il est vrai, encore d'excellents limons, mais ailleurs le bief caillouteux apparaît à la surface et la craie ou *marnette,* comme on l'appelle dans le pays, affleure dans un vallon voisin. On emploie cette craie pour marner tous les 15 ou 20 ans, à raison de 100 à 120 mètres cubes par hectare.

Comme sur tous les plateaux de la Picardie, il n'y a pas de sources. On s'est procuré l'eau nécessaire à la ferme et à la distillerie en creusant un puits de 75 mètres de profondeur dont l'eau est élevée au moyen d'un manège à bœufs.

En 1867, l'exploitation de M. Triboulet n'avait que 359 hectares ; elle en a aujourd'hui 530.

Sur les meilleures terres, on fait alterner la betterave et le blé ; sur les moins bonnes, on suit l'assolement :

1) betteraves, avec 60,000 kilogr. de fumier, 200 kilogr. de superphosphate de chaux et 200 kilogr. de nitrate de soude ;

2) blé ;

3) trèfle, vesces ;

4) blé ou betterave ;

5) avoine ;

en outre, il y a une sole de luzerne que l'on sème la 5e année dans l'avoine qui suit les betteraves.

En 1879 il y avait 175 hectares de betteraves;
195 — de blé;
65 — d'avoine;
80 — de trèfle, luzerne et autres fourrages.

Le blé rend en moyenne 32 hectolitres à l'hectare;
L'avoine — 47 — —
La luzerne — 4,500 à 5,000 kilogr. de foin;
Les betteraves — 45,000 à 50,000 — de racines qui, traitées par la distillerie aujourd'hui annexée à la ferme, fournissent en moyenne 22 à 23 hectolitres d'alcool rectifié par hectare, exceptionnellement 30.

Les travaux de culture sont faits par 34 chevaux de race boulonnaise, achetés à l'âge de 2 ou 3 ans et revendus à 4 ou 5 ans, et 50 bœufs achetés dans le Nivernais et le Charolais et puis engraissés au moyen des pulpes de distillerie et de tourteaux de lin.

A l'époque de la rentrée des betteraves, le nombre des bœufs est ordinairement de 80.

En fait de moutons, M. Triboulet a un troupeau d'élevage dishley-mérinos, composé de 800 à 900 bêtes dont 400 mères, et un troupeau d'engraissement de 1,000 à 1,500 moutons qu'il renouvelle à mesure qu'il vend les bêtes grasses, de manière à en engraisser environ 4,000 par an. L'engraissement dure 3 ou 4 mois. Les moutons reçoivent, pendant ce temps, outre la pulpe, 250 grammes de tourteaux de lin par jour et par tête.

M. Triboulet augmente la masse de ses engrais en achetant de la tourbe qu'il arrose avec les vinasses provenant de sa distillerie.

En 1875, c'est M. Vion, à la ferme de Lœuilly, commune de Villers-Faucon, canton de Roisel, qui a été le lauréat du département de la Somme et, pour donner une idée exacte de sa culture, je ne puis mieux faire que de reproduire une partie du rapport qui a motivé la prime d'honneur.

« L'exploitation de Lœuilly, à l'époque où M. Vion en prit la direction, en 1847, comprenait 122 hectares. Aujourd'hui elle s'étend sur 250 hectares. M. Vion est propriétaire de 200 hectares et fermier de 50 hectares seulement. Cet ensemble est réuni en grandes pièces bien disposées et percées d'excellents chemins d'exploitation.

« Les terres de Lœuilly offrent de grandes différences dans leur composition : la moitié de la surface est argileuse et l'autre moitié se divise à peu près par parties égales en terres calcaires rougeâtres avec silex et en marnettes calcaires. La couche arable repose sur un sous-sol généralement assez perméable. Le relief du terrain, qui occupe un plateau sillonné de vallons ondulés, présente les conditions d'une culture facile.

« M. Vion a eu surtout à lutter contre l'infertilité naturelle d'une grande partie de son domaine ; on appréciera facilement les difficultés qu'il a eu à vaincre sur ces terres dont la valeur vénale, au début de ses opérations, ne s'élevait qu'à 120 fr. par hectare. C'est par l'application de fumures abondantes et fréquemment renouvelées, par l'emploi d'engrais provenant de la sucrerie, par des transports de terre considérables, par des labours profonds, que M. Vion est parvenu à transformer son sol, à le rendre productif et à élever la valeur des marnettes de 120 fr. à 2,400 fr. par hectare.

« Ces résultats remarquables n'ont pas été obtenus sans peines et sans des sacrifices importants ; mais, dès le début de sa culture, le fermier de Lœuilly a su suivre une marche prudente et progressive. Il a d'abord été obligé de conserver l'ancien système de la jachère ; puis, il y a substitué la culture des plantes oléagineuses, plus tard la betterave est venue apporter à Lœuilly un puissant moyen de fertilisation. La réussite de la culture de cette plante fit prendre à M. Vion une grande résolution qui amena l'événement dominant de sa carrière.

« Dès 1857, il réclame le concours de ses voisins, et vingt-sept cultivateurs répondant à son appel, ils appliquent ensemble, les premiers, la vraie formule de la sucrerie agricole par la création d'une société en commandite par actions, avec obligation de fournir des betteraves.

« L'usine a travaillé cet hiver 33 millions de kilogrammes de betteraves pour produire 19,000 sacs de sucre, en moins de 90 jours de travail.

« Cette situation exceptionnelle a procuré à M. Vion des ressources considérables pour l'alimentation de ses animaux et des engrais en abondance, et a eu pour résultat d'amener rapidement sa terre à un haut degré de fertilité. Les rendements de betteraves sont arrivés de 25,000 kilogr. à l'hectare récolté, en 1857, à 50,000 kilogr. en 1873, à 55,000 kilogr. en 1874, avec une moyenne de 40,750 kilogr. pour les sept dernières années.

« La production du blé a suivi la même progression. De 20 hectolitres récoltés en 1847, on est arrivé à 41 hectolitres en 1874, avec une moyenne de 34^{hl},50 pour les sept dernières récoltes.

« Un assolement rationnel, des labours profonds souvent répétés pour la culture de la betterave, l'emploi des instruments perfectionnés, une culture très soignée, ont beaucoup fait dans la transformation opérée par M. Vion ; mais c'est principalement à l'influence des engrais, surtout de ceux fournis par le nombreux bétail entretenu dans la ferme, que Lœuilly doit ses grands rendements. En 1847, on n'y trouvait que 76 têtes de gros bétail pour 122 hectares. En 1874, ce nombre s'élève à 233 têtes représentant 181,000 kilogr. de poids vif, ce qui équivaut à 262 têtes du poids moyen de 500 kilogr. pour 281 hectares, ou 1 tête $^{1}/_{4}$ par hectare. A la masse de fumier produit par ces animaux, il faut encore ajouter tous les engrais provenant de la fabrique de sucre que M. Vion a enlevés seul pendant plusieurs années ; maintenant il les partage avec ses associés, mais son sol n'y a rien perdu, car aujourd'hui il fait venir annuellement plusieurs bateaux de déchets ou de chiffons de laine qui sont conduits directement sur les terres, et des tourbes qui servent à étancher le purin des bergeries, des vacheries et le contenu de citernes. On comprend qu'avec une aussi grande quantité de fumier, M. Vion se serve peu d'engrais chimiques.

« L'écurie contient 30 chevaux de travail appartenant aux races flamande et boulonnaise. Ils sont nourris avec un mélange de fourrages et de paille hachée, enrichi de 9 litres d'avoine concassée et de 3 litres de son par tête, le tout légèrement humecté. En dehors des travaux de la ferme, ce sont eux qui font presque tous les transports de la fabrique. Les bœufs proviennent généralement du Nivernais ; les travaux annuels étant achevés, une partie est engraissée, ainsi qu'une soixantaine de vaches.

« La bergerie est remplie, presque en tout temps, d'un troupeau d'engraissement de 1,000 à 1,200 bêtes, qui est renouvelé plusieurs fois dans l'année. »

En 1868, la prime d'honneur du département du Pas-de-Calais a été décernée à M. le marquis d'Havrincourt, aujourd'hui sénateur et membre de la Société nationale d'agriculture, pour la culture de son domaine d'Havrincourt. Ce domaine comprend 740 hectares de bois et 399 hectares de terres labourables. Le territoire labourable est formé de 3 parties bien distinctes :

1° Une plaine, située au nord, à l'est et à l'ouest de la commune, sur le plateau élevé qui sépare les eaux de la Somme, de l'Escaut et de la Scarpe. Elle est composée de terres de limon sur fond de craie, très faciles à cultiver et toutes taxées de 1re ou 2e classe ;

2° D'un versant, incliné au midi, dont la couche arable, très calcaire, varie de douze à vingt centimètres d'épaisseur et repose sur un calcaire pur et brûlant ;

Et, 3° d'un versant, incliné au nord, vis-à-vis du précédent et séparé de lui par un ravin, commencement d'une vallée de 12 à 15 kilomètres de longueur qui aboutit à l'Escaut. Malheureusement, les terres les plus froides de la propriété se trouvent aussi dans cette froide exposition. Ce sont des terres d'argiles compactes reposant sur une argile serrée ou sur un poudingue d'argile et de cailloux énormes, impénétrable aux charrues ordinaires. De plus, elles sont terminées au sud et presque entourées à l'est et à l'ouest par des bois qui leur donnent de l'ombre et y maintiennent l'humidité en arrêtant les vents. De toutes ces causes il résulte que ce versant est semé et récolté au moins quinze jours plus tard que le reste du territoire.

Lorsqu'en 1834, après avoir été élève de l'École polytechnique et officier d'artillerie, M. d'Havrincourt prit en mains la direction de ses propriétés, il y trouva 329 hectares loués à des *occupeurs* en 670 parcelles et par fermages payables en argent, mais variables avec le prix du blé. Au moyen d'échanges et d'achats, il réussit à faire 263 *réunions* et à réduire ainsi le nombre des parcelles à 252. Puis il fixa pour chaque classe de terre un fermage régulier, mais croissant de 4 en 4 ans jusqu'à 12 ans. La moyenne était pour la

1re classe 90 fr. par an et par hectare, pour la deuxième 81 fr., pour la 3e 72 fr., pour la 4e 63 fr. et pour la 5e 54 fr.; et ce qui montre combien il était à la fois libéral comme propriétaire et habile comme cultivateur, c'est qu'il céda à ses fermiers les terres de 1re, 2e et 3e classe ; il conserva toutes les terres de 4e et 5e classe, principalement celles qui sont situées dans le voisinage des bois, pour les améliorer et les cultiver lui-même, et il réussit si bien que, dès 1866, la culture de ces terres donnait un produit net de 81 fr. par hectare, l'équivalent du fermage qu'on lui payait pour celles de 2e classe.

« Les principales productions du pays », dit M. d'Havrincourt dans la notice qu'il a publiée en 1868 sur ses cultures, « sont les céréales, les graines oléagineuses et les betteraves.

« On a beaucoup abusé de la culture des graines oléagineuses et surtout de l'œillette, de sorte que les rendements ont fort diminué. La sécheresse du sol et l'absence de cours d'eau excluent toute prairie naturelle, et par suite aucun champ n'est clos. On cultive largement les trèfles, les luzernes, les féveroles, les hivernages et les vesces.

« Les fumures sont généralement incomplètes. Le bétail n'est élevé que dans la plus faible proportion possible, pour utiliser les pailles, et il est mal nourri. On a la vache picarde, petite, maigre, osseuse, donnant un lait peu abondant, mais butyreux, et d'un engraissement long et difficile.

« Le mouton est élevé à la vaine pâture; on le vend généralement après les parcages. On élève peu ; on n'engraisse jamais de bêtes à cornes et peu de moutons.

« C'est un système tout opposé que j'ai suivi. »

Pendant les premières années, il chercha surtout à avoir beaucoup de nourriture pour son bétail et, dans ce but, il adopta l'assolement suivant : 1° sur défoncement et forte fumure, betteraves, carottes, pommes de terre, ou récoltes vertes suivies de choux à vaches ; 2° avoine, orge ou blé de mars ; 3° trèfle ; 4° blé ou seigle avec guano ou tourteaux ; 5° sur demi-fumure, colza, œillette, fèves ou escourgeon ; 6° blé d'hiver ou hivernages ; 7° luzernes rentrant dans l'assolement par l'avoine.

Mais, en 1857, il se décida à construire une fabrique de sucre et, dès lors, il modifia son assolement en remplaçant, dans la 5e année, le colza, etc., par des racines sur défoncement et fumure complète, en les faisant suivre en 6e sole par du blé et de l'escourgeon ou par des fèves et des wateries et en 7e année par de l'hivernage après les céréales et par du blé après les fèves et les wateries. Des luzernes en dehors de l'assolement et des prairies irriguées établies dans le parc continuent à appuyer cet assolement par les foins qu'elles fournissent.

Pour faire marcher la sucrerie, il fallait avoir assez d'eau, et les puits de la commune tarissaient presque toujours en été, malgré une profondeur de 60 mètres. Par un forage, poussé à 150 mètres, M. d'Havrincourt réussit à atteindre des couches ou des courants dont l'eau est intarissable et remonte jusqu'à 37 mètres du sol. On l'élève, au moyen de la principale machine de la sucrerie, dans des réservoirs placés sur les toits, d'où elle se distribue partout où l'on en a besoin. « Cette source artificielle », dit M. d'Havrincourt, « est un trésor, non seulement pour moi, mais pour ma commune et même pour les environs. En été, quand les mares et les puits sont à sec, je donne de l'eau aux habitants d'Havrincourt en remplissant une mare que j'ai établie près de ma sucrerie. En 1858 et 1859, tous mes environs étaient obligés d'aller chercher, dans des tonneaux, de l'eau à l'Escaut, à 12 et 15 kilomètres. »

Dans ces terres argileuses à sous-sol de poudingue, qui n'avaient jamais été labourées à plus de 10 à 12 centimètres, on a été forcé de faire des défoncements extrêmement pénibles. Dans certains champs, il a fallu passer six à huit fois de suite, avec des femmes ramassant derrière les charrues défonceuses les cailloux soulevés par elles, avant d'obtenir 15 centimètres d'entrure ; dans d'autres pièces, on a pris le parti d'exploiter les mines de silex qu'elles contenaient.

Sur les terres froides du versant nord, M. d'Havrincourt a employé d'abord de la marne à raison de 150 mètres cubes à l'hectare. Cette marne était sèche et pierreuse et il fallait plusieurs années pour qu'elle fût bien délitée par les gelées. Les bons effets ont été sensibles, surtout pour les trèfles, et ont duré 7 à 8 ans; mais les betteraves ne s'en trouvaient pas bien : dans les pièces marnées, elles étaient maigres et de mauvaise qualité. Aussi a-t-il fallu renoncer à la marne et la remplacer par la chaux, qui n'a pas les mêmes inconvénients pour les betteraves. M. d'Havrincourt en met 200 à 300 hectolitres par hectare sur ses terres argileuses. Sur le versant calcaire, les amendements terreux conviennent mieux : boues des mares et des routes, déblais de leurs accotements, terres provenant des terrassements et surtout boues provenant des lavages de betteraves, M. d'Havrincourt fait de tout cela des composts qu'il arrose avec les écumes de la sucrerie ; il les emploie dans ses terres légères avec le fumier des bêtes à cornes et il en obtient d'excellents résultats. Pour le trèfle, le plâtre, pour les luzernes et les foins, les cendres de tourbe et les suies trouvées dans les carneaux des générateurs. « Mais, ajoute-t-il, de tous les engrais et amendements qui rentrent dans les pratiques connues de la plupart des cultivateurs, aucun n'a produit dans ma terre argileuse des résultats aussi remarquables que les engrais chimiques conseillés par M. Ville. » Dès 1865, il mit à la disposition de M. Ville deux champs d'expériences où les engrais chimiques donnèrent d'excellents résultats pour les betteraves et les pommes de terre, ainsi que pour le blé qui les suivit.

Mais M. d'Havrincourt n'en continua pas moins à faire des quantités considérables de fumier avec les nombreux animaux qu'il nourrissait (421 kilogr. de poids vif par hectare) et il sut obtenir le fumier au meilleur marché possible, en formant des races qui paient bien les fourrages, parce qu'elles sont bien spécialisées suivant les besoins de son exploitation, anciennes races du pays croisées avec les races perfectionnées de l'Angleterre.

On emploie souvent dans l'Artois des tourteaux comme engrais pour les plantes sarclées. Les essais dirigés par M. Louis Comon, professeur d'agriculture, ont montré que ces tourteaux donnent également des résultats très favorables lorsqu'on les applique aux céréales d'hiver et même à celles de printemps. En général, les tourteaux *se paient* bien par l'augmentation de la récolte, et encore mieux, lorsqu'ils sont mélangés à un peu de nitrate de soude.

Quant aux phosphates (phosphates de Pernes) ou superphosphates, ils ont donné, dans les champs d'expériences établis par M. Comon sur beaucoup de points du département, des résultats très divergents, suivant la nature des terres et suivant leur état de culture. Mais ces expériences paraissent confirmer la règle que j'ai donnée avec MM. Paul de Gasparin et Joulie : quand l'analyse chimique montre que les terres contiennent plus de 1 pour 1,000 d'acide phosphorique, l'emploi des phosphates comme engrais complémentaire, du *fumier de ferme n'y est pas nécessaire. Ainsi* les phosphates et superphosphates ne produisent aucun effet sensible dans une terre de M. Platiau, à Longuenesse. D'après l'analyse de M. Pagnoul, cette terre renfermait pour 1,000 :

Carbonate de chaux	5,33
Acide phosphorique	1,59
Potasse	1,91
Azote	1,24

En général, les sels de potasse sont inutiles dans ces terres. M. L. Comon signale cependant quelques résultats favorables obtenus par leur emploi sur des pommes de terre.

Autour de la ville de Lens s'étend la plaine où Condé remporta, en 1648, sa grande victoire. Sur une partie de cette plaine, la craie est à nu ; ailleurs elle est couverte, tantôt de sables glauconieux dans lesquels sont intercalés des lits d'argile, tantôt d'une couche plus ou moins épaisse de limon quaternaire. Pendant longtemps, elle était restée à peu près inculte ; mais aujourd'hui on y trouve, à côté des puits par lesquels on extrait la houille du sous-sol et des villages où habitent les mineurs, de magnifiques champs de céréales et de betteraves. Cette transformation a été due principalement à MM. Decrombecque père et fils et leur a valu, à l'Exposition universelle de 1867, le grand prix d'agriculture, victoire plus modeste que celle du prince de Condé, mais qui n'en a pas moins son mérite. Les bâtiments de ferme sont dans la ville, trop éloignés des champs, mais à côté de la fabrique de sucre qui emploie les betteraves et rend les pulpes pour l'engraissement de 400 à 500 bœufs. Pour les 275 hectares qu'ils cultivaient, MM. Decrombecque employaient par an plus de 3 millions de kilogr. de fumier, et plus de 100,000 kilogr. d'engrais chimiques qu'ils fabriquaient presque tous eux-mêmes, sulfate d'ammoniaque tiré des eaux des usines à gaz, sang désséché des abattoirs, débris d'abattoirs et vieux cuirs traités par de l'acide sulfurique en excès et ensuite mélangé avec le noir animal de la fabrique de sucre, etc. Ajoutez à cela les tourteaux de lin ou de sésame que MM. Decrombecque achetaient pour compléter la ration d'engraissement des bœufs, les défoncements et tous les ingénieux perfectionnements qu'ils avaient introduits dans leurs instruments de culture, et vous comprendrez comment ils ont pu arriver à obtenir dans ces terres naturellement assez ingrates des rendements de 40 à 42 hectolitres de blé, 75 hectolitres d'avoine, et de 50 à 60,000 kilogr. de betteraves à l'hectare.

---

§ 3. — Les terrains éocènes du département du Nord.

Le département du Nord se compose de sept arrondissements alignés le long de la frontière belge.

A l'est, c'est l'arrondissement d'Avesnes, dont les terrains sont les plus anciens. Dans sa partie septentrionale, on trouve des calcaires carbonifères et des schistes dévoniens qui forment le commencement du massif des Ardennes. Sa partie méridionale, le canton de Landrecies, appartient à la Thiérache, pays de forêts et de magnifiques herbages ; la fraîcheur y est entretenue par les *dièves* et les marnes glauconieuses qui s'étendent au-dessous de son sol d'argile à silex et de limon. Il a été décrit au § 1er du chapitre XI.

A l'ouest du département, ce sont les arrondissements d'Hazebrouck et de Dunkerque, dont les terrains sont, au contraire, les plus récents, fertiles alluvions conquises sur la mer au milieu desquelles s'élèvent quelques rares îlots tertiaires qui ont tout au plus 100 mètres de hauteur, mais que l'on appelle *monts* par comparaison avec les plaines qui les entourent : le mont de Lille, le mont Noir, les monts Cassel, des Récollets, des Cates, de Boeschêpe et de Watten.

Près d'Armentières, au point de jonction de l'arrondissement d'Hazebrouck avec celui de Lille, le département n'a que 6 kilomètres de largeur.

Quant aux quatre arrondissements du centre, ceux de Lille, de Douai, de Valenciennes et de Cambrai, leur base générale se compose de craie (craie marneuse, craie à *Micraster cortestudinarium* et craie tendre à *M. coranguinum*) qui affleure dans les vallées et sur les bords des plateaux du Cambrésis, mais qui disparaît de plus en plus, à mesure que l'on s'avance vers le nord ou vers l'ouest, sous des couches épaisses de terrains tertiaires, de graviers et limons quaternaires et d'alluvions qui ont nivelé toute la contrée.

Au-dessous de la craie que supportent les *dièves* ou le *tourtia*, on trouve, aux environs de Valenciennes, les houillères du bassin franco-belge, Anzin, etc. Pendant que le mineur extrait la houille, véritable provision de force et de chaleur enfouie dans les profondeurs de la terre depuis des milliers de siècles, le cultivateur qui laboure et ensemence la surface cherche à condenser chaque année de nouvelles quantités de carbone dans ses récoltes de céréales, de fourrages, de betteraves, de colza, d'œillettes, de chanvre, de lin, de tabac, etc. Les villes industrielles du voisinage en extraient le sucre, l'huile, et transforment les textiles en étoffes. Tous les déchets de ces manufactures, les fumiers des chevaux et même le résidu de l'alimentation des ouvriers, l'*engrais flamand*, reviennent aux champs qui les avaient fournis, et, de cette alliance de l'industrie avec l'agriculture, de ce *circulus*, où rien ne se perd, mais où les forces disponibles pour la consommation augmentent chaque année, il résulte un accroissement de plus en plus grand de richesse et de population.

D'après la statistique agricole de la France que vient de publier notre savant directeur de l'agriculture, M. Tisserand, le département du Nord est le premier de tous nos départements à la fois pour la quantité d'hectolitres de blé produits par 100 hectares de territoire agricole (892 hectolitres), pour la proportion de cultures industrielles et surtout de betteraves à sucre (plus de 20 millions de quintaux métriques) et pour le poids vif par hectare des animaux de ferme entretenus (308 kilogr. par hectare). Cependant il ne vient que le 25e dans la liste des départements pour la superficie de terres employées en cultures fourragères (avec 26 hectares pour 100). Ce fait s'explique par les suppléments de fourrages que fournissent les cultures dérobées[1], les pulpes de betteraves à sucre et les tourteaux que les cultivateurs achètent en abondance pour améliorer la nourriture de leur bétail, composé surtout de vaches et de bœufs à l'engrais.

Dans la région comprise entre la Scarpe et l'Escaut, ainsi qu'entre l'Escaut, la Selle et l'Oise (la Thiérache), on trouve souvent au-dessus de la craie un *tuffeau* sableux glauconifère (*tuffeau de Valenciennes*), que les mineurs d'Anzin appellent *turc*. Il n'a guère que 2 à 3 mètres d'épaisseur et quelquefois il est remplacé, soit par une marne argileuse, soit par un sable vert ou rouge à grains grossiers, avec petites veines d'argile intercalées, sable que les cultivateurs du Cambrésis désignent sous le nom de *rougeon*.

Une argile plastique, grise ou noire, parfois ligniteuse, souvent sableuse, forme, au milieu du tuffeau, des dépôts lenticulaires que l'on exploite pour faire des tuiles.

Au nord et à l'ouest du bassin d'Orchies, on trouve également, dans les cavités que présente la surface de la craie, une argile plastique, noire ou grise, quelquefois sableuse, alternant avec des lits de sable. M. Gosselet l'appelle *argile de Louvil* et la considère comme la zone inférieure du *Landénien* de Dumont, équivalent de la *glauconie de la Fère*. Son épaisseur moyenne est de 15 à 20 mètres, mais elle affleure rarement et n'est guère connue que par des sondages. Elle constitue cependant un horizon hydrographique important et donne lieu à un grand nombre de sources et de marais, entre autres ceux de la plaine que traverse le canal de la Haute-Deule.

Au-dessus de cette argile s'étend, aux environs d'Orchies, une couche de sable vert, fin, argileux et micacé, qui renferme par places des bancs de grès ou de tuffeau arénacé et a souvent 10 à 15 mètres d'épaisseur (*tuffeau à Cyprina planata* de M. Gosselet)[2]. Il s'étend

---

1. La superficie occupée par ces cultures dérobées n'est pas comptée avec celle des cultures fourragères et cependant elle fournit des ressources considérables pour l'alimentation des animaux.

2. Gosselet, *Esquisse géologique du Nord de la France*.

plus loin que l'argile de Louvil, sur les bords des différents bassins; ainsi il recouvre directement la craie du plateau de Lille. Plus à l'ouest, dans le Bassin de Flandres, il devient lui-même argileux.

Ces divers dépôts correspondent tous à la glauconie de la Fère ou sable de Bracheux du bassin de Paris.

Quant à l'argile plastique de ce bassin, elle est représentée dans les Flandres par les *sables d'Ostricourt* ou *sables du Quesnoy*, sables blancs, maigres; quelquefois leur partie supérieure a été transformée en grès qui sont exploités pour pavés. Ils abondent sur les plateaux de Bohain, de Busigny, de Solesmes et du Cateau; ils y sont entremêlés de veines d'argiles et quelquefois ces argiles sont ligniteuses. Ces sables couvrent également la forêt de Raismes, le haut plateau au sud de Valenciennes et forment les collines au sud de Douai. Vers le nord, ils diminuent progressivement d'épaisseur et finissent par disparaître complètement.

Les *sables nummulithiques* du départementdu Nord sont fins, glauconieux, très doux au toucher, et quelquefois entremêlés de lits d'argile jaunâtre. Ils forment l'éminence de Mons-en-Pévèle, près d'Orchies, et M. Gosselet leur a donné le nom de *sables de Mons-en-Pévèle*. On trouve tantôt au-dessous d'eux, comme aux environs d'Orchies, tantôt au-dessus d'eux, comme à Roubaix et à Roncq, tantôt à leur place, comme près de Lille, des glaises bleuâtres que M. Gosselet a distinguées sous les noms d'*argile d'Orchies, argile de Roubaix* ou *argile de Roncq*, mais que la carte géologique détaillée réunit sous le nom d'*argile des Flandres* et range sous la même teinte brune que les sables nummulithiques dont elle est contemporaine.

L'argile des Flandres a une épaisseur de plus de 100 mètres sous la plaine de Dunkerque et d'Hazebrouck; elle a encore 80 mètres entre la Lys et la Marque et elle y affleure sur quelques points; mais en général sa présence est masquée par les dépôts quaternaires (argiles sableuses, sables, cailloux roulés ou limons) qui la recouvrent. Elle forme un niveau d'eau qui alimente la plupart des puits de cette région.

Ces dépôts quaternaires et les alluvions modernes couvrent d'immenses étendues dans la Flandre et ils ont formé la plus grande partie de ces plaines fertiles, profondes et unies, « aussi belles, dit

Arthur Young, qu'il est possible d'en trouver pour récompenser l'industrie des hommes. »

Mais toutes les terres de la Flandre n'étaient pas naturellement aussi fertiles et aussi profondes; l'industrie des hommes a beaucoup contribué à les former. Les unes ont été améliorées depuis longtemps. La culture flamande est depuis le moyen âge une des plus admirables de l'Europe. Les défoncements ont doublé la profondeur de la couche arable. Beaucoup de terres, et particulièrement celles dont l'argile des Flandres forme le sous-sol, ont été drainées. Depuis longtemps, on chaule régulièrement les champs de l'arrondissement de Lille. Dans celui de Cambrai, qui ressemble plus à l'Artois et à la Picardie, on marne, comme dans ces pays, au moyen de la craie qui forme la base de ses plateaux. C'est également la craie extraite aux environs de Saint-Omer que l'on envoie par le canal de la Colme jusqu'à Bergues et Hondschoote, où les cultivateurs du voisinage viennent la prendre avec leurs chars. Ils en emploient tous les 12 à 15 ans vingt voiturées à 2 chevaux par hectare.

Aux environs d'Avesnes, on emploie beaucoup les cendres pyriteuses de Sars-Poteries, analogues à celles du Soissonnais.

Dans les terres d'alluvion de Marcq-en-Barœul, où l'on emploie beaucoup de matières fécales, Corenwinder a dosé 1,72 p. 1000 d'acide phosphorique, ce qui explique bien pourquoi l'emploi des phosphates n'y produisait aucun effet. Mais nous n'avons trouvé, avec M. Colomb-Pradel, que 0,6 à 0,7 p. 1000 d'acide phosphorique dans onze échantillons de terres recueillies en 1885 sur les diverses soles de la ferme de Cappelle, dont les terres se composent d'argile des Flandres, plus ou moins recouverte de limon quaternaire. Avec environ 30 p. 1000 d'humidité, ces terres renfermaient en outre :

0,77 à 1,18 d'azote total.
2,04 à 2,50 de potasse.
7,30 à 18,25 de chaux.
0,13 à 0,25 d'acide sulfurique.
0,75 à 1,02 de magnésie.

Cette ferme de Cappelle et celle de la Valette, qui en est voisine, appartiennent à M. Florimond Desprez, et leur magnifique culture lui a valu en 1886 la prime d'honneur du département du Nord. Elles ont ensemble 191 hectares dont les $^{2}/_{3}$ sont consacrés au blé, $^{2}/_{8}$ aux betteraves porte-graines et $^{1}/_{8}$ au lin, pommes de terre, avoine, choux et prairies artificielles. Les graines de betteraves de M. Desprez, sélectionnées avec soin de manière à augmenter leur richesse en sucre, ont une grande réputation ; il en vend en moyenne un million de kilogrammes par an. Sa production de blé n'est pas moins remarquable. Mais évidemment une telle exportation de grains exige une restitution. On employait, outre le fumier produit par le bétail que l'on engraissait avec les betteraves additionnées de tourteaux, des urines, du sulfate d'ammoniaque, des tourteaux d'arachides, quelquefois de la chaux et des superphosphates. Aujourd'hui M. Florimond Desprez mélange des phosphates fossiles à tous les fumiers, et ce surplus d'acide phosphorique facilite la maturation des graines de betteraves, tout en rendant les blés moins sujets à la verse.

A Bersée, sur des terres analogues à celles de Cappelle, M. Simon-Legrand, dont nous avons eu le regret d'apprendre la mort il y a peu de temps, était également un grand producteur de graines de betteraves.

Une monographie de Barral a rendu célèbre la ferme de M. Fiévet, à Masny, dans le canton de Douai. Ce sont des terres d'alluvion reposant en grande partie sur un sous-sol d'argile plastique (*argile de Louvil*), si imperméable qu'autrefois les attelages s'y embourbaient souvent à la suite des pluies ; on pouvait rarement y entrer avant le mois de mai. M. Fiévet les draina en 1851, lorsqu'on commençait à connaître en France le drainage régulier au moyen de tuyaux cylindriques en terre cuite, et le succès de l'assainissement fut complet.

Dès le début de sa carrière agricole, M. Fiévet avait chaulé toutes ses terres à raison de 300 à 500 hectolitres à l'hectare. Plus tard il renonça au chaulage, parce que les écumes de défécation et les eaux de la fabrique de sucre, qu'il employait en irrigations, fournissaient à ses terres assez de chaux.

Pour les betteraves qui précédaient le blé, il labourait avant l'hiver à $0^{m},35$ de profondeur, au moyen de deux charrues Brabant qui se suivaient dans le même sillon. Quelquefois même, il y ajoutait le travail d'une fouilleuse.

---

§ 4. — Le calcaire grossier.

L'ancienne province de l'Ile-de-France avait pour limites à l'est la Champagne, au nord la Picardie et à l'ouest la Normandie. Or, ces limites sont exactement celles de la région occupée par le *calcaire grossier,* formation que nous trouvons au-dessus des sables nummulithiques dans le Soissonnais, et immédiatement au-dessus de l'argile plastique dans le Vexin français, dans les environs de Paris et à Paris même, où les sables nummulithiques n'existent pas.

Notre capitale est construite en grande partie *sur* le calcaire grossier et *avec* les matériaux qu'il fournit. Les catacombes de la rive gauche sont d'anciennes carrières. Lorsqu'on sort de la ville par les chemins de fer de l'Ouest ou du Nord, on voit de tous côtés, au milieu des vignes et des champs, les roues qui servent à monter les moellons des puits creusés dans le calcaire grossier du sous-sol ; plus loin on aperçoit les carrières à ciel ouvert d'où l'on extrait les magnifiques pierres de taille de Saint-Leu, etc... Ces carrières permettent d'étudier facilement les diverses couches ou bancs dont est formé le calcaire grossier.

Suivant une division déjà établie par Alexandre Brongniart et conservée par M. Stanislas Meunier dans son livre sur la *Géologie des environs de Paris,* nous partageons le calcaire grossier en :

A. — *Le calcaire inférieur ou à nummulithes* (4 à 30 mètres).

Sa base, très riche en glauconie et en *Nummulithes lævigata,* rappelle encore les sables du Soissonnais.

En certains endroits, la roche calcaire reste tendre et sableuse ; mais sur d'autres points, par exemple aux environs de Laon et de Compiègne, elle devient, au contraire, assez dure pour fournir ces excellents matériaux de construction que les ouvriers carriers appellent *pierres à liards*, à cause de la ressemblance des nummulithes avec de petites pièces de monnaie.

Ses bancs moyens, dont l'épaisseur varie de 2 à 10 mètres, contiennent également, à Saint-Leu, près de Creil, une pierre de construction, tendre, à grain fin et très homogène, que l'on appelle *pierre de Saint-Leu.*

A Liancourt (Oise), les bancs sont entremêlés de lits sableux riches en fossiles et, à Pont-Saint-Maxence, on trouve au-dessus d'eux un sable calcaire dolomitique qui contient, d'après M. Damour, 37,24 p. 100 de carbonate de magnésie et un peu de matière bitumineuse.

Comme l'ont remarqué MM. Dollfus et Vasseur dans l'étude qu'ils ont faite des terrains tertiaires à Méry-sur-Oise, ces accidents dolomitiques, sans doute postérieurs à la formation des couches, se retrouvent dans presque toutes les assises du calcaire grossier, mais avec une intensité fort variable. Tantôt la dolomie occupe de larges espaces, tantôt on ne rencontre que des poches ou lentilles irrégulières dont l'intérieur est meuble et se compose de sables magnésiens jaunes; leur enveloppe est dure et formée de calcaire semi-cristallin.

Quant à la partie supérieure du calcaire à nummulithes, il est caractérisé par la présence de la cérithe géante (*Cerithium giganteum*). Les carriers appellent ce fossile *verrain* et le banc qui le contient *banc à verrains*. Près de Paris, ce banc est nommé *Saint-Jacques* et fournit des moellons très denses, mais, sur les limites du bassin, par exemple à Grignon et aux environs d'Épernay, il est à l'état de sable.

B. — *Le calcaire grossier moyen* ou *calcaire à Milioles.*

Ses parties inférieures s'appellent *vergelés* ou *lambourdes;* suivant qu'elles sont plus ou moins tendres; elles ont une couleur blanc jaunâtre et sont ordinairement marbrées de veines jaunes ou rouges. Leur épaisseur varie de 1 à 10 mètres.

Les parties supérieures forment le *banc royal* (0^{m},30 à 1 mètre) qui fournit les plus belles pierres d'appareil, pierres dures, très homogènes, de couleur blanc grisâtre.

Sur les bords du bassin, le calcaire moyen est sableux comme le calcaire inférieur et l'on peut y trouver une grande quantité de fossiles bien conservés (à Grignon, etc.).

C. — *Le calcaire grossier supérieur ou calcaire à Cérithes.*

se compose de la série suivante :

1) La *roche de Saint-Nom,* appelée *banc du bas* dans l'Aisne ;

2) Le *banc vert* (1 à 6 mètres), marne verte d'eau douce à Limnées, Paludines, etc. On l'exploite souvent comme amendement pour les terres de limon et les sables qui recouvrent le calcaire grossier.

3) Le *cliquart* ou *liais* (0^m,60 à 4 mètres), nommé dans l'Aisne le *banc du haut.*

Au sud de Paris, les bancs supérieurs s'appellent *bancs francs* et *Roche de Paris ;* mais ils y sont souvent argileux et gélifs.

Voici les résultats des analyses de quelques échantillons du calcaire grossier supérieur :

a) Banc de *liais,* de 0^m,70 d'épaisseur qui se trouve à 13 mètres de profondeur dans la carrière Sarazin, commune de Carrières-Saint-Denis.

b) Banc de *Roche,* mesurant 0^m,55 d'épaisseur, pris à la partie supérieure de la carrière Sarazin, à Montesson (Seine-et-Oise).

c) Couche friable, ayant seulement 0^m,15 d'épaisseur, au-dessous du banc précédent :

	ARGILE et sable.	CHAUX.	MAGNÉSIE.	OXYDE de fer.	ACIDE carbonique et perte au feu.
1.	5,6	52,0	traces.	1,6	41,3
2.	5,6	52,0	traces.	1,6	41,3
3.	15,3	45,0	traces.	2,0	37,0

D. — *Les caillasses.*

Au-dessus du calcaire grossier proprement dit, on trouve des marnes blanches ou verdâtres, souvent magnésiennes, qui alternent avec des plaquettes de calcaires compactes et siliceux que l'on nomme *caillasses.*

Deux échantillons de ces marnes blanches provenant de Carrières-Saint-Denis ont été analysés à l'École des mines et contenaient :

	CHAUX.	MAGNÉSIE.	OXYDE de fer.	ACIDE carbonique et eau.	ARGILE et sable.
1.	32,6	15,6	1,0	44,5	5,6
2.	33,0	16,6	1,0	45,6	3,6

Aux environs de Provins, dans le département de Seine-et-Marne, le *travertin inférieur de Provins* ou *calcaire de Provins,* que l'on rencontre au-dessus de l'argile plastique, paraît correspondre au calcaire grossier supérieur et particulièrement au *banc vert.* Ce travertin est, comme le banc vert, un dépôt lacustre composé de couches de calcaires blancs, avec nids de marnes très douces au toucher, et de calcaires jaunâtres à fossiles d'eau douce, avec lits durs intercalés.

On doit rapporter au même horizon le *travertin de Morancez,* aux environs de Châteaudun (Eure-et-Loir). Ce sont également des marnes pulvérulentes, formées de carbonate de chaux presque pur, alternant avec des calcaires durs à *Planorbis, Helix,* etc.

Les analyses données plus haut indiquent la composition minéralogique du calcaire grossier. M. Pouriau a cherché à déterminer l'acide phosphorique dans celui du sous-sol de Grignon, mais il n'en a trouvé que des traces très faibles. M. Joulie n'en a pas trouvé beaucoup plus dans les terres de Fresnoy-le-Luat et de Versigny, canton de Nanteuil-le-Haudouin (Oise), qu'il a analysées :

(TABLEAU.)

	AZOTE.	CHAUX.	MAGNÉSIE.	POTASSE.	ACIDE phosphorique.
	p. 1000.	p. 1000.	p. 1000.	p. 1000.	p. 1000.
Fresnoy-le-Luat. 1	0,62	7,71	0,81	1,11	traces.
— 2	0,62	6,51	1,16	1,04	traces.
— 3	0,78	8,44	2,01	1,63	0,41
Versigny	0,93	4,20	3,38	2,41	0,77

D'après M. Joulie, il faut qu'une terre donne 2 1/2 p. 1000 de potasse soluble dans l'eau régale pour qu'elle puisse être considérée comme en contenant assez. Or, les terres de Fresnoy-le-Luat sont bien loin de remplir ces conditions.

Les terres formées par le calcaire grossier sont donc, en général, pauvres au point de vue chimique.

Elles ne sont guère plus favorables à la culture au point de vue physique. Elles sont très sèches, et souvent la charrue rencontre à peu de profondeur des roches solides qui peuvent fournir d'excellentes pierres à bâtir, mais qui sont impénétrables pour les racines de nos céréales et de nos plantes fourragères. Les bois seuls y réussissent bien. Les forêts de Compiègne (Pierrefonds), de Chantilly, de l'Isle-Adam, etc., se trouvent en partie situées sur le calcaire grossier, en partie sur les sables moyens dont nous nous occuperons dans le prochain paragraphe.

Dans la partie de la forêt de Chantilly qui repose sur le calcaire grossier, quelquefois couvert de limon, le tilleul est l'essence dominante et naturelle ; de là, dit-on, le nom de la forêt. Mais cette essence est très rare dans la portion orientale de la forêt qui se trouve sur les sables moyens. Les autres essences sont le chêne, le charme et le bouleau (Jules Clavé).

Quand le calcaire grossier est, au contraire, couvert d'une certaine épaisseur de limon, il fournit à ce limon un sous-sol perméable qui l'assainit sans le rendre trop sec. Non seulement un certain nombre de plateaux du Mantois sur la rive gauche et du Vexin français sur la rive droite, mais presque tous les plateaux du Soissonnais sont ainsi constitués.

Dans les vallées du Soissonnais, les bancs durs de calcaires gros-

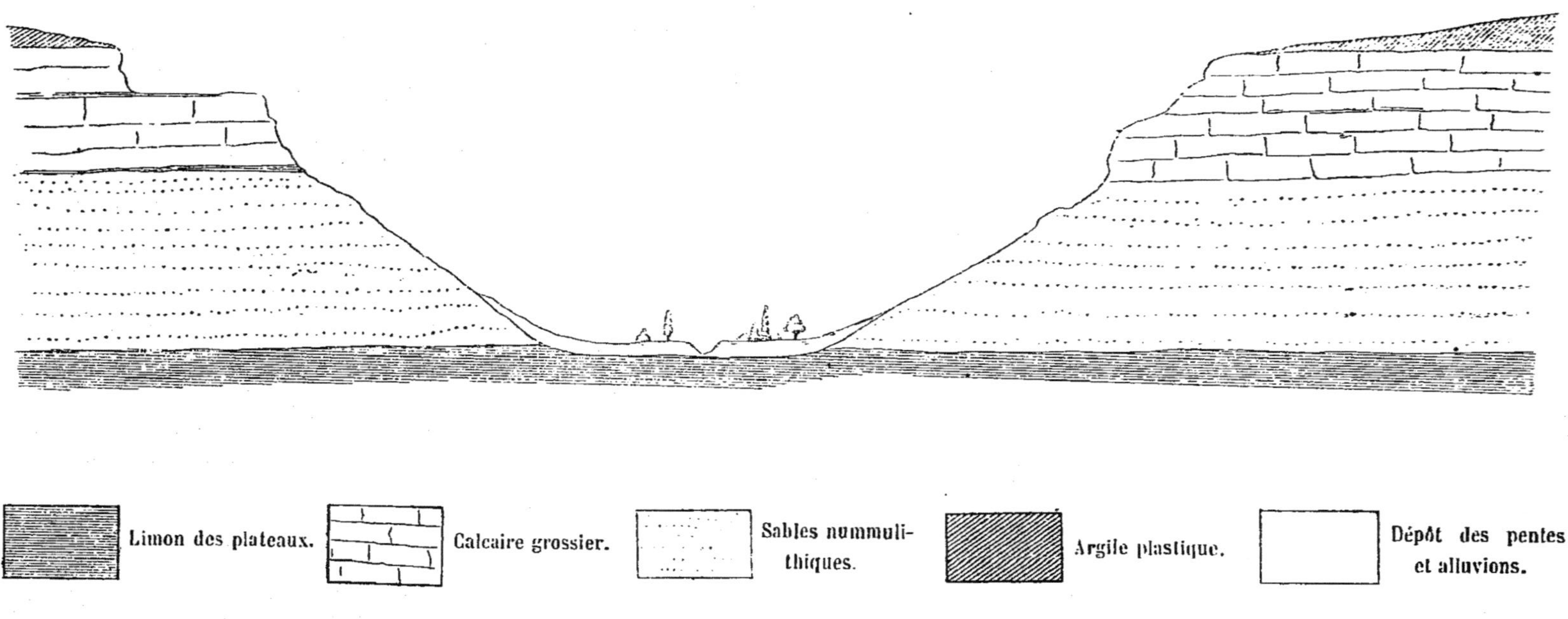

Fig. 8. — Vallée du Soissonnais.

siers apparaissent en corniches pittoresques au-dessus des sables nummulithiques qui forment les parois de ces vallées. C'est là que se trouvent les carrières de pierres de taille, les villages et les grands bâtiments de ferme. Après avoir fourni de quoi construire ces bâtiments, les carrières elles-mêmes sont employées comme bergeries, comme caves. On peut en voir des spécimens intéressants à Vierzy et à la belle ferme des Carrières-l'Évêque. Souvent aussi les villages et les fermes sont dans la vallée, mais on n'en trouve presque jamais au milieu des plateaux. Et pourquoi ? Parce qu'il est impossible d'y trouver une source et même d'y faire des mares, comme celles du pays de Caux et de la Picardie. Ici, il n'y a, au-dessous du limon, ni argile à silex, ni argile plastique. L'argile plastique affleure encore quelquefois au fond des vallées et elle s'étend sous les plateaux; mais elle est séparée de leur surface par toute l'épaisseur des sables nummulithiques et du calcaire grossier.

Pour atteindre son niveau d'eau, il faudrait creuser des puits d'une centaine de mètres de profondeur. Une usine importante ou un château pourrait se donner un tel luxe, mais une simple ferme ne le peut pas et le pouvait encore moins quand les appareils de forage étaient moins perfectionnés qu'aujourd'hui et quand l'agriculture devait éviter toutes les fortes dépenses. De plus, il y a sur ces plateaux peu de chemins empierrés. Les matériaux nécessaires pour les faire y manquent. Pour les routes départementales, on en fait venir des Ardennes, mais ils coûtent 20 fr. le mètre cube. Les communes et les propriétaires trouvent cela trop cher; leurs chemins, praticables pendant les temps de sécheresse, deviennent boueux dans les saisons humides, et souvent ils se défoncent d'une façon déplorable à l'époque du charriage des betteraves.

La petite culture occupe le fond des vallées et quelquefois les bords des plateaux, mais il lui est impossible de s'étendre plus loin. Les plateaux sont donc prédestinés à la grande culture. Cependant la propriété y est assez divisée; les partages de successions et les ventes l'ont morcelée en un grand nombre de pièces sans bâtiments que l'on appelle *marchés de terre*.

Les cultivateurs, fermiers ou propriétaires des bâtiments situés près des vallées, ont 30 à 40 hectares qui dépendent de ces bâtiments et qui ordinairement les entourent ; mais, suivant que les affaires vont plus ou moins bien, ils prennent en location une quantité plus ou moins grande de *marchés de terre*. Telle ferme de 150 à 200 hectares cultive plus de 50 morceaux enchevêtrés les uns dans les autres et appartenant à une douzaine de propriétaires différents.

Au commencement de notre siècle, on suivait encore l'assolement triennal avec jachère nue sur ces bonnes terres de limon des plateaux du Soissonnais. C'était un pays renommé pour ses céréales et pour ses moutons. Ces derniers trouvaient leur nourriture sur les jachères et sur les chaumes après la moisson. En hiver, les troupeaux devaient se contenter de paille, et la première amélioration qui vint modifier ce vieux système de culture, fut le développement de la culture du trèfle sur une partie des jachères et de la luzerne en dehors de l'assolement. On put ainsi améliorer pendant l'hiver le régime des troupeaux, et cette amélioration, jointe à une habile sélection, amena bientôt un grand perfectionnement dans la race des mérinos du Soissonnais, qui furent dès lors très renommés comme réunissant autant que possible la qualité de laine avec la précocité et le poids de la viande.

En 1837, M. Vallerand, de Moufflaye, très connu par la fameuse charrue *la Révolution* qu'il a inventée et par la prime d'honneur de l'Aisne qu'il obtint en 1868, avait encore, sur les 255 hectares de sa ferme, 40 hectares de jachères, 60 de blé, 5 de seigle, 65 d'avoine, 5 de pommes de terre, 20 de menus grains et 60 de fourrages artificiels. L'hectare de blé lui rendait alors 18 hectolitres et l'avoine 30 hectolitres. Son troupeau d'élevage comptait 1,000 têtes en moyenne.

Vers 1848, la fabrication du sucre de betteraves, qui avait commencé par se développer dans les départements du Nord et du Pas-de-Calais, pénétra dans celui de l'Aisne et y prit rapidement une grande importance. La culture de la betterave, en se propageant autour des fabriques qui venaient d'être créées, permit d'obtenir des produits bruts de 800 à 1,000 fr. et des produits nets de 400 à 500 fr. par hectare sur des terres qu'on laissait auparavant en jachères. En même temps, le blé qui les suivait rendait 3 ou 4 hectolitres de plus par hectare. Avec les pulpes, on engraissait chaque hiver les bœufs qui avaient été achetés dans le Nivernais ou le Charolais pour faire la rentrée des betteraves, et qui se vendaient en moyenne avec un écart de 150 à 200 fr. par tête. Un certain nombre de fermiers renoncèrent même à l'élevage des moutons, qui n'avaient plus à leur disposition le parcours des jachères, et ils le remplacèrent par l'engraissement qui donnait aussi plus de bénéfices.

De grandes fortunes furent réalisées à cette époque dans la culture. Mais il en résulta à la fois une augmentation dans le prix des fermages et dans le taux des salaires et, quand les prix du blé et du sucre vinrent à baisser par suite de la concurrence étrangère, la crise fut d'autant plus grave pour l'agriculture des plateaux du Soissonnais et de la Picardie, que sa prospérité avait été plus grande de 1850 à 1870. Depuis 1880, les fermages ont beaucoup baissé. Un certain nombre de *marchés de terre* n'ont même plus trouvé de preneurs et sont laissés incultes; mais, dans le département de l'Aisne, ces marchés de terre abandonnés sont rarement des sols de limon; la plupart se trouvent sur le calcaire grossier ou sur les sables de Beauchamp, qui étaient jadis boisés et que l'on devrait rendre aujourd'hui à leur destination la plus naturelle : la forêt.

Je ne dois ici m'occuper de questions économiques que dans leurs rapports immédiats avec la géologie agricole. Quelles que soient les opinions qu'ils ont sur l'efficacité plus ou moins grande des droits protecteurs pour améliorer la situation de l'agriculture, tous les cultivateurs reconnaissent qu'avant tout il faut chercher à diminuer le prix de revient de leurs produits en *améliorant* leurs terres.

Or, la plupart des limons qui couvrent les plateaux de calcaire grossier du Soissonnais, même ceux des fermes les mieux cultivées, ne contiennent pas assez d'acide phosphorique. Il faut les compléter. Le moment est favorable pour cela, car le prix des phosphates a beaucoup baissé depuis quelques années par suite des gisements nouveaux qu'on a découverts et de l'abondance des scories de déphosphoration que fournit la métallurgie.

Au sud du Soissonnais, dans le Valois, qui commence près de Villers-Cotterets, le calcaire grossier encaisse encore le fond des vallées; les plateaux sont encore en partie couverts de limon, mais leur centre est occupé par des formations éocènes plus récentes que le calcaire grossier : par les sables de Beauchamp, le travertin de Saint-Ouen et les marnes gypsifères dont nous allons parler dans les prochains paragraphes.

Il en est de même sur la rive droite de l'Oise, dans le Vexin français, qui s'étend jusqu'aux bords de l'Epte, rivière qui se jette dans la Seine près de Vernon et qui servait autrefois de limite entre l'Ile-de-France et la Normandie.

Mais, à mesure que l'on s'avance vers l'ouest, on voit les sables suessoniens diminuer d'épaisseur et la craie apparaître dans les vallées à la base de l'argile plastique qui affleure à flanc de coteaux, formant une zone humide au-dessous du calcaire grossier qui couronne les hauteurs. Le fond de la vallée est sec et quelquefois en culture, tandis qu'à mi-côte il y a des prairies et des arbres. La même constitution géologique se retrouve dans le Mantois (environs de Mantes), qui commence sur les bords de l'Eure et s'étend du côté du sud jusqu'à la Beauce, près de Houdan et de Versailles ; mais le calcaire grossier y est, en général, moins dur. Il se réduit facilement à l'état de sable calcaire et donne aux collines des formes plus arrondies que dans le Vexin français et dans le Soissonnais. On peut étudier le type du Mantois et du Vexin français à l'école d'agriculture de Grignon. Le parc occupe un charmant vallon, dont la partie inférieure se compose de craie. On avait autrefois fait un étang dans le voisinage du château, mais le fond était si perméable que, pour y retenir l'eau, on avait été obligé d'y mettre une épaisse couche d'argile que l'on respectait avec soin aux époques de curage.

L'argile plastique affleure au bas des coteaux et donne naissance à des sources sur divers points du domaine. Au-dessus de cette argile, on trouve un peu de sable nummulithique et puis le calcaire grossier qui est boisé presque partout. On en a défriché une partie il y a 50 ans et fait ainsi la pièce de la *Défonce,* mais je doute que cette opération ait été avantageuse.

Sur le plateau de la ferme extérieure, il y a 2 ou 3 mètres de limon ; là les terres sont excellentes. Pour fournir de l'eau à la nouvelle ferme que l'on y a construite, on a creusé, en 1867, un puits de 38^{m},65 de profondeur, dans la pièce dite de l'*Orme,* qui se trouve sur ce plateau à une altitude d'environ 130 mètres. M. Pouriau, alors

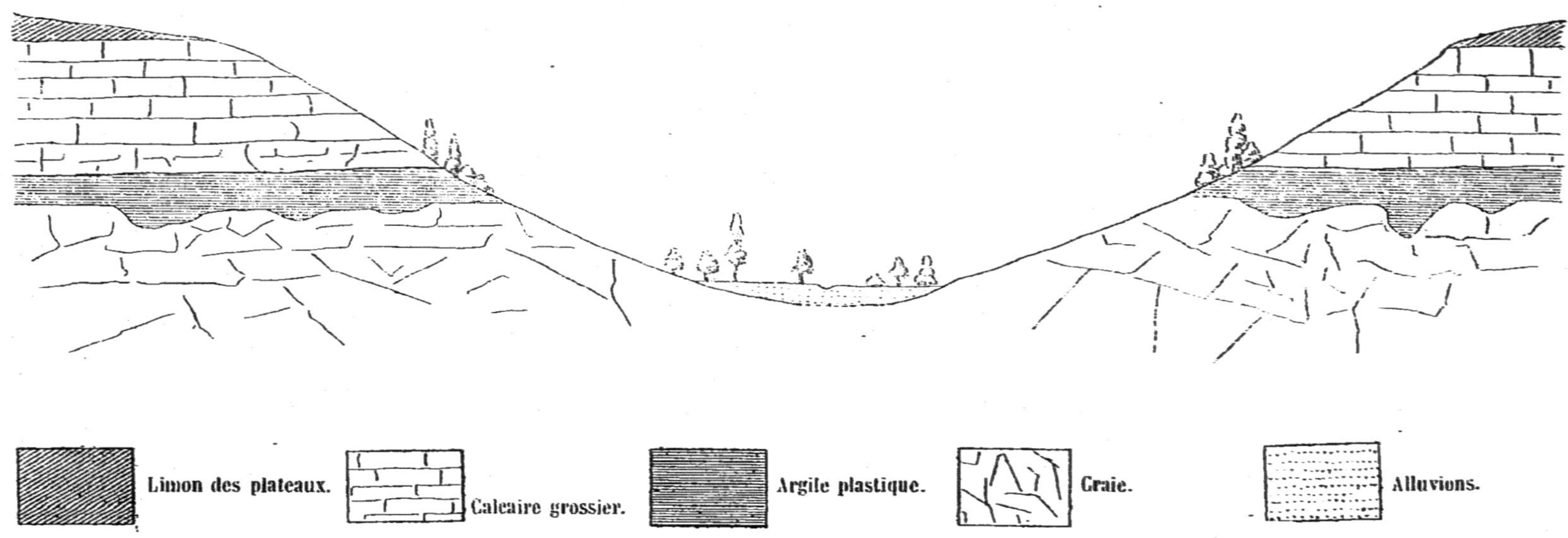

Fig. 9. — Vallée du Vexin français et du Mantois.

sous-directeur de l'École, en a relevé la coupe. Il a trouvé : 2m,07 de limon contenant 273 à 352 p. 1000 d'argile, 107 à 216 de gros sable, 407 à 417 de sable fin et 36,5 à 50 de calcaire, puis 0m,63 de limon graveleux, 1m,40 de sable calcaire avec rognons siliceux, ensuite une succession de marnes, de gravois, de crayons et de bancs calcaires plus durs qui appartiennent aux caillasses et au calcaire grossier, et enfin, à 37 mètres de profondeur, les sables chlorités qui sont au-dessus de l'argile plastique et qui renferment la nappe d'eau.

---

§ 5. — Les sables de Beauchamp ou sables moyens.

Au-dessus du calcaire grossier, on trouve souvent, à l'intérieur même et au nord de Paris, et jusqu'aux limites de l'Ile-de-France, entre autres à Beauchamp, près d'Herblay, des sables que l'on a appelés *sables de Beauchamp* ou *sables moyens* pour les distinguer des sables inférieurs de l'éocène, que nous avons décrits précédemment, et des sables supérieurs ou sables de Fontainebleau, dont nous parlerons plus loin.

Ce sont des sables d'origine marine et les nombreux fossiles qui s'y trouvent mêlés ont permis d'y distinguer trois niveaux ou trois horizons qui diffèrent jusqu'à un certain point par leur composition minéralogique :

1° L'horizon d'Auvers, que l'on rencontre également dans la région de l'Ourcq, à Lizy-sur-Ourcq, Mary, Acy-en-Multien, etc., se compose de graviers siliceux ou calcaires et de sables qui paraissent avoir été fournis par la dénudation du calcaire grossier sous-jacent et qui sont quelquefois cimentés en grès ou poudingues plus ou moins friables. Les fossiles qu'ils renferment (*Ostrea cubitus, Cerithium trochiforme,* etc.) paraissent avoir été, comme les graviers eux-mêmes, roulés et usés par le frottement des eaux ;

2° L'horizon de Beauchamp proprement dit, le plus épais des trois, est formé de sables siliceux, blancs ou gris, très riches en fossiles, Cérithes diverses, Mélanies, etc. Sur certains points, les sables sont réunis en grès par un ciment calcaire. Quelquefois même, les grains de sable disparaissent et, dans les couches supérieures, on rencontre une roche de calcaire pur ; à Ducy, dans le Valois, c'est un calcaire lacustre en plaquettes ; à Lizy-sur-Ourcq et à Louvres (Seine-et-Oise), ces bancs de calcaire fournissent d'excellentes pierres de taille;

3° Le niveau le plus élevé ou horizon de Mortefontaine, près de Chantilly, se compose dans cette localité de sables très coquilliers. Il est couronné par une couche, ordinairement très mince, de grès plus ou moins calcaire qui est tout rempli d'empreintes d'*Avicula fragilis* (*grès à avicules*).

L'épaisseur totale des sables moyens varie de 11 mètres, près de l'Arc-de-Triomphe de l'Étoile, jusqu'à 30 mètres et même 40 mètres entre Crépy-en-Valois et Villers-Cotterets. Les sables quartzeux ou calcaires qui en forment la masse principale, plus ou moins mêlés de rognons gréseux ou de fragments de fossiles, quelquefois blancs comme la neige, renferment peu d'éléments nutritifs pour les plantes qui essaient de s'y développer. Ils forment, avec le calcaire grossier qui leur sert de base, de véritables cribles qu'un certain nombre de petits cultivateurs ou de jardiniers des environs de Paris cherchent à fertiliser par des apports de gadoues. Quand ils se trouvent sur le bord des vallons, il est facile de les arroser, et la culture maraîchère peut en tirer partie pour y faire du cresson, des artichauts, des haricots, etc. Mais, quand ces sables occupent des plateaux plus élevés, la grande culture ne saurait y faire rien d'autre que du seigle, de l'avoine, des pommes de terre ou des pâturages pour les moutons. Comment pourrait-elle trouver quelques bénéfices avec ces maigres récoltes ?

Dans l'excellente étude qu'il a faite sur les terrains propres à recevoir les eaux d'égouts de la ville de Paris, M. Adolphe Carnot a indiqué, entre autres, les sables de Beauchamp. « Je citerai, par exemple, dit-il, la zone qui s'étend d'Herblay à Beauchamp et de là à Méry-sur-Oise et dans la forêt de l'Isle-Adam, et de l'autre côté de l'Oise, les plateaux et les pentes qui dominent la ville de Pontoise, dont on peut évaluer la superficie à 5,000 hectares, l'altitude variant entre 70 et 90 mètres et la distance moyenne de Paris (Clichy) entre 20 et 30 kilomètres.

« On trouve d'autres zones des mêmes sables entre Moisselles et Écouen et le long de la vallée du Crould, entre Goussainville, Louvres et Vémars; puis, dans la même direction, près de la Chapelle-en-Serval et d'Ermenonville. La plus grande partie de la forêt d'Ermenonville et, plus loin, la forêt d'Halatte ont leur sol formé par les sables de Beauchamp.

« La forêt d'Halatte est la plus considérable; on n'y trouverait pas moins de 6,000 hectares de terrains perméables; mais la distance moyenne à Paris est d'environ 45 kilomètres, et l'altitude, qui descend parfois à 80 mètres, est le plus souvent comprise entre 100 et 120 mètres.

« La forêt d'Ermenonville est dans des conditions plus favorables; car, sauf en quelques points, l'altitude ne dépasse guère 100 mètres et descend jusqu'à 68 mètres; la distance moyenne à Paris n'est que de 38 kilomètres. La surface arrosable peut être évaluée à 3,000 hectares, auxquels les eaux pourraient donner une fécondité inconnue jusqu'ici, car une grande partie n'est couverte que de bruyères.

« On peut remarquer que les zones sableuses déjà mentionnées de Goussainville, la Chapelle, etc., se trouveraient sur le parcours des tuyaux, qui conduiraient l'eau à la forêt d'Ermenonville, et qu'on pourrait ainsi profiter des mêmes travaux pour irriguer une surface presque double.

« Les sables de Beauchamp se trouvent encore sur d'assez vastes espaces (2,500 hectares environ) aux environs de Meaux, soit sur les rives de la Marne, soit dans la vallée de la Thérouanne. L'altitude de ces terrains varie entre 70 et 90 mètres et leur distance de Clichy entre 40 et 50 kilomètres; les conditions ne seraient donc pas des plus favorables, mais l'opération pourrait se combiner avec l'arrosage d'autres terrains perméables qui se trouveraient sur le passage des conduites. »

En attendant, ce qu'il y a de plus rationnel à faire avec les sables moyens, c'est de les boiser ou du moins de les laisser en bois et ils seraient même incapables de nourrir des futaies productives, s'ils ne contenaient pas quelques assises marneuses que les longues racines des arbres peuvent atteindre ou s'ils n'avaient pas été recouverts de limons quaternaires que les pluies ont sans doute mêlés en partie au sous-sol. Souvent la végétation forestière elle-même s'y montre faible, aisée à détruire, difficile ensuite à rétablir.

Plusieurs des forêts les plus considérables de l'Ile-de-France se trouvent sur les sables moyens; par exemple, toute la partie orientale de celle de Chantilly. La forêt d'Ermenonville lui fait suite à l'est; ses 2,973 hectares sont également situés, soit sur les sables moyens, soit sur les calcaires de Saint-Ouen qui les recouvrent. D'après des renseignements que je dois à l'obligeance de MM. Denis et Rivet, inspecteurs des forêts, elle ne rend que 2,1 mètres cubes de bois, valant 9 fr., par hectare et par an. Les essences principales qu'on y trouve sont de 30 p. 100 de chêne, 11 p. 100 de charme et 42 p. 100 de pins. L'administration forestière est en train de la convertir en futaie pleine.

La forêt d'Halatte occupe des terrains analogues (sables moyens avec îlots de calcaire de Saint-Ouen, marnes vertes et meulières); elle est soumise au même aménagement et ne produit que 2,6 mètres cubes par hectare, valant 18 fr. Les essences qui la composent sont 30 p. 100 de chêne, 30 p. 100 de charme et hêtre, et 40 p. 100 de bois blancs.

Dans la forêt de Villers-Cotterets, le rendement est beaucoup plus élevé. Il est de 4,8 mètres cubes par hectare et vaut 45 fr. La futaie pleine y est déjà établie dans la plus grande partie de la forêt, 11,382 hectares sur un total de 13,040 hectares. Là-dessus 8,000 hectares seulement se trouvent sur les sables moyens; le reste occupe des terrains de travertin de St-Ouen, qui sont beaucoup plus fertiles ou de calcaire grossier quelquefois couvert d'un peu de limon. Au nord de la forêt, il y a un îlot de marnes vertes avec meulières. Les essences principales sont 61 p. 100 de hêtre, 20 p. 100 de charme et 15 p. 100 de chêne.

Les parties les plus élevées de la forêt de Saint-Germain se trouvent aussi sur le calcaire grossier et les sables de Beauchamp, mais la plus grande partie de cette forêt couvre des limons et surtout des graviers quaternaires.

§ 6. — Le travertin inférieur ou calcaire de Saint-Ouen.

Nous avons déjà signalé dans les forêts de Villers-Cotterets et d'Ermenonville des ilots de calcaire lacustre qui sont épars sur les sables moyens et qui s'y distinguent, en général, par la vigueur de la végétation et la beauté des futaies.

C'est le *calcaire* ou *travertin de Saint-Ouen*, série de marnes blanches et souvent magnésiennes, entremêlées de lits ou de simples filets d'argiles grises ou verdâtres et de bancs de calcaires, tantôt assez durs pour qu'on puisse les employer à l'empierrement des routes, tantôt gréseux et friables comme de la craie. On y trouve des rognons de silex et, comme fossiles caractéristiques, des *Paludines*, *Cyclostoma mumia*, etc., avec des graines et des tiges de *Chara*. L'ensemble de l'étage a une épaisseur qui varie de 8 à 20 mètres et forme des terres marneuses qui sont difficiles à travailler, parce qu'elles deviennent trop humides après les pluies et trop compactes après les sécheresses, mais qui donnent des blés et des fourrages de qualité supérieure et pourraient souvent être converties avantageusement en herbages. Ces travertins sont, du reste, presque partout couverts d'un limon quaternaire qui en augmente encore beaucoup la fertilité. Quand ce limon ne renferme pas assez de calcaire, on lui en fournit au moyen des marnes que l'on extrait des travertins sous-jacents ou voisins. Souvent ces marnes servent également à améliorer les parties les moins rebelles des sables moyens qui se trouvent près des carrières.

Le *Valois* commence au sud-ouest du Soissonnais par une crête longue et étroite que couvre la forêt de Villers-Cotterets et il occupe tous les plateaux compris entre la basse vallée de l'Oise et celle de l'Ourcq.

On appelle spécialement *le Multien* les plaines du Valois qui sont comprises entre la forêt d'Ermenonville, Rouvres-en-Multien et May-en-Multien, plaines fertiles où le travertin de Saint-Ouen, garni de son riche limon, occupe de grandes surfaces au-dessus des sables de Beauchamp et du calcaire grossier qui affleure encore près de quelques cours d'eau.

Le limon, dit M. L. Graves dans sa *Topographie géognostique du département de l'Oise,* est composé principalement de sable et d'argile dans des proportions très variables, mais où l'argile domine beaucoup. La terre végétale très profonde se lie insensiblement à une couche glaiseuse tenace, feuilletée, qui retient les eaux et contribue ainsi à l'extrême fertilité d'un sol sur lequel les sources et les fontaines sont pour ainsi dire inconnues.

La profondeur de la couche limoneuse est variable et dépend surtout des inégalités de la roche qui lui sert de base ; elle est plus grande vers le centre des plaines que sur les bords et vers le sud que vers le nord. Elle ne montre à la surface aucun caillou ; les silex qu'on y trouve proviennent de l'opération du marnage, indispensable dans ces terres.

Le limon qui couvre le plateau de Thury a 8 et 9 mètres d'épaisseur ; il s'avance jusqu'à la forêt de la Retz près Boursonne, Billemont, la Queue-d'Ham, etc., devenant plus argileux et presque rougeâtre aux approches des bois. On y trouve épars des rognons de silex.

Sur le plateau de Rouvres, Boullarre, etc., renommé pour sa fertilité, le limon superficiel est fin, constituant ce que les cultivateurs appellent des *terres douces.*

Près d'Acy-en-Multien, il acquiert la consistance de l'argile plastique et sert à la fabrication des tuiles.

Sur le grand plateau de Nanteuil, la couche superficielle contient vers le nord un peu plus de sable, notamment près de Villers-Saint-Genest, Boissy-Frénoy, etc. ; elle est aussi moins épaisse. Le calcaire avoisinant le sol, les terres sont moins fertiles et, par le même motif, les extractions de marne, qui exigent des excavations moins profondes, y sont plus nombreuses.

A Montagny-Sainte-Félicité, le limon n'a pas plus de 60 centimètres, mais il devient bientôt plus épais en allant vers le sud. Les terres rougeâtres, argileuses et meubles en même temps, du Plessis-Belleville, de Chevreville, Ève, Lagny-le-Sec, Brégy, Fosse-Martin, dans lesquelles il serait impossible de rencontrer un caillou, sont considérées, à juste titre, comme les plus fertiles du département de l'Oise.

Le limon des plaines de Plailly est plus terreux et plus sec; on y voit des fragments de roches diverses descendues des hauteurs de Montmélian : il a d'ailleurs une faible puissance.

Voici les résultats des analyses que M. Joulie a faites de six échantillons de terres de Lagny-le-Sec et de Plailly :

	AZOTE.	CHAUX.	MAGNÉSIE.	POTASSE.	ACIDE phosphorique.
	p. 1,000.	p. 1,000.	p. 1,000.	p. 1,000.	p. 1,000.
Prairie à Lagny-le-Sec	1,22	23,14	3,06	3,60	0,51
Plailly. 1	1,38	3,68	3,54	2,56	0,55
— 2	1,10	2,73	2,41	1,79	0,47
— 3	1,24	3,95	3,02	2,16	0,50
— 4	1,29	5,13	3,49	2,76	0,55
— 5	1,41	3,54	3,16	2,54	0,64

A Marchemoret, canton de Dammartin, on trouve les argiles gypsifères (voir le paragraphe suivant) dans les parties les plus élevées et les marnes de Saint-Ouen dans les parties les plus basses. Quatre échantillons de terre de cette commune contenaient p. 1,000 :

	AZOTE.	CHAUX.	MAGNÉSIE.	POTASSE.	ACIDE phosphorique.
	p. 1,000.	p. 1,000.	p. 1,000.	p. 1,000.	p. 1,000.
1. Prairie, couche supérieure	3,60	7,95	4,15	2,39	0,65
1. Prairie, sous-sol	1,65	6,59	3,38	2,58	0,46
2. Terre de culture	1,15	9,09	4,68	5,53	0,54
3. Prairie	0,89	4,66	3,88	2,87	0,46
4.	0,85	2,50	1,84	2,23	0,42
5. Vieille prairie	4,16	225,14	11,34	4,55	1,24

On voit, d'après ces analyses, que ces terres pourraient encore être améliorées par les phosphates.

Au sud de Plailly, près de Dammartin (Seine-et-Marne), les marnes gypsifères prennent une assez grande extension au-dessus du travertin de Saint-Ouen, couronnées par des collines allongées dans le sens du sud-est au nord-ouest, où l'on trouve des marnes vertes et, sur le sommet, des sables ou grès de Fontainebleau ; ce pays s'appelle *la Goelle* ou *Goële* de Dammartin.

En se rapprochant de plus en plus de Paris, on trouve l'*Aulnaye*. Un limon très épais couvre tantôt le travertin de Saint-Ouen, tantôt les marnes gypsifères, jusqu'à Mitry, Aulnaye et Gonesse, où commence la plaine d'alluvions qui s'étend de la forêt de Bondy jusqu'à Saint-Denis. Saint-Ouen se trouve au sud de cette plaine ; le travertin y est caché sous les marnes à gypse, comme à Pantin, à la Chapelle, aux Batignolles et dans tous les quartiers de la ville de Paris qui entourent Montmartre. Ce sont les travaux de construction du chemin de fer du Nord qui ont permis à d'Orbigny de donner les premières coupes complètes de cet étage. Près de Gonesse, les marnes de Saint-Ouen sont couvertes par une couche d'argile de $0^{m},50$ à 2 mètres d'épaisseur, au-dessus de laquelle se trouve environ un mètre de limon que les cultivateurs appellent *terre franche*. Cet ensemble forme des terres de première qualité qui résistent bien à la sécheresse et qui se travaillent facilement par tous les temps, mais qu'il est d'usage de marner tous les 10 ou 15 ans avec 15 mètres cubes de travertin extrait au-dessous d'elles. On peut également ramener à la surface une partie de la chaux que les eaux, chargées d'acide carbonique, ont entraînée dans le sous-sol, en pratiquant de temps en temps des défoncements à 45 centimètres, comme le fait entre autres M. Tétard, un des plus habiles cultivateurs du pays.

On suit, en général, l'assolement triennal : 1) racines et surtout pommes de terre, fumées à raison de 60 mètres cubes à l'hectare ; 2) blé ; 3) avoine, et tous les 9 ans on fait soit du trèfle, soit du sainfoin ou de la luzerne qui restent pendant quelques années en dehors de l'assolement. Au lieu d'employer uniquement du fumier pour les betteraves à sucre qui ouvrent sa rotation, M. Tétard n'en met que 35 à 40 mètres cubes et remplace le reste par 500 à 600 kilogr. de superphosphate de chaux et 200 kilogr. de nitrate de soude à l'hectare.

Lorsque, depuis Soissons, on se dirige vers Oulchy-le-Château et l'arrondissement de Château-Thierry, on trouve d'abord sur la rive gauche de l'Aisne des plateaux qui ressemblent à ceux du Soissonnais : calcaire grossier avec manteau de limon plus ou moins épais. Mais bientôt, près de Taux et au delà, l'aspect du pays se complique et la connaissance de sa géologie serait très utile aux cultivateurs pour varier leurs systèmes d'exploitation avec la nature des terrains auxquels ils ont affaire. Tantôt ce sont les sables de Beauchamp qui couvrent le calcaire grossier, et la culture s'efforce en vain d'obtenir des récoltes rémunératrices sur ces terrains secs et infertiles. Ailleurs apparaissent les marnes de Saint-Ouen, mais là elles ne sont pas couvertes de limon ; ce sont des sols calcaires de couleur rouge où les labours sont très pénibles, en sorte que le blé doit être précédé d'une jachère qui augmente son prix de revient et met souvent les cultivateurs en perte. La plus grande partie de ces marnes pourraient être converties en herbages. Pendant l'enquête que j'avais été chargé de faire en 1884 sur la situation agricole de l'arrondissement de Soissons, j'ai trouvé, à Beugneux, un simple fermier qui avait compris instinctivement que cette transformation du travertin de Saint-Ouen en herbages devait réussir, et il avait eu le courage de l'entreprendre à ses risques et périls sur 60 hectares. Il avait parfaitement réussi. La carte géologique de détail peut indiquer toutes les localités où les marnes de Saint-Ouen présentent les mêmes chances de succès pour les herbages.

Sur quelques points, les plus élevés de la contrée, ces marnes sont couvertes d'îlots de *marnes gypsifères* et de *glaises vertes* qui elles-mêmes sont surmontées d'un terrain de *meulières* analogue à celui de la Brie. Le terrain de meulières n'est bon qu'à être boisé, et les bois qui le garnissent ont le grand avantage de faciliter l'alimentation des sources qui débouchent à la surface des glaises. Cette existence de sources sur les plus hauts sommets du pays est un fait très curieux, et il faudrait savoir l'utiliser pour l'arrosement des prairies que l'on créerait au-dessous d'elles.

Quand on s'avance vers le sud, dans l'arrondissement de Château-Thierry, on ne trouve plus le calcaire grossier et les sables de Beauchamp que dans les vallées ; le travertin de Saint-Ouen et les argiles gypsifères forment les bords des plateaux qui séparent les vallées ; les marnes vertes et surtout les argiles à meulières prennent un développement de plus en plus grand au centre de ces plateaux : c'est le *Tardenois*, que l'on peut considérer comme la transition entre le Soissonnais et la Brie.

Une des sources qui alimentent Paris, celle de la Dhuys, se trouve à une altitude de 128 mètres, dans le lit d'un ru, au pied d'un éboulis de meulières et de calcaires de Saint-Ouen, dans le canton de Condé, département de l'Aisne. Après avoir longé, à flanc de coteau, la vallée de la Dhuys et celle du Surmelin, l'aqueduc qui l'amène à la capitale débouche dans la vallée de la Marne et, sa pente étant plus faible que celle de la rivière, il atteint à Clichy-en-l'Aulnoy le sommet des plateaux qui se terminent au réservoir de Ménilmontant, à l'altitude de 108 mètres.

Aux environs de la Ferté-sous-Jouarre, le fond de la vallée de la Marne est couvert d'alluvions qui sont employées à la culture maraîchère ou qui restent en prairies ; les peupliers y sont nombreux. Le calcaire grossier encaisse le bas de la vallée, terrain pierreux et difficile à cultiver, qui reste ordinairement boisé. Puis viennent, à mesure que l'on s'élève sur les flancs des coteaux, les sables et grès de Beauchamp, le travertin de Saint-Ouen quelquefois encore couvert de limon quaternaire, en sorte que ces terres sont les meilleures de la vallée ; enfin les marnes gypsifères et les marnes vertes, à la surface desquelles on voit souvent suinter des sources, et tout en haut les argiles à meulières de la Brie.

---

§ 7. — Les marnes à gypse et le travertin de Champigny.

Le gypse de Montmartre est bien connu ; il sert à fabriquer du plâtre qui a une réputation universelle, et le plâtre est utilisé à la fois comme amendement pour l'agriculture et comme matière première pour les constructions et le moulage. C'est, dit-on, avec du plâtre venu de Montmartre que Franklin fit au siècle dernier, en Amérique, sa célèbre expérience, en écrivant en quelque sorte au moyen d'un semis de plâtre sur un champ de trèfle ces mots : « *Ceci a été plâtré.* »

Le gypse de Montmartre se trouve en quatre *masses*, suivant l'expression des carriers, superposées au milieu d'une série de couches de marnes dont la puissance totale atteint 50 mètres et qui sont également curieuses par les fossiles qu'elles renferment, et entre autres, par les restes de mammifères décrits par Cuvier, le *Palæotherium magnum*, *P. medium*, etc...

Quand la formation est complète, on peut y distinguer, d'après M. de Lapparent, de bas en haut :

1) Sables verdâtres et grès d'Argenteuil à *Mytilus Biochei.*

2) Quatrième masse du gypse.

3) Marne à *Pholadomya ludensis.*

4) Troisième masse du gypse.

5) Marne jaune à *Lucina inornata.*

6) Deuxième masse du gypse, avec marnes à cérithes.

7) Marne à rognons de gypse en fer de lance.

8) Marne à ménilite.

9) Première masse ou haute masse du gypse, remarquable par sa division prismatique en *hauts piliers*, principal gisement des mammifères décrits par Cuvier.

10) Marnes bleuâtres pyriteuses.

11) Marnes blanches de Pantin à *Limnæa strigosa.*

On exploite, dans les environs de Paris, beaucoup d'autres carrières de gypse plus ou moins importantes, à Villejuif, aux Buttes-Chaumont, à Triel, à Argenteuil, etc. ; ailleurs il n'y a que d'anciennes plâtrières épuisées ou, ce qui est encore plus fréquent, l'étage n'est représenté que par des marnes sans gypse. Ces marnes forment la base de toutes les collines qui s'élèvent au nord de Paris, collines de Sannois, de Montmorency, etc., couronnées par les sables ou grès de Fontainebleau. Vers le nord-est, elles prennent un grand développement dans l'Aulnaye et le Multien, au-dessus des travertins de Saint-Ouen. En général, les marnes à gypse sont couvertes, comme les travertins de Saint-Ouen, d'une couche de limon et les agriculteurs les considèrent à peu près comme aussi fertiles les unes que les autres. Mais elles sont moins faciles à cultiver ; il faut les labourer profondément avant l'hiver, afin que les gels et les dégels aient le temps de les ameublir. Elles ne se composent pas en réalité de marnes pures, mais d'une succession de lits dont quelques-uns contiennent très peu de calcaire et sont de véritables argiles.

Dans l'*Orvois,* qui commence sur la rive gauche de l'Ourcq, et dans le *Tardenois* qui lui fait suite jusqu'aux environs de Château-Thierry et d'Épernay, entre le Soissonnais et la vallée de la Marne, les marnes à gypse ont plus d'épaisseur et sont beaucoup exploitées comme amendement. Ces marnes sont entremêlées de lits minces de calcaire siliceux, mais on n'y trouve plus de gypse, sauf dans quelques localités près de Château-Thierry.

L'étage des marnes à gypse, dominé par les glaises vertes qui lui amènent des eaux de source, pourrait souvent être converti en prairies ou herbages, comme le travertin de Saint-Ouen qui est situé au-dessous de lui. Lorsque cet étage affleure sur des pentes exposées au sud sur les bords de la vallée de la Marne, on aime à y planter de la vigne.

A partir de Champigny et dans toutes les vallées qui entourent ou découpent les plateaux du sud-ouest de la Brie, les marnes à gypse se transforment ; on trouve à leur place le *travertin de Champigny,* travertin sans fossiles, tantôt purement calcaire et fournissant alors de la pierre à chaux, tantôt siliceux et rempli de géodes de calcédoine. Le travertin est interposé, comme l'a montré M. Hébert, entre les marnes à *Pholadomya ludensis* et des marnes à *Cyclostoma truncatum* qui précèdent les glaises vertes ; il correspond donc à la partie supérieure des marnes à gypse.

Aux environs de Provins et dans le sud-est de la Brie, le travertin de Champigny est remplacé par le *travertin supérieur de Provins,* composé de calcaires que l'on exploite, sur un grand nombre de points, comme pierre à chaux ou comme moellons.

§ 8. — La Brie. (Marnes vertes et argile à meulières.)

Le système *oligocène* des terrains tertiaires se compose des *marnes vertes*, du *calcaire à meulières de la Brie*, des *marnes à huîtres*, du *sable de Fontainebleau* et du *calcaire de la Beauce*[1].

Les deux premiers étages forment dans la Brie une région agricole bien caractérisée.

A. Les *marnes* ou *glaises vertes*, jaunâtres et feuilletées dans leur partie inférieure (*marnes à Cyrènes*), deviennent plus haut franchement vertes. Leur épaisseur ne surpasse guère 4 à 5 mètres, mais elles constituent un horizon très constant comme point de repère géologique et très important comme niveau d'eau. Ce niveau alimente la plupart des puits dans l'intérieur de la Brie et dessine, à la partie supérieure des vallons qui découpent ses plaines, une zone humide, ordinairement couverte de prés, de saules et de peupliers.

« Le liséré vert, dit Belgrand dans son livre sur la Seine, qui, sur la carte géologique, festonne les vallées de la Brie, indique le niveau d'eau qu'on y trouve, et en même temps l'emplacement de la plupart des propriétés d'agrément des environs de Paris. Villeneuve-Saint-Georges, Brunoy, etc., doivent à ce niveau d'eau leurs ombrages et leur fraîcheur. Les châteaux les plus importants, Vaux, près de Melun, Ferrières, Saint-Germain, près de Corbeil, n'ont pas dédaigné la petite source des marnes vertes. Quelques-uns, le château de Saint-Martin-d'Ablois, par exemple, se sont érigés sur de véritables rivières qui jaillissent du sol, telles que le Sourdon. D'autres sont rendus inhabitables par le nombre et l'abondance des sources; tel est le château de Maupertuis, sur l'Aubetin, affluent du Grand-Morin. »

Quand l'exposition est favorable, les glaises vertes conviennent bien à la vigne.

1. Souvent les géologues réunissent les quatre premiers sous le nom de *tongrien* (de Tongres en Belgique) et appellent le dernier l'*aquitanien*.

B. *Le calcaire lacustre ou travertin moyen de la Brie.* Immédiatement au-dessus des glaises vertes, on trouve, tantôt des marnes blanches que l'on emploie comme amendement, tantôt un calcaire siliceux qui passe peu à peu à la meulière ; le calcaire disparaît des cavités de la pierre et ce ne sont plus que des meulières à texture caverneuse et à teinte ferrugineuse, en bancs discontinus ou rognons irréguliers, épars dans des argiles grises, verdâtres ou rougeâtres et, en général, pauvres en chaux. Quelquefois ces argiles contiennent du sable grossier.

Quand les masses de meulières sont assez considérables et assez dures, on les exploite pour faire des meules d'un seul morceau. Ailleurs on réunit plusieurs meulières au moyen d'un cercle de fer. Ces meules, et surtout celles des environs de la Ferté-sous-Jouarre, ont une grande réputation ; on en expédie jusqu'en Amérique et pendant longtemps elles ont été une source de grands bénéfices pour toute cette contrée. Mais depuis quelques années cette industrie a beaucoup perdu par suite de l'adoption de plus en plus générale du système de mouture par cylindres métalliques. La planche ci-jointe représente une carrière de meulières des environs de la Ferté-sous-Jouarre.

Au-dessus de cette assise plus ou moins horizontale de meulières ou bien à leur place, quand cette assise fait défaut, on rencontre un dépôt d'argile rougeâtre, de gravier ou de sable, qui contient encore des meulières, mais en blocs isolés et plus petits. Ces petites meulières, très caverneuses, prennent très bien le mortier et fournissent ces excellentes pierres que l'emploie à Paris pour les fondations et les parties inférieures des maisons, tandis que le calcaire grossier sert à faire le reste des façades et le gypse de Montmartre à décorer l'intérieur. C'est dans les terrains tertiaires de ses environs que notre capitale trouve tous ces précieux matériaux de construction.

Les carrières de meulières, bien placées pour les transports, en expédient des quantités considérables à Paris. Le domaine de Petit-Bourg, situé sur un plateau qui domine la rive gauche de la Seine, près de Corbeil, se trouvait privilégié sous ce rapport. Ce domaine était cultivé par des agriculteurs très habiles, MM. Decauville. Mais l'exploitation des meulières que contenait le sous-sol leur a donné

Carrière de meulières près la Ferté-sous-Jouarre.

beaucoup plus de bénéfices que la culture de la surface, et, comme cette exploitation a été l'origine des chemins de fer portatifs ou porteurs Decauville, je crois devoir la décrire avec quelques détails.

C'est pour la construction des fortifications de Paris, en 1841, que l'extraction de la meulière fut entreprise en grand à Petit-Bourg et, depuis cette époque, cette exploitation n'a jamais été abandonnée complètement. Elle reprit un développement considérable au moment où M. Haussmann fit exécuter à Paris les grands travaux de percement de boulevards. Mais l'extraction de la meulière était toujours faite de la façon la plus primitive ; les ouvriers carriers creusaient aux points où la meulière affleurait près de la surface du sol.

Dès que l'ouvrier avait atteint un banc de pierre, il le désagrégeait au moyen de coins et de grands leviers en fer appelés pinces, puis il brisait les gros morceaux avec des marteaux énormes ou masses, jusqu'à ce qu'il eût obtenu des fragments pesant quinze à vingt kilogrammes, qu'il lui était possible de remonter du fond de la carrière en formant des étages, et par conséquent en s'y reprenant à quatre ou cinq fois pour sortir chaque morceau de meulière.

Bien souvent la carrière ne pouvait être exploitée que jusqu'à deux ou trois mètres de profondeur, en raison des sources abondantes qui sont retenues par le banc de glaise verte qui se trouve sous le banc de meulière.

La pierre était ensuite emmétrée, c'est-à-dire mise en tas bien réguliers d'un mètre de hauteur, pour permettre le règlement du travail d'extraction qui, depuis de longues années, s'est toujours fait à la tâche.

Elle était ensuite chargée dans des tombereaux qui la descendaient aux ports d'embarquement sur les bords de la Seine ; mais ce transport était particulièrement coûteux, à cause de la difficulté qu'il y avait à sortir les voitures de terrains défoncés dans lesquels on ne pouvait songer à établir des chemins empierrés, puisque les tas de pierres à enlever se trouvaient disséminés sur toutes les parties d'un même champ.

Le prix de revient de la meulière s'établissait comme suit :

Extraction payée aux carriers	1 fr. 75 c.
Emmétrage payé aux ouvriers spéciaux ou toiseurs . .	» 25
Fortage (droit payé au propriétaire du sol)	1 »
Transport payé aux voituriers	2 »
Total.	5 fr. »

Arrivé au bord de la Seine, il y avait encore à payer cinquante centimes pour le chargement de la pierre en bateau au moyen de brouettes et pour l'arrimage.

C'est donc à 5 fr. que revenait un mètre cube de meulière à bâtir rendu sur le port d'embarquement, lorsque M. P. Decauville eut la pensée, en 1865, que le prix de 2 fr. auquel s'élevait le transport par voiture pouvait être diminué d'une façon fort sensible en installant un chemin de fer qui irait en ligne droite des carrières à la Seine.

La grande difficulté était que, de ce côté de la vallée de la Seine, les parcs et les maisons de campagne se suivent sans interruption depuis le plateau jusqu'au bord de la Seine, où se trouve la ligne du chemin de fer de Paris à Corbeil. Enfin, après de longues négociations, M. Decauville put obtenir le droit de traverser un coin du parc de l'ancien château de Mme de Montespan et de faire un pont sous la ligne du chemin de fer, qui passe à cet endroit sur un remblai de 2 mètres de hauteur.

Au lieu d'être à près de 3 kilomètres de la Seine par les chemins, les carrières se trouvèrent à 500 mètres, mais avec une différence de niveau de 50 mètres, dont on profita immédiatement pour établir un plan incliné automoteur qui remonte les wagons vides en descendant les wagons pleins.

M. Decauville fit draguer le bord du fleuve de façon à établir un port pour les bateaux qui emmènent la meulière à Paris, et les carrières de Petit-Bourg furent mises en état de descendre chaque jour 350 mètres cubes de meulières pesant en totalité 500 tonnes, c'est-à-dire de quoi charger un grand bateau.

La voie de 1 mètre parut à cette époque la plus petite que l'on pouvait employer pour un trafic aussi considérable. On adopta des wagons-coffres pouvant contenir 2 mètres cubes et demi de pierre, c'est-à-dire 3,500 kilogr.

A chaque opération de l'appareil automoteur, 5 mètres cubes de pierre descendaient au port, et la traction dans les carrières et sur le port se faisait au moyen de chevaux. Un cheval traînait facilement 7,000 kilogr., tandis que sur un bon chemin il ne peut traîner que 1,000 kilogr. L'économie était en proportion, et le transport d'un mètre cube de meulière pesant 1,400 kilogr., qui coûtait auparavant 2 fr., ne coûta plus que 25 cent.

Il fallut d'abord continuer pendant quelque temps l'extraction par trous, en épuisant l'eau au moyen d'une pompe à vapeur : mais des sondages ayant démontré l'existence d'un deuxième banc de meulière sous le premier que l'on exploitait seul jusque-là, M. Decauville n'hésita pas à attaquer les carrières par le flanc du coteau, au moyen d'une tranchée de 10 mètres de profondeur, au fond de laquelle le chemin de fer fut posé, et en installant sous le chemin de fer des tuyaux de drainage qui enlevèrent l'eau des sources gênantes.

L'exploitation de la pierre put alors être faite en vive jauge, c'est-à-dire en enlevant tout le sol sur une hauteur de 10 mètres, qu'atteignent les deux bancs de meulière. La meulière est mise en wagon à mesure qu'elle est extraite, et les terres sont rejetées par derrière sur une hauteur presque égale, en raison du foisonnement de la terre et des sables remués.

Le grand avantage de ce système d'exploitation fut la certitude absolue d'extraire toute la pierre qui se trouve dans le sol, et l'on put tirer 80,000 à 100,000 mètres cubes de meulière par hectare, tandis que l'extraction par trous enlevait à peine 15,000 à 20,000 mètres cubes.

De plus, l'exploitation de la carrière par wagons supprime les frais d'emmétrage.

Mais l'inconvénient de ce système d'exploitation en vive jauge est de remuer les parties du sol où les bancs sont riches aussi bien que les parties où les bancs font absolument défaut, et que l'on appelle *caches de terre*.

La main-d'œuvre d'extraction de la pierre et de roulage des terres atteint le chiffre de 300,000 fr. par hectare.

M. P. Decauville chercha tous les moyens possibles de diminuer ce chiffre, car la moindre économie, se renouvelant sur chaque mètre cube, devenait fort importante à la fin de l'année.

L'économie de l'emmétrage, qui était de 25 cent., s'élevait à la somme de 12,500 fr. pour 50,000 mètres cubes que l'on espère atteindre comme moyenne annuelle. Par conséquent, chaque fois qu'une idée permettait d'économiser *cinq centimes*, elle se chiffrait par 2,500 fr. par an.

M. Decauville essaya le transport par câble pour faire passer les terres de découvert par-dessus les carriers, mais il ne trouvait pas de grands avantages dans cet expédient, et employait toujours la brouette, jusqu'au jour où, préoccupé de sortir de champs défoncés à la vapeur une récolte de betteraves de 9 millions de kilogr. en novembre 1875, il eut l'idée de créer le système de chemin de fer portatif auquel il a donné son nom, le *porteur Decauville*, qui, après la rentrée de la récolte de betteraves, exécutée avec de petits wagonnets munis de civières, fut essayé aux terrassements avec des wagonnets munis de caisses à bascule.

Dès lors, tous les travaux de terrassements furent faits dans les carrières de Petit-Bourg au moyen du porteur, et l'économie sur le transport à la brouette est considérable, puisque le prix de fouille et charge restant le même à la brouette ou au porteur, on paie pour ce dernier 1 cent. par roulage de 10 mètres ou 3 cent. par roulage de 30 mètres, tandis qu'à la brouette il faut payer 15 cent. par relai de 30 mètres. C'est donc sur la brouette une économie de 80 p. 100[1].

Aujourd'hui MM. Decauville fabriquent eux-mêmes ces chemins de fer à voie mobile ; leurs ateliers de construction ont pris une grande importance ; leurs *porteurs* ont été employés pour les travaux de Panama, pour la Chine, etc., et l'on peut dire, en toute vérité, qu'ils ont fait le tour du monde.

Mais, si les meulières extraites des plateaux de la Brie sont utiles pour les constructions, elles sont un grave obstacle pour la culture de ces plateaux tant qu'elles y sont encore ; et, sur certains points, cet obstacle est si difficile à surmonter que le terrain reste et doit

1. Turgan, *les Grandes Usines de France.*

rester boisé. Défricher les bois situés sur l'argile à meulières de la Brie est, d'ailleurs, presque toujours une opération peu avantageuse[1].

Tantôt l'argile à meulières est à nu sur les plateaux de la Brie, tantôt elle est couverte d'une couche plus ou moins épaisse de limon quaternaire, et la fertilité des champs peut être considérée comme proportionnelle à l'épaisseur de cette couche de limon. Les cartes géologiques de détail (feuilles de Meaux, de Melun et de Provins) indiquent ce limon par une teinte gris brun et la lettre *p* partout où il a une certaine épaisseur. Mais il y a beaucoup d'autres points où il existe un peu de limon à la surface des argiles à meulières et d'autres où il a été mêlé par les labours avec ces argiles. Ces points se trouvent surtout aux pourtours des places marquées *p* sur les cartes.

De loin en loin apparaissent, au-dessus de la plaine, des buttes garnies d'arbres. Ce sont des îlots de *sables de Fontainebleau* que les érosions diluviennes ont respectés. A la base de ces buttes, on découvre une couche d'argile (*marnes à huîtres*). Puis vient du sable blanc et plus haut du sable coloré en rouge par de l'oxyde de fer ; quelquefois cet oxyde de fer est si abondant, que la masse est compacte et passe à l'état de grès ferrugineux. Quelquefois aussi le sable de Fontainebleau est couronné par un dépôt de limon.

« Si le relief de la Brie », disait en 1871 Belgrand, le célèbre ingénieur qui a conduit à Paris les eaux de la Vanne et celles de la Dhuys[2], « était assez accidenté pour donner un rapide écoulement aux eaux pluviales, cette région aurait une action désastreuse sur les crues du fleuve ; cela n'est pas douteux. Mais ces plateaux sont tellement unis, que nos niveleurs, en traçant l'aqueduc de la Vanne, se déplaçaient souvent de plusieurs kilomètres pour trouver une différence de niveau d'un mètre. Les eaux pluviales séjourneraient donc à la surface de la Brie et ce riche pays serait couvert de flaques d'eau

1. Dans la forêt de Sénart, qui occupe les argiles à meulières parsemées de quelques îlots de sables de Fontainebleau, le rendement est de 21 fr. par hectare et par an pour 2,9 mètres cubes. La forêt a 2,557 hectares ; elle est aménagée en taillis sous futaie avec 70 p. 100 de chêne, 15 p. 100 de bouleau, 10 p. 100 de pin sylvestre et 5 p. 100 de diverses autres essences.

Les bois d'Armainvilliers, propriété de Mme J. Pereire, rapportent 35 fr. par an et par hectare en coupes et en fagotins. La location de la chasse vaut à peu près autant.

2. Belgrand, *la Seine*.

stagnantes, si les amas de meulières n'exerçaient sur les eaux extérieures une action de drainage qui en absorbe une partie, et si l'industrie humaine n'était venue en aide à la nature ; dans certaines régions, d'innombrables trous, restes d'anciennes carrières de meulières ou de marnes, servent de récipient aux eaux pluviales. C'est vers ces mares que le fermier ou le forestier intelligents conduisent le sillon profond qui assainit le champ ou la forêt.

« En outre, des *rus* (diminutif de *ruisseau*) profonds, creusés de main d'homme, sillonnent ces plateaux dans tous les sens et aboutissent aux affluents des grands cours d'eau ; ils contribuent à l'assèchement de la contrée et ont rendu possible le travail de ces dernières années, le drainage qui a complété l'assainissement de la Brie. »

En effet, depuis 1850, de grandes surfaces ont été drainées dans la Brie suivant la méthode des drains cylindriques en terre cuite, placés en lignes parallèles à environ un mètre de profondeur, qui venait d'être imaginée par Smith, de Deanston, en Écosse. M. Gareau, notre regretté confrère de la Société nationale d'agriculture, en a un des premiers donné l'exemple, et la plus grande partie de ces travaux ont été exécutés sous la direction de M. Chandora, qui a trouvé dans son fils un digne continuateur.

Lorsque Belgrand signale l'horizontalité des plateaux de la Brie, il veut parler de ceux qui se trouvent au bord de la Seine sur le passage de l'aqueduc de la Vanne qu'il devait y tracer. Il n'en est pas de même partout. La *Brie champenoise,* qui fait partie du département de la Marne et que l'on appelle quelquefois aussi *Brie pouilleuse,* parce qu'on y trouve rarement les limons fertiles de la *Basse-Brie* ou de la *Brie française,* est beaucoup plus élevée que cette dernière.

Les bords de la Brie pouilleuse forment, au-dessus des plaines de craie qui s'étendent à l'est, la falaise où se trouvent situés les riches vignobles de la Champagne. Bien qu'elle ne soit séparée de ces plaines que par cette zone de vignes qui a quelques kilomètres de largeur, l'agriculture de la Brie pouilleuse diffère complètement de celle de la Champagne pouilleuse, et cette différence des systèmes de culture repose tout entière sur la différence des formations géologiques.

M. Delbet a parfaitement bien fait ressortir ces différences, en décrivant l'agriculture de la partie du département de la Marne qui se trouve sur les plateaux de la Brie et en la comparant avec celle des plaines de craie qui s'étendent au-dessous d'elle vers l'est[1].

La culture des terres de Brie, dit-il, se fait en général par de grandes fermes, le plus souvent isolées au centre d'une étendue de terrain de 50 à 150 hectares; quelques groupes de petites habitations renferment la population, toute agricole, louant ses bras aux gros fermiers. Les ouvriers agricoles sont presque tous petits propriétaires. Leur condition est bonne; ils gagnent de gros gages comme bergers, garçons de charrue, filles de fermes; les enfants gardent les vaches, les volailles, et cessent d'être à charge aux parents au moins pendant moitié de l'année, dès qu'ils ont 8 ou 10 ans.

Les positions sont ainsi nettement tranchées. Dans cette partie du département, on est gros propriétaire, gros fermier ou manouvrier, c'est-à-dire petit propriétaire louant tout ou partie de son temps à la grande culture.

Dans les grandes fermes sont les nombreux troupeaux de moutons, les belles vaches normandes, les chevaux percherons. Chez le manouvrier se trouve toujours une vache nourrie une grande partie de l'année par l'herbe des fossés et chemins, sur lesquels un enfant la tient à la longe.

Après quelques années de ménage, quand le travail des enfants a donné des gages à ajouter à ceux du père de famille, le manouvrier possède ordinairement une maison, un enclos couvert d'arbres fruitiers, trois ou quatre arpents de terre et deux vaches; il paie alors la culture de ses terres au laboureur qui donne les façons, mène les fumiers et rentre les récoltes. Ces divers travaux coûtent 80 fr. pour un hectare vingt-cinq ares, dont un tiers est en blé, un tiers en avoine, un tiers en jachère.

Une grande aisance règne dans cette partie de la Brie champenoise; aucune industrie ne vient enlever les bras à la culture, et cependant les salaires y sont élevés.

---

1. Delbet, *Encyclopédie de l'agriculteur.*

Les constructions rurales sont en pierres meulières ou calcaires, qu'on trouve partout, à une profondeur plus ou moins grande ; ces pierres se paient en moyenne 2 fr. le mètre cube. La couverture est généralement en tuiles, valant 12 à 15 fr. le mille. Les charpentes coûtent 4 à 6 fr. le décistère si elles sont en chêne, et moitié moins en peuplier ; les mortiers sont de chaux et sable ; on emploie des briques et des grès taillés pour faire les ouvertures.

L'ensemble des bâtiments forme presque toujours une enceinte carrée, avec les mêmes dispositions partout.

L'habitation est au centre, ayant à droite les écuries, à gauche la vacherie, les bergeries sur les côtés, et en face la grange ; au milieu d'une grande cour est un bâtiment rond, dont le sous-sol ou le rez-de-chaussée forme la laiterie voûtée, avec le poulailler et le colombier au-dessus. Depuis quelques années, on ajoute à ces bâtiments un grand hangar, monté sur poteaux, servant de remise pour les voitures et instruments, et de couvert pour les pailles qu'on mettait autrefois en plein air.

Il faut pour une ferme de 100 hectares en terre de Brie un capital d'exploitation quintuple à peu près du capital employé dans une ferme en terre de Champagne de même étendue.

L'attelage de Brie est de trois chevaux, confiés au même conducteur et tirant ensemble, soit à la charrue, soit à la voiture : 25 hectares donnent un travail suffisant à cet attelage. La ferme de 100 hectares occupe donc à peu près 12 chevaux et 4 laboureurs, et pour convertir les pailles en fumier, il faudra 15 vaches et 500 moutons.

Ajoutez à cela 6,000 fr. pour le mobilier, et 16,000 à 18,000 fr. pour la première année de fermage et de frais d'exploitation. Vous trouverez qu'il faut un capital de 500 à 600 fr. par hectare exploité.

La luzerne réussit très bien sur les terrains argileux de la Brie quand la pierre du sous-sol est tout ou partie de nature calcaire ; le succès est moins assuré quand l'argile repose sur la meulière ; par exception, certaines terres, dans lesquelles la luzerne ne durait pas, ne donnaient, comme prairie artificielle, que du trèfle, poussant abondamment partout ; le drainage et le marnage ont modifié cette condition : on peut, après ces opérations, semer les luzernes partout.

Chaque ferme en terre de Brie a d'ailleurs une certaine étendue de prés naturels; ces prés pourraient être plus nombreux : il suffirait, pour en avoir, de laisser sans culture une partie basse dans laquelle viendraient s'écouler les eaux des environs. L'herbe, qui pousse abondante partout, au point de gêner la culture, grandit vite sous l'action de l'eau mise et retirée à propos ; dès la seconde année on pourrait faucher.

Un propriétaire dont la ferme, trop humide, rendait peu en céréales, a donné un exemple bon à imiter. Après un demi-drainage, destiné seulement à faire écouler les eaux surabondantes en certaines saisons, il a semé moitié de ses terres en prairie naturelle, avec des graines choisies, convenables à la nature du terrain : le succès a été complet. Pendant 4 ans, un troupeau de génisses vivant et grandissant au pâturage à raison de 3 têtes par hectare et renouvelé tous les ans, donnait, par la plus-value acquise en 6 mois, un produit net de 90 à 100 fr. par hectare, et après les 4 années d'expériences concluantes, la ferme a été louée 60 fr. par hectare : pas un fermier n'en eût voulu pour 10 fr. avant la formation des prairies.

La supériorité marquée des fermes en terre de Brie sur les fermes en terre de Champagne dans le même arrondissement a pour cause principale le rendement en paille et en herbes plus que le rendement en grains. La même proportion se retrouve dans les récoltes en trèfle ou luzerne.

L'herbe qui pousse, après l'enlèvement des céréales, dans une terre de Brie, nourrira pendant 4 mois dix moutons par hectare, et cette nourriture sera assez abondante pour aller jusqu'à l'engraissement des animaux ; un hectare en terre de Champagne ne donnerait pas même une nourriture d'entretien suffisante à moitié moins de moutons.

Mais les troupeaux vivant sur terre de Champagne sont beaucoup plus robustes, plus sains, moins exposés aux maladies que les troupeaux vivant sur terre de Brie. La cachexie, si funeste aux moutons pâturant sur terrains humides, est à peu près inconnue sur les terres arides de Champagne; le piétin, résultat de la marche sur les terres détrempées de la Brie, n'est pas à craindre sur les terres sèches de la Champagne, qui boivent l'eau des plus longues pluies sans qu'il y paraisse au bout de quelques heures.

Cette différence de condition a établi des usages que l'expérience maintient comme avantageux à chaque terre. Les fermes en terre de Champagne ont des troupeaux de brebis, élèvent des agneaux et vendent des moutons de trois et quatre ans aux fermes en terre de Brie, qui les engraissent et les livrent à la boucherie.

Les pailles abondantes en terre de Brie permettent de faire beaucoup de fumier. L'assolement triennal et la présence du blé tous les 3 ans dans la même terre exigent aussi l'emploi de tous ces fumiers; on ne fait pas de blé sans fumier, mais on fume légèrement; avec 50 à 60 mètres cubes par hectare, on obtient deux récoltes, blé et avoine, doubles à peu près de celles que rendraient les terres de Champagne recevant la même fumure.

Comme amendement, on emploie avec succès le guano pour les blés, le plâtre pour les prairies artificielles, la chaux dans une terre trop humide, la marne partout, mais principalement dans les contrées où l'argile dominant rend la culture difficile et les récoltes problématiques.

La marne se trouve presque partout; elle coûte d'extraction à peu près 1 fr. du mètre cube, et le transport, ordinairement fort court, se paie à raison de la distance. La terre argileuse marnée se divise mieux, et pendant vingt ans on recueille les bons effets d'un marnage qui a coûté peu et amélioré beaucoup.

Le prix moyen des terres en corps de ferme est à peu près de 1,500 fr. l'hectare. Elles se louent en moyenne 60 fr. l'hectare.

L'assolement est triennal. Le blé se sème sur jachère, après fumure et trois labours au moins.

La récolte moyenne est, par hectare, de 1,400 gerbes rendant 20 à 25 hectolitres de grains et 8,000 kilogr. de paille.

L'avoine, qui suit le blé, se sème sur un seul labour donné au printemps; la herse couvre le grain. La récolte moyenne est de 36 à 40 hectolitres de grains, avec 5,000 à 6,000 kilogr. de paille.

Les amendements ont une action sérieuse sur l'importance des récoltes; le drainage rend la culture beaucoup plus facile, augmente l'importance des produits et réduit de beaucoup les risques des années mauvaises.

Depuis que M. Delbet a écrit ce qui précède, le capital nécessaire pour exploiter une ferme de la Brie a encore augmenté; 500 à 600 fr. par hectare ne suffisent plus, et cependant les bénéfices diminuent. Aussi les fermiers deviennent-ils plus rares; ils ne veulent plus payer autant de loyer et le prix de la terre tend à baisser avec son revenu.

M. Delbet nous a montré l'ancien mode de culture de la Brie champenoise. Voici un exemple des méthodes nouvelles.

M. Mousseaux avait commencé sa carrière agricole vers 1867 en prenant une ferme de 75 hectares, celle de Trois-Fontaines, au hameau de Saint-Quentin, commune de Gionges, dans le Brie champenoise. En 1877, il s'entendit avec M. Coquerel, directeur d'une fabrique d'engrais appelée *Compagnie de fertilisation,* pour augmenter son capital et en même temps la surface cultivée. Ils louèrent encore plusieurs fermes contiguës à celle de Trois-Fontaines, au prix de 25 à 55 fr. par an et par hectare, par baux de 30 ans. Ces baux portaient, en outre, que les fermiers devaient recevoir à leur sortie 150 à 400 fr. par hectare de prairies créées par eux.

La Compagnie de fertilisation s'étant dissoute pour des motifs purement commerciaux, M. Mousseaux forma en 1881, pour 9 ans, une nouvelle société par actions, l'*Union agricole de la Marne,* à laquelle il fit l'apport de ses baux. Cette société a un capital de 500,000 fr. pour 676 hectares, soit 746 fr. par hectare.

Ces 676 hectares appartiennent à cinq fermes qui se répartissent sur une longueur d'environ 6 kilomètres. Le bétail de rente est concentré sur les deux points extrêmes, Moslins et Saint-Quentin, et les produits en laitage vont se vendre, pour le premier à Épernay, pour le second à Avize. Les élèves, vaches taries ou bœufs, sont envoyés dans les fermes intermédiaires. Pour l'ensemble, il y a 40 chevaux, 30 à 40 bœufs de travail et 150 à 160 vaches laitières, etc. Chaque ferme a deux ou trois hommes à poste fixe pour les travaux ordinaires. Mais une équipe volante se transporte avec les chevaux, suivant les besoins, sur un point ou un autre. A la ferme de Souriette, la plus centrale, habitent deux mécaniciens avec ateliers de forge et de charronnage où se ferrent tous les chevaux, se réparent les outils, etc. Une tuilerie et un four à chaux font partie de l'exploitation. Le tout est dirigé par M. Mousseaux, qui continue à résider à la ferme de Saint-Quentin.

La plupart des terres ont été défoncées et chaulées. On y emploie presque exclusivement des engrais chimiques qui sont préparés dans les fermes. Les fumiers sont considérés par M. Mousseaux comme matières à commerce, et c'est là le trait le plus original de son entreprise. Il en vend environ 5,000 mètres cubes par an aux vignerons des environs, qui le paient 8 à 13 fr. le mètre cube, pris sur place ou rendu.

A ce prix, les 60 mètres cubes de fumier par hectare que M. Mousseaux employait à ses débuts, sans toutefois atteindre aux productions actuelles, vaudraient 540 fr. Si l'on admet que le blé en consommait les $^2/_3$, cela ferait environ 360 fr. par hectare. Or, la fumure du blé aux engrais chimiques ne coûte que 150 à 160 fr.

Après analyses et essais, M. Mousseaux a reconnu que ses terres n'avaient aucun besoin de potasse ; il en fait donc l'économie dans ses formules. Celle qui réussit le mieux correspond au phosphoguano.

Pour les blés d'automne, l'engrais contient 2,5 à 3 p. 100 d'azote et 11 à 14 p. 100 d'acide phosphorique qu'il demande, suivant les cours du marché, à diverses sources. L'ensemble revient à 16 ou 17 fr. les 100 kilogr. et la quantité appliquée est de 500 kilogr. à l'hectare en automne. De plus, au printemps, les blés reçoivent en couverture 200 kilogr. de sulfate d'ammoniaque, qui coûtent 36 fr. les 100 kilogr.

La fumure au fumier, telle que l'appliquait M. Mousseaux à ses débuts, sans atteindre cependant aux productions d'aujourd'hui, était de 60 mètres de fumier. Il estimait alors le fumier à 6 fr. le mètre, valeur arbitraire donnée une fois pour toutes. La fumure ainsi composée coûtait à l'hectare 360 fr. Or, au prix actuel du fumier, au prix où il est vendu, le fumier coûterait 540 fr. au moins. On suppose encore ici que les $^2/_3$ de cette fumure sont applicables au blé et $^1/_3$ aux plantes suivantes.

Si l'on compare ces fumures, si différentes au point de vue de leur composition et de la restitution qu'elles font au sol, on trouve que M. Mousseaux, à la dose de fumier indiquée donnerait : azote, 140 kilogr. ; acide phosphorique, 89k,6 ; plus de la potasse, qui a sa valeur, mais se trouve inutile ici, pour le moment du moins.

La fumure actuelle aux engrais donne : azote, 55 kilogr. ; acide phosphorique, 65 kilogr., ce qui est moins évidemment, mais ce qui est suffisant et donne des résultats auxquels les fumiers ne sauraient prétendre immédiatement.

Les récoltes atteignent, en effet, avec cela, de hauts rendements. Il est curieux d'étudier le tableau de ces rendements, obtenus par M. Mousseaux depuis son entrée en ferme :

De 1868 à 1872, culture à l'assolement triennal avec bonnes fumures, 42,000 kilogr. de fumier à l'hectare ; rendement, 19 hectolitres à l'hectare.

De 1872 à 1875, après labours plus profonds et culture intensive, 24 hectolitres à l'hectare.

De 1877 à 1879, les engrais chimiques commencent seulement à être appliqués plus généreusement ; 29 hectolitres à l'hectare.

En 1880, engrais chimiques purs ; 30 hectolitres à l'hectare[1].

Comme pays de culture, la partie occidentale de la Brie (*Basse-Brie et Brie française*) a de grands avantages sur la Brie pouilleuse ; non seulement les limons y couvrent des étendues considérales, mais sa proximité de Paris permet d'y vendre les produits et d'y acheter des fumiers dans des conditions plus favorables.

M. Arthur Brandin, un des agriculteurs les plus distingués de la Brie française, a raconté l'histoire des améliorations successives qui ont été faites dans la ferme de Galande (canton de Brie-Comte-Robert), occupée par sa famille depuis 1690. Je ferai des emprunts nombreux à son mémoire.

La terre de Galande, terre d'argile à meulières, à sous-sol imperméable, était, comme la généralité des fermes briardes avant le drainage, humide et froide. Traversée par des fossés qui recevaient alors comme aujourd'hui les eaux de plusieurs communes voisines, elle souffrait d'autant plus de cette situation que ces fossés étaient

1. Vimont, *Bulletin agricole et viticole du comice d'Épernay*, 1884.

peu profonds, entretenus par les uns, négligés par les autres, sans nivellement général et d'un tracé capricieux.

On se serait trompé si l'on avait cru rencontrer sur les pentes assez accentuées qui descendent du village de Réau vers Galande des terres plus saines, car la couche de sable fin qui en forme le sous-sol est rougie à sa partie supérieure par l'oxyde de fer et s'agglutine aussi facilement que l'argile. Le jonc pousse encore dans les fossés dont il constitue le fond.

De nombreuses mares creusées de main d'homme pour extraire des matériaux de construction ou des amendements, et même assez souvent dans le seul but d'assainir les terres, existaient sur toute la plaine. Des fossés les réunissaient entre elles et toutes les eaux s'en allaient tant bien que mal à l'émissaire principal dénommé ru d'Ilandres. Dans les années pluvieuses, elles séjournaient, quelques soins que l'on prît, dans les bas-fonds et le sol devenait d'autant plus dur en été qu'elles avaient mis plus de temps à s'écouler. Mares et fossés étaient bordés d'arbres le plus souvent coupés en têtards. En 1831 on comptait encore dans ces conditions près de 3,500 saules, peupliers et ormes sur la propriété. Un bois de dix hectares enveloppant la ferme de deux côtés achevait de donner à la contrée cet aspect boisé et humide qui ne manquait pas de pittoresque et qu'elle a perdu aujourd'hui. Quant aux chemins, est-il besoin de dire qu'ils étaient dans un état déplorable? Ils n'avaient de fixe que leur direction générale, car, pour éviter les flaques d'eau qui se formaient dans les parties creuses, voitures, cavaliers et piétons se portaient tantôt à gauche, tantôt à droite du chemin frayé et en augmentaient la largeur. Le valet de ferme était souvent chargé de remorquer jusqu'à la grande route avec un cheval de labour, la carriole des visiteurs. Cependant Galande avait déjà l'avantage d'être à proximité (700 mètres) d'une route pavée.

L'assolement était rigoureusement déterminé par les baux. En effet, l'obligation « de bien et dûment labourer, fumer, cultiver et ensemencer les terres par soles et saisons convenables, sans pouvoir dessoler, effriter ni désaisonner » se retrouve dans tous ceux qui ont été conservés. Ces expressions, dont l'interprétation n'est pas aujourd'hui sans difficulté, avaient pour nos pères un sens précis, car ils n'osaient guère changer la rotation usuelle: jachère, blé, avoine. Les plantes sarclées étaient inconnues et les plantes fourragères, cultivées sur de petites surfaces, ne consistaient qu'en vesces et en trèfle. En 1773, il existait à Galande un champ de luzerne : mais cette plante, qui commençait seulement à être connue dans la contrée, était soupçonnée d'épuiser les terres et on ne la cultivait qu'avec timidité. Quinze ans plus tard, bien qu'au témoignage d'Arthur Young on eût constaté ses propriétés améliorantes, le préjugé existait encore. Quelques prés situés dans le voisinage du ru d'Handres semblaient, d'après le morcellement de la propriété, avoir été très recherchés autrefois; mais comme ils existaient déjà au milieu du XVIIe siècle et comme il n'était pas alors d'usage de les fumer, ils devaient, à la fin du XVIIIe, donner de bien faibles récoltes.

On ne connaissait d'autre engrais que le fumier produit à la ferme par les chevaux de labour, les vaches et les moutons. Tout le fourrage était consommé par le gros bétail. Quant aux moutons, nourris à peu près suffisamment en été sur les jachères et les chemins, ils jeûnaient littéralement en hiver. A. Young constate que les fermiers de la Brie ont l'habitude de garder tous les agneaux et de vendre en novembre les vieilles brebis et les moutons de cinq ans. Le prix est de 9 à 10 livres quand ils sont maigres, de 12 à 15 quand ils sont gras. Ceux que l'on garde ne reçoivent en hiver que de la paille. Au retour du beau temps, on en rachète pour parquer et on s'en défait à perte au mois de novembre. Le parcage était, en effet, considéré dès cette époque comme une opération très importante, car les quantités de fumier produites avec des animaux mal nourris et des pailles, surtout des pailles d'avoine, extrêmement courtes, ne pouvaient suffire à fumer toute la sole de blé. Faut-il s'étonner de la mortalité excessive qui régnait sur des troupeaux passant tous les six mois d'un jeûne prolongé à une abondance relative?

Les bons effets des amendements calcaires n'étaient pas inconnus. M. Brandin possède une quittance de 4,000 livres, datée de 1773, pour marnages et crayonnages exécutés sur les terres de Galande. L'obligation de marner ou de crayonner est constante dans tous les baux de la dernière moitié du XVIIIe et du commencement du XIXe siècle. Le choix entre les deux opérations était laissé au fermier. La véritable marne étant rare dans le voisinage; il fallait en effet se contenter le plus souvent d'une roche calcaire pierreuse, assez peu friable, qui constitue le sous-sol de certaines parties de la commune et qui ne semble exister à Galande qu'à une plus grande profondeur. L'emploi était de 40 mètres cubes environ à l'hectare.

A défaut d'engrais variés et abondants, on donnait à la préparation du sol une grande attention. Les labours étaient à la vérité peu profonds, mais on les exécutait avec un soin extrême. Il fallait, selon l'expression employée, que la charrue fît blanc, c'est-à-dire que le fond de la raie fût d'une netteté absolue, que les sillons fussent bien droits et les ados bien réguliers.

Pour faciliter l'écoulement des eaux, les champs étaient labourés en billons de 3 à 4 mètres. Lorsque le blé était semé, une sorte de buttoir en bois passait dans les dérayures pour en nettoyer le fond, puis la charrue traçait, dans les directions transversales, d'autres rigoles, plus profondes, que l'on achevait à la pelle et à la bêche et qui étaient destinées à conduire aux mares et aux fossés les eaux recueillies à la surface du champ.

Quels étaient les rendements des récoltes obtenues par ces procédés de culture qu'Arthur Young trouvait si défectueux? Le célèbre agronome, passant par Melun en 1788 et en 1790, nous apprend que la terre à blé se loue aux environs de cette ville 46 fr. l'hectare et que sa valeur vénale est de 1,300 fr. Le renseignement est exact, car M. Brandin possède un bail de 1787 qui donne comme prix locatif 43 fr. à l'hectare, et un autre bail de 1804 qui donne 47 fr. Ce prix était très sensiblement plus élevé dans d'autres parties de la Brie, notamment aux environs de Meaux, que Young cite comme le plus riche territoire du monde et dont la culture était alors en général plus avancée que celle de la Brie melunaise.

Le blé donnait, année moyenne, 20^{hl},65 par hectare et l'avoine ne produisait pas davantage. Le faible rendement de cette dernière ne provenait pas seulement de l'insuffisance des fumures : rarement les terres se trouvaient assez saines à la sortie de l'hiver pour permettre un ensemencement de février ou mars. Semée trop souvent en avril, l'avoine, saisie par les grandes chaleurs avant d'avoir pris un développement suffisant, restait courte de paille et échaudait.

A partir de 1820, les renseignements deviennent très précis, car les rendements de toutes les récoltes de blé et d'avoine ont été notés.

Le rendement de la période décennale 1820-1829, est pour le blé, de 22^{hl},33.

Le rendement de l'avoine, pendant cette période, est de 32^{hl},21 d'un poids inconnu, mais probablement faible. Dès cette époque, on vendait des pailles à Galande et même des fourrages, car le trèfle avait pris dans les cultures une place importante.

Le rendement moyen du blé dans la période 1830-39 est de 23^{hl},36 à 75 kilogr. ou 17^{qx},50. Dans cette moyenne est comprise la récolte 1839 qui fut frappée de la grêle et ne donna pour cette raison que 11^{hl},18.

Le rendement de l'avoine reste, comme celui du blé, à peu près stationnaire. Il est de 32^{hl},78.

La troisième période, 1840-49, se signale par un accroissement considérable de la production du blé. Nous passons de 23^{hl},36, chiffre de la période précédente, à 29^{hl},34, à 75 kilogr. l'hectolitre, c'est-à-dire 22 quintaux. Cette période compte trois récoltes supérieures à 31 hectolitres et les deux plus faibles ne descendent pas au-dessous de 21. M. Darblay, auquel l'agriculture de la Brie doit l'importation de plusieurs des meilleures variétés de blé, préconise le blé de Bergues, et les premières récoltes qu'on en obtient sont magnifiques. Remarquons que c'est en 1843 que sont exécutés le nivellement général, le redressement et l'approfondissement du ru d'Handres. La luzerne occupe alors une large place dans l'assolement et ses propriétés améliorantes se font sentir dans l'ensemble de la culture. Le rendement de l'avoine augmente aussi, mais dans des proportions moins remarquables, 37^{hl},87. On commence à employer d'autres engrais que le fumier. C'est la poudrette de Bondy.

La période 1850-59 est remarquable par l'importance que prennent les récoltes sarclées, colza d'abord, puis betteraves. Le guano entre en scène et permet de cultiver avantageusement ces plantes jachères. On commence à Galande l'exécution des drainages, cette amélioration capitale qui a changé la face de la Brie.

Le blé de Bergues se maintient encore, mais l'enthousiasme qu'il a fait naître s'atténue. Le rendement descend de $29^{hl},34$ à $27^{hl},18$, mais cette diminution n'est qu'apparente, car l'usage de vendre à l'hectolitre n'existe plus et désormais c'est au poids que se fait la vente. Cependant l'habitude d'exprimer les rendements des récoltes en hectolitres est conservée et il doit être bien entendu, pour l'intelligence de la suite de cette étude, que chaque fois que nous déclarerons un nombre d'hectolitres il correspondra à autant de fois 80 kilogr. pour le blé et 50 kilogr. pour l'avoine. Ainsi les $27^{hl},18$ de la période 1850-59 valent à peu près autant que les $29^{hl},34$ de la période précédente, c'est-à-dire 22 quintaux. La moyenne des récoltes d'avoine est de 37 hectolitres ou 37 fois 50 kilogr.

Les rendements du blé se maintiennent faiblement pendant la période 1860-69 : $27^{hl},06$. Ceux de l'avoine augmentent : $40^{hl},14$. La belle période des colzas est passée. La betterave gagne le terrain que cette plante perd. On continue les drainages. Les engrais supplémentaires sont de plus en plus employés, mais ils ne sont aucunement complémentaires. En effet, le prix du guano reste élevé, bien que sa richesse en azote diminue, et, comme cet élément est le seul dont on fasse cas, on se rejette sur les sels ammoniacaux. On ne connaît pas la potasse. On commence seulement à entendre parler des phosphates.

Cette période pourrait être caractérisée par deux mots : Azote et Chiddam.

Cette fameuse variété de blé, qui a fait son apparition en Brie vers 1855, supplante alors toutes les autres. Aucune n'y a exercé une royauté plus incontestée. Le marché de Melun était devenu célèbre pour la qualité de ses blés. Mais les plantes ont aussi leur grandeur et leur décadence, et de cette gloire il ne reste plus qu'un souvenir.

Pendant la période 1870-74, les récoltes de blé descendirent à une moyenne de $26^{hl},82$, par suite de saisons tantôt trop humides, tantôt trop sèches, et de la rouille qui attaqua le Chiddam.

La première période de mon exploitation personnelle, de 1875 à 1879, continue M. Brandin, donna encore moins : la moyenne ne fut que de $25^{hl},42$ pour le blé et de $46^{hl},74$ pour l'avoine. Ce résultat était peu brillant. Loin d'augmenter ou tout au moins de se maintenir, les rendements diminuaient pour le blé.

Cependant les fourrages occupaient une étendue bien plus grande qu'aujourd'hui et les engrais chimiques étaient largement employés. Je n'y recherchais pas exclusivement l'azote; je les achetais complets, et si je n'avais pas encore tout à fait abandonné le Chiddam, qui donnait des produits de moins en moins bons, je cultivais déjà des variétés nouvelles : le Bordeaux, le Roseau, le blé bleu.

Mais, pour qui connaît les terres de la Brie et se rappelle la température de cette période, mon insuccès n'a rien d'étonnant. Pendant trois années consécutives, 1877-78-79, l'humidité fut extrême et les blés versèrent en herbe. Un chiffre suffira à peindre la situation :

En 1877 et 1878, le prix donné aux moissonneurs pour couper et lier les blés s'éleva chez moi et mes voisins jusqu'à 70 fr. l'hectare. L'emploi des moissonneuses fut impossible.

L'humidité, tel était donc l'obstacle le plus frappant que je rencontrai au début de ma carrière agricole. Les drainages, commencés en 1857, avaient pourtant été continués en 1861-62, 63, 64, 68 et 69; mais l'inconvénient de procéder par demi-mesures dans l'exécution d'un travail aussi important se faisait manifestement sentir. En effet, négligeant les parties les moins humides, on s'était trop souvent contenté de poser des collecteurs dans les fossés et les mares que l'on supprimait et quelques drains secondaires dans les parties les plus basses. Bien peu de pièces avaient reçu ce drainage régulier dont les lignes peuvent être, selon la nature du sol et du sous-sol, plus ou moins espacées, mais sans lequel il n'y a pas d'assainissement sérieux. Heureusement que les collecteurs étaient posés à une profondeur suffisante.

Dans cette circonstance, je n'hésitai pas à demander au propriétaire la continuation du drainage, malgré l'accroissement des charges permanentes qui devait en résulter pour moi. En 1879-81 et 84, des drainages complets ou supplémentaires furent exécutés sur 45 hectares. J'estime que l'opération serait encore utile sur 20 hectares.

J'avais été jusque-là guidé dans l'emploi des engrais chimiques par la théorie de la dominante des plantes, dont la simplicité m'avait séduit, comme tant d'autres cultivateurs.

Cependant l'application rigoureuse de cette doctrine commençait à être combattue par une nouvelle école qui, sans nier les préférences des diverses plantes pour certains éléments, se disait avec raison que l'agriculture n'opère pas sur du sable calciné et qui tenait compte de la variété de composition des sols aussi bien que des exigences théoriques des récoltes.

Ayant l'honneur de connaître un des chefs de cette école, M. Joulie, je lui demandai, dès 1878, des analyses de mes terres, car je ne pouvais me contenter de l'indication, intéressante à un certain point de vue, mais néanmoins insuffisante, fournie obligeamment par le chimiste d'une sucrerie voisine. Cette analyse avait donné pour un échantillon de terre pris sur une partie de consistance moyenne :

Argile	46,50
Sable siliceux	42,40
Oxyde de fer	3,14
Carbonate de chaux	1,10
Matières volatiles, humus	5,50
Eau	1,86
	100,00

D'après M. Joulie, la moyenne des analyses de 12 pièces de terre de la ferme de Galande a été pour 1 kilogr. de terre sèche :

Acide phosphorique	0,49	grammes.
Potasse	2,42	—
Soude	0,41	—
Chaux	8,73	—
Magnésie	2,74	—
Azote total	1,18	—

On voit que les deux éléments qui dominent dans ma terre sont l'azote et la potasse. Ce n'est pas qu'ils s'y trouvent réellement en proportion élevée : ils ne sont abondants que par rapport aux autres éléments de fertilité, et c'est plutôt la pauvreté en acide phosphorique et en chaux que la richesse en azote et en potasse qui caractérise les terres de mon exploitation. Dans certaines pièces, nous n'avons trouvé que 0gr,30 d'acide phosphorique.

Ce défaut d'équilibre entre les principaux éléments de fertilité expliquait bien la fréquence de la verse et la faiblesse de grenaison qui avait de tous temps signalé les récoltes céréales à Galande. Je n'étais pas sans me douter depuis longtemps de la prédominance de l'azote ; elle se manifestait suffisamment à certaines particularités de la végétation : mais, lorsque j'avais essayé d'en abaisser la dose dans les engrais, je n'avais fait que diminuer la longueur de mes pailles, sans les rendre plus rigides et sans obtenir des épis plus pleins.

Positivement fixé désormais sur la cause du mal, voici quelles mesures je pris pour le combattre.

Dans mon assolement qui n'a plus l'immuabilité de l'ancien assolement triennal, mais où cependant la succession : plante sarclée, blé, avoine, se rencontre le plus souvent pendant les dix années qui s'écoulent avant le retour de la prairie artificielle, toutes les récoltes reçoivent de l'acide phosphorique.

Cet élément leur est fourni au moyen de 500 kilogr. de superphosphate sur la récolte jachère, de 350 kilogr. sur le blé et de 120 kilogr. sur l'avoine qui suit le blé. Autant que possible, cet engrais est enterré à la charrue. Il est nécessaire, en effet, de le placer profondément pour une plante aussi pivotante que la betterave et, si les céréales qui ont des racines plus superficielles exigent un enfouissement moins grand de l'engrais, les légers labours exécutés pour le blé après betterave ne le mettent pas hors de portée de ses racines. Pour l'avoine, il est le plus souvent enterré au scarificateur.

C'est le superphosphate que j'emploie comme source d'acide phosphorique. Je ne fais d'exception que pour la terre dite ancienne prairie de Galande défrichée en 1871 et chargée encore d'acide humique.

J'achète pour cette partie du phosphate précipité. Faudra-t-il désormais renoncer à l'usage du superphosphate et employer des phosphates naturels comme étant plus économiques et aussi efficaces ? En attendant qu'une lumière complète soit faite sur cette question qui laisse encore les chimistes divisés, la prudence commande au praticien de n'agir qu'à bon escient et de ne se décider qu'après avoir établi sur sa terre de sérieuses expériences.

La potasse se trouve en quantité presque suffisante dans mon sol. Mais, comme son degré d'assimilabilité me paraît faible et qu'elle a sur la maturité des céréales une importance considérable, j'ai jugé prudent de l'employer à la dose de 100 kilogr. de chlorure de potassium pour le blé seulement. Tandis que le superphosphate pour le blé est toujours semé à l'automne et pour la betterave en hiver au moment des gros labours, le chlorure, sel très soluble, n'est jamais épandu qu'au printemps en couverture et enterré par les sarclages.

La chaux en tant qu'engrais est employée sous forme de plâtre. Pour les céréales, ce plâtre est semé au printemps en mélange avec le chlorure de potassium ou les sels azotés; 150 kilogr. à l'hectare pour le blé et pour l'avoine forment la dose ordinaire. Le plâtre exerce chez moi une action très visible et très salutaire sur toute espèce de récolte. Il coûte peu et, outre l'avantage d'être par lui-même un engrais utile, il possède celui de faciliter la répartition des autres engrais avec lesquels on peut le mélanger lorsqu'il s'agit de les employer en petites quantités.

Quant aux engrais azotés, dont l'effet est si rapide et l'emploi si délicat que l'on ne sait jamais en les appliquant aux céréales si l'on atteindra ou si l'on dépassera la mesure, rien n'est plus variable que leur dose.

Bien que j'emploie indifféremment le sulfate d'ammoniaque et le nitrate de soude, je consacre en général le premier de ces deux sels aux céréales et le second à la betterave.

Pour l'avoine qui succède au blé, la dose de sulfate d'ammoniaque est à peu près fixe : 100 kilogr. à l'hectare. Inutile de dire qu'après une luzerne ou un sainfoin rompus elle ne reçoit aucun engrais.

Le fumier est toujours réservé pour la betterave et enterré à l'automne ou dans le courant de l'hiver, très rarement au printemps L'éloignement plus ou moins grand de la prairie artificielle, la qualité du fumier, l'époque de son épandage et le degré naturel de fertilité du sol déterminent les quantités de nitrate de soude appliquées à la betterave. En addition à 35,000 kilogr. de fumier, la dose moyenne est de 350 kilogr. à l'hectare.

Sur défrichement direct ou en seconde récolte après une avoine de défrichement, le blé ne reçoit que du superphosphate, 500 kilogr.; et, même après betterave, je suis arrivé à n'employer pour le blé qu'exceptionnellement de l'azote. Lorsqu'un champ de blé est fatigué par l'hiver ou que, pour une raison quelconque son état de fertilité me paraît douteux, j'ajoute, mais au printemps seulement, au moment des sarclages, un sel azoté qui est enterré par un léger hersage. J'ai craint quelquefois, voyant une récolte faible en paille, d'avoir été trop avare d'azote pour le blé, mais bien rarement ma crainte s'est trouvée justifiée ; presque toujours au contraire je n'ai eu que des déceptions d'une récolte surchargée d'azote.

On jugera peut-être que les quantités d'engrais chimiques employées concurremment avec des fumures de 30,000 à 35,000 kilogr. à l'hectare sont faibles et l'on s'étonnera qu'elles puissent produire un résultat sérieux. Ce serait une erreur que ne peuvent partager les personnes qui font de ces engrais un usage raisonné.

Dans la pratique, on n'improvise pas de bonnes récoltes ; les gros apports d'engrais ne donnent souvent au début que des résultats médiocres et nullement en rapport avec les dépenses que l'on a faites. Sans doute ces dépenses ne sont pas perdues et il arrive un moment où elles deviennent productives, mais il faut pouvoir attendre, et la plupart des agriculteurs dont les ressources sont limitées doivent adopter des procédés plus lents en apparence, mais tout aussi sûrs. Dans la pratique des engrais chimiques, lorsque l'on est bien fixé sur le système à suivre, rien ne vaut la modération et la persévérance.

> Patience et longueur de temps
> Font plus que force ni que rage.

En présence d'un sol aussi pauvre en chaux, je ne pouvais me borner à employer le plâtre. Ce produit, excellent comme engrais, est en effet insuffisant lorsqu'il s'agit de modifier l'état physique du sol. Or cet état laissait beaucoup à désirer. Dans la plupart des cas, la terre, au lieu de s'émietter derrière la charrue, restait en bande compacte et il fallait, pour la diviser, l'action des gelées en hiver et le passage réitéré d'instruments puissants en été.

L'usage des amendements calcaires était ancien à Galande. Mon trisaïeul les employait et l'on reprochait même à mon grand-père, comme à plusieurs de ses contemporains, d'avoir abusé des marnages et crayonnages. Cependant il n'y avait pas à contester la pauvreté du sol en calcaire.

Recommencer les crayonnages, qui avaient si peu modifié sa composition physique et dont le seul témoignage subsistant consistait en pierrailles calcaires très peu friables répandues dans la couche arable, me paraissait une pratique condamnée par l'expérience. D'un autre côté, pour trouver la véritable marne, il fallait aller à 4 kilomètres au moins, sur les pentes de la vallée de l'Yères.

Faire un aussi long chemin pour apporter sur une terre déjà très argileuse un amendement contenant une forte proportion d'argile donnait à réfléchir. L'emploi de la marne nécessitait aussi une assez forte dépense de main-d'œuvre. Et, si la main-d'œuvre avait bien augmenté depuis le temps de nos ancêtres, le système de culture s'était aussi profondément modifié. Autrefois on avait de longs mois pour conduire la marne sur les jachères, mais aujourd'hui où chaque année donne sa récolte, la terre est libre bien peu de temps et ce repos n'existe guère que pendant l'hiver, époque peu favorable aux charrois. J'étais donc conduit à me demander pourquoi les chaulages qui avaient donné ailleurs de si merveilleux résultats ne réussiraient pas chez moi dans des conditions identiques. Me trouvant en relation d'affaires avec une sucrerie, je jugeai que je ne pouvais plus sûrement et plus économiquement remonter mon sol en calcaire qu'en employant les écumes de défécation ou les chaux éteintes provenant des fours de cette usine. Si j'avais voulu obtenir un effet chimique plus prompt, j'aurais employé la chaux vive; mais tel n'était pas mon but.

Dès 1880 je me mis à l'œuvre, et en 1884 toutes les grandes pièces formant le noyau de la ferme avaient reçu des écumes à la dose de 22,000 kilogr. à l'hectare ou des chaux éteintes, c'est-à-dire du carbonate de chaux presque pur, à raison de 7,000 kilogr. C'est en général sur les terres destinées à la betterave que ces amendements sont conduits, parce que ce sont celles qui permettent d'exécuter cette opération en temps plus opportun. La chaux vive employée sur certaines parties à la faible quantité de 25 hectolitres à l'hectare m'a donné également de bons résultats; mais, si son emploi est plus économique sous le rapport des charrois, les soins que demandent sa distribution et son épandage sont assez coûteux et la chute d'une forte pluie qui la délaye, lorsqu'elle est en petit tas, est toujours à redouter. Elle convient particulièrement, selon moi, aux terres chargées de débris organiques, résultat d'une longue occupation par des bois ou des prairies. Les écumes et les poussières de chaux sont au contraire mieux placées sur les sols cultivés de longue date. Vivement critiqué au début de cette opération, j'ai la satisfaction de constater aujourd'hui que c'est une des meilleures que j'aie entreprises.

Grâce à ces améliorations, au bon choix des variétés et au perfectionnement des procédés de culture, M. A. Brandin est arrivé pour la période 1880-1886 à une moyenne de 33^{hl},47 pour le blé et de 46^{hl},74 pour l'avoine.

Il a obtenu quelquefois sur certaines pièces 50 hectolitres avec l'Épi carré, 47 avec le Bordeaux, 45 avec le Saumur, 43 avec le Roseau et le Goldendropp ; ces 5 variétés sont celles qu'il préfère. Mais il s'agit ici d'une moyenne sérieuse : c'est 8 hectolitres par hectare de plus qu'à l'époque où il est entré dans la ferme.

Son assolement a conservé, comme dans la plus grande partie de la Brie, le cadre triennal : 1) betteraves ou fèves, 2) blé, 3) avoine, avec luzerne ou sainfoin tous les 9 ans en dehors de la rotation, un peu de trèfle et de ray-grass. La luzerne donne bien pendant deux ans et dépérit le troisième. Quand la luzerne est mélangée au sainfoin, ce dernier prend le dessus la troisième année.

Pour ses betteraves, M. A. Brandin a, outre les engrais chimiques et une certaine quantité de tourteaux organiques de Bondy, le fumier provenant de ses bœufs et d'un troupeau de 600 brebis et 140 agnelles qu'il nourrit en partie avec des pulpes de sucrerie ou de distillerie.

Non loin de Galande, à la ferme de Mainpincien, près de Guignes-Rabutin, M. Émile Rémond va encore plus loin que M. Brandin dans l'emploi des engrais chimiques. C'est dans les terres de Mainpincien que M. Joulie reconnut d'abord par ses analyses un excès d'azote, fait commun à un grand nombre de fermes de la Brie qui avaient pendant longtemps semé beaucoup de luzernes et de trèfles pour vendre le foin à Paris et ramener en retour des fumiers et des gadoues. Proportionnellement à cet azote, les champs ne contenaient pas assez d'acide phosphorique, de chaux et même de potasse. Plus on employait de fumier, plus les céréales étaient sujettes à la verse et à l'échaudage, exubérantes en paille, mais pauvres en grain. On essaya de rétablir l'équilibre par des chaulages légers et fréquents, et par l'emploi du superphosphate de chaux et du chlorure de potassium mélangés avec un égal poids de plâtre. Les résultats en furent très satisfaisants. Peu à peu, on chercha non seulement à compléter le fumier, mais à le remplacer totalement par les engrais chimiques. On obtint alors des récoltes de blé beaucoup plus sûres et plus régulières qu'avec le fumier ; elles ne souffraient plus, comme le dit M. Rémond, tantôt de pléthore, tantôt d'anémie ; les maxima arrivaient comme autrefois à 42 hectolitres à l'hectare, mais les plus faibles récoltes ne descendirent plus jamais au-dessous de 24 hectolitres, tandis qu'avec le fumier de ferme, la verse les réduisait souvent à 10 hectolitres. La moyenne avec les engrais chimiques est de 33 hectolitres ; sous l'ancien régime, elle n'était que de 26. Même progression pour l'avoine.

Ainsi, 7 hectolitres de blé de plus avec les engrais chimiques qu'avec le fumier. Mais ces engrais chimiques ne coûtaient-ils pas plus cher que le fumier ?

Il y a une dizaine d'années, l'équivalent d'une tonne de fumier en engrais chimiques revenait à environ 12 fr. Or, il eût été difficile de faire du fumier à 12 fr. la tonne avec des vaches laitières ou des animaux à l'engrais auxquels on aurait fait payer les fourrages et la paille aux prix des environs de la capitale. Quant à en faire venir de Paris, son transport seul coûtait 6 fr. (3 fr. jusqu'à la gare de Verneuil et autant de Verneuil à la ferme), et, en définitive, il revenait également à 12 fr. les 1,000 kilogr.

Mais, depuis quelques années, la valeur des engrais chimiques a diminué de 25 à 30 p. 100 ; et par conséquent on peut aujourd'hui acheter pour 7 à 8 fr. l'équivalent d'une tonne de fumier.

M. Rémond admet donc qu'il y a pour lui, au point de vue de leur coût comme au point de vue de leur efficacité, un grand avantage en faveur des engrais chimiques. Aussi en est-il bientôt arrivé à les employer presque exclusivement.

Il ne nourrit sur sa ferme de 308 hectares que les animaux nécessaires pour les travaux (17 chevaux et de 12 à 40 bœufs suivant la saison, en moyenne 27), et un troupeau de moutons (400 têtes) suffisant pour consommer, avec les bœufs, les pulpes de sa distillerie et les pailles ou fourrages invendables. Il obtient ainsi de quoi donner à chacun des 44 hectares de betteraves qu'il cultive une demi-fumure d'environ 18,000 kilogr. Il a soin de mettre ce fumier en terre avant l'hiver, afin qu'il ait le temps de se nitrifier avant le mois de mai ou de juin. Puis, quelques jours avant de semer les betteraves, il répand les engrais chimiques : 30 à 50 kilogr. d'acide phosphorique, 80 à 100 kilogr. de potasse sous forme de sulfate ou de nitrate (il évite les chlorures pour les betteraves), et 40 à 65 kilogr. d'azote nitrique à l'état de nitrate de potasse ou de soude.

Après la sole de betteraves vient une céréale d'été [1], dans laquelle on sème de la luzerne ou du trèfle. On ne donne aux légumineuses que des engrais minéraux. L'expérience a prouvé que l'azote des engrais ne leur sert à rien ; mais je ne veux pas entrer dans la discussion des théories par lesquelles on a cherché à expliquer ce fait. On enfouit la dernière coupe, au moment de sa floraison, de manière à en faire un engrais vert pour les trois céréales qui suivent, deux blés et une avoine. Chacune de ces céréales reçoit en outre ses engrais spéciaux.

Pour le blé, on met en automne, suivant les besoins, de 25 à 115 kilogr. de chlorure de potassium, et de 200 à 500 kilogr. de superphosphate de chaux ; et pour le deuxième, en outre, au printemps, 200 à 210 kilogr. de nitrate de soude. On y mélange toujours 200 à 500 kilogr. de plâtre qui favorise l'épandage régulier et l'action des engrais.

Chaque pièce de terre a sa comptabilité chimique, où l'on inscrit les remarques faites sur les récoltes qu'elle a données, les besoins que l'état de ces récoltes paraissent indiquer, les engrais qu'elle a reçus et les résultats des analyses que M. Joulie en fait de temps en temps pour s'assurer si son bilan chimique est en déficit ou en progression. On règle, d'après cela, les doses de chacun des engrais

1. M. Rémond a divisé ses 308 hectares en quatorzièmes, dont chacun a 22 hectares. Il a six quatorzièmes ou 132 hectares en blé d'hiver ou de mars, 3 quatorzièmes ou 66 hectares en avoines, 2 quatorzièmes ou 44 hectares en betteraves, et 3 quatorzièmes ou 66 hectares en fourrages.

qu'on leur accorde ; le prix total des engrais employés ne dépasse pas 60 fr. par hectare et par an. C'est le triomphe des engrais chimiques.

Mais ce triomphe ne sera-t-il peut-être que passager? Les magnifiques récoltes que les engrais chimiques ont produites à Mainpincien n'épuiseront-elles pas ses terres, et ne risque-t-on pas de les voir bientôt diminuer et s'éteindre, comme un feu d'artifice après une fête ? Rien ne le fait présager. Tout au contraire. M. Rémond emploie les *engrais blancs* (c'est le nom que leur avaient donné ses voisins) depuis près de quinze ans, et la fertilité de ses terres, loin de diminuer, continue à s'accroître. Chaque été, des moissons de blé et d'avoine de plus en plus splendides couvrent la plaine qui entoure la ferme. Bien plus, les trèfles et les luzernes ont retrouvé leur ancienne vigueur ; le sol n'en est plus fatigué depuis qu'on lui a rendu la chaux, l'acide phosphorique et la potasse que l'excès de leur culture en avait fait disparaître. Les betteraves défient les plus riches de l'Allemagne ; l'année dernière, on y a dosé de 16 à 18 p. 100 de sucre.

Du reste, je dois remarquer que les succès du fermier de Mainpincien ne sont pas dus uniquement aux engrais chimiques. Ainsi, dans cette immense étendue de céréales qu'il cultive, vous chercheriez en vain quelques mauvaises herbes. Il leur fait une guerre acharnée, et c'est une condition essentielle de la réussite des engrais chimiques eux-mêmes. Quand il y a des mauvaises herbes, ces engrais leur profitent encore plus qu'aux récoltes, et font, par conséquent, plus de mal que de bien.

Bonne préparation du sol, semis en lignes, sarclages, moissons faites à propos, M. Rémond ne néglige rien, et il attache une importance toute particulière au choix des semences.

Il fait son blé de semence par la sélection et son blé de vente par le mélange de plusieurs variétés. Tous les ans il achète à bonne source (chez MM. Vilmorin ou autres) 1 ou 2 hectolitres des variétés nouvelles qu'il veut essayer ou des anciennes variétés, blé de Bordeaux, blé de Noé, Chiddam, etc., qu'il connaît déjà comme convenant à sa culture, mais qu'il veut renouveler. Il sème chacune d'elles à part. Sur les produits de la première année, il fait son choix pour semer encore la deuxième année chaque variété à part. Puis, la troisième année, il en mélange soit deux, soit trois ensemble. Il estime que, par cette manière de procéder, il obtient une augmentation moyenne de récolte d'environ 4 à 5 hectolitres, indépendamment de celle qui est due aux engrais, et il explique cette augmentation par le fait que ces deux ou trois variétés ne fleurissent pas en même temps. S'il survient un abaissement de température défavorable à la floraison, il y a beaucoup de chance pour qu'une seule de ces variétés en souffre. C'est une assurance mutuelle.

M. Joulie a fait de nombreuses analyses des terres de Mainpincien. En voici quelques-unes :

	AZOTE.	CHAUX.	MAGNÉSIE.	POTASSE.	ACIDE phosphorique.
	p. 1,000.	p. 1,000.	p. 1,000.	p. 1,000.	p. 1,000.
Terre à blé. 1	1,20	4,89	2,17	1,65	0,71
— 2	1,25	3,75	2,27	2,27	0,74
— 3	1,09	3,60	2,22	2,10	1,00
— 4	1,36	4,09	2,61	1,96	0,86
— 5	1,01	5,00	2,22	1,56	0,80
— 6	1,22	10,46	2,97	2,12	0,71
Pré temporaire. 10 centimètres	1,61	2,74	2,52	1,71	0,66
— 10 à 20 centimètres	1,42	3,56	2,50	2,08	0,57
Terre à betteraves	1,58	6,66	3,59	2,95	0,79

Dans une carrière voisine de Mainpincien, on a relevé la coupe suivante :

Limon	$0^m,30$
Meulières et sable jaune	0 ,50
Marne jaunâtre	0 ,20
Marne blanche	0 ,10
Calcaire siliceux	0 ,70
Marne blanche ou grise	0 ,60
Calcaire	1 ,50

On emploie ce calcaire pour fabriquer de la chaux.

Au lieu d'avoir, comme MM. Brandin et Rémond, des terres améliorées de longue date et même surchargées d'azote, M. Nicolas, à Arcy-en-Brie, entreprit en 1872 la transformation de 360 hectares d'argiles à meulières très pauvres et dont 210 étaient même en friches depuis de longues années.

Grâce aux capitaux dont il disposait et, il faut ajouter, grâce à un talent d'administrateur hors ligne, M. Nicolas a porté en 15 ans ces terres à une production comparable avec celle des meilleures fermes de la Brie, et c'est ce qui lui a valu la prime d'honneur du département en 1887. Ces améliorations méritent d'être citées pour montrer en même temps ce qu'on peut faire des argiles à meulières de la Brie et ce qu'il en coûte. En comparant les produits avec les dépenses, on pourra juger si l'on est de force à imiter l'exemple de M. Nicolas.

Avec 80 hectares de bois, 25 hectares de parcours, etc., l'ensemble du domaine d'Arcy a 482 hectares et se trouve situé dans la commune de Chaumes, à 4,700 mètres de la gare de Verneuil (ligne de Mulhouse), sur un plateau où l'argile à meulières est à nu. Au nord de la propriété, on trouve des îlots de sables de Fontainebleau, la plupart boisés, et au sud, les marnes vertes affleurent dans le vallon voisin de l'Yères.

Lorsqu'on a foré le puits de la ferme, on a traversé, au-dessous d'une couche meuble de 0^{m},20 à 0^{m},30, 1^{m},10 d'argiles avec meulières et sables ferrugineux, de 1^{m},40 à 10^{m},40 les marnes et calcaires de la Brie (bancs d'argiles et de marnes avec fragments de meulières), de 10^{m},40 à 27^{m},70 les glaises vertes (argile jaune ou verte, marne blanche ou bleue, calcaire, marne verte et argile bleue) et enfin, de 27^{m},70 à 60^{m},30 les calcaires de Champigny, alternances de marnes et de calcaires plus ou moins siliceux.

Le prix d'achat a été en moyenne de 1,755 fr. l'hectare pour les bois et de 1,017 fr. pour les terres plus ou moins labourables. « Si l'on ajoute à cette somme le prix de revient du drainage, 312 fr. 36 c. », dit le rapporteur de la commission de la prime d'honneur, « celui des constructions 605 fr., on constate que le prix de revient de chaque hectare ne dépasse pas 1,934 fr., prix qui n'a rien d'anormal, alors que les bonnes terres dans la contrée sont louées depuis 80 jusqu'à 120 fr. l'hectare. »

Mais pour faire de ses terres d'Arcy de *bonnes terres,* M. Nicolas a encore été obligé de défoncer, d'extraire quelques milliers de mètres cubes de pierres qui gênaient la culture, de construire ou d'améliorer 8 à 10 kilomètres de fossés et de chemins, d'acheter des gadoues, de la chaux grasse et, pendant un certain nombre d'années, des pailles et des fourrages pour ses animaux. Je suis certain que M. Nicolas, qui compte bien, n'a pas oublié de porter tout cela sur ses livres.

En 1878, « il n'hésitait pas à avouer que son acquisition de la terre d'Arcy était une affaire pitoyable et qu'avec les moyens ordinaires et les ressources propres d'Arcy, il ne parviendrait jamais à suffire aux besoins du sol et à lui faire rendre tout ce qu'on est en droit d'espérer d'une terre bien fumée et bien cultivée. »

Ce qui le sauva, c'est qu'il avait à Paris 34 maisons où l'on détaille des vins et des liqueurs. Il eut l'idée de les utiliser pour vendre du lait garanti pur au prix de 70 centimes le litre. Il réalisa ainsi, sans autres frais que celui du transport jusqu'à Paris, une somme de plus de 300,000 fr. par an et put, grâce à cette situation exceptionnelle, tirer un intérêt satisfaisant de son capital foncier et de son capital d'exploitation qui s'élève à 1,042 fr. par hectare.

Son succès provient aussi de ce qu'il a su comprendre que la bonne pratique doit reposer sur des principes scientifiques : guidé par les conseils et les analyses de M. Joulie, il a réglé l'alimentation de ses vaches, de manière à en obtenir à la fois la quantité et la qualité du lait, et la fumure de ses terres, de manière à en obtenir des récoltes de 32 à 33 hectolitres de blé, 54 hectolitres d'avoine, 5,000 kilogr. de trèfle et 7,000 kilogr. de luzerne par hectare.

En 1876, ses terres étaient encore très pauvres en azote et surtout en acide phosphorique, comme l'ont constaté les analyses, faites par M. Joulie, de la moyenne des échantillons pris à diverses profondeurs : n° 1 dans six pièces différentes déjà marnées et n° 2 dans sept pièces différentes, les moins fertiles du domaine :

(TABLEAU.)

	AZOTE.	CHAUX.	MAGNÉSIE.	POTASSE.	ACIDE phosphorique.
N° 1. Couche de 0 à 20 centimètres	0,60	8,44	1,41	1,47	0 41
N° 1. — 20 à 40 —	0,30	4,10	2,01	1,43	0,35
N° 1. — 40 à 60 —	0,30	4,34	3,69	2,68	traces.
N° 2. — 0 à 20 —	0,45	7,47	0,67	1,49	0,06
N° 2. — 20 à 40 —	0,15	0,96	2,01	1,26	0,06
N° 2. — 40 à 60 —	traces.	4,56	2,95	2,31	traces.

L'emploi des superphosphates, des nitrates de soude et des sels de potasse pour les récoltes qui en exigent a permis, avec les grandes quantités de fumiers que fournit le bétail, d'arriver aux récoltes indiquées plus haut. M. Nicolas fait répandre des phosphates fossiles sur les fumiers à raison de 6 kilogr. par 1,000 kilogr. de fumier. Ces fumiers à demi décomposés renferment jusqu'à 4 p. 1,000 d'acide phosphorique, 5 à 6 p. 1,000 d'azote et 6 à 7 p. 1,000 de potasse.

Les labours amènent à la surface une grande quantité de petits amas ferrugineux que les gens du pays appellent *yeux de crapauds,* qui se composent de 20,15 p. 100 d'oxyde de fer, 61,1 p. 100 de silice et de sable avec 0,603 p. 1,000 de chaux et 0,29 p. 1,000 d'acide phosphorique.

La ferme de Courquetaine, à 2 kilomètres de Villepatour, a été créée, il y a une vingtaine d'années, par M. Hardon sur un défrichement de bois dans une terre d'argile à meulières. Cette ferme de 120 hectares est aujourd'hui fort bien cultivée par son fils, ingénieur distingué. Une analyse de sa terre, faite par M. Joulie, a donné les dosages suivants p. 1,000 :

Acide phosphorique	0,78
Potasse.	1,55
Chaux	2,54
Magnésie	1,50
Azote total	1,22

Elle est encore très riche en humus, aussi les phosphates fossiles y donnent-ils d'excellents résultats.

Il y avait autrefois beaucoup de mares sur ces terres ; on en a drainé une grande partie.

Mais dans ces terres compactes, riches en fer et en matières organiques, le fer tend à se réduire dans le sous-sol et à passer à l'état de protoxyde dont les sels sont nuisibles pour la plupart de nos récoltes. Il faut avoir soin de n'approfondir les labours que peu à peu, en se servant de fouilleuses qui suivent les charrues ordinaires plutôt que de fortes charrues qui retournent immédiatement une bande épaisse de terre neuve. Peu à peu l'air pénètre dans les couches ouvertes par la fouilleuse ; le protoxyde de fer se transforme en peroxyde et alors il n'y a plus aucun inconvénient à l'amener à la surface.

La ferme d'Éprunes, pour laquelle M. Dutfoy avait eu la prime d'honneur il y a un certain nombre d'années, est également placée sur l'argile à meulière, à moitié chemin entre Melun et Lieusaint.

Quant à M. Chertemps, dont les cultures ont été longtemps une des gloires de la Brie, il était privilégié sous le rapport de la qualité des terres. Sa ferme de Rouvray, près de la station de Mormant, a 1 mètre à $1^{m},50$ de limon reposant sur quelques mètres de meulières avec calcaires siliceux, au-dessous desquels on trouve les glaises vertes.

Le sous-sol était cependant assez imperméable pour que le drainage fût très utile. Ce drainage permit de supprimer les antiques billons de 3 mètres de largeur et de faire des planches de 15 à 20 mètres. On put désormais labourer en tous temps des terres dans lesquelles il était jadis impossible de pénétrer après les pluies ; on put faire les semailles plus tôt, employer les semoirs et tous les instruments perfectionnés. Les luzernes duraient une année de plus et étaient beaucoup plus belles, etc.

M. Chertemps marnait à raison de 36 à 40 mètres cubes à l'hectare et, comme il nourrissait beaucoup d'animaux (surtout beaucoup de moutons), il pouvait fumer ses champs très abondamment. Malgré cela, il y a vingt ans, il ne récoltait en moyenne que 25 hectolitres de blé à l'hectare. Mais plus tard les engrais chimiques, compléments de ses fumiers, lui permirent d'arriver à 33 hectolitres.

Ainsi, malgré la supériorité de ses terres de limon, M. Chertemps ne récoltait pas plus de blé que MM. Rémond et Brandin. Il serait sans doute arrivé plus loin, si la mort ne l'avait pas enlevé avant qu'il eût pu connaître les nouvelles variétés de blé et apprendre, par l'analyse chimique, à mieux proportionner ses engrais complémentaires aux besoins du sol et des plantes.

Les expériences de M. Gatellier, notre ami et confrère de la Société nationale d'agriculture, président de la Société d'agriculture de Meaux, ont beaucoup contribué à apprendre aux cultivateurs de la Brie qu'il fallait varier les engrais, non seulement d'après les terres et les plantes qu'ils sont destinés à nourrir, mais aussi d'après les récoltes antérieures. Ainsi, pour faire du blé après luzerne, il est inutile d'employer des engrais azotés; il suffit de lui donner du superphosphate de chaux. Pour en faire après betteraves, il faut joindre de l'azote à l'acide phosphorique, mais en proportion moindre qu'après betteraves.

M. Gatellier a fait analyser à l'École des mines des échantillons de terres provenant: n° 1 des argiles à meulières de la ferme du Rouget, située sur le plateau de la rive droite de la Marne, entre Chamigny et Sainte-Aulde, et n° 2 de la ferme de la Mazure, commune de Jouarre, sur le plateau d'argile à meulières de la rive gauche:

Analyse physique p. 1,000.

	CAILLOUX.	SABLE FIN.	ARGILE.	CALCAIRE.
N° 1.	10	95	887	8
N° 2.	16	108	864	12

Analyse chimique p. 100.

	ARGILE et sable fin.	OXYDE de fer et alumine.	MAGNÉSIE.	CHAUX.	POTASSE et traces de soude.	ACIDE sulfurique.	ACIDE phosphorique.	AZOTE.	MATIÈRES organiques.	ACIDE carbonique et eau.
N° 1. .	88,70	4,44	traces.	0,50	0,06	traces.	traces.	0,14	2,14	3,86
N° 2. .	87,40	4,20	traces.	0,70	0,05	traces.	0,05	0,14	1,68	4,65

Puis, pour contrôler les résultats de ces analyses chimiques, il a employé des engrais analyseurs qui ont donné les résultats suivants sur des parcelles ensemencées avec 2 litres de blé Hallet :

N° 1. *Ferme du Rouget.*

	PAILLE. — kilogr.	GRAIN. — kilogr.	TOTAL. — kilogr.
1° Sans engrais	63 »	15 »	78 »
2° Engrais complet	109 »	27 »	136 »
3° Sans potasse	96,50	27 »	123,50
4° Sans phosphate	51 »	14 »	65 »
5° Sans chaux	68 »	20,50	88,50
6° Sans minéraux	61,50	16,50	78 »
7° Sans azote	92,50	24 »	116,50

Le carré à engrais complet et le carré sans potasse ont présenté au printemps un développement remarquable ; ils ont seuls subi une faible verse. Le carré sans engrais indique une terre d'une moyenne richesse.

N° 2. *Ferme de la Mazure.*

	PAILLE. — kilogr.	GRAIN. — kilogr.	TOTAL. — kilogr.
1° Carré sans engrais	59 »	11,50	70,50
2° Engrais complet	78 »	16,50	94,50
3° Sans potasse	88,50	17 »	105,50
4° Sans phosphate	59 »	8,50	67,50
5° Sans chaux	64 »	10,50	74,50
6° Sans minéraux	73 »	13 »	86 »
7° Sans azote	65 »	13 »	78 »

Ces résultats montrent, comme l'analyse chimique, que l'argile à meulières contient assez de potasse, mais manque d'acide phosphorique et de chaux. Le manque de chaux a été un peu masqué par la marne qui avait été employée dans les terrains expérimentés, suivant l'usage général du pays.

Dans les argiles à meulières de la ferme d'Armainvilliers, M. Joulie n'a trouvé, p. 1,000, que :

0,326 d'acide phosphorique.
0,740 de potasse.
4,440 de chaux.
0,980 d'azote total.

C'est une pauvreté extrême en tout, même en potasse, et pendant longtemps les récoltes étaient restées très faibles, malgré le drainage, les défoncements, les marnages et les fumures. Mais les récoltes et surtout celles des trèfles ont beaucoup augmenté, depuis que M. Eugène Mir y fait employer à fortes doses (2,000 kilogr. par hectare) des scories de déphosphoration qu'il achète aux forges de Longwy, et qui lui reviennent, en gare de Gretz-Armainvilliers, à 12 fr. 35 c. la tonne. Elles contiennent 7 à 8 p. 100 d'acide phosphorique, en sorte que cet acide phosphorique ne coûte que 17 à 18 centimes par kilogramme. Or, les scories renferment, en outre, 40 à 45 p. 100 de chaux et 1 à 2 p. 100 de magnésie, qui contribuent, avec l'acide phosphorique, à compléter ces pauvres terres.

Aux environs de Provins, *le travertin à meulières de la Brie* se compose de calcaires bleus fétides, de calcaires blancs plus ou moins siliceux, avec intercalation de marnes qui sont exploitées comme amendement et, en haut, d'argiles blanches, vertes ou rouges, qui empâtent des meulières. Il y a beaucoup de bois et de forêts sur ces argiles à meulières (forêts de Crécy, de Jouy, de Traconnes, etc.).

L'épaisseur totale des terrains tertiaires est beaucoup moins grande dans le sud-est de la Brie qu'aux environs de Paris. En même temps, la craie qui en forme le soubassement s'élève à des hauteurs plus considérables, quelquefois 120 à 130 mètres, sur les bords de la vallée de la Voulzie et du *Montois,* lisière des plateaux de la Brie entre Montereau et Villenauxe.

M. le sénateur Guichard a fait des améliorations très remarquables dans son domaine de Forges qui est situé vis-à-vis de Montereau sur le plateau qui termine la Brie et domine la rive droite de la Seine. Les 300 hectares de la ferme sont placés en partie sur l'argile à meulière, en partie sur les glaises vertes et le travertin supérieur de Provins. La moitié, dit M. Guichard dans une notice qu'il a publiée sur ses cultures de Forges, environ 150 hectares, est composée de terres froides et mouilleuses, à sol sablo-argileux, mélangé de pierres, à sous-sol de tuf glaiseux, ferrugineux, avec gros silex, compact et imperméable.

Le tiers, 100 hectares, est en terres fortes et franches à sol sablo-argileux, à sous-sol argileux et calcaire mélangé de roches et de pierres, et assez perméable.

Le sixième, 50 hectares, est à sol mélangé de pierres blanches argilo-calcaires, à sous-sol de calcaire pur et perméable.

En 1878, lors de la nouvelle mise en exploitation de la ferme, la profondeur de la terre végétale variait de 12 à 15 centimètres ; la moyenne était de 18 centimètres, soit par hectare, de 1,800 mètres cubes.

Dans des conditions aussi médiocres, l'exploitation ne pouvait donner de bénéfices, d'autant plus que la main-d'œuvre était chère et que la concurrence étrangère faisait baisser le prix de tous les produits. Le seul moyen de remédier à ces causes de perte était d'augmenter les éléments de fertilité de la terre et d'en obtenir le maximum de rendement.

Avant d'arriver à la période de culture intensive, il a fallu procéder à de grandes améliorations, telles que drainages, marnages, amendements avec les balayures de la ville voisine, Montereau, et les résidus de chaux provenant de sucreries. Ces matières ont été répandues par quantités variant de 80 à 150 mètres cubes à l'hectare.

En outre, des labours profonds de 22 à 35 centimètres selon la nature du sol ont été exécutés sur la totalité des terres ; la profondeur du sol arable a été portée à une moyenne de 27 centimètres, et par conséquent, le cube de terre végétale s'est élevé à 2,700 mètres par hectare.

Ces labours profonds ont été rendus difficiles par la grande quantité de pierres et de roches qui se trouvaient dans le sol et le sous-sol. Plus de 5,000 mètres ont été ainsi extraits et ont servi à la construction des chemins de déblave ou ont été vendu aux Ponts et Chaussées.

Les labours ainsi exécutés auraient eu pour effet immédiat d'appauvrir momentanément la terre si l'on n'avait eu soin de les faire coïncider avec d'abondantes fumures.

Les éléments de fertilité contenus précédemment dans une couche mince de 1,800 mètres cubes par hectare se trouvant ensuite répartis dans une couche plus épaisse d'un tiers, c'est-à-dire dans 2,700 mètres cubes, étaient devenus insuffisants. Il était indispensable de les augmenter. Toutes les terres ont reçu successivement une fumure de 70,000 kilogr. de fumier de ferme ou de boues de ville, avec un complément d'engrais chimiques. Ces fortes fumures ont été généralement appliquées à la culture des betteraves.

Les analyses chimiques, en même temps que l'abondance des rendements, ont démontré que le problème de l'augmentation de la fertilité du sol était résolu.

Depuis deux ans, la période des sacrifices est terminée ; il n'est plus besoin de dépasser la quantité de 55,000 kilogr. de fumier à l'hectare, avec addition constante d'engrais chimiques [1].

L'assolement général adopté comprend une rotation de 12 années dans laquelle les betteraves reviennent deux fois, le blé trois fois, la luzerne trois fois, et l'avoine quatre fois dans l'ordre suivant :

1re année : Betteraves avec 55,000 kilogr. de fumier et 365 kilogr. de superphosphate d'os, 125 kilogr. de sang desséché, 110 kilogr. de nitrate de soude, de sulfate d'ammoniaque ou de nitrate de potasse. Au printemps, 120 kilogr. de nitrate de soude.

2e année : Blé sans fumure ; 120 kilogr. d'engrais azoté au printemps.

3e année : Avoine et semis de luzerne, avec engrais chimique pour la luzerne : 300 kilogr. de superphosphate, 90 kilogr. de nitrate de potasse et 300 kilogr. de plâtre.

4e, 5e et 6e années : Luzerne.

7e année : Avoine de défriche.

8e année : Blé, engrais chimique comme la 2e année [1].

9e année : Avoine sur chaume, avec 65 kilogr. de nitrate de soude et 130 kilogr. de superphosphate d'os.

10e année : Betteraves, fumier et engrais chimiques, comme la 1re année.

11e année : Blé, engrais azoté au printemps.

12e année : Avoine sur chaume, engrais comme la 9e année.

En 1887, il y avait :

83 hectares de blé, qui ont rendu en moyenne 29 à 30 hectolitres ;

---

1. 500 kilogr. de superphosphate d'os, et au printemps 120 kilogr. de nitrate de soude.

84 hectares d'avoine, qui ont rendu en moyenne 45 à 50 hectolitres ;

44 hectares de betteraves qui ont rendu en moyenne 32,000 kilogr. à 7°.³/₁₀ de densité ;

64 hectares de luzernes, qui ont rendu en moyenne 10,000 kilogr. de fourrage sec ;

22 hectares de prairies permanentes qui ont rendu en moyenne 3,000 kilogr. de foin ; le regain a été pâturé.

Le rendement brut moyen a dépassé, en 1887 comme en 1886, 500 fr. par hectare.

Le but poursuivi est d'atteindre 600 fr.

Sur la rive gauche de la Seine se trouvent, entre l'Orge, l'Essonne et l'École, des plateaux d'argiles à meulières analogues à ceux de la Brie, où sont situées, entre autres, les fermes renommées de Petit-Bourg et du Coudray. Mais bientôt apparaissent au sud les sables de Fontainebleau, que nous avons déjà rencontrés par îlots isolés dans le Vexin français, dans le Valois et dans la Brie et qui se développent dans la forêt de Fontainebleau et dans le Hurepoix. Nous allons nous occuper de ces sables dans le paragraphe suivant.

---

§ 9. — Les sables de Fontainebleau.

A la base des sables de Fontainebleau, on trouve une couche de marnes, les *marnes à huîtres,* qui n'est pas très épaisse, mais qui est facile à reconnaître à la grande quantité d'huîtres fossiles qu'elle renferme et aux eaux qui, presque toujours, séjournent ou viennent déboucher à sa surface. C'est le niveau de la pièce d'eau des Suisses, à Versailles, et celui de la source de la ferme de la Ménagerie, qui est située un peu plus loin sur la route de Versailles; c'est ce même niveau qui fournit des eaux et entretient la fraîcheur de la végétation dans toutes les campagnes situées aux environs de Paris, le long des coteaux de Sèvres, Meudon, etc... Mais on devrait avoir soin de construire les maisons d'habitation à une certaine hauteur au-dessus des marnes à huîtres, dans le sable de Fontainebleau. Quand ces maisons sont placées plus bas, il faudrait les assainir au moyen d'un aqueduc plus profond que leurs fondations et composé de trois parties : l'une au-dessus de la maison et parallèle au coteau, pour couper les eaux qui en proviennent ; les deux autres perpendiculaires à la première et destinées à emmener ces eaux des deux côtés de la maison à une certaine distance en contre-bas.

A partir de Longjumeau, les marnes à huîtres se transforment en grès calcarifère, que l'on exploite quelquefois comme moellon et auquel on donne le nom de *mollasse d'Étrechy*.

Au-dessus de ces marnes, les *sables de Fontainebleau* ou *sables tertiaires supérieurs* ont une épaisseur qui atteint au maximum 38 à 40 mètres. On peut très bien étudier leurs couches successives aux environs d'Étampes le long du chemin de fer d'Orléans qui les traverse avant de s'élever sur les plateaux de la Beauce. Mais c'est aux environs de Fontainebleau qu'ils s'étendent sur les plus grandes surfaces, et c'est là qu'ils se montrent le plus nettement avec leurs caractères agricoles ou plutôt forestiers, car ils ne peuvent guère convenir qu'à la production du bois. Ils sont trop pauvres au point de vue chimique et en même temps trop secs pour que les cultures de céréales puissent y devenir profitables.

Ce sont des sables quartzeux, mais souvent mêlés de mica, d'où l'on peut conclure que leur origine est granitique. Certaines couches contiennent des galets siliceux ou de nombreux fossiles marins. Dans leurs parties inférieures, ils sont ordinairement de couleur jaune ou fauve, comme à Fontenay-aux-Roses et à Châtillon. Plus haut, ils deviennent blancs, et dans le sommet (*couche d'Ormoy*) ils sont agglutinés par un ciment, tantôt siliceux, ce qui forme les grès dits *lustrés*, les plus durs et les plus recherchés comme pavés, tantôt et le plus souvent calcaire. Quelquefois un peu d'oxyde de fer se mêle à ce ciment et donne aux grès une teinte jaune ou ocre. En certains endroits, à Bellecroix, par exemple, le ciment calcaire, malgré les grains de quartz, a formé des cristaux rhomboédriques.

En général, les grès forment au milieu des sables des rognons de formes très variées : les uns, composés de couches plus ou moins dures, ont une structure feuilletée ; les autres, irrégulièrement ar-

Gorges de Franchart (forêt de Fontainebleau).

rondis et soudés ensemble, ressemblent à des grappes colossales. Les pluies entraînent les sables qui entourent ces rognons et il en résulte ces masses de grès, éparses au milieu des bouleaux et des pins, qui donnent à certaines parties de la forêt de Fontainebleau, par exemple aux gorges d'Apremont et de Franchart, un aspect si pittoresque.

La forêt de Fontainebleau est sillonnée par de profondes et étroites vallées, toutes dirigées du sud-est au nord-ouest, dans le sens des grands courants diluviens qui ont balayé une partie des dépôts tertiaires du bassin de Paris et qui n'ont laissé à la surface de la Brie, du Tardenois et du Valois que de rares îlots de sables. Les amas de grès forment les éboulis sur les pentes des collines de sables ; quelques-uns sont même restés en place, et l'on trouve au-dessus d'eux du calcaire de Beauce (*Monts des Fays, Croix du Grand-Veneur, la Tillaie*), recouverts sur certains points par un limon sableux, comme à la *Croix de Sainte-Hérem* et à la *Croix de Souvray*. Les parties basses de la forêt sont également couvertes en grande partie par un limon sableux (limon des terrasses) qui repose sur le travertin de la Brie, par exemple à la *Croix de Vitry* et à la *Croix d'Augas*. Les plus belles futaies de chênes (*futaie du Bas-Bréau*, etc.) se trouvent sur ces limons.

Les pins seuls réussissent dans les sables quartzeux purs, surtout quand ces sables ne forment qu'une mince couche au-dessus des grès. Il est impossible que les racines des arbres pénètrent dans les grès à ciment siliceux, si ce n'est en suivant quelques fentes remplies de terre fine, mais elles réussissent, comme l'a observé M. Stanislas Meunier, à dissoudre le carbonate de chaux des grès à ciment calcaire et à s'insinuer ainsi entre les grains du quartz.

Les marnes à huîtres, les argiles à meulières et les marnes vertes affleurent sur le bord de la vallée de la Seine près de la ville de Fontainebleau et leur imperméabilité y amène à jour des sources abondantes. Mais, dans la forêt même, les sables absorbent toutes les eaux de pluie. « Le murmure d'aucun ruisseau, dit M. Jules Clavé, ne se fait entendre dans le silence des solitudes, et vers le milieu du jour, quand déjà le lapin a regagné son terrier et le chevreuil son fourré, il semble que toute vie se soit éteinte sous ces voûtes inanimées. Le chant d'aucun oiseau ne retentit dans le feuillage muet des grands arbres, aucun insecte ne fait entendre son bourdonnement monotone, aucun papillon ne vient d'une aile indécise se poser sur le calice des fleurs. Tout se tait, tout est calme, rien que la fourmi travaillant sans relâche à son palais de sable, ou la vipère endormie, roulée sur elle-même, dans l'ornière du chemin. Solitaire sans être sauvage, cette forêt n'a rien d'abrupt ni de heurté ; on n'y trouve pas l'exubérance d'une nature vierge, mais la douce harmonie des ruines sur lesquelles les siècles ont passé.

« Du reste, la forêt présente les aspects les plus variés et des peuplements d'une bigarrure exceptionnelle. Les essences qu'on y rencontre sont le chêne, le hêtre, le charme, le bouleau, le pin sylvestre, le pin maritime et un grand nombre d'essences secondaires, telles que l'érable, le tilleul, l'alizier, le merisier, etc. Parmi les arbustes et arbrisseaux, il faut mentionner le genévrier, dont le bois odorant sert à fabriquer une foule de menus objets de bimbeloterie ; la bourdaine, qu'on emploie à faire de la poudre à canon, etc... Les genêts aux fleurs jaunes, et surtout les bruyères, qui affectionnent les terrains sablonneux, poussent dans les interstices des rochers et couvrent parfois des étendues considérables. Toutes ces essences sont mélangées dans des proportions variables ; en général elles végètent bien quand le sol reste toujours couvert, mais elles s'étiolent de bonne heure quand il est plus ou moins exposé aux rayons du soleil.

« Lorsqu'ils sont mélangés avec des hêtres en proportion suffisante, les chênes peuvent arriver jusqu'à l'âge de cinq ou six cents ans encore en pleine vigueur ; quand ils se trouvent à l'état pur, au contraire, ils se mettent à dépérir et meurent en cime dès l'âge de quarante ou cinquante ans, comme des hommes vieux avant l'heure, fatigués du monde, qui n'aspirent qu'à le quitter. Il en a été ainsi de la plupart des plantations de chênes, qui ne purent jamais être conduites jusqu'à l'état de futaie. On les coupa dès qu'on vit la végétation languir, dans l'espoir que cette opération leur rendrait la vigueur perdue, et que les rejets obtenus réussiraient mieux que les arbres primitifs. Il en fut ainsi pendant les premières années ; mais bientôt, le dépérissement atteignant ces rejets eux-mêmes, il fallut les couper à leur tour. On dut recommencer la même opération à des intervalles de plus en plus rapprochés, et l'on fut conduit, par la force des choses, à exploiter en taillis, à l'âge de vingt-cinq ans, des parties qui étaient dans l'origine destinées à devenir des futaies pleines. Le mal ne se borna pas là ; car le sol, périodiquement découvert par ces coupes, se stérilisa peu à peu et devint de moins en moins propre à la végétation du chêne ; des vides se formèrent de plus en plus grands à chaque révolution, et la forêt fut sur le point d'être ramenée à l'état d'où on l'avait tirée au prix de grands sacrifices. C'est alors qu'on eut l'idée d'y introduire du pin et d'en repeupler tous les vides et clairières. »

Sous le gouvernement de Louis-Philippe, on donna la plus grande extension à la culture des résineux. En 1831, la forêt de Fontainebleau ne comptait que 500 hectares couverts de ces derniers et, dix-sept ans après, il y en avait 5,908 hectares sur les 16,818 hectares qui font l'ensemble de la forêt. Pendant cette même période, on n'avait reboisé que 792 hectares en feuillus.

Les essences choisies furent l'épicéa, le mélèze, les pins laricio, Weymouth, mugho, etc., mais surtout les pins sylvestre et maritime. Cependant on finit par renoncer à ce dernier, du moins à l'état pur ; cet arbre des bords de la mer redoute les grands froids que nous avons quelquefois dans le centre de la France ; de plus, il est loin d'avoir dans nos forêts de l'intérieur, la croissance rapide qui le fait rechercher dans les landes du sud-ouest ; il commence même à dépérir de bonne heure. On se borna, pendant les dernières années, à mêler les deux graines ensemble, afin d'économiser celle du sylvestre qui est plus chère et l'on fit disparaître le maritime, lors des premières éclaircies.

Le 13 août 1861, un décret prescrivit de faire l'aménagement de la forêt de Fontainebleau ; la commission nommée à cet effet constata que les 4 dixièmes et demi de celle-ci avaient été traités en taillis et qu'un demi-dixième était vide ; que les chênes formaient les 53 centièmes du peuplement ; les résineux, 23 centièmes ; les hêtres, 7 centièmes ; les bouleaux, 7 centièmes ; les charmes, 5 centièmes ; les bois blancs, 3 centièmes et les divers, 2 centièmes. La végétation des résineux fut trouvée bonne ; celle des feuillus, médiocre et languissante en général. On voit que, si les vides avaient diminué depuis le commencement du siècle, c'était uniquement grâce à l'introduction des pins dans la forêt ; ceux-ci mis à part, les vides étaient les mêmes qu'en 1804, les mêmes qu'en 1750, et les 8,500 hectares de plantations ou semis artificiels d'essences feuillues, exécutés depuis cette dernière époque, n'avaient servi qu'à compenser les clairières causées par les exploitations annuelles.

La Commission mit en dehors de tout aménagement les plus vieilles futaies et les rochers les plus pittoresques de la forêt, laissant aux agents locaux le soin de conserver, pour les innombrables artistes et touristes qui visitent Fontainebleau, ce musée d'arbres gigantesques, de sites sauvages, mine inépuisable de modèles pour les paysagistes et de promenades charmantes pour les curieux de tous les pays. 1,097 hectares 29 ares furent compris dans cette section, réserve luxueuse et improductive, dans laquelle, en fait d'exploitation, on se borne à ramasser les morts. Les bois qui croissent dans les terrains les plus frais, c'est-à-dire 1,618 hectares 37 ares répartis le long de la Seine, furent traités en taillis ; la révolution fut fixée à 30 ans et le nombre des baliveaux à réserver par hectare, à 80. Le surplus de la forêt, c'est-à-dire 13,723 hectares 70 ares, fut soumis au régime de la futaie, avec une révolution de 120 ans.

Quelque temps après 1870, on augmenta la contenance de la partie artistique. On recommença, à la même époque, la plantation des vides en feuillus et surtout en pins sylvestres, puis on planta, dans les petites clairières dont sont entrecoupés un si grand nombre de massifs de la forêt, une énorme quantité de hêtres de 1 mètre de haut, enlevés, avec leur motte, sous les vieilles futaies où ils forment, en certains endroits, un fourré très épais.

L'hiver de 1879-1880 vint, en ruinant la forêt, mettre à néant cet aménagement ; on essaya, en vain, d'en établir un autre. Depuis cette date funeste, on se borne à faire disparaître les nombreux arbres morts qui encombrent tous les massifs et on recommence les plantations dans de plus grandes proportions que jamais.[1]

1. Domet, *Monographie forestière du Gâtinais.*

Actuellement les 16,683 hectares de la forêt de Fontainebleau ne produisent par an que 25,000 mètres cubes de bois, valant environ 260,000 fr., soit 1,7 mètre cube par hectare ou 17 fr. Ce ne sont guère que des bois d'industrie et des bois de feu. Les chênes y sont peu propres à la charpente, et la marine vient rarement y chercher des pièces pour la construction des navires. Suivant mon ami J. Clavé, cela s'explique par ce fait que, le sol étant naturellement aride, les couches concentriques annuelles sont très rapprochées les unes des autres et forment ce que l'on appelle un *bois gras*, qui n'a pas la ténacité et l'élasticité de celui qui provient de terrains plus fertiles. En revanche, ces bois sont excellents pour la fente : on en fabrique des lattes, des douves, des merrains, etc., objets d'un très grand débit, et d'une valeur considérable dans les environs de Paris. Le hêtre et le charme ne se rencontrent encore qu'accidentellement dans les futaies, et il s'en trouve trop peu de grandes dimensions pour qu'on puisse en tirer parti dans l'industrie.

Les pins encore trop jeunes pour donner de la charpente sont recherchés par les boulangers, et les bourrées par les chaufourniers du pays. Tous les autres bois sont expédiés sur Paris, qui est le centre de consommation de toute cette région et qui étend jusque dans la Bourgogne son rayon d'approvisionnement. C'est par la Seine, qui contourne la forêt sur quelques points, que les bois se dirigent vers la capitale, soit par bateaux, soit en immenses radeaux. La consommation locale est en général desservie par des bois particuliers, assez nombreux dans le voisinage[1].

Au sud de Paris, les sables de Fontainebleau, presque toujours boisés, forment les parois des jolies vallées de l'Écolle, de l'Essonne, de la Juine, de l'Orge, de la Rimarde, de l'Yvette, etc., qui sillonnent les plateaux du *Hurepoix*, pays compris entre Étampes, Palaiseau, Neauphle-le-Château et Rambouillet, transition entre la Brie et la Beauce[2]. On peut les suivre tout le long des coteaux où les Pari-

1. Jules Clavé, *la Forêt de Fontainebleau.* (*Revue des Deux-Mondes.*)

2. Sur le plateau que traverse l'ancienne route de Fontainebleau en sortant de Paris, entre Villejuif et Juvisy, les sables sont quelquefois immédiatement recouverts par du limon quaternaire (ferme de Champagne, Petit-Athis, etc.). Suivant que le limon est plus ou moins épais, les terres sont plus ou moins fertiles et surtout plus ou moins fraîches.

siens ont construit tant de jolies maisons de campagne, depuis Clamart, Meudon, Saint-Cloud et au delà. C'est le terrain par excellence des châtaigniers. Au nord de la capitale, ils entourent le plateau de Montmorency et la butte de Sannois. Dans le Valois, dans le Vexin français et, sur la rive gauche de la Seine, dans le Mantois, ils forment, avec les argiles vertes qui les suppportent et les argiles à meulières qui les surmontent, les parties culminantes des plateaux de calcaire grossier et ces ilots de sables généralement allongés dans la direction du sud-est au nord-est.

Dans la forêt de Rambouillet, les sables de Fontainebleau, souvent agglomérés en grès à la partie supérieure, constituent les flancs de tous les vallons. « On peut s'assurer par les sondages, dit M. de Lapparent, comme par l'examen des vallons latéraux, que depuis Rambouillet (le long du chemin de fer de Chartres) la craie blanche supporte directement les sables de Fontainebleau, toutes les assises éocènes finissant, en profondeur, avant d'atteindre ce point. Ainsi la preuve est acquise que vers l'ouest, la mer qui déposait les sables de Fontainebleau a sensiblement dépassé l'ancien golfe parisien de l'époque éocène. » M. de Lapparent signale le même fait sur la ligne de Paris à Tours par Vendôme, c'est-à-dire, la rapide disparition, au delà de Bretigny, des dépôts de l'étage parisien venant buter contre la craie qui se relève et supporte directement les sables oligocènes et, même plus loin, le calcaire de la Beauce.

Une terre de bois de châtaigniers d'Igny, canton de Palaiseau, et une terre d'Hermeray, arrondissement de Rambouillet, toutes deux appartenant aux sables de Fontainebleau, ont été analysées par M. Joulie ; elles contenaient p. 1,000 :

	AZOTE.	CHAUX.	MAGNÉSIE.	POTASSE.	ACIDE phosphorique.
	—	—	—	—	—
Igny.	1,26	1,23	1,86	0,83	0,46
Hermeray	1,12	1,92	0,06	0,62	0,05

Les terres de la commune de Verrières, dans la vallée de la Bièvre, où M. de Vilmorin a fait tant de recherches intéressantes pour la production des semences, sont très variées ; à la base, on trouve les marnes gypsifères, puis les glaises vertes et même une bande d'argile à meulières de la Brie; mais le tout est dominé par les sables de Fontainebleau, qui forment les coteaux et qui sont venus se mêler aux couches précédentes pour y former des sortes de dépôts meubles des pentes que des engrais abondants et une culture très soignée ont transformés en sols productifs; cependant ces terres sont incomplètes sous certains rapports. Voici les résultats d'un certain nombre d'analyses que M. Joulie a faites des terres de Verrières :

	AZOTE.	CHAUX.	MAGNÉSIE.	POTASSE.	ACIDE phosphorique.
	p. 1,000.	p. 1,000.	p. 1,000.	p. 1,000.	p. 1,000.
1. Sol	1,09	2,33	traces.	1,26	0,30
1. Sous-sol	0,57	2,62	0,82	1,41	0,27
2. Prairie	1,00	10,17	1,89	1,33	1,26
3. Prairie	2,34	6,14	1,49	1,40	1,34
4. Terre de jardin, sol	1,65	3,86	0,09	1,08	1,13
4. — sous-sol	1,10	2,95	0,06	1,15	1,03
5. Terre de culture, sol	1,50	3,51	1,85	2,10	0,96
5. — sous-sol	1,10	3,31	1,71	1,63	0,98
6. — sol	1,40	3,19	0,06	0,69	1,03
6. — sous-sol	1,00	2,36	0,06	0,71	0,87
7. — sol	1,33	7,78	1,44	1,27	0,68
7. — sous-sol	0,74	2,50	1,44	1,35	0,51
8. — sol	1,17	2,37	1,63	1,38	0,60
8. — sous-sol	0,79	3,03	2,11	1,52	0,37

Dans un pré situé entre le château de Plessis-Piquet et l'étang qui sert de réservoir pour la ville de Sceaux (sable de Fontainebleau avec marnes à huîtres dans le sous-sol), M. Hitier a dosé :

	ANALYSE PHYSIQUE.		ANALYSE CHIMIQUE DE LA TERRE FINE (P. 1,000).								
	Terre fine.	Cailloux et gros sable.	Humidité.	Acide phosphorique.	Potasse.	Azote total.	Carbonate de chaux.	Magnésie.	Oxyde de fer.	Acide sulfurique.
No 1.	975	25	79	0,91	0,59	2,10	1,65	0,09	11	0
No 2.	950	50	91	0,61	0,72	1,81	1,50	0,12	15	traces.
No 3.	930	70	53	0,50	0,76	1,70	1,65	0,01	13	0
No 4.	955	45	58	0,40	0,98	1,84	1,65	0,16	14	traces.

Malgré une grande abondance d'azote, ce pré produit peu de foin, parce qu'il contient à la fois peu d'acide phosphorique, d'acide sulfurique, de potasse et de chaux. Évidemment, les phosphates de chaux et le plâtre y feront beaucoup de bien.

Dans le *Mantois*, pays compris entre Mantes, Saint-Germain-en-Laye, Dreux et Houdan, des traînées assez étroites de sables de Fontainebleau, alignées du nord-ouest au sud-est, supportent une mince couche de *meulières de Montmorency*. Les versants de sable sont uniformément couverts de bois ; les châtaigniers abondent sur les hauteurs à cause de la nature meuble et siliceuse du sol, tandis que la puissance de la végétation augmente vers le bas, grâce à l'humidité entretenue par les *argiles à huîtres*, qui retiennent l'eau de nombreux étangs. Les sables de Fontainebleau tendent d'ailleurs à déborder, dans le Mantois, les terrains tertiaires inférieurs, et parfois ils ne sont séparés de la craie que par une très petite épaisseur de couches éocènes. (De Lapparent.)

---

§ 10. — La Beauce et le Gâtinais.

Au-dessus des sables de Fontainebleau, nous trouvons, à l'ouest et au sud de Paris, le *calcaire* ou *travertin de la Beauce*. Il ressemble au calcaire de la Brie que nous avons rencontré au-dessous de ces sables; et la différence principale entre les plaines de la Beauce et celles de la Brie, ces deux greniers de Paris, provient précisément de ce que les premières reposent sur 30 à 40 mètres de sables très perméables, tandis que le sous-sol de la Brie est formé par les glaises vertes qui y retiennent les eaux.

Au nord-ouest de ces plaines, entre la vallée de l'Orge et celle de l'Eure, le travertin de la Beauce se compose, à la base, de marnes souvent fossilifères que l'on exploite, soit à ciel ouvert, soit par puits, pour les employer comme amendement, et de calcaires qui fournissent des moellons. Dans leurs parties supérieures, ces calcaires se chargent de silice, comme ceux de la Brie, et sont remplacés peu à peu par des meulières en bancs discontinus noyés dans des argiles bariolées. Ces argiles à *meulières*, sans doute formées aux dépens du travertin de la Beauce qu'elles ont, sur beaucoup de points de la forêt de Rambouillet, fait complètement disparaître, le ravinent toujours, en sorte que leur surface de séparation est irrégulière. Les meulières n'existent en bancs bien suivis que dans les environs d'Épernon, où elles sont exploitées pour la fabrication des meules.

Les *meulières de Montmorency* appartiennent au même niveau, mais on ne les trouve qu'en fragments anguleux qui ne peuvent servir qu'à l'empierrement des routes.

Aux environs d'Étampes et de Dourdan, cette formation de meulières n'existe plus qu'à l'état de rares îlots ; mais, depuis là jusqu'aux limites du Mantois et du Thimerais, elles forment une contrée agricole qui se relie aux plaines de la Beauce, mais qui fait partie du Hurepoix et rappelle encore la Brie par l'imperméabilité des argiles qui couvrent les plateaux.

Près de Trappes, les étangs de Saint-Hubert et de Saint-Quentin, qui alimentent Versailles, ont pu être établis grâce à cette imperméabilité. En elles-mêmes ces argiles ne sont propres qu'à porter du bois. Mais, quand elles sont couvertes d'une couche épaisse de limon, le marnage, les engrais et, sur certains points, le drainage réussissent à en faire des terres excellentes. Nous en avons des preuves dans les cultures célèbres que nos regrettés collègues de la Société nationale d'agriculture, MM. Dailly et Pluchet, ont établies dans leurs fermes de Trappes. La commune de Trappes faisait partie de l'ancien grand parc de Versailles avec celles du Chesnay, de Rocquencourt, Bailly, Noisy-le-Roi, Saint-Cyr, Fontenay-le-Fleury, Bois-d'Arcy, Montigny, Voisin-le-Bretonneux, Toussus-le-Noble, Guyancourt et Buc.

A Montigny-le-Bretonneux, se trouve la ferme du Manet, dont l'admirable culture a valu la prime d'honneur à M. Ernest Gilbert en 1881. C'est une ferme de 298 hectares qui réussit à payer 45,000 fr. de fermage tout en donnant de larges bénéfices. Les terres voisines des bois ont un sous-sol imperméable qui oblige M. Gilbert à les labourer en billons de 6 mètres de largeur ; le drainage y serait utile. Les autres reposent sur des marnes que l'on peut extraire en y creusant des puits et que l'on emploie comme amendement, à raison de 30 à 35 mètres cubes par hectare. Au-dessous de ces marnes ou argiles, on rencontre les sables de Fontainebleau et, à 33 à 35 mètres de profondeur, un niveau d'eau à peu près constant; mais cette eau n'est pas bonne pour les usages domestiques ; on aime mieux se servir d'eau de citerne.

Voici les résultats de l'analyse chimique de 6 échantillons de terres pris en juin 1886, n°s 1, 2 et 3, dans une pièce de la ferme de Manet, luzernière défrichée l'hiver précédent, et n°s 4, 5 et 6 dans une pièce voisine qui n'avait pas porté de luzerne depuis 1871. Les échantillons 1 et 4 avaient été recueillis à 20 centimètres de profondeur, 2 et 5 entre 40 et 60 centimètres, 3 et 6 entre 80 centimètres et 1 mètre[1] :

NUMÉROS.	ANALYSE PHYSIQUE.					ANALYSE CHIMIQUE SUR 1,000gr DE PARTIE FINE.								
	POIDS de l'échantillon.	PARTIE FINE.	CAILLOUX, gros sable.	DÉBRIS végétaux.	PARTIE FINE p. 1,000.	ACIDE sulfurique.	ACIDE phosphorique.	CARBONATE de chaux.	POTASSE à l'acide nitr.	POTASSE pr. Schlœsing.	MAGNÉSIE.	AZOTE TOTAL.	ACIDE nitrique.	AMMONIAQUE.
	gr.	gr.	gr.	gr.			gr.	gr.	gr.	gr.	gr.	gr.	mg.	mg.
1	2,000	1,945	52	3,0	973	traces	0,500	5,00	1,632	1,398	0,65	1,101	97,458	60,912
2	1,600	1,562,5	36	1,6	976	0	0,490	1,70	2,329	1,149	0,70	0,437	68,312	38,880
3	2,000	1,981,2	18	0,8	991	0	0,890	3,95	1,666	0,986	0,65	0,210	10,251	22,032
4	1,800	1,669	130	1,0	927	traces	0,460	7,25	1,128	0,918	0,50	0,971	17,216	29,808
5	2,000	1,973	37	traces	985	0	0,450	1,90	2,108	1,000	0,50	0,277	44,422	27,216
6	1,700	1,678	22	—	987	0	0,722	2,20	2,210	1,398	0,50	0,235	34,171	15,512

Comme c'est l'usage général dans la plaine de Trappes et dans la Beauce voisine, M. Ernest Gilbert suit l'assolement triennal avec adjonction d'une sole de luzerne qui dure 3 ans et, dans certaines terres, de sainfoin et lupuline. Sauf un peu de maïs-fourrage, la première année est employée tout entière à faire des betteraves pour alimenter une distillerie importante ; les betteraves rendent en moyenne 50,000 kilogr. de racines qui permettent de fabriquer 27 à 28 hectolitres d'alcool par hectare. Le blé qui les suit donne en moyenne 35 hectolitres et l'avoine, qui termine la rotation, 45 hectolitres à l'hectare. Avec ses fourrages et les pulpes de sa

1. Risler et Colomb-Pradel, *Annales de l'Institut agronomique*, t. X, 1886.

distillerie, M. Gilbert engraisse en hiver 700 à 800 moutons; en été le troupeau est réduit de moitié. Pour le travail, il a une douzaine de chevaux entiers et 60 bœufs de race charolaise ou nantaise qu'il achète à l'âge de 4 ou 5 ans et qu'il engraisse ensuite. Une basse-cour nombreuse utilise les menus grains.

Mais ces animaux ne font pas assez de fumier pour en donner 40,000 à 50,000 kilogr. par hectare à toute la sole de betteraves. M. Gilbert en achète environ un million de kilogr. chaque année à la cavalerie de Versailles. Il profite également du voisinage de la ville pour en ramener des gadoues. Mais il n'en emploie pas moins pour les betteraves 300 kilogr. de superphosphate de chaux, 300 kilogr. de plâtre et 200 kilogr. de nitrate de soude par hectare; pour le blé 250 kilogr. de sang desséché et 300 kilogr. de superphosphate, et pour l'avoine 100 kilogr. de nitrate de soude avec 200 kilogr. de plâtre. Ajoutez à cela le parcage des moutons, les composts, etc., et vous vous expliquerez comment il peut obtenir de si belles récoltes et tirer un si bel intérêt de ses 788 fr. de capital d'exploitation par hectare.

La véritable Beauce ne commence qu'au sud d'Épernon, Rambouillet, Dourdan et Étampes, quand les argiles à meulières disparaissent pour ne laisser que les calcaires de la Beauce, qui reposent sur le sable de Fontainebleau et plus loin, à partir de *Malesherbes*, immédiatement sur la craie. Le *calcaire inférieur de la Beauce* ou *calcaire à Limnées*, blanchâtre, siliceux et quelquefois bitumineux, est séparé, par un lit de *marne jaune ou verdâtre*, d'une autre assise calcaire, le *calcaire supérieur* ou *calcaire à hélices de l'Orléanais*. Ce dernier est en bancs gris ou noirâtres et contient à certains endroits, par exemple à Pithiviers, d'énormes quantités de fossiles. Il a environ 20 mètres de puissance. Tout cet ensemble est très perméable, et, de là, le caractère distinctif de la Beauce : la sécheresse.

« Débarrassée de tout dépôt superposé, sauf une mince couche de limon, dit M. de Lapparent dans la *Description géologique du bassin parisien,* la *Beauce* est trop sèche, trop voisine de la Loire et trop progressivement inclinée vers ce fleuve pour que des cours d'eau aient pu s'y établir et y creuser des vallées. Aussi n'offre-t-elle à l'œil qu'une surface unie, s'étendant de tous côtés, sans changement perceptible de niveau. Les champs, uniformément couverts de céréales et de fourrages artificiels, ne sont divisés ni par des haies, ni par des fossés. On remarque la rareté des arbres ainsi que l'absence presque complète d'habitations isolées. Cette concentration des maisons est la conséquence de la perméabilité du sol qui empêche l'établissement des mares et oblige à chercher, par des puits profonds et bien outillés, l'eau nécessaire aux hommes et aux animaux. »

On a proposé à plusieurs reprises de faire un canal de dérivation de la Loire ou des étangs du Gâtinais pour en distribuer l'eau dans les communes rurales de la Beauce[1].

Les calcaires de la Beauce font des terres sèches et brûlantes, mais ils sont recouverts, dans la plus grande partie des plateaux, par des dépôts de limon dont l'épaisseur varie beaucoup et dépasse, sur certains points, un mètre. Ce limon modifie heureusement les propriétés physiques de la couche arable.

D'après M. Masure, les meilleures terres de la commune de Louville, canton de Voves (Eure-et-Loir), contiennent :

30 à 32 p. 100 d'argile,

53 p. 100 de sable,

5,7 à 7 p. 100 de terreau,

5,8 à 7,8 p. 100 d'oxyde de fer,

et 2,2 à 2,5 p. 100 de ce que M. Masure appelle *calcaire pulvérulent ;* c'est tout ce qui est soluble dans l'eau acidulée avec de l'acide chlorhydrique ou de l'acide nitrique.

---

1. Dans l'ouest de la Beauce, M. Léon Dru a fait, à Ablis, Garancières, Béville-le-Comte, Toury, Armeau, etc., des sondages qui, malgré l'altitude de ces localités (138 à 157 mètres), ont donné d'heureux résultats et fournissent assez d'eau pour permettre l'établissement de sucreries. Ainsi, à Ablis (157 mètres d'altitude), dans l'arrondissement de Rambouillet, un sondage de 80^m,50 de profondeur a traversé les marnes et calcaires de la Beauce, les sables de Fontainebleau, le calcaire grossier, les sables du Soissonnais, l'argile plastique et atteint la craie. Le niveau de l'eau se trouve à 23^m,50 de la surface et l'on a pu en prendre avec des pompes 50 à 60 mètres cubes à l'heure sans abaisser ce niveau de plus de 2 mètres.

A Béville-le-Comte (150 mètres d'altitude), la sonde a traversé les marnes et calcaires de la Beauce et immédiatement au-dessous le terrain crétacé jusqu'à 72 mètres de profondeur. Le niveau de l'eau est à 20^m,45 du sol ; le débit, de 35 mètres cubes à l'heure.

D'autres terres de la même commune, un peu trop compactes, renferment :

43 à 46 p. 100 d'argile,

40 à 42 p. 100 de sable,

8,5 à 9,3 p. 100 de terreau,

et 1,2 p. 100 de calcaire pulvérulent.

M. Masure observe que la proportion de carbonate de chaux est faible dans la couche arable, bien que le sous-sol, à 20 ou 30 centimètres de profondeur, se compose presque exclusivement de calcaire de la Beauce, appelé *châcre* dans le pays. Aussi les marnages y font-ils du bien, surtout pour les prairies artificielles.

La faible proportion de calcaire que renferme la couche arable s'explique par le fait que, dans les *meilleures terres* de la commune de Louville, comme dans celles de toute la Beauce, cette couche arable se compose de limon qui n'en contient jamais beaucoup. Mais il est aussi vrai que, même dans les terres primitivement assez riches en carbonate de chaux, ce carbonate de chaux, dissous à la faveur des matières organiques de la couche végétale et de l'acide carbonique qu'elles produisent en se décomposant, tend toujours à être entraîné par les pluies dans le sous-sol.

Des terres de calcaire de la Beauce avec plus ou moins de limon des communes de Toury (Eure-et-Loir) et de Chilleurs-aux-Bois (Loiret) contenaient p. 1,000, d'après les analyses de M. Joulie :

	AZOTE.	CHAUX.	MAGNÉSIE.	POTASSE.	ACIDE phosphorique.
Toury. 1. Terre à betteraves	1,22	23,18	1,32	2,63	0,52
— 2. Sol	1,84	31,15	4,46	2,31	1,16
— 2. Sous-sol	1,17	21,12	5,13	3,41	0,96
— 3	1,16	12,23	8,32	1,50	0,49
— 4	1,50	38,05	3,15	3,72	1,04
— 5	1,21	8,95	2,41	2,50	0,65
— 6	2,23	23,94	3,94	4,08	0,73
Chilleurs-aux-Bois. 1	0,71	33,32	0,18	0,83	0,19
— 2	0,86	3,58	0,02	0,54	0,28
— 3	1,19	5,78	0,93	1,27	0,31
— 4. Sol	3,53	217,51	4,78	1,91	0,76
— 4. Sous-sol	1,51	401,94	4,38	0,96	0,22

Dans quelques endroits, on a trouvé une assez grande quantité de salpêtre en poches qui atteignent 1 à 2 mètres de profondeur. On suppose que ces poches correspondaient à des fosses dans lesquelles on avait enfoui jadis des cadavres d'animaux, sans doute des moutons morts du sang de rate, la maladie la plus commune dans les troupeaux de la Beauce ; et dans ce cas, les fourrages venus sur ces places devaient contribuer à répandre la contagion, comme l'a observé M. Pasteur.

On suit généralement en Beauce l'assolement triennal, tantôt avec jachère nue, mais le plus souvent avec jachère bien fumée et employée en betteraves, pommes de terre, trèfle ordinaire ou trèfle incarnat, vesces, etc. Puis vient le blé d'hiver et, dans la troisième sole, l'avoine ou l'orge.

Un cinquième des terres est toujours en luzerne que l'on sème dans l'avoine ou l'orge après quelques rotations triennales. La plupart des baux obligent le fermier sortant à laisser un certain nombre d'hectares en luzerne de 3 ans, autant en luzerne de 2 ans, et à permettre au fermier entrant d'en semer de la nouvelle dans les céréales de printemps. C'est, avec l'esparcette, qui se cultive beaucoup dans l'arrondissement de Pithiviers, la ressource principale pour nourrir les animaux des fermes beauceronnes. Faire des prairies dans ces terres sèches serait impossible. Les foins d'esparcette qui viennent des calcaires purs sont considérés comme très échauffants; il est bon d'améliorer le régime du bétail, en y joignant des racines.

Avec cette intercalation régulière de luzerne ou d'esparcette, on peut considérer cette série de rotations triennales comme une rotation de 18 ans. C'est ce que faisait, par exemple, M. Thibault, lauréat de la prime d'honneur du département du Loiret en 1868, pour sa ferme de Villevêque, située dans la commune de Villamblain, à 33 kilomètres d'Orléans, près de la limite nord-ouest du département. Cette ferme représente assez bien le type des cultures de la Beauce. Elle est tenue par sa famille depuis 1818. Sur 325 hectares, 100 hectares appartiennent à M. Thibault, et 225 sont affermés au prix de 45 fr. l'hectare par baux de 9 ans.

Les meilleures pièces ont près d'un mètre de limon argileux sur

La moisson dans les plaines de la Beauce.

un sous-sol de tuf ou de calcaire à hélices; les moins bonnes n'ont que 20 à 30 centimètres de ce limon et souffrent souvent de la sécheresse.

L'assolement suivi dans ces terres consiste en : 1° pommes de terre, vesces d'hiver ou trèfle incarnat, avec fumier ou parc; 2° blé ou betteraves; 3° avoine; 4° vesces d'hiver, lupuline ou trèfle incarnat, avec fumier ou parc; 5° blé rendant 20 à 22 hectolitres à l'hectare, ou escourgeon sur les moins bonnes terres; 6° orge de printemps; 7° à 10° luzerne qui donne 4,800 kilogr. par hectare à la première coupe et 2,000 kilogr. à la deuxième; 11° avoine ou blé; 12° avoine; 13° jachère nue avec fumier ou parcage; 14° blé, seigle ou escourgeon; 15° avoine ou orge; 16° vesces d'hiver ou trèfle incarnat, avec fumier ou parcage; 17° blé, seigle ou escourgeon; 18° avoine ou orge.

On fume chaque année 18 hectares à raison de 30,000 kilogr. à l'hectare et l'on parque 54 hectares. Il y a 20 ans, M. Thibault n'avait confiance que dans le fumier, le parcage de ses moutons et le *terraudage* des champs les plus pauvres. Il employait le plâtre sur ses luzernes. En 1867, l'utilité des phosphates n'était pas encore admise par les fermiers de la Beauce; à leurs yeux, c'était de la théorie. Cependant la plupart de leurs terres ne contiennent pas assez d'acide phosphorique; nous l'avons vu par les analyses citées plus haut. Comment aurait-il pu en être autrement avec les exportations de blé et de moutons auxquelles fournissaient depuis des siècles des terres qui probablement n'avaient pas même été, à l'origine, riches en acide phosporique? Comment les fumiers fabriqués avec les pailles et les fourrages produits par ces terres auraient-ils pu contenir plus d'acide phosphorique qu'elles-mêmes? Il faut donc, bon gré malgré, se résoudre à acheter des phosphates et, depuis quelques années, les fermiers beaucerons commencent à bien comprendre cette nécessité.

M. Thibault achetait chaque année 2,000 à 2,500 quintaux de son ou d'avoine pour ajouter aux 30,000 kilogr. de betteraves et aux 400,000 à 450,000 kilogr. de foin avec lesquels il hivernait ses animaux.

Les bêtes à cornes consistaient en 14 vaches de race normande,

1 taureau et 10 élèves. Avec le lait de ces vaches, il faisait du beurre et du fromage maigre pour la consommation de la ferme. Il élevait quelques veaux de choix et engraissait les autres. Mais la fabrication du beurre était une exception à Villevêque. On avait pu l'y entreprendre, parce qu'on avait un puits de 20 mètres de profondeur avec pompe mue par un manège qui fournissait l'eau indispensable pour cette fabrication. Dans la plupart des fermes de la Beauce qui n'ont pas le privilège d'avoir un de ces puits, on se contente de tenir les vaches nécessaires pour fournir le lait au ménage.

L'animal par excellence des plaines de la Beauce, c'est le mouton ; pour qu'il se porte bien, il lui faut une terre sèche, et cette condition y est bien remplie, quelquefois même trop bien. Autrefois, il était posé en principe qu'un fermier devait retirer de son troupeau, en laine et croît, un produit égal au moins à son fermage. Celui de M. Thibault se composait de près de mille têtes : 30 béliers de race mérinos, 400 brebis, 150 anthenaises et 350 agneaux. Les brebis donnaient 5 $^1/_2$ kilogr., et les agneaux 1 $^1/_2$ kilogr. d'une laine d'excellente qualité.

Vingt chevaux de travail et une douzaine de porcs pour consommer les déchets du ménage et de la laiterie complétaient la population animale de la ferme de Villevêque.

La plupart des cultivateurs beaucerons savent entretenir leur écurie sans frais, et même souvent ils en tirent des bénéfices. Ils achètent, dans le Perche, des poulains de 6 ou 8 mois qu'ils commencent à atteler à 1 an et demi par demi-journées et à 2 ans par journées entières. Les terres légères du calcaire et du limon conviennent très bien pour cette gymnastique fonctionnelle. Les jeunes chevaux se développent et, à l'âge de 5 ou 6 ans, quand ils sont devenus propres au service des omnibus ou du camionnage, ils sont revendus au double du prix d'achat et même beaucoup plus, s'ils sont jugés capables de faire de beaux étalons.

A Balâtre, village important du nord de la commune de Suèvres (Loir-et-Cher), un cultivateur rentrait, en août 1860, une charretée de gerbes. Tout à coup, le terrain s'affaisse et un gouffre s'ouvre sous la voiture. M, l'abbé Morin, curé de la paroisse, aussitôt prévenu, s'occupe d'abord du sauvetage et pénètre ensuite dans le gouffre qu'il reconnaît comme un de ces souterrains que les anciens Gaulois, habitants de la Beauce, les Carnutes, creusaient dans le travertin pour s'y réfugier, avec leur bétail et leurs vivres, pendant les invasions romaines. La connaissance exacte de ces galeries s'était perdue, mais les légendes anciennes prétendaient que beaucoup de villages étaient *minés*.

Depuis une vingtaine d'années, quelques chercheurs s'en sont de nouveau occupés et, en 1884, M. de la Vallière, de Blois, a donné, à l'Association française pour l'avancement des sciences, des renseignements très intéressants sur les galeries souterraines des Carnutes dans la Gaule centrale.

En 1879, dit-il, on démolissait l'église de Maves (Loir-et-Cher) pour la reconstruire ; les ouvriers trouvèrent sous le sol de l'église et du village des souterrains très contournés ayant diverses directions. Ils ramassèrent dans ces galeries des monnaies romaines, de Néron principalement. Je fus appelé et reconnus que ces souterrains étaient creusés à 4^{m},50 ou 5 mètres de profondeur dans le tuf marneux de la Beauce, qui se soutient facilement sans étais et qu'ils avaient à peu près uniformément 1^{m},35 de hauteur avec 0^{m},80 de largeur ; toutefois, dans d'autres souterrains, la largeur varie de 0^{m},80 à 1^{m},50. Ils présentaient presque toujours, à certains endroits, des contournements intentionnels sur eux-mêmes, dont je vais bientôt parler.

Nous y vîmes des traces de feu et de la suie au plafond ; les cornes des bestiaux enfermés avaient laissé leurs marques sur les parois de ces couloirs étroits, qui débouchaient, au bout de quelques mètres, dans de vraies chambres rondes de 2 à 3 mètres de diamètre, où la preuve de la présence des bêtes bovines et ovines était très exactement accusée.

Ces souterrains traversaient le sol sous les fondations de l'église, tournaient sous la place du village, passaient enfin les maisons qui l'entourent et, par une assez longue pente inclinée, allaient s'ouvrir secrètement dans les champs voisins, où leur orifice, bouché sous le sol arable par une large pierre, était depuis longtemps inconnu aux populations actuelles, quoique de très vieilles et très vagues traditions prétendissent qu'il y avait des souterrains débouchant autrefois dans tel ou tel champ, près du bourg de Maves, et même se prolongeant dans la direction de l'amas d'eau appelé le *lac* ou l'*étang* de Pontijou[1], amas d'eau (en gaulois, *masava*) qui a donné son vieux nom à la commune de Masves, fort ancienne, comme l'on voit. Non loin de là, dans la commune de la Bosse, on avait trouvé, en 1864, de pareils souterrains dans le puits d'un ancien château fort, appelé la Grande-Bosse, détruit il a plus de cent ans.

Depuis cette époque, j'ai vu beaucoup de ces mêmes souterrains à Balâtre, à Suèvres, à Mer, à Blois, dans le Vendômois, à Morville, près Pithiviers, etc.

Dans cette dernière localité, en examinant le puits situé devant l'entrée de l'église, on trouve, à 6 mètres de profondeur, une étroite ouverture fermée d'une porte (depuis 1870) ; elle donne accès à une série de chambres et de couloirs creusés dans le calcaire de Beauce et qui ont été fort utiles lors de la dernière invasion. Dans la même commune, à la ferme de Barberouville, on a trouvé de pareils souterrains à plusieurs reprises ; enfin, il résulte de renseignements nombreux et concordants que dans toute la Beauce il existe sous les villages les plus anciens, de semblables souterrains de refuge, aboutissant presque toujours à un puits, qui est devenu le puits central des villages actuels.

Ces puits, creusés par les Gaulois ou les peuples qui les avaient précédés, étaient nécessaires aux souterrains de refuge pour un grand nombre de raisons : donner l'eau, renouveler l'air, faire évacuer la fumée, servir peut-être de drainage aux eaux d'infiltration lors des fontes de neiges ; nous ajouterons : entendre, sans être vu, les pas et les cris de l'ennemi approchant, sortir et rentrer facilement la nuit, sans danger bien grand ; enfin permettre à celui qui avait bouché sur le sol les orifices de ces refuges invisibles de rentrer, sans traces apparentes, dans le labyrinthe de ces curieux souterrains, inaccessibles pour les ennemis de nos tenaces Carnutes de la plaine beauceronne.

---

1. *Pons Jovis* (?).

A Balâtre, M. l'abbé Morin trouva de longs et tortueux souterrains avec trois issues, en pentes rapides, dans des sens tout opposés, puis il arriva à une sorte de carrefour d'où partent quatre corridors de 1^m,50 de largeur, conduisant à 14 salles, carrées ou circulaires ou demi-circulaires, plus ou moins spacieuses. Elles sont reliées entre elles par d'étroits passages en zigzags, aussi compliqués qu'un labyrinthe. La fumée, qui a noirci le tuf en certains endroits, indique encore l'emplacement de la chandelle gauloise, éclairant les pauvres réfugiés en ces obscures galeries.

Au centre, non loin du puits profond de Balâtre qui, selon M. Morin, date de la même époque reculée, on trouve une petite chambre en forme de niche, avec banc taillé dans le tuf et servant de siège. On venait ici respirer et *faire le guet.*

Outre le puits, trois soupiraux donnaient aussi l'air et un peu de lumière. La couche épaisse de suie que l'on voit encore à l'un de ces soupiraux, atteste une longue habitation dans ces sombres demeures à une époque sans doute bien antérieure à l'arrivée des Romains en Gaule.

« Ce qui nous semble surtout curieux, dit M. l'abbé Morin, c'est, dans chaque galerie, un système de défense qui mériterait d'être étudié. Aux trois issues, au bas même des rampes, couvertes par une longue rangée de grosses pierres plates à l'entrée de la grotte, de larges rainures sont taillées dans le tuf, toutes prêtes à recevoir des madriers de bois formant barricade.

« Dans l'épaisseur des murs et des cloisons de tuf et de calcaire marneux, on remarque de distance en distance des trous en forme de gueule de four, à 1^m,30 au-dessus du sol, propres à surveiller les avenues, à faire le guet avec les yeux et les oreilles et à clouer un ennemi contre la muraille opposée, au moyen d'un épieu ou de toute autre arme, lorsqu'il se préparait à passer d'une galerie dans une autre faisant crochet avec la première. Ailleurs, on ne peut passer d'un corridor dans l'autre qu'au moyen d'une étroite ouverture au ras du sol de ces souterrains. L'ennemi devait ramper pour aller plus loin, mais lorsque sa tête apparaissait au delà du trou, ou mieux du couloir horizontal, le Gaulois ou le troglodyte, caché de côté, invisible, lui écrasait la tête ou l'égorgeait. Manquait-il son coup, il disparaissait par une galerie secrète et pouvait recommencer trente pas plus loin.

« Ce qui fait la singularité des grottes de Balâtre, c'est qu'elles ont été fouies et creusées dans les entrailles de la terre, au milieu d'une plaine unie, sans aucun accident de terrain, dans un tuf tendre et friable, mais assez consistant toutefois pour s'être maintenu presque partout, *depuis 3,000 ans peut-être,* sans éboulements ! Si bien que l'empreinte des outils (pierres, silex et fer) est encore visible sur les parements de la voûte et des murs. »

Dans le Blaisois, le calcaire inférieur de la Beauce se compose de calcaires solides et de couleur blanc jaunâtre que l'on exploite en beaucoup d'endroits comme pierre de taille, et au-dessus desquels on trouve souvent des marnes blanchâtres avec rognons d'opale (Saint-Sulpice, Chambord, Nouan). Quant au calcaire supérieur, prolongement du calcaire à hélices d'Orléans, il est gris plus ou moins foncé et fournit également des pierres de taille. Il a environ 20 mètres d'épaisseur et couronne les plateaux au nord de Blois [1]. Tous ces plateaux de la rive droite de la Loire sont en grande partie couverts de limon. La constitution géologique de cette partie nord du Blaisois est semblable à celle de la Beauce. Mais, à une petite distance en aval de Blois, un relèvement de la craie, postérieur au dépôt de l'argile à silex, qui est resté au-dessus d'elle, a formé le sol moins fertile de la forêt de Blois.

Sur la rive gauche de la Loire, le calcaire inférieur de la Beauce affleure encore dans la forêt de Bussy et aux environs de Chambord, mais, dans la direction du sud et de l'est, il ne tarde pas à disparaître sous les sables et argiles de la Sologne.

A l'est de Pithiviers, le travertin de la Beauce se prolonge dans le *Gâtinais,* entre la forêt de Fontainebleau et celle d'Orléans, jusqu'aux environs de Montargis et de Nogent-sur-Vernisson. La craie, invisible depuis l'embouchure du Cher dans la Loire, reparaît sur les rives du Vernisson et du Loing, comme sur celles de la Loire ; elle est couverte d'argile à silex et formait avec elles les bords du grand lac dans lequel se sont déposés, à l'époque oligocène, les traver-

1. Carte géologique détaillée. Feuille de Blois.

tins. La partie inférieure de ces dépôts se compose, dans le Gâtinais, de calcaires peu cohérents, à structure irrégulière, associés à des marnes de même couleur. Dans le voisinage de l'argile à silex, ces calcaires et ces marnes empâtent souvent des silex arrachés à cette formation. La zone la plus rapprochée de Montargis est constituée par ces couches inférieures, couvertes dans certaines parties de sables quartzeux et de galets roulés de silex, dépôt de terrains quaternaires. De ce mélange il résulte des terres d'une profondeur et d'une fertilité très variables, mais en général sèches et calcaires, ce que l'on nomme dans le pays des *terres palentes*.

En retournant vers l'ouest, on voit apparaître les parties supérieures du travertin de la Beauce ; mais on n'y trouve encore ni les marnes vertes, ni les calcaires à hélices des environs d'Orléans. Ce sont des sables ou des grès à ciment calcaire, les *sables* ou *grès du Gâtinais*.

Vers le haut de l'étage, ces sables passent peu à peu à des argiles qui renferment des lits plus ou moins continus de nodules calcaires (Thimory, Saint-Loup).

Dans l'arrondissement de Pithiviers, on cultive beaucoup le safran, qui aime ces terres sèches et calcaires. Le safran du Gâtinais a une grande réputation. Depuis 30 ans, son prix n'est jamais descendu au-dessous de 100 fr. le kilogr. et quelquefois il monte jusqu'à 150 fr. Pour qu'il soit de bonne qualité, on le plante de préférence dans des terres qui n'ont pas reçu de fumure depuis 3 ou 4 ans. Ces plantations durent trois ans et rendent en moyenne, la première année, 12 kilogr. de stigmates, la deuxième et la troisième année 26 kilogr. par hectare. L'hiver de 1879 avait détruit une partie des safranières des environs de Pithiviers, mais aujourd'hui elles sont reconstituées.

Un autre produit du Gâtinais a une certaine célébrité : c'est le miel. On élève les abeilles dans les parties sablonneuses et boisées, où elles se nourrissent principalement sur le sarrasin et la bruyère ; mais le miel qu'elles y font est noir et de mauvais goût. On y fait des essaims que l'on transporte au printemps dans les plaines calcaires des environs de Pithiviers, où les sainfoins abondent et vont commencer à fleurir. Là, les abeilles font du miel de qualité superfine. Immédiatement après la fenaison, on les dépouille de ce miel pour le vendre, et comme elles ne trouveraient plus rien à récolter dans ces parages, on transporte les ruches vides dans la forêt d'Orléans ou dans celle de Fontainebleau ; les abeilles cherchent à y refaire des provisions pour l'hiver.

Ainsi, l'élevage des abeilles et la production du miel ne se font pas sur le même sol ; on élève les abeilles dans les sables de Fontainebleau ou dans ceux de l'Orléanais, et l'on récolte le miel sur les sainfoins des calcaires du Gâtinais. Chaque formation géologique remplit une fonction spéciale dans l'apiculture.

---

§ 11. — Les terrains miocènes de l'Orléanais et de la Sologne.

Dans les environs d'Orléans, on trouve, au-dessus du calcaire de la Beauce, des dépôts qui sont de l'époque miocène et qui se composent, d'après M. Douvillé, des *sables et marnes de l'Orléanais* et des *sables et argiles de la Sologne.*

A. Les *sables et marnes de l'Orléanais* comprennent :

a) Des sables grossiers, grisâtres, qui diffèrent des sables de la Sologne parce qu'ils contiennent des éléments calcaires, quelquefois même assez pour passer à l'état de grès, et des débris de mammifères, très abondants à Montabuzard, près d'Orléans, à Neuville-aux-Bois, etc. (*Mastodontes, Dinotherium,* etc.). Cette assise atteint à Boiscommun sa plus grande épaisseur qui est de 20 mètres. Vers l'est, dans le Gâtinais, les sables deviennent de plus en plus argileux et l'on voit apparaître de véritables couches d'argile qu'il est souvent difficile de distinguer de l'argile plastique sous-jacente. On les exploite toutes deux pour la fabrication des tuiles.

b) Des marnes, irrégulièrement bariolées de parties vertes argileuses et de parties blanches calcaires, tantôt noduleuses, tantôt farineuses, forment, au-dessus des sables, une couche peu épaisse (au plus 2 à 3 mètres), mais continue.

La position de ces marnes entre deux formations sableuses les rend très précieuses pour l'agriculture, qui les emploie beaucoup comme amendement.

A l'ouest de la forêt d'Orléans, ces sables et marnes forment une bande étroite qui suit la vallée de la Loire jusqu'à Suèvres ; puis elles reparaissent au delà de la forêt de Blois et renferment entre Santenay et Mesland des ossements de *Mastodontes*, etc. (gisement du Giez). Puis, jusqu'à la vallée de la Brenne, ils constituent, au sud de Château-Renault, une série de buttes sablonneuses au-dessus des plateaux d'argile à silex et de calcaire lacustre ; et on les retrouve encore près de Savigné, formant une sorte de mollasse quartzeuse qui est couverte par les faluns.

On les retrouve également sur la rive gauche de la Loire, d'abord en îlots épars sur les plateaux de calcaire de la Beauce qui séparent ce fleuve de la vallée du Beuvron, et ensuite entre Cheverny, Chitenay, Pontlevoy et Contres, appuyés au sud sur l'argile à silex.

A Chitenay, les marnes se transforment en un banc de calcaire compact et grisâtre ; à Cheverny, elles contiennent encore des nodules calcaires, mais plus au sud elles perdent leurs éléments calcaires et passent peu à peu aux argiles qui constituent, comme on va le voir tout à l'heure, la base des sables de la Sologne. En même temps, elles débordent les sables sur lesquels elles reposaient jusqu'alors et s'appuient directement sur le calcaire de la Beauce[1].

B. Les *sables et argiles de la Sologne* n'existent pas seulement au sud de la Loire, dans la Sologne proprement dite, mais ils ont également sur la rive droite un développement considérable. Ils y ont souvent 40 mètres d'épaisseur et constituent la chaîne de collines qui sépare le bassin de la Loire de celui de la Seine et dont les sommets atteignent une altitude de 180 mètres environ. Dans la forêt d'Orléans, ils occupent de grandes surfaces. Ce sont des sables argileux et des argiles mélangées d'une proportion variable de sable grossier ou de galets de quartz, rarement de feldspath. Les éléments qui entrent dans la constitution de chaque assise diffèrent beaucoup par leur volume et leur densité, et leur mélange ne pré-

1. Douvillé, *Association française pour l'avancement des sciences.*

sente aucun indice du classement mécanique qui serait résulté de leur suspension dans une masse d'eau un peu considérable. Ils ne contiennent, d'ailleurs, aucune trace de fossiles. M. Douvillé en a conclu qu'ils doivent être d'origine éruptive, dépôts boueux analogues à certaines argiles plastiques de l'éocène inférieur et aux sables kaoliniques de l'Eure. De plus, on n'y trouve aucune trace de calcaire. On croirait que, dès l'époque de leur formation, un milieu chargé d'acide carbonique les a dépouillés de tout ce qu'il pouvait y dissoudre et a empêché les êtres organisés d'y vivre ; et aujourd'hui encore, l'agriculture a de la peine à trouver dans ces terrains les éléments nécessaires pour la vie des plantes et des animaux.

Ce qui y réussit le mieux, ce sont les bois. La forêt d'Orléans a une contenance de 34,257 hectares et s'étend, dans le département du Loiret, sur le territoire de 40 communes, dont 24 dans l'arrondissement d'Orléans, 6 dans celui de Pithiviers, 3 dans celui de Montargis et 7 dans celui de Gien.

Un rapport qui date de 1789 qualifie la forêt d'Orléans de contrée humide ou noyée, dans un pays affreux, malsain, malheureux, etc. Les choses ont bien changé depuis cette époque, grâce à la grande quantité de fossés d'assainissement qui furent creusés après 1830. Mais il y a encore bien des endroits mouillés et un grand nombre d'étangs dont quelques-uns servent de réservoirs au canal d'Orléans.

En 1867, on commença le dernier aménagement de la forêt, celui qui la régit encore actuellement. L'état de cette forêt est ainsi décrit par la commission d'aménagement : un mélange confus de peuplements, enchevêtrés les uns dans les autres et présentant, sans aucun ordre, des perchis, en général bien venants, des taillis, presque tous fort incomplets et ne renfermant pas assez de réserves, des repeuplements de pins de 1 à 40 ans, des souches buissonnantes, végétant misérablement ; enfin de vastes parcelles détruites par des incendies. L'ensouchement était très ancien et les brins de semence extrêmement rares. Les vides furent estimés aux 27 centièmes de toute la forêt ; les chênes formaient les 80 centièmes du peuplement, les pins, les 8 centièmes ; les charmes et les bouleaux, les 12 centièmes, avec quelques très rares hêtres, frênes, châtaigniers, érables, saules, etc. La commission ajoutait que le taillis allait fatalement en s'éclaircissant et perdant de la vigueur à chaque révolution et que son dépérissement progressif avait été signalé par tous ceux qui s'étaient occupés de l'aménagement de la forêt; le rendement, en matière, à l'hectare, des taillis était sensiblement le même qu'en 1789; mais les travaux assez considérables d'assainissement qui avaient été pratiqués et la diminution du pâturage, d'ailleurs bien mieux réglementé, auraient dû l'augmenter. La végétation du chêne ne fut trouvée bonne, en général, que dans les jeunes futaies où l'humus est assez abondant; les arbres de cette essence donnent des semences vers 80 ans, s'ils sont venus de pied, et vers 40 ou 50, s'ils sont accrus sur souches, avec glandée complète tous les 5 ou 6 ans. Ce n'est qu'exceptionnellement que les chênes donnent une production de 4 à 5^{mc},500 à l'hectare. La végétation des résineux était bonne et, au moins, passable dans les parties argileuses, mais les pins maritimes commençaient à dépérir, en général, dès l'âge de 20 à 25 ans; la production des sylvestres est d'au moins 5 mètres cubes, par hectare, jusqu'à 20 ans et, parfois, de 6 mètres cubes, de 20 à 40. La Commission appliqua à toute la forêt le traitement en futaie: futaie feuillue là où le sol et le peuplement le permettaient, résineuse, partout ailleurs, en attendant. Une série de décrets, des 4 décembre 1867, 31 mars 1869, 9 octobre et 20 novembre 1871, 18 janvier 1873, prescrivit une révolution transitoire de quatre-vingts ans, pendant la première période de laquelle, 20 ans, les plus mauvaises parties durent être, encore une fois, traitées en taillis et le reste soumis directement à la méthode du réensemencement naturel et des éclaircies; celles-ci commençant à 30 ans pour les feuillus, à 20 ans pour les résineux et se répétant tous les dix ans. Les vides durent être repeuplés en pins pendant les vingt premières années; on renonça, tout d'abord, au maritime; on essaya le noir d'Autriche; mais il ne réussit que médiocrement, faute de l'élément calcaire qui lui est indispensable et on se borna au sylvestre. Une grande quantité de fossés d'assainissement durent être ouverts et curés au moins une fois tous les dix ans. Cet aménagement a été suivi, depuis lors, aussi scrupuleusement que possible, mais sa révision a été nécessitée par les dégâts du grand hiver.

Pendant les dix années qui précédèrent les aménagements actuellement en vigueur, la forêt d'Orléans a rapporté 24 fr. par hectare et par an[1].

A propos de la *Sologne de la rive droite* de la Loire, nous ne devons pas oublier le domaine de Dampierre où le marquis de Béhague, notre ancien et regretté président de la Société nationale d'agriculture, donna pendant cinquante ans un des exemples les plus instructifs d'une saine et lucrative économie rurale.

Le marquis de Béhague était très lié avec Royer qui était originaire de l'arrondissement de Montargis, et c'est à propos de ces terres de Sologne de la rive droite de la Loire que Royer indiqua pour la première fois en 1839 sa théorie des systèmes de culture. Voici comment il s'exprimait :

« Quant au sol, ceux dans lesquels il convient d'établir des bois sont tous ceux qui ont une profondeur convenable de terre meuble et qui sont dans un tel état de maigreur et d'éloignement des villes que leur culture ne saurait être profitable. Quand des terres sont si pauvres que ni la luzerne, ni le trèfle, ni le sainfoin, ne peuvent y vivre, nous disons qu'elles sont en *période forestière,* parce qu'elles produisent plus en bois que par la culture. La mise en bois pendant un temps plus ou moins long améliore les sols les plus stériles et les fertilise ; quand ils sont arrivés à cet état, on peut les défricher pour les rendre à l'agriculture. C'est ainsi que M. le marquis Amelot a rendu un véritable service au pays en convertissant en bois près de 500 hectares des plus mauvaises terres de sa belle propriété[2]. »

Royer aurait pu ajouter que certaines terres sont naturellement si pauvres qu'elles doivent *toujours* rester dans la période forestière. La mise en bois doit pour elles être définitive et elle ne peut jamais les fertiliser suffisamment pour que l'on ait du profit à les défricher pour les rendre à l'agriculture. C'est ainsi que le comprit M. de Béhague et il suivit les conseils de son ami avec une logique inflexible.

---

1. Domet, *Monographie forestière du Gâtinais.*
2. Royer, *Catéchisme des cultivateurs de l'arrondissement de Montargis*, 1839.

Il supprima, pour y faire du bois, plusieurs fermes dont le sol lui paraissait incapable de payer la culture arable et trois de ces fermes se trouvent précisément situées sur la partie de ses domaines qui appartient à la même formation géologique que la Sologne ; les autres se composent, comme nous le verrons tout à l'heure, de dépôts quaternaires, qui sont moins pauvres que les terrains solognots, et d'alluvions de la Loire qui sont très fertiles.

En 1874, une délégation de la Société nationale d'agriculture fut chargée de visiter Dampierre et de lui faire un rapport sur l'œuvre de M. de Béhague. M. Jules Clavé, l'un de ces délégués, s'occupa spécialement de la sylviculture. « Lors de l'acquisition du domaine de Dampierre, dit-il, en 1826, ce qui forme aujourd'hui le Bois-Béhague, à 10 kilomètres environ du château de Dampierre, était occupé par les fermes du Tranchoir, de Bois-d'Amblay et de Mocquegueule ; ce dernier nom était significatif ; les terres en étaient si mauvaises qu'on n'y récoltait presque jamais rien. L'ensemble de ces trois fermes avait 555 hectares et était compris dans les prix d'acquisition pour 92,692 fr., soit 167 fr. par hectare. Les fermages étaient de 2,485 fr. 50 c., ou 4 fr. 50 c. environ par hectare, mais les fermiers étaient obérés et payaient mal.

« Dès 1827, M. de Béhague fit résilier les baux et, quelques années après, il vendit une partie du Tranchoir et du Bois-d'Amblay. Ce qui lui resta avec Mocquegueule fait 440 hectares. Tout fut défriché, écobué, puis planté ou semé en essences résineuses.

« Comme beaucoup de propriétaires de la Sologne, M. de Béhague eut alors trop recours aux pins maritimes. Les pins sylvestres ont mieux réussi.

« Dans plusieurs parties, ces pins ont été exploités à 25 ou 30 ans. Ils ont été remplacés par de superbes taillis venus presque naturellement sous les couverts. Il a suffi, pour accomplir cette métamorphose, des plantations de bouleaux faites sur les bords des fossés d'assainissement et de quelques glands plantés dans les endroits où les semis naturels faisaient défaut.

« Si, des 92,692 fr. d'acquisition, on défalque les chiffres des ventes successives, se montant à 57,513 fr., il reste une somme de 35,179 fr., à laquelle il faut ajouter 87,000 fr. pour frais d'améliorations de toute nature, défrichements, assainissements, plantations ou semis, constructions pour les logements de 48 ouvriers, établissement d'une tuilerie qui permet un écoulement facile des nombreuses bourrées produites par l'exploitation, et enfin pour les intérêts de ces dépenses pendant les 12 premières années. Il résulte de là que les 440 hectares, actuellement améliorés et plantés, sont revenus à la somme de 122,179 fr., c'est-à-dire à 277 fr. par hectare en moyenne. Or, le produit n'est pas inférieur à 30 fr. par hectare et par an. Quelles améliorations agricoles ont jamais donné, relativement, de plus brillants résultats?

M. de Béhague a également détaché du domaine de Dampierre toutes les parties qui ne pouvaient pas être avantageusement cultivées ; il les a mises en bois feuillus qui sont aujourd'hui d'une superbe venue; il arriva ainsi à avoir 1,084 hectares de bois sur les 1,925 hectares qu'il possède et il distribua les autres terres dans les trois fermes qui ont formé son exploitation agricole et que nous allons étudier dans la suite de ce rapport. »

La ferme de Dampierre a 163 hectares, celle du Chenoy 110 et celle du Val 50. Il y a, en outre, 90 hectares de prés, 152 hectares d'étangs, 52 hectares de parc et 76 hectares de vergers, jardins, allées ou emplacements de maisons d'ouvriers.

Les argiles de Sologne apparaissent encore dans un vallon occupé par des prés et par deux étangs dont une petite rivière amène le trop-plein dans la Loire; mais la ferme et le parc de Dampierre, ainsi que la ferme du Chenoy, se trouvent sur des dépôts de terrasses quaternaires, qui recouvrent les sables ou argiles de la Sologne et dont les matériaux ont été amenés du plateau central, comme les terres d'alluvion du Val de la Loire.

Sur le bord du Val, on trouve une petite bande d'argile à silex qui annonce sans doute le relèvement de la craie autour de la cuvette que forme la Sologne et, en effet, de l'autre côté de la Loire, près de Saint-Aignan, on voit aussi affleurer la craie qui avait disparu depuis les environs de Blois.

Le rapport de la délégation de la Société nationale d'agriculture donne les résultats de l'examen minéralogique fait par Delesse et de l'analyse chimique par Barral d'un certain nombre d'échantillons de terres du domaine de Dampierre, mais tous ces échantillons proviennent de terrains quaternaires ou d'alluvions de la Loire ; aucun d'eux ne représente les sables ou argiles de la Sologne. Voici les chiffres obtenus par Barral :

DÉSIGNATION DES TERRES.	ANALYSE PHYSIQUE.		ANALYSE CHIMIQUE.			
	Argile.	Sable.	Azote.	Acide phosphorique.	Chaux.	Potasse.
	p. 100.	p. 100.	p. 100.	p. 100.	p. 100.	p. 100.
FERME DE DAMPIERRE.						
Le Moulin-a-Vent. Sol	48	52	0,117	0,0176	0,2313	0,042
— Sous-sol. . . .	46	54	0,077	0,0119	0,1918	0,036
La Pointe-des-Crocs. Sol.	49	51	0,109	0,0060	0,6342	0,032
— — Sous-sol . .	40	60	0,108	0,0117	0,4096	0,038
La Grande-Gaulerie nº I. Sol . . .	43	57	0,099	0,0234	0,3138	0,028
— — Sous-sol.	47	53	0,071	0,0116	0,2919	0,019
Les Fromentières. Sol	40	60	0,063	0,0146	0,1882	0,053
— Sous-sol . . .	45	55	0,059	0,0336	0,1587	0,040
Les Sablons. Sol	31	69	0,062	0,0174	0,1661	0,063
— Sous-sol.	34	66	0,044	0,0058	0,0939	0,090
FERME DU VAL.						
Grande-Prairie. Sol	83	17	0,141	0,0135	0,6470	0,018
— Sous-sol	84	16	0,125	0,0131	0,1213	0,032
Sable ou limon déposé par la Loire.	11	89	0,125	0,0175	0,3036	0,050
FERME DU CHENOY.						
Plaine du Gros-Chêne. Sol. . . .	75	25	0,097	0,0063	0,0000	0,017
— — Sous-sol .	77	23	0,065	0,0060	0,0000	0,013

On voit que ces terres et surtout celles du Chenoy sont bien pauvres en chaux, en acide phosphorique et même en potasse ; et, comme ce sont les plus fertiles du domaine, on peut deviner ce que doivent être celles qui appartiennent, suivant Royer, à la période forestière, c'est-à-dire les argiles et sables du Bois-Béhague.

Sur 21 étangs qu'il y avait en 1826, M. de Béhague en a desséché 16 ; il n'en reste que 5, mais ces 5 étangs n'en ont pas moins 152 hectares de surface. L'un d'eux fournit l'eau nécessaire pour faire marcher la féculerie, les moulins, etc. Une centaine d'hectares ont été drainés et les eaux de drainage servent à arroser 90 hectares de prairies qui ont été établies au-dessous.

Quant aux terres arables, elles étaient soumises à trois régimes différents suivant leurs aptitudes productives. Celles de la ferme du Val sont les plus fertiles, mais les inondations trop fréquentes de la

Loire empêchent d'y suivre un assolement régulier. Sur les meilleurs limons, on fait des fèves, du colza et souvent deux récoltes successives de froment; mais, sur les sables, on fait beaucoup de pommes de terre, des betteraves, des carottes, du seigle, du lupin jaune dont la graine est mangée par les moutons.

Parmi les terres du haut, les meilleures sont soumises à la rotation suivante : 1° betteraves ou pommes de terre avec fumier de ferme, 2° avoine, 3° trèfle, 4° blé ou orge, 5° racines avec fumier de ferme, 6° blé, 7° fourrages verts (trèfle incarnat, maïs, vesces, 8° blé, 9° et 10° luzerne.

Dans les terres de 2e classe, on fait : 1° jachère, 2° blé avec semis de trèfle et graminées, 3°, 4° et 5° pâturage. Quelquefois en troisième année on met du sarrasin ou bien l'on sème dans le seigle des genêts qui fournissent aux moutons un pâturage d'hiver ou de printemps très salubre. Il y avait aussi quelques hectares de topinambours.

M. de Béhague chaulait tous les 6 ans à raison de 50 à 100 hectolitres d'une chaux qui contenait 95 à 96 p. 100 de carbonate de chaux, un peu d'acide phosphorique (0,038 à 0,06 p. 100) et un peu de potasse (0,66 p. 100).

Pour fournir à ses terres l'acide phosphorique dont elles avaient besoin, il employait des phosphates des Ardennes à la dose de 600 à 800 kilogr. par hectare sur les défrichements; il en répandait aussi sur ses fumiers et dans ses bergeries (2 kilogr. par 10 têtes et par semaine).

Pour ce qui est des animaux, le marquis de Béhague avait commencé par faire des expériences coûteuses; il avait essayé d'élever des chevaux de luxe et des bœufs Durham. Mais, d'après les conseils de son ami Royer, il n'avait pas tardé à approprier ses productions animales comme ses productions végétales aux aptitudes de ses terres. Il se contenta de la race charollaise qui lui fournit d'excellents bœufs de travail et il développa surtout l'élevage du mouton. Il achetait des brebis berrichonnes et les faisait couvrir par des béliers southdown. Ce croisement lui donnait des bêtes qui réunissaient la perfection de formes et la précocité du père à la rusticité de la mère. Leur viande est d'exquise qualité et les gigots Béhague sont très appréciés à Paris.

L'effectif du bétail était de 83 bêtes à cornes et 2,550 moutons, ce qui faisait 289 kilogr. de poids vif par hectare.

Grâce à cette intelligente administration, le revenu net du domaine de Dampierre, qui n'était en 1826 que de 11 fr. par hectare, s'était élevé peu à peu à 28 fr. en 1861 et à 41 fr. en 1874.

Au sud de la Loire, la *Sologne* proprement dite couvre une étendue de 450,000 hectares dans les départements du Loiret et de Loir-et-Cher. Là, toutes les difficultés que peut rencontrer l'agriculture se trouvent en quelque sorte réunies. On y trouve tantôt des terres trop sablonneuses et trop sèches, tantôt des argiles sur lesquelles les eaux se réunissent sans trouver assez de pente pour leur écoulement ; il en résulte des marais et des fièvres qui débilitent la population. Ailleurs, des cailloux agrégés en tuf imperméable et dur arrêtent les racines des arbres et les empêchent de se développer.

Toutes ces terres, si défectueuses au point de vue physique, le sont également au point de vue chimique ; elles sont pauvres en tout, mais surtout en chaux et en acide phosphorique.

Il y a sans doute de la craie au-dessous des argiles et sables de la Sologne, mais on ne la trouve qu'à 60 mètres de profondeur et son extraction coûterait trop cher.

Il y a également des marnes et de la chaux tout autour de la Sologne, dans la Touraine et dans le Berry. Mais la Sologne est grande et, pendant longtemps, elle n'avait ni routes, ni canaux, ni chemins de fer pour transporter ces amendements. On se bornait à les employer sur les limites du pays, dans les localités les plus voisines des gisements de calcaire ; mais le centre restait déshérité de tout.

Les documents historiques établissent d'une manière positive que toute cette contrée comprise entre Orléans, Bourges et Blois était couverte autrefois de vastes forêts, dont celles de Boulogne, de Chambord et divers bouquets de bois moins étendus prouvent encore la vigueur sur la terre de Sologne.

Les guerres de religion, la réduction de la population par suite de la révocation de l'édit de Nantes, l'abandon de plusieurs châteaux habités jusqu'alors par leurs propriétaires, des exploitations irrégulières, mal dirigées, et le pacage inconsidéré des bestiaux dans les bois nouvellement coupés, ont sans doute amené cette destruction des forêts, dans un sol où la bruyère reprend le dessus avec une vigueur étonnante et est souvent un des principaux obstacles au reboisement artificiel[1].

« Même pays malheureux jusqu'à la Loge », écrivait Arthur Young après avoir traversé la Sologne en 1787, « les champs trahissent une agriculture pitoyable, les maisons la misère. Cependant, le sol serait susceptible de grandes améliorations, si l'on savait s'y prendre ; mais c'est peut-être la propriété d'un de ces êtres brillants qui figuraient dans la cérémonie de l'autre jour à Versailles. Que Dieu m'accorde la patience quand j'aurai à rencontrer des pays aussi abandonnés, et qu'il me pardonne les malédictions qui m'échappent contre l'absence ou l'ignorance de leurs possesseurs. »

Il me semble qu'Arthur Young se faisait beaucoup d'illusions sur la facilité qu'il y avait à améliorer les terres de la Sologne. Mais dans tous les cas, s'il pouvait les revoir aujourd'hui, il ne se plaindrait plus, ni de l'absence, ni de l'ignorance de leurs propriétaires actuels. Depuis une cinquantaine d'années, la Sologne a été assainie et transformée, grâce aux travaux d'une série d'agriculteurs et de sylviculteurs, comme Ménard, le lauréat de la prime d'honneur de 1858, le marquis de Vibraye, M. Goffart, l'inventeur ou du moins le principal propagateur de l'ensilage du maïs, MM. Rousseau, et surtout Lecouteux qui, depuis 1857, joint à ses leçons du Conservatoire des Arts et Métiers et de l'Institut agronomique, l'exemple de son domaine de Cerçay.

« Beaucoup de bois, beaucoup de prairies, concentration des terres labourables dans les meilleures terres », tel est le programme que M. Lecouteux a depuis longtemps indiqué pour les améliorations de la Sologne et dont il poursuit lui-même l'exécution dans sa propriété.

Les meilleures terres sont, en général, les terres argilo-siliceuses qui ont été formées par le mélange naturel des argiles et des sables et l'on peut en augmenter artificiellement la quantité, en défonçant

1. Adolphe Brongniart, *Rapport sur les plantations forestières dans la Sologne.*

celles qui se composent d'une couche de sable sur un sous-sol d'argile.

Souvent la végétation des landes donne des renseignements utiles sur la valeur du fond, et M. Paul de Gasparin a fait sur ce sujet une étude fort intéressante.

Il a fait l'analyse des cendres de quatre *Erica*, de deux *Ulex* et d'un *Genista* qui constituent la plus grande partie de la végétation spontanée de la Sologne. Il y a trouvé par kilogramme de plante sèche :

	CENDRES.	SILICE.	ACIDE phosphorique.	CHAUX.	MAGNÉSIE.	SESQUIOXYDE de fer.	POTASSE.
	gr.	gr.	gr.	gr.	gr.	gr.	gr.
Erica scoparia	52,00	15,04	3,80	6,85	3,41	5,00	7,36
Erica tetralix	22,70	13,80	0,49	1,34	0,69	2,19	1,80
Erica vulgaris.	31,00	12,53	2,06	5,02	2,27	4,59	4,09
Erica cinerea.	22,30	16,91	0,60	0,55	0,60	0,57	1,18
Ulex nanus.	22,70	15,81	0,52	1,48	0,61	1,51	1,72
Ulex europæus	25,10	7,20	1,62	2,25	1,10	2,61	4,14
Genista vulgaris	20,50	6,63	1,09	3,35	0,58	1,95	2,51

L'*Erica scoparia* est, parmi ces plantes, celle qui contient à la fois le plus de cendres et le plus d'acide phosphorique, de chaux et de potasse. Les terres qui la portent sont qualifiées de terres fortes, terres à froment, et sont placées au premier rang. Si, par intervalles, elles permettent à l'*Ulex nanus* de lancer ses maigres et profondes racines, ce n'est pas la richesse propre de l'*Ulex nanus* qui séduit le cultivateur solognot. Cet *Ulex*, bien différent de l'ajonc de Bretagne ou grand ajonc, n'est bon à rien ; mais il indique justement dans la terre des veines sablonneuses, stériles par elles-mêmes, et qui serviront d'amendement pour ameublir et rendre perméables les couches argileuses qui portent l'*Erica scoparia*. L'*Erica tetralix* vient dans des fonds marécageux qui par le dessèchement deviendront capables de porter les *Scoparia* et d'entrer dans la catégorie des terres arables. L'*Erica vulgaris* caractérise ce que l'on appelle les landes noires, sablonneuses, sans consistance, dont la culture, facile en apparence, récompensera mal l'agriculteur et qu'on doit laisser au pâturage. L'*Erica cinerea* est l'indice d'un sol sablonneux d'une stérilité absolue. Enfin le *Genista vulgaris* caractérise une terre sablonneuse profonde, recherchée des petits cultivateurs de la Sologne à cause du peu de force qu'elle réclame, mais dont on ne doit attendre que de faibles récoltes. M. P. de Gasparin ajoute que les animaux, même les plus affamés, dédaignent toutes les plantes qui ne contiennent pas au moins 1 p. 1,000 d'acide phosphorique, ainsi l'*Erica tetralix*, l'*Erica cineraria* et l'*Ulex nanus*.

Voici l'analyse complète, faite par M. P. de Gasparin, d'une terre appelée pâtis de la Péraudière, à Nouan-le-Fuselier, propriété de M. Goffart :

Analyse physique.

Pierres	8,90
Sables	54,75
Impalpable	36,35
	100,00

Analyse chimique.

Silice	898,50
Chaux	0,11
Magnésie	0,22
Potasse	0,24
Soude	1,21
Sesquioxyde de fer	3,60
Alumine	8,50
Eau de combinaison des sesquioxydes	3,60
Oxyde rouge de manganèse	1,40
Acide phosphorique	0,82
Matières organiques volatilisées entre 100° et le rouge sombre	43,60
Matières organiques volatilisées au-dessus du rouge sombre	38,10
	1,000,00

Ainsi cette terre renferme 980 p. 1,000 de silice et de matières organiques et seulement 0,11 p. 1,000 de chaux, 0,24 p. 1,000 de potasse et 0,82 p. 1,000 d'acide phosphorique ; cependant elle est qualifiée de terre forte, c'est-à-dire de terre solognote de 1re classe, parce qu'elle porte spontanément l'*Erica scoparia*.

Une autre terre à *Erica scoparia*, provenant d'une lande de

Nouan-le-Fuselier et considérée comme bonne, contenait, d'après l'analyse de M. P. de Gasparin :

Inattaquable, calciné	868,80
Chaux	1,30
Magnésie.	3,82
Potasse	0,60
Soude	1,60
Sesquioxyde de fer	19,29
Alumine.	25,70
Acide phosphorique	0,20
Matières organiques	60,25
Eau de combinaison.	11,75
Acide carbonique et non déterminé.	6,38
	1000,00

Cette terre a une meilleure composition chimique que la précédente ; cependant elle est encore très pauvre en chaux et elle est fort loin des 1 $^1/_4$ p. 1,000 de potasse et 1 p. 1,000 d'acide phosphorique que M. P. de Gasparin considère comme les dosages *nécessaires*, d'après sa méthode d'analyse, pour qu'une terre puisse donner de bonnes récoltes au moyen des fumiers fabriqués avec les pailles et fourrages qu'elle a produits, sans importation de chaux, de potasse et d'acide phosphorique.

M. Masure a divisé les terres de la Sologne en six classes et, pour chacune d'elles, il a fait l'analyse physique et chimique d'un certain nombre d'échantillons. Voici les moyennes des résultats qu'il a obtenus p. 1,000 :

CLASSE DE LA TERRE.		ANALYSE PHYSIQUE.				ANALYSE CHIMIQUE.		
		Sable et graviers.	Argile.	Calcaire.	Terreau.	Azote.	Acide phosphorique.	Potasse et soude.
Terres argileuses . .	Sol. . . .	490	450	»	60	2,1	0,67	0,58
	Sous-sol .	560	400	»	40	1,5	0,50	0,90
Terres argilo-sableuses.	Sol. . . .	740	220	»	35	0,9	0,28	0,36
	Sous-sol .	600	370	»	30	0,6	traces.	0,44
Terres argilo-humifères	Sol. . . .	500	340	»	100	5,2	0,80	1,38
	Sous-sol .	570	390	»	36	0,7	0,28	1,44
Terres sableuses . .	Sol. . . .	860	120	»	16	0,8	0,35	0,50
	Sous-sol .	900	80	»	12	0,4	traces.	0,40
Terres sablo-argileuses.	Sol. . . .	910	70	»	15	0,8	0,18	0,48
	Sous-sol .	700	230	»	10	0,3	traces.	0,20
Terres sablo-humifères	Sol. . . .	810	90	»	70	1,4	0,44	0,55
	Sous-sol .	800	80	»	30	0,6	0,02	0,20

Les analyses suivantes m'ont été communiquées par M. Joulie :

	AZOTE.	CHAUX.	MAGNÉSIE.	POTASSE.	ACIDE phosphorique.
	p. 1,000.	p. 1,000.	p. 1,000.	p. 1,000.	p. 1,000.
Menneton-sur-Cher. 1. Lande	0,81	0,87	0,02	traces.	0,02
— 2. Terre noire	0,73	0,86	0,02	0,13	0,02
— 3.	1,30	0,65	0,01	0,15	0,17
— 4.	1,45	2,49	1,01	0,40	0,37
— 5.	0,53	0,51	0,02	0,15	0,13
— 6.	1,01	1,51	0,06	0,29	0,15
— 7. Prairie	4,26	7,16	2,31	0,81	0,30
Salbris. 1. Terre de seigle	0,62	1,22	2,48	0,25	0,27
— 2. Ancien pâturage	2,82	3,00	1,38	0,84	0,46
Souesmes. 1.	1,29	1,14	0,09	0,14	0,21
— 2. Prairie temporaire	0,90	2,08	0,68	0,41	0,41
Patureau de la Rebutinière	1,25	1,10	(?)	0,14	0,21

Certes les agents qui, dans la nature, permettent aux matières minérales des terres d'être absorbées par les plantes sont beaucoup moins énergiques que les dissolvants que les chimistes emploient. Mais on peut admettre que, pour différentes terres, l'action des eaux de pluie chargées d'acide carbonique et même l'action directe des racines seront jusqu'à un certain point proportionnelles au pouvoir dissolvant des acides minéraux dont on fait usage dans les laboratoires.

Or la plus maigre récolte de blé doit trouver dans le sol qui la produit 20 à 25 kilogr. d'acide phosphorique par hectare, tandis qu'un bois de pins en demande seulement 4^{kg},75 par an et par hectare, et encore la plus grande partie de cet acide phosphorique (3^{kg},68) va-t-elle se fixer dans les aiguilles et les menues branches qui tombent sur la terre, s'y décomposent et lui rendent ce qu'elles y ont pris ; le bois lui-même n'en absorbe guère plus d'un kilogramme par an et par hectare ![1]

D'ailleurs M. Schütze a constaté en Bavière que la vigueur de la végétation du pin varie en raison directe de la quantité d'acide phosphorique contenue dans les terrains. Il a dosé

0,501 p. 1,000 d'acide phosphorique dans le sol des pinières de 1re classe.
0,569 — — 2e —
0,388 — — 3e —
0,299 — — 4e —
0,236 — — 5e —

1. *Statique chimique des forêts*, d'après Ebermayer, par Grandeau.

Il en est de même pour la potasse. Les forêts n'en absorbent que 7 à 15 kilogr. par hectare et par an et les terres des pinières, analysées par M. Schütze, n'en contenaient que 0,2 à 0,4 p. 1,000. Pour le blé, il faut de 60 à 100 kilogr. de potasse par hectare et par an et il en faut encore plus pour le trèfle.

Quant à la chaux, le trèfle en absorbe jusqu'à 30 kilogr. par hectare et par an, et le froment la moitié. Le seigle se contente de 6 kilogr. et le blé noir de 9 à 10. Mais le pin sylvestre et le pin maritime n'en veulent pas du tout. On cite même en Sologne un cas où un mélange de pins maritimes et de pins sylvestres avait été semé dans une vieille terre dont une portion avait été marnée assez récemment. Les pins avaient bien réussi sur la partie non marnée et ils avaient manqué complètement sur la partie marnée.

Ainsi les ressources chimiques des terres de Sologne ne leur permettent de nourrir que la forêt ou la lande. Même dans les prairies, il y a trop peu d'acide phosphorique, de potasse et de chaux; l'azote seul y abonde; on n'y trouve que des graminées peu nourrissantes; les légumineuses n'y viennent pas.

Lorsqu'on défriche les bois ou les landes, la décomposition des racines, des feuilles et des brindilles de bois qui y sont accumulées ajoutent, pendant quelques années, un supplément de matières minérales à celles que le sol peut fournir directement; et encore, cette décomposition est-elle très lente dans ce que les cultivateurs du pays appellent les *sables morts;* pour l'activer, il faut user du brûlis ou de la chaux vive. Sans importation d'engrais, on ne peut faire que du blé noir, de maigres avoines et du seigle dans les meilleurs fonds, ceux qui se nomment *terres à seigle*[1]; ce seigle rend 10 à 12 hectolitres à l'hectare. Mais, au bout de 5 ou 6 ans, on doit même renoncer à ces faibles récoltes; il faut rendre la terre à sa végétation naturelle. Le mouton solognot, sobre et rustique, de petite taille, peut seul se nourrir au moyen du grison (*Aira canescens*), etc., qui poussent au milieu des bruyères.

Lorsqu'en 1841, Ménard, ancien notaire à Beaugency, prit en lo-

1. Les vieux historiens appelaient la Sologne *Segalonia* et faisaient dériver ce nom de *secale* ou *segale,* seigle.

cation le domaine de Huppemeau, pour lequel il obtint 17 ans après la prime d'honneur, il s'engagea à payer à son propriétaire, M. le duc de Lorges, un fermage de 1,200 fr. pour les 300 hectares dont se composait le domaine, soit 4 fr. par hectare, pour les 18 premières années, et de 1,800 fr., soit 6 fr. par hectare, pour les 12 années suivantes. Le fermier qui l'avait précédé ne payait que 800 fr., soit 2 fr. 66 c. par hectare, ou du moins il s'y était engagé par son bail, car il ne pouvait presque jamais payer. Cependant Huppemeau n'était qu'à 12 kilomètres de Beaugency et à 8 kilomètres des marnes qui se trouvent sur les bords de la vallée de la Loire.

La nature du sol et le triste état dans lequel M. Ménard trouva la ferme expliquent ces prix, mais, dans le reste de la Sologne, une grande partie des terres n'étaient ni meilleures, ni mieux cultivées. Le domaine de Huppemeau, dit le rapporteur du jury de la prime d'honneur, est situé sur le sommet d'un plateau qui sépare la Loire de la petite rivière appelée le Cosson. Malgré cette position, le terrain est tellement plat que l'écoulement naturel des eaux y est en quelque sorte nul. Le sol, comme celui de tout le reste de la Sologne, se compose d'une couche de sable à peu près pur, reposant sur un sous-sol d'argile entièrement imperméable. Sur la plus grande partie du domaine, le sable et l'argile sont séparés par une espèce de poudingue d'une très grande dureté, que la pioche ne peut entamer qu'à grand'peine et qui fait rebrousser les racines pivotantes des pins. La petite proportion d'argile qui existe en mélange avec le sable dans la couche cultivable le fait rentrer dans la catégorie des terres battantes auxquelles il est impossible de toucher par l'humidité, sous peine de les transformer en mortier, et qui acquièrent par la sécheresse la consistance de la brique. Le climat est humide et malsain, et les eaux de pluie qui ne peuvent ni traverser le sol, ni s'écouler par suite du défaut de pente, forment des flaques qui ne peuvent disparaître qu'en été par l'évaporation. Par suite de la position élevée de la ferme, il ne s'y trouve ni sources ni eau courante; un étang de 2 hectares est alimenté par les eaux pluviales.

Pour donner une idée de ce qu'était alors la ferme de Huppemeau, nous ajouterons qu'elle se composait de 75 hectares de terres labourables et de 225 hectares de landes; l'assolement était: 1° seigle, avec un semblant de fumure ; 2° sarrasin, puis troisième, quatrième et cinquième année, *repos de la terre* et pacage. Quelques prés situés sur le Cosson donnaient des laiches plutôt que de l'herbe. La dernière récolte de seigle du fermier sortant fut vendue 560 fr. ; en entrant dans la ferme, M. Ménard y trouva 300 bottes de paille, mais pas un brin de fourrage.

Son premier soin fut d'ensemencer en pins maritimes les 75 hectares de terres labourables, qui étaient complètement épuisées. En même temps il se mit à défricher des landes pour les semer aussi en pins, après en avoir tiré quelques récoltes à l'aide de la charrée. Les fourrages que produisaient les prés attachés à la ferme lui servirent à entretenir petitement deux vaches solognotes ; quant aux animaux de travail qu'il entretenait sur la ferme, pendant plusieurs années il dut acheter au dehors tout ce qui était nécessaire à leur nourriture.

D'après le rapport qu'Adolphe Brongniart publia en 1850 sur les plantations forestières de la Sologne, les fermes s'y louaient alors, terres labourées et landes attenantes, en moyenne 5 fr. par hectare, de 4 à 7 fr. suivant les localités, et elles se vendaient sur le pied de 200 à 300 fr. l'hectare, quelquefois même moins. Mais les prairies naturelles situées dans les vallons allaient beaucoup plus haut, jusqu'à 2,000 fr. l'hectare, et rapportaient 30 à 40 fr. par an. Cette disproportion entre la valeur des prés et celle des terres arables est assez fréquente dans les pays où ces dernières ne produisent pas de fourrages artificiels pour l'hivernage des troupeaux et elle est d'autant plus considérable que la surface relative des prairies est plus faible. En 1850, Ad. Brongniart estimait à 20,000 hectares celle des prairies naturelles de la Sologne.

Les points les plus rapprochés qui peuvent fournir la marne ou la chaux au centre de la Sologne sont, à l'est, Blancafort, Aubigny-Ville et la Chapelle-d'Angillon, où la craie glauconieuse se trouve dans les vallées. Au nord, il y a plusieurs affleurements de calcaire de la Beauce, près de Saint-Cyr-en-Val et d'Olivet, où l'on fabrique beaucoup de chaux. A l'est, ce même calcaire est à jour aux environs de Chambord, de Bracieux et de Cheverny. Près de Contres, il y a des faluns, et au sud, tout le long de la vallée du Cher, tantôt du calcaire de Beauce, tantôt de la craie. Sur les lieux mêmes de l'extraction, la marne ne coûte que 2 à 3 fr. le mètre cube. Mais son prix augmente avec les frais de transport et, il y a 40 ou 50 ans, le mètre cube se payait jusqu'à 12 fr. et même 20 fr. dans certaines parties de la Sologne. On en employait d'autant moins qu'elle revenait plus cher; on se contentait d'en mettre 8 à 10 mètres cubes, quand on en mettait. Malgré cette parcimonie, l'effet de la marne était très sensible et se prolongeait pendant plus de dix ans; le froment pouvait remplacer le seigle et le trèfle la bruyère.

Depuis que les moyens de transport se sont multipliés à travers la Sologne, le prix dépasse rarement 6 fr. pour le mètre cube d'une bonne marne contenant environ 40 p. 100 de calcaire, et on a pris l'habitude de l'employer à la dose de 40 mètres cubes par hectare dans les sables et de 50 à 80 dans les terres argileuses ou lès *glaises noires*. Aussi l'effet du marnage est-il à la fois plus énergique et plus durable; il reste encore sensible après 15 à 20 années.

Pour les sols argileux, on préfère ordinairement l'emploi de la chaux à raison de 20 jusqu'à 60 hectolitres. La Compagnie du chemin de fer d'Orléans a facilité cet emploi par la réduction de ses frais de transport et, en cela, elle s'est montrée à la fois très généreuse et très intelligente, car elle est récompensée par l'augmentation graduelle des produits qu'on lui donne à transporter.

Les effets de la chaux sont multiples. Elle facilite la décomposition des matières végétales et la nitrification de l'azote que la terre renferme à l'état de capital foncier dont les intérêts peuvent être représentés par l'azote nitrique qu'il forme pendant le cours d'une année. Quand la nitrification est très lente, comme dans tous les terrains très pauvres en chaux, cet intérêt n'est que de 1/2 ou 1 p. 100 par an du stock total de l'azote ; grâce au chaulage il peut monter à 2 ou 3 p. 100 par an, si toutefois (c'est une condition essentielle à ajouter à celle de la mobilisation de l'azote) les récoltes trouvent, outre l'azote nitrifié, toutes les matières minérales dont elles ont besoin pour leur développement.

Or, nous avons vu que les terres de Sologne sont très pauvres en matières minérales de toutes sortes.

La marne ou la chaux leur apportent l'élément calcaire. La craie glauconieuse contient une petite quantité de potasse, et la chaux peut aider à la décomposition des fragments de feldspath qui se trouvent dans les terres de Sologne. Et l'acide phosphorique ? Comment y pourvoira-t-on ? Certains bancs de craie et, par conséquent, la chaux fabriquée avec elle en renferment un peu. Mais tout cela ne suffit pas à des récoltes de blé qui exigent 20 à 25 kilogr. par hectare d'acide phosphorique, ou de trèfle qui en veulent 30 kilogr.

Le noir animal d'abord et plus tard les phosphates ou superphosphates sont venus résoudre le problème. On peut dire sans exagération que, dans les terres de Sologne, ils *font merveille*. On peut même, dans celles qui sont riches en matières organiques, employer les phosphates sans les avoir préalablement traités par l'acide sulfurique ; il suffit qu'ils soient bien finement pulvérisés.

M. Rousseau en a donné une preuve dans son domaine de la Rebutinière, situé entre Souesmes et Salbris. Il avait dans la vallée de la petite Sauldre une dizaine d'hectares de pâtureaux, remplis de joncs, de ronces, de bruyères et de fougères. Il y fit tout déblayer à la faux et tracer quelques rigoles d'assainissement et, sans autre préliminaire, il y sema en automne 1,000 kilogr. par hectare de phosphates fossiles. L'effet en fut admirable : le trèfle et les bonnes graminées prirent, dès l'année suivante, le dessus sur l'ancienne végétation ; on aurait pu croire qu'on en avait semé ; et M. Rousseau a pu charger cet herbage de bétail à raison de 1,000 kilogr. à l'hectare, comme dans les meilleurs pâturages du Charolais ou de la Normandie. La deuxième année, il y ajouta 100 kilogr. par hectare de chlorure de potassium et la troisième année 10 à 20 hectolitres de chaux. De plus, il a soin d'entretenir la fertilité de cet herbage, en lui restituant les matières minérales enlevées par les animaux qu'il y a nourris ou le foin qu'il y a récolté. Plus que partout ailleurs, le principe de la restitution doit être intégralement appliqué en Sologne. Ses terres ne contiennent pas naturellement, comme par exemple le lias du Charolais ou du Nivernais, de riches provisions de carbonate de chaux, de phosphate de chaux, de silicate de potasse ou de potasse fixée par leur pouvoir absorbant, provisions dans lesquelles les eaux de pluies chargées d'acide carbonique peuvent dissoudre chaque année les quantités nécessaires à la récolte.

La terre de Sologne n'est en quelque sorte que l'*habitation des plantes*, suivant l'expression du comte de Gasparin, et souvent cette habitation est ou trop sèche ou trop humide. Quand elle a été assainie par le drainage, il faut encore en remplir la cave et le grenier, afin que la cuisine puisse s'y faire et que les habitants y trouvent le vivre et le couvert. Les pluies amènent chaque année une certaine quantité de nitrate et de carbonate d'ammoniaque que les plantes vivaces de la lande ou la faculté d'absorption du sol argileux peuvent, jusqu'à un certain point, fixer et accumuler. Dans le pâtureau de la Rebutinière, il y avait 1 1/4 p. 1,000 d'azote, comme l'a montré l'analyse citée plus haut (page 380) ; mais c'est une terre de vallée ; dans le vieux pâturage de Salbris, dont le sol a été également analysé par M. Joulie, il y a 2,82 p. 1,000 d'azote et, dans la prairie de Mennetou-sur-Cher, 4,26 p. 1,000. Dans la lande de Nouan-le-Fuselier, M. P. de Gasparin a trouvé 60 p. 1,000 de matières organiques, ce qui permet d'admettre une dose d'azote assez considérable. Dans tous les cas, c'est l'azote qui manque le moins dans la plupart des terres de la Sologne, mais les récoltes ne peuvent en profiter qu'à la condition de trouver, à côté de lui, toutes les matières minérales nécessaires à leur développement.

« Depuis trente ans », dit M. Lecouteux, « que je dirige à mon compte une entreprise de défrichement en Sologne, je n'ai cessé d'employer simultanément le fumier, la chaux et les engrais chimiques, et j'ai pu amener ainsi mes terres à des récoltes de blé de 20 hectolitres à l'hectare [1]. »

Toutes ces dépenses représentent des sommes importantes, soit pour les améliorations foncières, soit pour la production annuelle. Évidemment, il est impossible de les payer avec des récoltes de 20 hectolitres de blé à 20 fr., et il est difficile de boucler le compte du bétail sans attribuer à son fumier un certain prix.

Mais les bois se contentent de ce que les formations géologiques renferment naturellement et de ce que l'atmosphère veut bien y ajouter chaque année ; aussi donnent-ils aux propriétaires de la Sologne le plus clair de leurs profits. On sème ou plante le pin syl-

1. *Journal d'agriculture pratique*, 15 septembre 1887.

vestre dans des terres qui valent 300 à 350 fr. l'hectare, de vieux champs usés et abandonnés par la culture, ou des landes que l'on défriche et que l'on épuise également, en y faisant 2 ou 3 récoltes successives de céréales. Avec quelques centaines de kilogrammes de phosphate fossile, ces grains rendent assez pour couvrir largement leurs frais de production, tout en fournissant des pailles aux terres destinées à rester en culture arable. De plus, les labours arrêtent l'ancienne végétation de bruyères, etc., qui aurait empêché les semis de pins de réussir et même gêné les plantations. Ces plantations coûtent de 30 à 50 fr. par hectare et les semis beaucoup moins. Chaque hectare de bois revient donc à 350 ou 400 fr. au plus et il produit entre 20 et 30 fr. par an. C'est un capital placé à 6 ou 7 p. 100. « Si l'on admet, disait Ad. Brongniart dans son rapport sur les plantations forestières de la Sologne, que dans ces vastes propriétés un tiers seulement serait réservé à la culture arable et aux prairies naturelles, que les deux tiers seraient généralement consacrés aux cultures forestières, toutes les dépenses d'améliorations, irrigations au moyen des eaux dérivées des rivières et des étangs, marnages, chaulages, engrais, etc., seraient appliquées à une surface assez bornée, et amèneraient promptement, sur ces terres ainsi limitées, des produits très supérieurs à ceux obtenus par la mauvaise culture sur des surfaces plus étendues. Pour l'ensemble de la Sologne, cette répartition ferait environ 300,000 hectares de bois et 150,000 hectares de terres arables ou prairies. »

Et M. Brongniart ajoutait cette réflexion judicieuse : « Tout semble même indiquer que l'avantage resterait encore aux mauvaises terres mises en bois sur les meilleures terres mises en culture ; et l'on pourrait au premier coup d'œil se demander pourquoi on ne chercherait pas à étendre encore davantage les plantations. » En effet, le rapport à établir entre les surfaces consacrées aux forêts et aux céréales ou fourrages dépend du prix de leurs produits, des moyens plus ou moins économiques que les progrès de la science peuvent indiquer pour les obtenir et, pour chaque domaine en particulier, de la qualité des terres dont il se compose. Il faut, en Sologne, étendre d'un côté les bois, et de l'autre les prés, jusqu'à ce que la culture arable soit réduite aux terres qui sont de force à la rémunérer.

Depuis un certain nombre d'années, la création des prairies irriguées a fait de grands progrès dans les vallons de la Sologne; et, parmi les agriculteurs qui se sont distingués sous ce rapport, je dois citer M. André Courtin, ancien élève de l'Institut agronomique. Les travaux qu'il a faits dans son domaine du Chesne, près de Salbris, peuvent être présentés comme des modèles.

De 1850 à 1879, on fit en Sologne d'immenses plantations forestières. Malheureusement la plus grande partie de ces plantations se composait de pins maritimes, qui réussissent très bien sous le climat des landes de Gascogne, mais qui ne peuvent pas supporter les froids que nous avons quelquefois dans le centre de la France et, quand survint le terrible hiver de 1879-80, avec ses températures de 30° à 35° au-dessous de zéro, ce fut un désastre général. Mais le découragement ne dura pas longtemps chez les valeureux propriétaires de la Sologne. Conseillés et aidés par l'administration forestière, qui établit de nombreuses pépinières de secours, ils ne tardèrent pas à se mettre à l'œuvre pour reconstituer leurs pineraies et, cette fois, la plupart eurent recours au pin sylvestre. En 1887, on estimait que, sur les 120,000 hectares de résineux qui avaient été détruits par l'hiver de 1879-80, plus de la moitié avaient déjà été replantés et que, si les travaux continuaient à être menés avec la même énergie, avant cinq ans, le tout serait réparé.

Un des maîtres de la sylviculture, le marquis de Vibraye, avait obtenu, en 1867, la prime d'honneur du département de Loir-et-Cher pour son domaine de Cheverny. Il est vrai que ce vaste domaine de 2,913 hectares, beaucoup mieux partagé que ceux du centre de la Sologne, se trouve situé à sa limite occidentale et qu'une partie seulement de ses terres appartient aux sables et argiles de la Sologne. On y trouve, au nord-ouest, les marnes et sables de l'Orléanais reposant sur le calcaire de Beauce, qui affleure dans la vallée voisine et, au sud-ouest, un grès falunien sans fossiles, qui appartient aux faluns de la Touraine, formation plus récente que celle de la Sologne et dont nous parlerons dans le prochain paragraphe. Le calcaire ne manquait donc pas dans certains sols et, pour les autres, on trouvait de la marne à côté d'eux, sur la propriété même.

Pendant la durée de son administration, de 1829 à 1866, le marquis de Vibraye avait transformé 315 hectares en terres labourables et 824 hectares en bois. De plus, il avait planté 24 hectares de vignes, créé 37 hectares de prés, desséché 212 hectares d'étangs, drainé 70 hectares, fait ouvrir 130 kilomètres de fossés de dessèchement et construit à ses frais 55 kilomètres de routes ou chemins. Ces travaux avaient coûté 457,845 fr., mais les revenus du domaine, qui n'étaient en 1830 que de 36,500 fr., avaient atteint en 1866 89,700 fr. Sur cette augmentation, la part la plus considérable appartenait aux bois; leur produit net était monté de 12,000 à 60,500 fr. pour 1,600 hectares, ce qui fait près de 37 fr. par hectare et par an. Les nouvelles plantations revenaient à 250 fr. l'hectare sur défrichements de landes, et à 200 fr. sur vieilles terres. Les conifères (pins maritimes, sylvestres, laricio et noirs d'Autriche) y occupent une place importante dans les terrains sablonneux. Dans les terres les plus fortes, mais seulement dans celles qui avaient été anciennement cultivées (sur les défrichements, la bruyère étouffe le chêne), on avait semé les glands avec un peu de semence de résineux. Le châtaignier avait été mis dans les terres siliceuses les plus saines et le bouleau dans les argiles nouvellement défrichées.

Le marquis de Vibraye avait créé, dans son parc de Cheverny, un *Arboretum* où toutes les essences, surtout celles de l'Amérique du Nord, étaient représentées, et il a beaucoup contribué à faire du *Sequoia sempervirens*, du *Wellingtonia* et de l'*Abies pinsapo* des arbres forestiers.

---

§ 12. — Les calcaires tertiaires et les faluns de la Touraine et de l'Anjou.

Nous avons déjà parlé au § 2 des argiles et conglomérats à silex qui couvrent la craie sur une grande partie des plateaux de la Touraine; ce sont les plus anciens parmi leurs terrains tertiaires et les plus répandus. Mais, au-dessus d'eux, on en rencontre quelquefois de plus récents. Ainsi, au nord de la Loire, d'un côté, aux environs de Chemillé et entre Neuvy-le-Roi et Neuillé-Pont-Pierre, et de l'autre, près de Couesmes et de Villiers, on trouve un *calcaire lacustre éocène,* du même âge que le calcaire de Saint-Ouen des environs de Paris ; il est associé à des marnes blanches, à des argiles rouges ou violettes et à des meulières. Les marnes sont employées comme amendement dans les terres argileuses du voisinage.

Aux environs de Tours et de Mettray, dans l'intervalle compris entre Charentilly, Notre-Dame-d'Oé et les bords de la Loire, et sur plusieurs autres points au nord-ouest, près de Pernay, de Hommes, de Rillé et de Lublé, la surface des plateaux est formée par un calcaire également lacustre, mais contemporain et, sous beaucoup de rapports, semblable à celui de la Brie. Comme ce dernier, il renferme des meulières ou des silex colorés de diverses teintes, empâtés dans du calcaire, en bancs irréguliers, entremêlés de marnes ou d'argiles.

Ce même *calcaire de la Brie* existe au sud de Tours, soit à nu et formant par sa décomposition la terre arable, soit recouvert lui-même par du limon ; il s'étend au-dessus de l'argile à silex qui couronne la craie dans la *Champeigne,* plateau qui sépare la vallée du Cher de celle de l'Indre. Tantôt les meulières ne forment que des petites concrétions irrégulières et caverneuses, qui ressemblent un peu à des scories de forges et qui sont noyées dans une argile brune ; tantôt elles se présentent sous un volume plus considérable et peuvent être exploitées comme moellons. Autrefois on les a même employées, à Cinq-Mars et à Villandry, pour faire des meules, en les assemblant au moyen de cercles de fer.

Deux échantillons de ce calcaire de Brie, pris dans des carrières situées entre Tours et Mettray, à peu de profondeur au-dessous de la couche arable, contenaient pour 1,000 :

	CARBONATE de chaux.	ACIDE phosphorique.	POTASSE attaquable à l'acide nitrique.	ALUMINE et oxyde de fer.
	—	—	—	—
1	918,346	0,012	5,848	19,30
2	944,124	0,086	7,390	15,50

Les dépôts tertiaires les plus récents de la Touraine sont les *faluns*, sables grossiers dont les matériaux proviennent sans doute du plateau central et qui sont mêlés à une grande quantité de débris de coquilles marines et de *Bryozoaires*. Quelquefois ces sables, agglutinés par un ciment calcaire, forment une sorte de béton assez solide pour servir de pierre de taille. Mais, en général, ils sont à l'état meuble. Leurs couches supérieures renferment moins de calcaire que leurs couches inférieures. Leur épaisseur varie de 2 ou 3 mètres jusqu'à 20. Quelquefois on trouve au-dessus d'eux un lit de marne qui renferme à peu près les mêmes fossiles.

Comme l'a observé M. Douvillé, les faluns reposent indistinctement et toujours en discordance de stratification sur toutes les autres formations tertiaires, tantôt sur l'argile à silex ou le calcaire de Beauce, tantôt sur les sables de l'Orléanais. Après leur dépôt, ces sables paraissent avoir été dénudés par de puissants cours d'eau qui n'en ont laissé que des lambeaux épars dans le bassin actuel de la Loire.

Sur la rive droite du Cher et sur la limite de la Sologne, une grande falunière s'étend aux environs de Contres et jusqu'à Thenay et Pontlevoy. Au sud du département d'Indre-et-Loire, celles de Louans, de Manthelan et de Bossée sont très connues et ont fourni depuis longtemps des amendements aux terres argileuses et pauvres en chaux qui les entourent.

Sur la rive droite de la Loire, le gisement de faluns le plus oriental est celui de Villebaron, au nord de Blois. Puis il y en a un grand nombre et de plus considérables au nord-ouest de Tours, près de Cléré, Savigné, Courcelles, Channay, Saint-Laurent-de-Lin, Semblançay, etc. Des échantillons de ces diverses falunières, que j'ai analysés avec M. Colomb-Pradel, contenaient pour 1,000 :

(TABLEAU.)

	CARBONATE de chaux.	ACIDE phosphorique.	POTASSE attaquable à l'acide nitrique.	ALUMINE et oxyde de fer.
Falun de Manthelan (canton de Ligueil).	388,75	0,858	2,210	63,5
Falun de Bossée (canton de Ligueil)	665,60	0,093	1,768	8,5
Falun de Ferrières-Larçon (fontaine)	551,95	0,093	5,032	11,8
Falun de Ferrières-Larçon	578,05	0,075	5,848	11,7
Falun sec de Pauvrelaft (canton du Grand-Pressigny) .	534,30	0,078	3,100	15,3
Falun de Savigné.	757,80	0,064	3,638	24,0

Dans le département de Maine-et-Loire, on rencontre également un assez grand nombre de falunières par petits bassins qui remplissent les dépressions du sol, tantôt sur les calcaires lacustres comme à Noyant, à Chavagnes, Bouton, etc. (arrondissement de Segré), tantôt sur les schistes siluriens, comme entre Pouancé et Craon (arrondissement de Segré). Les plus nombreuses se trouvent sur la rive gauche de la Loire, dans l'arrondissement de Saumur, aux environs de Doué. Quelques-unes sont sur les terrains primitifs. Les parties solides de ces dépôts sont employées comme pierres de construction, les parties sableuses comme amendement.

Le vaste domaine de la Briche, que M. Cail avait créé dans le département d'Indre-et-Loire et pour lequel il avait obtenu la prime d'honneur de ce département en 1864, se compose principalement de terres d'alluvions qui se sont accumulées dans les anciens étangs d'Hommes et de Rillé, sur un fond imperméable d'argile à silex et d'argile à meulières. Ces alluvions proviennent des terrains qui les entourent et dont les parties les plus élevées sont formées par des falunières, en sorte que la chaux ne peut pas y faire défaut. Les principales difficultés contre lesquelles M. Cail eut à lutter provenaient des eaux qui restaient stagnantes dans ces bas-fonds. « Lorsqu'en 1857, disait-il dans le rapport adressé au jury, je fis l'acquisition de la terre de la Briche, la culture en avait été abandonnée par les derniers propriétaires, parce que les résultats agricoles n'avaient pas répondu aux sacrifices qu'ils s'étaient imposés sans réflexion aucune. Ainsi, ils irriguaient un sol qui avait besoin d'être assaini ; ils y conservaient 25,000 peupliers qui, par leurs racines et l'ombre qu'ils projetaient sur les champs, rendaient le sol presque improductif; enfin, ils ouvraient des milliers de fossés qui ne pouvaient exercer aucune influence favorable sur un terrain peu déclive, vu leur faible profondeur.

« Aussi l'aspect de la propriété était-il d'une tristesse sans exemple et fallait-il plus que de la hardiesse pour oser entreprendre l'amélioration d'un tel domaine.

« Profondément convaincu que j'avais acheté une terre moins ingrate, moins rebelle qu'on ne le supposait généralement, constatant, d'un autre côté, que la stagnation des eaux avait été la cause de l'insuccès de mes prédécesseurs, persuadé enfin, qu'un assainissement bien étudié dans son ensemble et ses résultats me permettrait de conduire mon entreprise à bonne fin, je priai l'administration des ponts et chaussées de faire exécuter un projet de drainage et de canalisation pour une surface de 502 hectares.

« Aujourd'hui 366 hectares de terres labourables sont débarrassés des eaux qui rendaient ces terres presque marécageuses depuis l'automne jusqu'au milieu du printemps. Ainsi, les joncs, les laiches et autres plantes aquatiques qu'on y voyait avant 1857 en grande abondance, ont complètement disparu, et les labours, qui en hiver y étaient impossibles, s'y exécutent aujourd'hui très aisément.

« Sans doute, la terre arable des anciens étangs est encore un peu froide et tardive, mais avec le temps et sous les influences bienfaisantes et simultanées du drainage, des labours profonds et des engrais, la couche végétale acquerra des qualités qui permettront de la considérer comme excellente.

« C'est dans le but d'arriver à l'écoulement complet des eaux qui sourdent du sol que j'ai fait creuser environ 10 kilomètres de canaux d'assainissement dans lesquels débouchent les collecteurs des drains.

« Cet important travail d'assèchement avait engagé jusqu'au 30 mars dernier, une dépense totale de 98,821 fr. 22 c.; il a été exécuté sur une surface de 332 hectares, sous la direction éclairée de M. Gâté, conducteur des ponts et chaussées à Tours. L'étendue drainée a occasionné une dépense de 98,245 fr. 88 c. »

M. Cail avait parfaitement réussi dans cette grande entreprise de desséchement. Néanmoins son rapport constate que l'hectare lui revenait, en 1863, à 1,356 fr. et n'avait rendu en moyenne, depuis 1858, que 30 fr. par an de produit net. Cette disproportion provient de ce qu'il avait fait des dépenses exagérées pour la construction de ses bâtiments de ferme et de sa distillerie, 570 fr. par hectare, c'est-à-dire presque la moitié du prix de revient total et, d'un autre côté, de ce que cette période de 5 ans était une période d'amélioration pendant laquelle les récoltes n'avaient pas encore pu être ce qu'elles sont devenues depuis.

---

§ 13. — Les terrains tertiaires de la Bretagne.

La presqu'île de Bretagne se compose de roches primitives et de terrains de transition dans lesquels le calcaire est très rare. Les agriculteurs ne peuvent trouver la chaux dont ils auraient besoin pour amender leurs terres que dans le calcaire dévonien de la rade de Brest, dans les pointements de diorites qui surgissent au milieu des granites et des gneiss et dans les dépôts de tangue, de maërl et de traëz que l'Océan vient former autour de ses côtes. Pendant que les mers des époques secondaires ou tertiaires couvraient une grande partie du nord de la France de calcaires et de marnes qui offrent aujourd'hui des ressources précieuses à son agriculture, la vieille Armorique est restée émergée et elle n'a point obtenu sa part des dépôts de chaux et de phosphates.

Dans la partie orientale de la Bretagne, la plupart des terrains ont la même constitution que ceux de l'ouest, mais sa surface générale, aujourd'hui encore plus basse que celle de la presqu'île, a subi, pendant les périodes éocène, oligocène et miocène, trois affaissements successifs qui ont permis aux eaux marines d'y pénétrer et de laisser çà et là sur ses granites et ses schistes siluriens des îlots tertiaires qui correspondent, les uns au calcaire grossier du bassin de Paris, les autres aux sables de Fontainebleau et les troisièmes aux faluns de l'Anjou et de la Touraine. D'après une étude très remarquable que M. Gaston Vasseur a faite sur ces terrains tertiaires, il en reste, épars dans les départements d'Ille-et-Vilaine, de la Loire-Inférieure et de la Vendée, 74 lambeaux dont 24 appartiennent à l'époque éocène, 9 à l'oligocène, 39 aux faluns du miocène et 2 au pliocène[1]. Ils sont très intéressants pour les agriculteurs, parce que la plupart renferment des calcaires qui peuvent servir d'amendements pour les terrains pauvres en chaux du voisinage.

Les gisements de calcaire grossier occupent les dépressions les plus profondes; ils ne se rencontrent que près des côtes dans les départements de la Loire-Inférieure et de la Vendée. Les seconds atteignent une altitude plus grande et sont disséminés par lambeaux dans l'intérieur des départements de la Loire-Inférieure et d'Ille-et-Vilaine. Enfin les troisièmes, les faluns, se présentent à des cotes variables, mais souvent très élevées et sont répandus sur les plus grandes superficies.

M. G. Vasseur divise l'*éocène* de la Bretagne en trois sous-étages : A. le calcaire grossier, B. les grès à *Sabalites andegavensis* et C. les argiles lacustres de Landéan, près Fougères.

A. Dans le *calcaire grossier*, il indique 6 zones :

1° La *zone inférieure* ou *zone à Nummulites*, *Échinides* et *Ostrea flabellula*, composée de bancs de calcaire sableux alternant avec des couches de sables, accidentellement avec dolomie ou concrétions stalagmitiques.

2° *Zones à Cerithium giganteum* et fossiles variés : calcaires, tantôt compacts, tantôt sableux, contenant en général des cailloux roulés de quartz et de micaschiste.

3° *Zones à Milioles* et *Orbitolites :* calcaire grossier, mélangé d'une faible proportion de sable siliceux et formé principalement de foraminifères et de menus débris organisés, plus ou moins agglutinés.

Quelquefois cette roche est assez solide pour être utilisée dans les constructions (vieux château de Blain), mais généralement elle ne peut être employée qu'à la fabrication de la chaux.

4° *Sables coquilliers du Bois-Gouët,* près de Saffré.

5° *Sables coquilliers de Cambon* et *grès à végétaux du Bois-Gouët.*

---

1. G. Vasseur, *Recherches géologiques sur les terrains tertiaires de la France occidentale.* 1re partie. Paris, chez G. Masson, 1881.

6° *Calcaires saumâtres et lacustres de Cambon à Cerithium cristatum* et *Bithinia crassilabris.*

L'ensemble du calcaire grossier de la Bretagne ne dépasse jamais 25 à 30 mètres d'épaisseur. Il est presque toujours recouvert directement, soit par des dépôts quaternaires (sables, argiles et graviers), soit par des tourbes ou alluvions récentes (Saint-Gildas, Grande-Brière, marais de la Vendée, etc.).

B. *Les grès à Sabalites andegavensis,* contemporains des sables de Beauchamp, forment dans la partie nord-ouest de l'île de Noirmoutiers des falaises élevées que couronnent des bois de chênes-verts. M. Crié les a signalés également dans certaines parties de l'Anjou et du Maine. Ce sont des dépôts fluviatiles.

C. *Les argiles lacustres de l'éocène supérieur* ne se trouvent que dans un petit bassin entouré de collines granitiques, à 2 lieues N.-O. de Fougères, près de Landéan. Ce sont des argiles verdâtres que l'on exploite comme terre à foulon. Dans quelques endroits, elles sont couvertes de sables jaunes sans fossiles.

L'*oligocène* de la Bretagne a été divisé par M. G. Vasseur en :

1° *Calcaire grossier de Rennes à Archiacina armorica,* composé en majeure partie de milioles agglutinées par du carbonate de chaux. Mais, à sa base, on trouve un calcaire argileux, compact et bleuâtre, que l'on exploite pour la fabrication de la chaux hydraulique ou une argile pyriteuse de couleur bleu foncé ou verdâtre. Ces assises correspondent aux sables de Fontainebleau du bassin de Paris.

2° *Le calcaire lacustre de Rennes et de Saffré,* alternat de lits argileux et calcaires, plus ou moins siliceux (carrières de la Chausserie et de Lormandières, près de Rennes), et passant quelquefois à de véritables meulières (Saffré). C'est le niveau inférieur du calcaire de Beauce. On a exploité ces calcaires pour la fabrication de la chaux et pour l'amendement des terres.

Enfin les *faluns du miocène* se rencontrent par lambeaux très disséminés et d'une épaisseur toujours inférieure à 8 mètres dans les départements de la Vendée, de la Loire-inférieure, d'Ille-et-Vilaine et des Côtes-du-Nord.

Ce sont, comme dans l'Anjou et la Touraine, des sédiments marins composés de coquilles brisées, de polypiers, de bryozoaires, etc., mélangés d'une certaine quantité de sables siliceux plus ou moins grossiers. Ils sont, en général, meubles ou faiblement agglutinés par un ciment calcaire en grès légers et friables. Cependant on y trouve des bancs assez durs pour être employés dans les constructions. Les sablons calcaires sont ordinairement très purs et d'une certaine blancheur, mais souvent aussi ils renferment de l'argile et sont colorés en jaune plus ou moins foncé.

La plus grande falunière du département d'Ille-et-Vilaine est celle de la Chausserie, dans le bassin de Rennes. Dans le même département, il y a celles de Saint-Grégoire, de Gahard, d'Argentré, etc. Dans la Loire-Inférieure, on en trouve un assez grand nombre aux environs d'Aigrefeuille et de Vieillevigne; dans la Vendée, à Challons, la Sénardière et la Gariopierre.

Dans son livre, M. G. Vasseur cite et décrit avec détail tous ces gisements. Il y ajoute une carte des départements d'Ille-et-Vilaine, de la Loire-Inférieure et de la Vendée sur laquelle il les a figurés avec les contours des bassins occupés par les eaux marines aux époques tertiaires; du reste, il est fort probable que, dans l'intervalle et surtout dans le voisinage des dépôts reconnus, il est resté quelquefois des couches plus minces de calcaires ou de faluns qui sont cachées sous des sédiments plus modernes ou qui ont été mélangées par les labours avec la terre arable.

Je recommande l'étude de ce livre aux directeurs de stations agronomiques et aux agriculteurs qui ont à faire, dans ces départements, des recherches sur la composition chimique des terres, sur les engrais dont elles ont besoin et sur les gisements où ils peuvent trouver des amendements calcaires. Dans toutes ces recherches, il faut que la géologie serve de base à l'analyse chimique des terres dans le laboratoire, comme à leur analyse par les plantes dans les champs d'expériences. Dans les deux cas, il faut commencer par choisir convenablement soit les échantillons, soit la place des champs d'expériences. Les résultats des analyses et des expériences seront alors applicables à tous les terrains dont celui qui a servi à l'analyse et aux expériences représente bien le type géologique.

Aux environs de Valognes, dans la presqu'île du Cotentin (département de la Manche), on a reconnu également quelques lambeaux de terrains tertiaires, la plupart composés de calcaires ou de marnes.

---

§ 14. — La Brenne.

Le Bas-Berry ou département de l'Indre se compose de trois régions agricoles bien distinctes : au nord, la *Champagne,* pays de calcaire jurassique, pays d'esparcette et de moutons ; au sud, le *Bois-Chaud* ou *Boischot :* de belles prairies y couvrent les marnes du lias et sont séparées, par une bande de terrains triasiques, des granites et gneiss du plateau central ; entre deux, et plus particulièrement entre l'Indre et la Creuse, se trouve la *Brenne,* que l'on a souvent appelée la *petite Sologne.*

Elle ressemble, en effet, à la Sologne par sa pauvre agriculture, le grand nombre de ses étangs, de ses brandes et de ses bois, ainsi que par la nature et l'origine géologique de ses terrains. Ces terrains sont formés par des argiles bariolées de diverses couleurs, par des sables argileux avec grains de quartz granitiques et par des grès rougeâtres, au milieu desquels on ne peut reconnaître, comme dans les sables et argiles de la Sologne, ni stratification régulière, ni vestiges de fossiles. On les considère comme dus également à des éruptions boueuses, mais plus anciennes que celles de la Sologne. On les rapporte à la période oligocène, comme les dépôts sidérolithiques que l'on trouve, tantôt en couches, tantôt en poches, sur les calcaires jurassiques ou crétacés et parmi lesquels nous avons déjà signalés les *bolus* des montagnes du Jura avec leurs minerais de fer, les phosphorites du Quercy et du Gard, les argiles rutilantes des causses de la Lozère et de l'Aveyron, les *terra rossa* de l'Italie et du *Kars* au sud de l'Autriche, etc. Cependant il y a une différence essentielle entre la plupart de ces dépôts sidérolithiques et ceux de la Brenne. Tandis que les premiers font des terres fertiles et contiennent même souvent des mines de phosphates qui servent à enrichir les autres terrains, ceux de la Brenne sont pauvres en chaux et en acide phosphorique. Sans doute ils ont été lavés, pendant ou après leur formation, par des eaux chargées d'acide carbonique qui ont dissous tous les carbonates et phosphates de chaux qu'ils pouvaient contenir à l'origine.

D'après les analyses de M. E. Guinon, directeur de la station agronomique de Châteauroux, les échantillons de huit terres de la Brenne contenaient pour 1,000 :

LIEU de provenance.	ANALYSE MÉCANIQUE.			ANALYSE CHIMIQUE[1].				
	Cailloux.	Gravier.	Terre fine.	Acide phosphorique.	Chaux.	Potasse.	Azote.	Magnésie.
Arthon	142,7	152,8	704,5	0,741	2,066	0,199	1,066	0,587
Velles.	2,9	80,4	916,7	6,297	2,242	0,183	0,786	0,728
Bouesse	25,6	94,3	880,1	0,650	2,160	0,186	1,550	0,360
Luant.	0,0	23,7	976,3	0,285	2,710	0,234	0,970	0,952
Rosnay	15,7	152,6	831,7	0,182	3,965	0,156	1,213	0,542
Vendœuvres. . .	2,3	167,8	829,9	0,127	0,747	0,089	0,550	»
Vendœuvres. . .	10,9	218,8	770,3	0,200	2,858	0,252	0,826	»
Lingé.	18,9	176,9	804,2	0,151	3,972	0,156	0,835	0,911

1. La potasse indiquée est la potasse assimilable, dosée par le procédé Schlœsing.

Pour se procurer la chaux, la Brenne est dans des conditions beaucoup moins défavorables que la Sologne. Ses argiles reposent partout sur des assises calcaires : au sud, c'est le lias et successivement toute la série oolithique, et, vers le nord, c'est la craie. En creusant, on peut les atteindre à des profondeurs variables et souvent assez faibles, en sorte que l'extraction de la marne ou de la pierre à chaux n'est pas très coûteuse. La Brenne a, d'ailleurs, une étendue moins considérable que la Sologne et ses plateaux sont découpés par les vallées de l'Indre, de la Claise, de la Creuse et du Langlin sur les bords desquelles affleurent les formations jurassiques et crétacées.

La surface des plateaux présente de nombreux vallons ou de simples dépressions qui ont toutes une certaine pente vers ces rivières. Des chaussées construites en travers de cette pente ont permis d'accumuler les eaux de pluie sur les argiles qui forment le sous-sol et de créer un grand nombre d'étangs qui ont rendu le pays insalubre et fiévreux. Mais il est facile de dessécher ces étangs, de les remplacer par des prairies et de faire des fossés ou canaux pour assainir la contrée. C'est ce qu'on a commencé à faire sur beaucoup de points.

De loin en loin, les grès ou *grisons* forment, dans les parties élevées, des monticules de forme conique ou allongée qui sont couverts de bois et qui sont caractéristiques de la Brenne. On les rencontre, dit M. Godefroy, surtout suivant une zone d'environ deux lieues de largeur passant près de Neuillay, Méobecq, Migné, le Bouchet, et se terminant à Lureuil. C'est la partie montagneuse de la Brenne; là, se trouve la ligne de partage des eaux du bassin de la Creuse et de celui de la Claise. Certains points de cette zone ne sont pas dépourvus de beauté ; ainsi, au village de Fertre, près de Lingé, on domine une vaste et belle plaine qui s'étend jusqu'à Mézières ; du château du Bouchet, bâti sur le point culminant de la contrée, la vue, franchissant la vallée de l'Indre, découvre d'un côté les coteaux crayeux de Palluau, et de l'autre, franchissant la vallée de la Creuse, aperçoit les environs de Ferrier-Porcher, ligne de faîte des bassins du Langlin et de la Creuse ; puis elle se repose agréablement sur le bel étang de la Mer-Rouge, situé au pied de la colline[1].

Entre les bois et les étangs, s'étendent de vastes brandes et les champs cultivés, presque toujours groupés autour des fermes. Le sol varie du sable presque pur à l'argile la plus compacte.

Quand le sable est très fin, il forme une terre assez fraîche pour que les plantes n'y souffrent pas souvent de la sécheresse. Mais quelquefois c'est un sable jaune et grossier qui ne peut guère payer la culture ; il vaut mieux le boiser ou l'abandonner à la bruyère.

La nature du sous-sol varie également beaucoup. Quelquefois il est lui-même sablonneux. Le plus souvent, c'est de l'argile et l'on peut alors, par des défoncements, le mélanger à la terre arable et en améliorer les propriétés physiques.

Lorsque le calcaire se trouve à une faible profondeur au-dessous de la surface, il est recouvert par une terre dont les cultivateurs berrichons apprécient beaucoup la qualité et qu'ils appellent *beauce*. Si ce calcaire est peu profond, il s'annonce, suivant M. Godefroy,

---

1. V. Godefroy, *Cours de géologie agricole.*

quand on creuse, par une couche d'argile peu sableuse, de couleur brune.

La qualité des brandes peut se reconnaître à la végétation qui les couvre. Les plus mauvaises, les *brandes noires*, ne portent que des bruyères (*Erica vulgaris*). Viennent ensuite les *brandes blanches* ou brandes à *Erica scoparia* (bruyère à balais). Les meilleures sont les *brandes jaunes* où les ajoncs nains (*Ulex nanus*) se trouvent mêlés aux fougères et une certaine quantité de fétuques et d'autres graminées, nourriture du bétail que l'on envoie paître dans la brande.

En 1850, l'hectare de brande se vendait de 75 à 200 fr. suivant sa qualité. Les terres cultivées valaient 150 à 300 fr. l'hectare, et 400 fr. au plus, quand elles venaient d'être marnées.

A part les *manœuvreries* ou petites propriétés qui entourent les villages, la plupart des fermes sont cultivées par des métayers et ont une grande étendue, de 50 à 200 hectares et même 300. Mais la moitié, souvent même les $^3/_4$ de cette surface sont en *brandes*.

Le reste est cultivé en assolement triennal : jachère avec une partie en trèfle ou en pommes de terre et une petite fumure d'environ 10,000 kilogr. à l'hectare ; puis, en 2e année, dans les bonnes terres, froment qui rend en moyenne 12 hectolitres à l'hectare et, dans les sols légers, méteil ou seigle qui ne donnent pas beaucoup plus ; enfin, avoine ou orge, dont le produit est très irrégulier.

Ajoutez à cela 4 ou 5 hectares de prés, ordinairement situés autour des étangs, et vous aurez une idée de l'ancienne culture de la Brenne, culture qui ne rendait au propriétaire que 7 à 8 fr. par hectare et faisait tout juste vivre le métayer, sans pouvoir jamais l'enrichir.

Le travail se fait avec des bœufs élevés dans le pays ou achetés jeunes dans le Limousin. Chaque métayer en engraisse 2 ou 3 paires par an.

Malgré leur rusticité, les moutons berrichons sont sujets à prendre la pourriture dans les terres humides de la Brenne. On en élève un peu dans les brandes, mais on engraisse surtout des moutons achetés dans la Champagne, aux environs de Châteauroux et d'Issoudun. Pour cela, on brûle la bruyère au printemps et il repousse une herbe fine et substantielle qui, en deux ou trois mois, met les bêtes dans un parfait état de graisse.

On tient en moyenne un mouton par hectare ou un peu plus. Avec eux, on voit pâturer sur la brande, 4 ou 5 chèvres ou quelques petites vaches dont le lait sert à faire des fromages ou se consomme dans le ménage du métayer, une ou deux juments et leurs poulains, une demi-douzaine de cochons et, sur les bords de l'étang, une bande d'oies et de canards.

Lorsqu'il s'agit de défricher les bruyères, la pratique la plus commune est l'écobuage. Après avoir pelé la terre au moyen d'une houe à 6 ou 7 centimètres de profondeur, on fait sécher ces tranches, on les met en tas et on les brûle. La cendre est répandue et recouverte par un léger labour sur lequel on sème du blé. Ce blé rend ordinairement beaucoup. Il en est de même de la seconde récolte, mais à la troisième le terrain est épuisé. Il faut un marnage et de fortes fumures pour le remettre en état ; outre cela, la bruyère, qui n'a pas été attaquée assez profondément par la houe et que l'arau ne peut détruire, ne tarde pas à repousser et à changer de nouveau le champ en brande.

Il y a 40 à 50 ans, on a commencé à se servir du noir animal dans les défrichements de brandes de la Brenne. Moll, alors professeur au Conservatoire des Arts et Métiers, y avait un domaine, l'Espinasse, et il a souvent raconté comment il procédait dans ces défrichements :

Les souches de la grande bruyère (*Erica scoparia*), disait-il, qui abondent dans nos brandes, très épaisses et très dures, sont implantées dans le sol jusqu'à 20 centimètres de profondeur. Elles offrent une telle résistance que lorsque la charrue en rencontre une, il faut ou qu'elle s'arrête ou qu'elle casse. Leur nombre est tel qu'il n'y a pas à penser à les extirper à bras d'homme avant le labour. Le seul moyen à prendre alors est de faire piquer le soc de la charrue à 30 centimètres de profondeur, c'est-à-dire, au-dessous de la couche occupée par les souches de bruyères.

La charrue peut ainsi marcher sans entraves, sauf quelques racines d'arbres ou d'ajoncs qui exigent forcément l'intervention de la pioche, comme cela arrive d'ailleurs dans tous les défrichements. Ce labour est exécuté pendant l'hiver avec un attelage de trois ou quatre paires de bœufs. Jusqu'en août, on cherche à ameublir la partie superficielle ; pour cela, on se sert de la herse et de l'*arau*, sorte de binot qui est usité dans la Brenne et qui se borne à couper la terre jusqu'à 12 centimètres de profondeur sans la retourner. Puis on sème du colza avec 4 à 5 hectolitres de noir animal par hectare. Après le colza, on fait du blé sur un labour, avec 4 hectolitres de noir. Enfin on sème un mélange de vesces et d'avoine toujours avec du noir et, en 4ᵉ année, des graminées pour former un pâturage qui dure jusqu'à ce que l'ajonc reparaisse, ordinairement 4 ou 5 ans. Pendant ces huit premières années, le produit net était de 62 fr. par hectare et par an.

Mais ensuite, ajoutait M. Moll, la terre retombait dans un état d'infécondité plus grande qu'auparavant et il fallait intervenir avec le marnage et les fortes fumures pour y établir un assolement productif. A l'Espinasse, cet assolement était : 1) jachère, plantes sarclées et maïs-fourrage, le tout fumé ; 2) blé avec semis de 8 kilogr. trèfle ordinaire, 2 kilogr. minette, 2 kilogr. trèfle blanc, 12 kilogr. ray-grass, 1 kilogr. houlque laineuse et 1 kilogr. de fléole ; 3) 2 coupes de fourrages ; 4 et 5) pâturage ; 6) avoine.

Dans les terres les plus éloignées de sa ferme, Moll avait également adopté un assolement semi-pastoral, mais en remplaçant le fumier de ferme par le noir animal et les fumures vertes.

Au lieu de noir animal, on emploie aujourd'hui les phosphates minéraux.

En 1882, la prime d'honneur du département de l'Indre a été accordée à une ferme située en Brenne, sur la limite du Bois-Chaud, celle de Bouesse.

Quand M. Thimel l'acheta, en 1855, l'exploitation ne comprenait que 7 hectares de mauvaises prairies et environ 60 hectares de terres arables qui étaient incapables de produire du blé et ne donnaient que 7 à 8 hectolitres d'un seigle médiocre ; tout le reste du domaine était couvert d'étangs insalubres, de marais et de brandes.

Les animaux entretenus sur la ferme étaient peu nombreux et ne comprenaient que des bêtes à cornes sans race déterminée et des moutons de petite taille ; vivant presque toute l'année dehors, ils passaient misérablement l'hiver ; le fourrage était insuffisant et, par suite, ils ne produisaient que fort peu de fumier.

Dans cette propriété à demi sauvage, tout était à créer et elle n'offrait aucune ressource en fourrage ou engrais pour les améliorations futures.

M. Thimel se mit immédiatement à l'œuvre. Tout en améliorant les vieilles terres par des achats de fourrrages et d'engrais, il défricha successivement toutes les landes et créa 56 hectares de prairies.

Après un labour profond, les brandes retournées recevaient de fortes doses de noir animal ou de phosphate de chaux et pouvaient ainsi donner 3 à 4 récoltes de céréales. Puis on les drainait, les chaulait, les fumait abondamment et les faisait entrer dans l'assolement général.

A mesure que la progression des défrichements éloigna les cultures des bâtiments d'exploitation, on construisit 3,000 mètres de chemins d'accès bordés de fossés.

Aujourd'hui le domaine se compose de 14 hectares de bois, 56 hectares de prés et 132 hectares de terres arables où le blé donna, en 1881, 30 hectolitres à l'hectare.

Le troupeau se compose de 400 à 500 moutons de race berrichonne croisée southdown. Depuis que les terres ont été assainies, la cachexie aqueuse, très fréquente auparavant, a complètement disparu.

Pour former sa vacherie, M. Thimel a choisi quelques bons sujets de la race parthenaise, très répandue dans le pays, et a croisé leur descendance avec du limousin[1].

---

§ 15. — La Limagne d'Auvergne.

Par suite de sa constitution géologique, la Limagne d'Auvergne est aussi riche que la Sologne et la Brenne sont pauvres. Ses terrains se composent de calcaires et de marnes qui ont la même origine et la même nature que ceux de la Beauce, mais qui n'ont aucun de leurs

---

1. Franc, *Rapport du jury de la prime d'honneur de l'Indre en* 1882.

défauts: ils sont entremêlés dans leurs parties supérieures de détritus volcaniques qui leur ont donné l'acide phosphorique et la potasse en abondance et ils reposent sur des argiles qui retiennent les eaux, qui les retiennent même trop bien pour la parfaite salubrité de la contrée.

A l'époque oligocène, quand le plateau central n'avait pas encore atteint toutes ses hauteurs actuelles, le grand lac de la Beauce s'étendait, par le Bourbonnais, jusque dans les hautes vallées de l'Allier et de la Loire, et sans doute plus loin, si l'on en juge par quelques lambeaux de terrains tertiaires que l'on trouve aux environs d'Aurillac. Au fond de ce lac, se déposèrent d'abord : 1° 50 à 60 mètres d'*argiles bariolées* et d'*arkoses* dont les éléments ont été fournis par la désagrégation des roches granitiques qui entourent le bassin ; 2° 50 mètres de *calcaires jaunes* et de *marnes*, tantôt en bancs épais, tantôt en feuillets très minces, avec du gypse qui est exploité, beaucoup de tiges et de graines de *Chara*, des plumes d'oiseaux, etc. ; 3° 50 mètres de *calcaires*, alternant avec des lits d'*argiles* grises ou verdâtres à carapaces de *Cypris faba, Limnées*, etc. ; 4° 200 mètres de *calcaires* et de *marnes* entremêlées dans leurs parties supérieures de couches plus ou moins bien stratifiées de *pépérites*, c'est-à-dire de cendres volcaniques cimentées par de la vase calcaire et remplies d'étuis de *phryganes*. On a nommé ces calcaires *Calcaires à phryganes*. L'abondance de ces mouches montre qu'à la fin de l'époque oligocène les eaux commençaient à baisser dans le lac de la Limagne, qui peu à peu se transformait en marais. C'était l'époque où les volcans de l'Auvergne surgissaient au milieu des granites du plateau central. De là ces pluies de cendre basaltiques et ces coulées de laves qui vinrent se mêler aux calcaires marneux et aux sables fluviatiles à *Melania aquitanica*, etc., comme on le voit sur la hauteur de Gergovie, près de Merdogne[1]. De là l'exhaussement général de toute la région. Insensiblement, la vallée actuelle se dessina ; les argiles et les calcaires lacustres furent relevés sur les bords de la Limagne,

1. Julien, *Annuaire du club alpin*, 1881, et le Dr Pommerol, *Association française pour l'avancement des sciences*, 1876.

de telle sorte que nous en trouvons aujourd'hui sur les collines qui l'entourent. Puis vinrent le diluvium de l'époque quaternaire et les alluvions qui ont peu à peu nivelé le fond de la vallée. Mais, comme les moraines des glaciers quaternaires et les eaux des rivières venaient d'une contrée en grande partie volcanique, elles continuaient à amener des matériaux qui étaient riches en chaux, en acide phosphorique et en potasse, et qui contribuaient, par conséquent, à former des terres fertiles. Il est d'ailleurs prouvé, par les dépôts de poussières volcaniques que l'on a trouvés sur la toiture de l'observatoire météorologique du Puy-de-Dôme, que ces poussières continuent à se répandre de temps en temps aux environs des anciens volcans de l'Auvergne, et il doit en résulter pour les vallées voisines de véritables fumures sidérales, des engrais chimiques qui tombent du ciel.

Tout cela explique la fertilité en quelque sorte inépuisable de la Limagne. « Il y a », dit L. de Lavergne[1], « peu de spectacles aussi frappants que la traversée de la Limagne depuis l'embouchure de la Dore jusqu'au delà d'Issoire. Des deux côtés, des chaînes de montagnes dont les sommets coniques conservent la forme des volcans éteints ; sur leurs pentes, des vignes sans fin étalées au soleil, et à leurs pieds, tout un océan de moissons. La hauteur moyenne de la vallée est entre 300 et 400 mètres, mais la nature du sol rend possibles à cette hauteur toutes les cultures. La cathédrale de Clermont, admirablement située sur un mamelon, domine le paysage ; puis viennent d'innombrables villages, les uns noyés dans la plaine au milieu des épis, les autres perchés sur la montagne au milieu des pampres, avec quelques ruines de châteaux forts sur les pics isolés. Ce qui contribue à la beauté du tableau, surtout au printemps, c'est la multitude des arbres fruitiers. »

Yvart a résumé ainsi les caractères agricoles de la Limagne : Froments variés, chanvre excellent, raves et plantes légumineuses très estimées, pommes de terre nombreuses, vins abondants, potagers étendus très productifs, pépinières en tout genre, arbres fruitiers de toute espèce, superbes noyers greffés, enfin nombreux canaux

1. L. de Lavergne, *Économie rurale de la France.*

Géologie Agricole II

Berger-Levrault et Cie Éditeurs

LA LIMAGNE D'AUVERGNE

d'irrigation bordés de saules et de peupliers. Il n'existe pas dans ce pays d'assolement généralement adopté. Chaque cultivateur a le sien et en change souvent. La fertilité de la terre est, en effet, telle, qu'elle permet d'obtenir toute sorte de produits sans jachère, et sans que le sol paraisse s'épuiser. Au milieu des récoltes qui s'offrent à son choix, le paysan a toutefois une prédilection marquée pour les céréales, et particulièrement pour le froment.

Le sol y est très favorable à la culture des blés dits glacés, qui renferment beaucoup de gluten et sont très recherchés pour la fabrication de la semoule et des pâtes alimentaires. La valeur des semoules livrées au commerce dépasse 3,000,000 de francs et celle des pâtes n'est pas au-dessous de 4,000,000 de francs.

Dans une partie de la Limagne, principalement aux environs de Riom et de Clermont, les céréales sont semées en ligne. La terre est ouverte avec le bident ou fourche à deux dents; une femme suit en répandant la semence. Cette méthode permet de biner la récolte. La propriété est tellement morcelée dans le pays, que l'usage des instruments à main y joue un grand rôle. Assez souvent, la hotte et le bident, ajoutés à la bêche et à la pioche, forment tout le matériel agricole des petits cultivateurs. Dans les localités où l'on se sert de charrues, c'est toujours l'araire qui est employé.

Le chanvre constitue un produit d'autant plus important qu'il est ouvré dans le pays. La bonne qualité des pommes de terre fait qu'elles sont transportées jusqu'à Saint-Étienne, Lyon et Paris. La vigne est très répandue dans la plaine, principalement au nord-ouest de Riom et, en suivant le cours de l'Allier, entre Issoire et Veyre. La qualité des vins n'a rien de remarquable ; elle pourrait être améliorée. Les fruits, à cause de leur saveur exquise, jouissent surtout d'une grande réputation et forment une branche considérable du revenu agricole. On exporte au loin des pommes, des poires, des pêches, des abricots et des cerises. Les confiseurs de Riom et de Clermont fabriquent, chaque année, une grande quantité de fruits confis et de la pâte d'abricot très renommée, dont le poids atteint plusieurs milliers de quintaux métriques.

Le fumier de ferme, la poudrette, les os pulvérisés, les raclures de corne et les tourteaux sont les principaux engrais du pays. On y sème aussi beaucoup de pois, de vesces et de féveroles, destinés à être enfouis en vert. Les moutons, ainsi que les porcs, y sont très nombreux; leur race n'offre rien de particulier.

La Limagne, si belle par ses productions agricoles, laisse encore un peu à désirer sous le rapport de la salubrité. Une partie de sa surface montre qu'elle a été autrefois un vaste lac, et, sur plusieurs points, l'écoulement des eaux ne s'y fait pas avec facilité. C'est ce qu'indique assez le nom de plaine du Marais, donné aux terres qui, situées entre les villages d'Aulnat et de Pessat, s'étendent au nord-nord-est de Clermont, sur une longueur de 12 à 13 kilomètres.

---

§ 16. — Le Velay, la plaine du Forez et le bassin de Roanne.

L'ancien lac du Velay a laissé, aux environs du Puy, des sédiments analogues à ceux de la Limagne. Ce sont : 1° des *arkoses* et des *argiles* grises et rouges, sans fossiles ; 2° des *marnes jaunâtres,* avec bancs de gypse fibreux, contenant à Cormail des restes de *Palæotherium ;* puis 3° environ 300 mètres de *calcaires et marnes à Limnæa longiscata, Planorbis cornu,* etc., et restes de mammifères; on les nomme *calcaires de Ronzon,* à cause des fossiles caractéristiques que l'on trouve en abondance dans cette localité. Comme dans la Limagne, les eaux et les vents ont mêlé à ces terrains marneux les fertiles alluvions fournies par les volcans qui entourent le bassin du Puy.

Mais il n'en a pas été de même pour la plaine du Forez et le bassin de Roanne qui se trouvent au-dessous du Velay, dans la vallée de la Loire. Là nous trouvons des terres qui sont loin d'être naturellement aussi fertiles que celles de la Limagne, quoiqu'elles aient beaucoup de rapports avec ces dernières par leur origine géologique. Elles ont été formées en grande partie par les dépôts du même lac oligocène, mais, au lieu d'être dominées par des volcans, elles sont entourées de montagnes de granite, de porphyre, de grès houiller et de schistes de transition qui ne pouvaient pas leur envoyer les mêmes éléments de fertilité.

Cependant on rencontre, aux environs de Montbrison, quelques pointements de basaltes épars dans la plaine du Forez et, dans le bassin de Roanne, l'oolithe inférieure et le lias du Charolais viennent affleurer sur la rive droite de la Loire, entre Pouilly et Marcigny. Leur influence est très sensible sur les terrains qui se trouvent au-dessous et autour d'eux. Ces terrains sont plus riches en chaux ; le froment et les légumineuses y réussissent mieux que dans les varennes voisines.

D'après M. Grüner, l'étendue totale des terrains tertiaires dans le département de la Loire est de 98,580 hectares, environ la cinquième partie de sa surface totale. Sur ce chiffre, 49,850 hectares appartiennent à la *plaine du Forez* ou *bassin de Feurs et de Montbrison,* et 46,730 au *bassin de Roanne.* De plus, environ 33,900 hectares de terrains tertiaires sont cachés sous des alluvions dont l'épaisseur maximum ne dépasse jamais 10 à 12 mètres. M. Grüner divise ces terrains tertiaires en trois étages dont l'étendue superficielle s'accroît de bas en haut, tandis que leur puissance varie en sens inverse [1].

L'*étage inférieur* n'est visible nulle part. Son existence n'a pu être constatée que par des sondages, entre autres celui de Roanne où M. Degousée a trouvé la coupe suivante :

Sables et graviers (alluvions de la Loire)	7m,50
Sable jaunâtre	4 ,54
Argiles vertes plus ou moins sableuses	49 ,00
Argiles plus fines de diverses nuances.	140 ,00
Profondeur totale.	201m,04

Les argiles inférieures ont une analogie frappante avec les argiles bigarrées de la Limagne ; le calcaire y manque absolument.

L'*étage moyen* occupe le fond et, jusqu'à mi-coteau, le flanc de la plupart des vallées transversales des bassins de Roanne et de Feurs. En approchant de la Loire il se perd sous les alluvions, tandis

1. Grüner, *Géologie du département de la Loire.*

que, près des bords du bassin, on le voit se continuer sous le cailloutis tertiaire supérieur, qui couronne spécialement toutes les hauteurs de la plaine. A Roanne et à Feurs, l'étage moyen est surtout développé sur la rive gauche de la Loire.

Cet étage moyen se compose principalement d'argiles blanches ou vertes, entremêlées de quelques bancs plus ou moins sableux, dont la teinte varie du blanc au rouge ; mais les sables proprement dits y sont rares et n'y prédominent jamais. A ce point de vue, il relie en quelque sorte, d'une manière graduelle, les argiles bigarrées inférieures aux sables graveleux supérieurs.

Du reste, à tous les niveaux, ces dépôts tertiaires sont plus fins vers le centre du bassin que sur les bords. Cela est vrai en particulier pour l'étage supérieur, mais se vérifie aussi dans l'étage moyen, où les argiles sont d'autant plus fréquentes et moins sableuses que l'on s'éloigne davantage de la lisière du bassin.

Les argiles ne sont jamais dures et les sables argileux presque toujours sans consistance. Cependant, vers le milieu du bassin de Feurs, à Saint-Cyprien, Chalain-le-Comtal, etc., on rencontre du grès fin, dur, divisé en assises ou plaquettes minces. Le ciment qui lie les grains siliceux est une sorte d'argile kaolinique blanche, presque toujours associée à une faible proportion de calcaire. Les argiles voisines sont alors aussi légèrement marneuses. Enfin, sur certains points, la matière calcaire devient plus abondante ; elle sillonne les argiles vertes sous forme de rognons plus ou moins friables ou concrétionnés, et se concentre même ailleurs en bancs continus, que l'on exploite avec avantage comme pierre à chaux.

Ces dépôts calcaires caractérisent spécialement la partie haute de l'étage moyen, mais n'y occupent nulle part, d'une manière uniforme, toute l'étendue des deux plaines. Il semble qu'au milieu d'une sédimentation presque exclusivement argilo-sableuse, quelques sources aient fourni du carbonate de chaux qui, selon son abondance, aura produit des bancs ou de simples rognons. Ces derniers diminuent graduellement, dans certaines directions, sans doute en proportion de l'éloignement des points d'émergence des anciennes sources.

Le calcaire est exploité, dans la plaine de Feurs, sur la ligne de Saint-Marcellin à Sury. Plus au nord, on le rencontre aussi entre

Montbrison et Chalain-le-Comtal, ainsi que dans les communes de Grézieux et de Prétieux ; mais les bancs y sont peu puissants. Au delà du Lignon, l'étage supérieur envahit presque en entier toute la plaine, et si dans les bas-fonds on découvre encore les argiles de l'étage moyen, le calcaire ne s'y montre nulle part, si ce n'est en lambeaux irréguliers, peu étendus, au voisinage de la butte basaltique de Marcoux. Mais cela même prouve qu'à une certaine profondeur le calcaire existe aussi sous cette partie de la plaine.

Dans le bassin de Roanne, le calcaire se présente le long d'une zone à peu près continue depuis les Ouches jusqu'à Urbise. Il occupe les bas-fonds et la moitié inférieure du flanc des coteaux, tandis que les parties hautes sont partout couronnées par l'étage supérieur. On l'exploite spécialement aux Athianos, près d'Ambierle, et à Urbise, au nord de la Pacaudière. Sur tous ces points, le calcaire est argilo-siliceux et ne donne qu'une chaux maigre, moyennement hydraulique, convenant peu pour l'amendement des terres.

L'*étage supérieur* occupe les parties culminantes des deux plaines et n'a été recouvert par les alluvions que sur un petit nombre de points. Au centre de nos plaines il repose sur l'étage moyen, tandis que le long de la lisière des deux bassins il déborde les argiles tertiaires moyennes et s'appuie partout directement sur des terrains plus anciens.

Cet étage supérieur se compose presque exclusivement de sables plus ou moins grossiers et caillouteux, blancs, jaunes ou rougeâtres. Si les argiles s'y rencontrent encore çà et là, elles sont relativement rares et, en général, ferrugineuses et grossières. Les sables et dépôts caillouteux sont d'autant plus mêlés de gros galets qu'ils sont plus voisins des bords du bassin.

Mais ce qui frappe par-dessus tout, c'est le rapport intime, en chaque point du bassin, entre la nature des galets et celle des roches les plus voisines, formant les anciennes rives du lac tertiaire. Dans la partie sud de la plaine du Forez, jusqu'à la hauteur de Montbrison et de Feurs, les galets de l'étage supérieur sont presque uniquement granitiques et quartzeux ; on n'y voit aucune roche des terrains secondaires et de transition. Les gneiss et le micaschiste y sont même rares, sauf là où le granite voisin en renferme de grands lambeaux, comme entre Saint-Galmier et Saint-Rambert.

A partir de Boën et de Pouilly-lez-Feurs, le nombre des cailloux granitiques diminue rapidement, et à leur place se présentent des galets porphyriques et des débris roulés du système carbonifère (surtout des schistes siliceux, grauwackes lustrées et grès porphyriques). Là où dominent les porphyres et les grès feldspathiques, les argiles elles-mêmes changent de nature, elles deviennent blanches, sont souvent réfractaires, et alternent avec des sables blancs quartzo-feldspathiques (Amions et Saint-Paul-de-Vezelin).

Dans la plaine de Roanne, l'influence des anciens rivages est encore plus sensible.

Il suit de là, comme au reste on pouvait s'y attendre *à priori*, que le dépôt sédimentaire des plaines de Feurs et de Roanne, et spécialement son étage le plus élevé, n'a pas été amené par un cours d'eau unique, mais par une série d'affluents d'une faible étendue, entraînant chacun dans le bassin commun les débris des roches de son district hydrographique. La Loire alors n'existait pas encore comme artère principale.

Une circonstance qu'il importe de mentionner également, c'est que l'assise la plus élevée de l'étage supérieur est spécialement caillouteuse. Toutes les parties culminantes des deux plaines sont couvertes de galets, dont la grosseur et le nombre augmentent aussi à mesure que leur distance à l'ancien rivage diminue. On peut spécialement constater ce fait aux environs de Roanne, en parcourant la haute plaine de la rive droite, dans la direction de Perreux à Pradines ou à Coutouvre. A Perreux, le banc caillouteux supérieur couronne les falaises argilo-sableuses de l'étage supérieur, tandis qu'à Pradines et à Coutouvre il repose directement sur le sous-sol jurassique.

Ainsi non seulement l'étage supérieur déborde d'une manière générale l'étage moyen, mais encore l'assise culminante dépasse, à son tour, les bancs immédiatement inférieurs: d'où il résulte nécessairement que le niveau des eaux fut surtout élevé vers la fin de cette époque, ou, en d'autres termes, que le sous-sol n'a pas cessé de s'abaisser pendant toute la période de l'étage supérieur.

Grâce à l'horizontalité des assises qui forment le terrain tertiaire de la plaine du Forez et du bassin de Roanne, grâce également à la faible consistance de ses roches, on n'y rencontre sur aucun point ni escarpement ni crête rocheuse. Les seules inégalités qu'offre ce terrain proviennent de l'action érosive des eaux. De larges coteaux, à surface plane, s'abaissent en pente douce vers les vallées d'érosion qui sillonnent transversalement les deux plaines du Forez et de Roanne. Rarement la différence de niveau entre les points culminants et le fond de la vallée atteint 50 mètres.

Pourtant les pentes deviennent plus raides et les hauteurs plus grandes là où les assises tertiaires supérieures débordent l'étage moyen et s'appuient directement sur le sous-sol plus ancien (bois de la Fouillouse; plateaux de Saint-Georges-de-Baroilles, de Saint-Hilaire et de Charlieu). Il en est de même dans la région peu étendue où les côtes basaltiques ont exceptionnellement surélevé les argiles traversées. Ainsi, dans la plaine du Forez, le basalte a porté les sables tertiaires à plus de 500 mètres au mont Uzore et pour le moins à 550 mètres au Puy de Curcieux, près de Montbrison, où la roche ignée s'élève elle-même jusqu'à 600 mètres.

Au point de vue hydrographique, le terrain tertiaire offre des caractères spéciaux fortement prononcés. La prédominance de l'élément argileux, dans les trois étages, s'oppose à l'infiltration des eaux pluviales, et la faible pente du sol empêche leur écoulement naturel. Aux moindres pluies des flaques d'eau se forment sur tous les points, et ces eaux disparaissent à la longue, dans les parties basses, moins par absorption que par évaporation lente. Une conséquence naturelle de cet état de choses est l'absence de véritables sources. A leur place, on observe, au pied de beaucoup de coteaux, de simples suintements d'un régime fort inconstant. Les eaux de pluie, reçues par les dépôts graveleux du haut des plateaux, s'infiltrent jusqu'à la rencontre d'une assise argileuse qui les ramène au jour au moindre pli du sol. De là des écoulements abondants, et souvent troubles, à la suite de plusieurs jours de pluie, mais qui tarissent dès que le temps se remet au beau. Par le même motif, les puits de ces plaines donnent presque partout de l'eau à une faible profondeur, mais son abondance varie avec la saison, et en général on la voit aussi blanchir au moment des pluies.

On a profité de l'imperméabilité du fond pour établir, dans la plaine du Forez, un certain nombre d'étangs que l'on fait alterner entre l'*évolage,* pendant lequel on y élève des poissons, et l'*assec,* pendant lequel on les cultive. Mais ces étangs contribuaient à rendre leurs environs fiévreux ; on en a déjà supprimé une grande partie pour les remplacer par des prairies.

Dans toutes ces terres à sous-sol argileux, le drainage a une influence bienfaisante, non seulement au point de vue agricole, mais au point de vue de la salubrité.

Partout où l'étage moyen est à découvert, le sol arable est argilo-calcaire, difficile à travailler, mais on peut y cultiver avec succès le froment et le trèfle. On appelle ces terres *chaminats* dans la plaine du Forez (cantons de Montbrison et de Saint-Rambert). Les *béluzes* de la plaine de Roanne ont quelque analogie avec les chaminats du Forez, mais les terres qui conviennent le mieux à la culture du blé, les *fromentales,* comme disent les gens du pays, contiennent plus de chaux et sont moins froides ; on y trouve des parties calcaires provenant du lias ou de l'oolithe inférieure. Les terres les plus arides sont les *varennes,* sablonneuses, légères, quoique reposant souvent sur de l'argile, en sorte qu'elles sont sèches et brûlantes au milieu de l'été et froides pendant la saison des pluies. On ne peut les améliorer que par le marnage.

Le *perré* est une variété de la varenne, plus caillouteuse et reposant, tantôt sur un fond d'argile, tantôt sur des grès ou des poudingues ferrugineux. On le cultive rarement ou plutôt on le réserve pour la culture forestière ; le chêne y prospère dans les parties les plus argileuses, le pin dans les parties les plus sablonneuses.

L'assolement biennal est généralement usité dans les métairies de la plaine du Forez : une année de blé ou autre céréale, et une année de jachère dont une partie est employée en trèfle ou en pommes de terre. Suivant que le terrain est plus ou moins difficile à travailler, on compte une paire de bœufs pour 12 à 15 hectares et l'importance de chaque métairie est indiquée par le nombre de paires de bœufs que l'on y emploie. Ce qu'on trouve le plus souvent, c'est des domaines à 3 ou 4 paires de bœufs.

Mais il y en a de beaucoup plus grands ; quelques-uns sont cultivés par leurs propriétaires eux-mêmes et, parmi ceux qui donnent l'exemple du progrès, je dois citer M. le marquis de Poncins, à la ferme des Places, près de Feurs, et M. Jean Gaudet, à Saint-Laurent-la-Conche, lauréat de la prime d'honneur en 1881.

---

§ 17. — Les terrains tertiaires du Bourbonnais.

Le grand lac oligocène qui s'étendait dans la Limagne et dans la Haute-Loire couvrait également l'intervalle qui sépare les deux vallées, le *Pays d'entre Loire et Allier,* et y a laissé des dépôts d'argiles granitiques et de marnes qui s'appuient au sud sur les roches primitives de la chaîne du Forez et au nord sur le lias des environs de Decize et de Saint-Pierre. Mais, à l'époque pliocène ou quaternaire, ces dépôts ont été cachés presque partout sous une accumulation de sables, de graviers et d'argiles. Ces argiles forment, au-dessous des sables, un fond imperméable qui rend la contrée humide.

Le pays d'entre Loire et Allier est un vaste plateau découpé par de larges vallées peu profondes et à pente douce, dans lesquelles il a suffi d'interposer de loin en loin des barrages pour y retenir les eaux et former des étangs. On l'appelle quelquefois la *Sologne bourbonnaise* et elle mérite ce nom ou du moins elle le méritait autrefois sous certains rapports. Mais il est beaucoup plus facile de s'y procurer la marne et la chaux nécessaires à l'amélioration de ses terres; le pays d'entre Loire et Allier est entouré de formations calcaires ; on a su en profiter et, depuis 1830, mais surtout depuis que le canal et les chemins de fer ont été construits, cette contrée a fait d'immenses progrès.

De tous nos départements, celui de l'Allier est un de ceux où les propriétés ont le plus augmenté de valeur depuis 40 à 50 ans. Cette augmentation provient en partie de ce que les nouvelles voies de transport lui ont ouvert des débouchés et fourni des amendements qu'il ne pouvait pas obtenir autrefois à si bon marché. Mais elle provient surtout de ce que les propriétaires et les cultivateurs ont su y profiter de ces moyens d'amélioration.

Parmi les propriétaires qui ont pris part à cette magnifique transformation, Victor de Tracy a été un des premiers, et nous devons conserver le souvenir de l'exemple qu'il a donné dans ses domaines de Paray-le-Frésil. Victor de Tracy avait fait partie, en 1797, de la première promotion de l'École polytechnique; puis il avait fait les campagnes de l'Empire comme officier d'artillerie et était arrivé au grade de colonel. C'est pendant une de ces campagnes, en 1812, qu'il fit un séjour en Westphalie, près d'Osnabrück, et il fut frappé par le spectacle de défrichements heureux qui avaient été exécutés sur des landes pareilles, disait-il, à celle de Paray. Cette idée de la conformité des deux sols, et du parti que l'on avait tiré de celui qu'il observait, le saisit et demeura dans son esprit jusqu'à son retour en France et, lorsqu'en 1837, il hérita des vastes domaines de Paray-le-Frésil, il se mit résolument à l'œuvre. Ces domaines se composaient de 3,600 hectares, pour la plus grande partie en bruyères, soumises au pacage dont jouissaient les communes voisines. Tracy régla avec les communes ses droits et les leurs, en abandonnant aux intéressés une partie en toute propriété et en demeurant libre de cultiver le reste comme il l'entendait.

600 hectares de ces bruyères ont été mises en valeur au moyen de marnages, de chaulages et d'engrais bien calculés. Ces bruyères ont fini par produire de 18 à 24 hectolitres de froment, de 40 à 45 d'avoine, de 35 à 40 d'orge par hectare. Elles avaient dès lors atteint le niveau des bonnes terres dans les pays anciennement cultivés. Jusque-là, elles ne produisaient que du seigle; le froment était cultivé, par curiosité, dans le jardin.

Le bétail dont il avait doté son domaine, sa vacherie, ses bœufs de labour, ses étalons, son troupeau de moutons, faisaient l'admiration du pays.

Je n'ai pas besoin d'ajouter que Tracy ne négligea pas les prairies artificielles, tandis que ses prés, soumis à une irrigation ingénieuse, qui utilisait les eaux stagnantes, produisirent de l'herbe, au lieu de joncs.

Les étangs furent diminués en étendue.

Tracy tenait une comptabilité exacte de tous les éléments dont se composait son exploitation. Il en a publié le détail pour un de ses domaines. On peut s'en rapporter à ces chiffres. Les voici :

Compte de Coligny de 1847 à 1856.

Ce domaine, d'une étendue de 300 hectares, était encore affermé en 1847 pour 950 fr. par an. L'impôt de 200 fr. environ était à la charge du propriétaire. Le fermier se plaignait de perdre sur le modique prix de sa ferme et demanda à résilier son bail.

ANNÉES.	RECETTES.	DÉPENSES.
1847	»	1,528f93
1848	279f40	7,586 18
1849	1,771 70	6,061 50
1850	1,616 15	9,771 30
1851	5,204 15	11,320 65
1852	9,821 50	11,966 47
1853	11,500 50	8,748 60
1854	25,966 60	10,181 29
1855	23,661 45	11,411 95
1856	24,408 85	7,805 00
10 années	104,230f30	86,381f87

Recettes	104,230f30
Dépenses	86,381 87
	17,848f43

Voici un domaine porté en dix ans d'un fermage de 750 fr. à un revenu de 15,000 fr., vingt fois le produit antérieur, par une culture intelligente et bien appropriée à l'état naturel du terrain.

On peut, il est vrai, objecter que ce résultat a coûté 86,000 fr. d'avances. Mais quelle était la valeur de l'immeuble en 1846 ? En estimant à 3 p. 100 les 750 fr. du fermage ancien, on trouve 22,000 fr. Les 15,000 en 1856, au même taux, donnent 500,000 fr.

Je crois qu'il n'existe pas d'exemple plus authentique de l'action de l'homme sur la terre, et que l'axiome : « tant vaut l'homme tant vaut la terre », se trouve ici complètement illustré [1].

1. Antoine Passy, *Notice biographique sur Victor de Tracy.*

Victor Jacquemont, pendant son voyage dans l'Inde, s'informait, dans une de ses lettres datées de Delhi, si son ami de Tracy faisait toujours la guerre aux marais, à la fièvre intermittente et à la clavelée; puis il lui demandait à lui-même, charmant souvenir venu de si loin, combien il avait de moutons et de charrues?

Les comptes que V. de Tracy a publiés dans ses *Lettres sur la vie rurale* s'arrêtent à 1856. Mais, à cette époque, l'influence des chemins de fer qui traversaient le département de l'Allier et lui ouvraient des débouchés sur Paris, tout en lui apportant les amendements nécessaires à sa transformation, commençait seulement à se produire.

V. de Tracy avait montré un des premiers comment on pouvait améliorer les terrains tertiaires du pays d'entre Loire et Allier. Les chemins de fer ont permis de généraliser ces progrès avec une rapidité de plus en plus grande à partir de 1856.

Un des exemples les plus remarquables des résultats qu'ont donnés les améliorations, faites depuis 40 ans, dans les terrains sablonneux à sous-sol humide du pays d'entre Loire et Allier, peut nous être fourni par la terre de Saligny, terre de 1,350 hectares qui, avant 1848, était tout entière en friches et en bruyères. M. Charbonnier, père du détenteur actuel, l'afferma alors pour 18,000 fr., soit 13 fr. par hectare. Ne disposant que d'un capital de 24,000 fr. et voyant l'impossibilité de faire valoir directement une aussi grande étendue, M. Charbonnier ne garda en mains que 200 hectares et répartit tout le reste entre 15 métayers; une grande partie des landes fut défrichée suivant l'ancienne méthode de l'écobuage. En 1860, le bail fut renouvelé à 24,000 fr., et c'est alors que M. François Charbonnier, le fermier actuel, commença à prendre la direction de l'entreprise. Le canal qui venait d'être construit lui amenait de la chaux à 1 fr. 25 c. l'hectolitre. Il en employa dès lors de grandes quantités, 300 à 400 hectolitres à l'hectare. Il y ajouta les labours profonds et les fortes fumures, et, en voyant les récoltes que cette culture produisait, la plupart de ses métayers suivirent son exemple. Mais, en 1869, le bail arrivait à son terme, et le propriétaire ne voulut pas le renouveler pour moins de 40,000 fr. par an.

Malgré cette énorme augmentation, le courageux fermier ne

recula pas. Il voulait continuer son œuvre et, dans cette troisième période, il porta surtout ses efforts vers l'augmentation des fourrages et l'amélioration du bétail. Il créa 300 hectares de prairies qui sont arrosées avec les eaux des étangs supérieurs. De plus, il ajouta aux masses considérables de fumier qu'il obtenait ainsi des phosphates et des superphosphates de chaux. Il arriva ainsi à produire en moyenne 25 hectolitres de blé dans des terres qui n'en donnaient que 5 à 6 en 1848 ou dans lesquelles on ne pouvait faire que du seigle. Mêmes progrès pour l'avoine et l'orge. Les prairies fournissent 4,500 kilogr. de foin sec et un pacage. De 24,000 fr. qu'il était en 1848, le capital d'exploitation s'élève aujourd'hui à 400,000 fr., dont 320,000 fr. en cheptels et 80,000 fr. en fond de roulement.

Mais, quand la nouvelle échéance du bail arriva en 1878, il fallut consentir à payer 60,000 fr. par an. Ainsi, en 30 ans, le fermage avait plus que triplé.

Malheureusement, depuis 1880, l'agriculture rencontre dans le Bourbonnais, comme ailleurs, des difficultés qu'elle n'avait pas pendant la période si prospère dont je viens de parler. Les salaires ont haussé et, d'un autre côté, les prix des produits ont baissé. Le taux des fermages et la valeur des terres s'en ressentent. Comme compensation, les progrès de la science agricole lui indiquent de nouveaux moyens d'amélioration et, parmi ces moyens, je dois signaler les scories de déphosphoration ou *phosphates métallurgiques*, que le pays d'entre Loire et Allier peut se procurer à très bon marché, grâce au voisinage du Creuzot.

---

§ 18. — Pliocène.

Le seul dépôt tertiaire du bassin de la Seine que l'on puisse attribuer au *pliocène* se trouve à Saint-Prest, sur la rive gauche de la vallée de l'Eure, en amont de Chartres, dans le département d'Eure-et-Loir. Ce sont des sables et des graviers en lits entremêlés et ondulés; leur ensemble atteint 12 à 15 mètres d'épaisseur et occupe une dépression de la craie. Ils renferment beaucoup d'ossements fossiles qui proviennent, d'après MM. Laugel et Lartet, de l'*Elephas meridionalis*, du *Rhinoceros Mercki*, d'un cerf à grands bois, le *Mejaceros Carnutorum*, d'un cheval qui se rapproche beaucoup de certaines variétés de nos chevaux actuels, d'un grand bœuf à formes élancées, etc... M. Desnoyers a constaté, sur quelques-uns de ces ossements, la présence d'incisions transversales de diverses profondeurs et d'entailles elliptiques qu'il considère comme ayant été faites au moyen d'instruments en silex, d'où il conclut que l'homme a vécu sur le sol de France dès la fin de l'âge tertiaire, avant la grande et première période glaciaire [1].

En Bretagne, M. G. Vasseur classe comme *pliocènes* des argiles bleues, grises ou verdâtres, avec lits intercalés de sables micacés à *Nassa prismatica*, *N. mutabilis*, etc., qui sont exploitées pour la confection des poteries grossières dans le village de Saint-Jean-la-Poterie, dans le Morbihan, à 3 kilomètres au sud-ouest de Redon, et des sables rouges très épais qui recouvrent ces argiles. Les sables alternent avec des bancs de graviers qui sont quelquefois agglutinés par de l'oxyde de fer et forment alors de vrais poudingues appelés *renards* ou *chasse-renards* [2].

Dans le Cotentin, on a signalé, près de Gourbesville, des sables argileux très riches en fossiles pliocènes, *Nassa prismatica*, etc., et à Rauville-la-Place et Reigneville des faluns qui contiennent également ces fossiles.

Dans la vallée de la Limagne, on a trouvé, près d'Issoire, à Perrier, des dépôts de poudingues ponceux, avec quelques couches d'argiles et de sables, qui sont logés dans une dépression creusée après l'épanchement du basalte des plateaux voisins, et qui renferment en grandes quantités des ossements de mammifères de l'époque pliocène [3].

Dans les *marnes à tripoli* de Ceyssac (Velay), dans les tufs ponceux

1. Desnoyers, *Comptes rendus de l'Académie des sciences*, 8 juin 1883.
2. G. Vasseur, *Recherches géologiques sur les terrains tertiaires de la France occidentale*, 1re partie.
3. Potier, *Bulletin de la Société géologique de France* (3), VIII.

de la Bourboule et de Varennes, près Murols, dans les *cinérites* du Cantal, à Vic-sur-Cère et à Saint-Vincent, et dans plusieurs autres localités du plateau central, c'est une flore pliocène, très riche et très curieuse, qui a été reconnue et étudiée par M. de Saporta.

Mais ces dépôts pliocènes couvrent des surfaces trop restreintes pour offrir beaucoup d'intérêt au point de vue agricole. Nous en trouverons de plus considérables dans l'est et dans le sud de la France et nous nous en occuperons dans notre troisième volume[1].

---

1. Avant de terminer ce volume, je crois devoir signaler à mes lecteurs une carte géologique de la France qui vient d'être mise en vente chez MM. Baudry et Cie, 15, rue des Saints-Pères, à Paris, et qui est aussi remarquable par la modicité de son prix que par la perfection avec laquelle elle est faite. Pour la recommander, il suffit de dire qu'elle est due au comité chargé de faire les cartes géologiques détaillées de la France, sous la direction de M. Jacquot, inspecteur général des mines.

TABLE DES MATIÈRES

CHAPITRE IX.

Pages.

Les terrains infracrétacés dans les montagnes du Jura et dans le sud de la France. 1

§ 1. Le système infracrétacé dans les montagnes du Jura et de la Savoie. . 2
§ 2. Le Dauphiné et la Provence 11
§ 3. L'Ardèche, le Gard et l'Hérault. 26
§ 4. Les Corbières et les Pyrénées 38

CHAPITRE X.

Les terrains infracrétacés du nord de la France, de l'Angleterre, etc. . . . 40

§ 1. Les départements des Ardennes, de la Meuse, de la Marne et de l'Aube. 43
§ 2. Les terrains infracrétacés des départements de l'Yonne, de la Nièvre, du Cher et de l'Indre 60
§ 3. Le pays de Bray et le Boulonnais. 63
§ 4. Les terrains infracrétacés de l'Angleterre, etc. 67

CHAPITRE XI.

Les terrains crétacés du nord de la France 76

§ 1. L'étage cénomanien ou craie glauconieuse, dans le Perche et le bassin de Paris 77
§ 2. L'étage turonien ou craie marneuse, dans la Touraine, etc. 99
§ 3. L'étage sénonien ou craie blanche, dans la Champagne, la Picardie, etc. 115
§ 4. L'étage danien. 167

CHAPITRE XII.

Les terrains crétacés du sud de la France. 169

§ 1. Les deux Charentes et la Dordogne. 169
§ 2. Les Pyrénées, les Corbières, le Gard, la Provence et les Alpes . . . 187

CHAPITRE XIII.

Pages.

Les terrains crétacés de l'Angleterre, de la Belgique et de l'Allemagne . . 194

CHAPITRE XIV.

Les terrains tertiaires du nord et du centre de la France 203

§ 1. L'étage suessonien des terrains éocènes ou les sables inférieurs de l'éocène, l'argile plastique et les sables nummulithiques dans le bassin de Paris 204

§ 2. L'argile à silex dans le pays de Caux, le pays de Thelle, le Vexin normand, les départements de l'Eure et d'Eure-et-Loir, le Perche, la Touraine, la Picardie et l'Artois. 215

§ 3. Les terrains éocènes du département du Nord. 268

§ 4. Le calcaire grossier. 274

§ 5. Les sables de Beauchamp ou sables moyens. 285

§ 6. Le travertin inférieur ou calcaire de Saint-Ouen. 289

§ 7. Les marnes à gypse et le travertin de Champigny 294

§ 8. La Brie (marnes vertes et argiles à meulières) 297

§ 9. Les sables de Fontainebleau 339

§ 10. La Beauce et le Gâtinais. 350

§ 11. Les terrains miocènes de l'Orléanais et de la Sologne 366

§ 12. Les calcaires tertiaires et les faluns de la Touraine et de l'Anjou . . 389

§ 13. Les terrains tertiaires de la Bretagne 394

§ 14. La Brenne. 398

§ 15. La Limagne d'Auvergne 404

§ 16. Le Vélay, la plaine du Forez et le bassin de Roanne. 408

§ 17. Les terrains tertiaires du Bourbonnais 415

§ 18. Pliocène 419

Nancy. — Imprimerie Berger-Levrault et Cie.

www.ingramcontent.com/pod-product-compliance
Ingram Content Group UK Ltd.
Pitfield, Milton Keynes, MK11 3LW, UK
UKHW022324190726
13856UKWH00001B/192